URANIAN
TRANSNEPTUNE
EPHEMERIS
1850 - 2000

URANIAN

TRANSNEPTUNE
EPHEMERIS
1850 - 2000

Computed by

NEIL F. MICHELSEN

URANIAN PUBLICATIONS, INC.

Published by
URANIAN PUBLICATIONS, INC.

P.O. Box 114
Franksville, Wis. 53126

I.S.B.N. 0-89159-001-3

PRINTED IN U.S.A.
by
Harlo Printing Co., 50 Victor, Detroit, Mich. 48203

THE TRANSNEPTUNE PLANETS

At a time when astronomers were searching for a planet, already named Pluto, beyond the orb of Neptune, Alfred Witte, founder of Uranian Astrology, observed that, if planetary positions are related to the lives of individuals and nations, one should be able to find the positions of planets astrologically by studying national events and events in the lives of individuals. Pursuing that thought, Witte discovered four points in space which acted astrologically in every way like planets and thus called them transneptunian planets, the first three of which he discussed in the July 1923 issue of the "Astrologische Blaetter." His friend and ardent supporter Friedrich Sieggruen discovered four more such points, bringing the total to eight. Over fifty years of use by astrologers in thousands of charts has proved their astrological validity and verified their meaning. Useful keywords are given below.

CUPID: A group. The family. Marriage. A community. An organization. Art. Sociability.

HADES: Repulsiveness. Decay. Secrecy. Dearth. Loneliness. Poverty. Filth. Distastefulness. The past.

ZEUS: Purposeful activity. Creativity. Procreation. Production. Controlled energy. Directed force or activity. Leadership.

KRONOS: Authority. Independence. Government. Greatness. That which is high or above.

APOLLO: Expansion. Fame. Success. Experience. Science. Trade. Many. Far and wide.

ADMETUS: Compression. Standstill. Restriction. Death. Depth.

VULCANUS: Might. Great power.

POSEIDON: Spirit. Enlightenment. Light.

URANIAN
TRANSNEPTUNE
EPHEMERIS
1850 - 2000

1850

	♃	♄	♅	♆	⚶	⚵	⚳	⚴
JAN 3	5♉ 9R	15♉ 28	3♊ 31R	12♓ 14	16♋ 53R	21♍ 39	27♈ 58R	21♌ 46R
8	5 7	16 35	3 27	12 17	16 49	21 42	27 58	21 43
13	5 7	16 42	3 24	12 21	16 45	21 46	27 58D	21 41
18	5 6D	16 48	3 22	12 24	16 41	21 51	27 58	21 38
23	5 7	16 55	3 20	12 28	16 37	21 55	27 58	21 35
28	5 8	17 1	3 18	12 33	16 34	21 59	27 59	21 31
FEB 2	5 10	17 7	3 17	12 37	16 30	22 4	28 1	21 28
7	5 12	17 13	3 16	12 42	16 27	22 8	28 2	21 25
12	5 15	17 19	3 15	12 46	16 24	22 13	28 4	21 21
17	5 19	17 24	3 15D	12 51	16 21	22 17	28 6	21 18
22	5 23	17 29	3 15	12 56	16 18	22 22	28 9	21 15
27	5 27	17 34	3 16	13 1	16 16	22 26	28 11	21 12
MAR 4	5 32	17 39	3 17	13 6	16 14	22 31	28 14	21 8
9	5 38	17 43	3 19	13 11	16 12	22 35	28 18	21 5
14	5 44	17 46	3 21	13 16	16 11	22 39	28 21	21 2
19	5 51	17 49	3 24	13 21	16 10	22 43	28 25	21 0
24	5 57	17 52	3 27	13 26	16 9	22 47	28 28	20 57
29	6 5	17 54	3 30	13 31	16 9	22 50	28 32	20 55
APR 3	6 12	17 56	3 33	13 36	16 9D	22 53	28 36	20 53
8	6 20	17 57	3 37	13 40	16 9	22 56	28 41	20 51
13	6 27	17 58	3 41	13 44	16 10	22 59	28 45	20 50
18	6 35	17 58R	3 46	13 48	16 11	23 2	28 49	20 48
23	6 43	17 58	3 50	13 52	16 12	23 4	28 53	20 47
28	6 52	17 57	3 55	13 56	16 14	23 5	28 57	20 47
MAY 3	7 0	17 56	4 0	13 59	16 16	23 7	29 2	20 46
8	7 8	17 54	4 6	14 2	16 19	23 8	29 6	20 46D
13	7 16	17 52	4 11	14 4	16 22	23 9	29 10	20 47
18	7 23	17 49	4 16	14 6	16 25	23 9	29 13	20 47
23	7 31	17 46	4 22	14 8	16 28	23 9R	29 17	20 48
28	7 38	17 43	4 27	14 9	16 31	23 9	29 21	20 49
JUN 2	7 45	17 39	4 33	14 10	16 35	23 9	29 24	20 51
7	7 52	17 35	4 38	14 11	16 39	23 8	29 27	20 53
12	7 59	17 31	4 44	14 11	16 43	23 7	29 30	20 55
17	8 5	17 27	4 49	14 11R	16 47	23 5	29 33	20 57
22	8 10	17 22	4 54	14 11	16 52	23 3	29 35	20 59
27	8 16	17 17	4 59	14 10	16 56	23 1	29 37	21 2
JUL 2	8 20	17 12	5 4	14 9	17 1	22 59	29 39	21 5
7	8 25	17 7	5 8	14 7	17 5	22 56	29 41	21 8
12	8 28	17 2	5 12	14 5	17 10	22 53	29 42	21 12
17	8 31	16 57	5 16	14 3	17 15	22 50	29 43	21 15
22	8 34	16 52	5 20	14 1	17 19	22 47	29 44	21 19
27	8 36	16 47	5 23	13 58	17 24	22 44	29 44	21 22
AUG 1	8 37	16 43	5 26	13 55	17 28	22 40	29 44R	21 26
6	8 38	16 38	5 29	13 52	17 32	22 37	29 44	21 30
11	8 38R	16 34	5 31	13 48	17 36	22 33	29 43	21 34
16	8 38	16 30	5 33	13 45	17 40	22 30	29 42	21 38
21	8 37	16 26	5 35	13 41	17 44	22 26	29 41	21 42
26	8 35	16 23	5 36	13 37	17 48	22 22	29 40	21 46
31	8 33	16 20	5 37	13 33	17 51	22 19	29 38	21 50
SEP 5	8 31	16 17	5 37	13 29	17 54	22 16	29 36	21 54
10	8 27	16 15	5 37R	13 25	17 57	22 12	29 33	21 57
15	8 24	16 14	5 36	13 21	17 59	22 9	29 31	22 1
20	8 20	16 12	5 35	13 17	18 1	22 6	29 28	22 4
25	8 15	16 12	5 34	13 13	18 3	22 3	29 25	22 8
30	8 10	16 11	5 32	13 9	18 5	22 1	29 22	22 11
OCT 5	8 5	16 11D	5 30	13 6	18 6	21 59	29 19	22 14
10	7 59	16 12	5 27	13 3	18 7	21 57	29 16	22 16
15	7 53	16 13	5 24	12 59	18 7	21 55	29 12	22 19
20	7 47	16 15	5 21	12 57	18 7R	21 53	29 9	22 21
25	7 41	16 17	5 18	12 54	18 7	21 52	29 5	22 22
30	7 35	16 20	5 14	12 52	18 6	21 52	29 2	22 24
NOV 4	7 28	16 23	5 10	12 50	18 5	21 59	28 58	22 25
9	7 22	16 27	5 6	12 48	18 3	21 57	28 55	22 26
14	7 16	16 31	5 1	12 47	18 2	21 51	28 52	22 27
19	7 10	16 35	4 57	12 46	18 0	21 52	28 49	22 27
24	7 4	16 40	4 53	12 45	17 57	21 53	28 46	22 27R
29	6 59	16 45	4 48	12 45D	17 55	21 55	28 43	22 26
DEC 4	6 54	16 50	4 44	12 46	17 52	21 56	28 40	22 26
9	6 49	16 56	4 39	12 46	17 49	21 58	28 38	22 25
14	6 45	17 2	4 35	12 48	17 45	22 1	28 36	22 23
19	6 41	17 8	4 31	12 49	17 42	22 3	28 34	22 22
24	6 37	17 15	4 27	12 51	17 38	22 6	28 33	22 20
29	6♉ 35	17♉ 21	4♊ 23	12♓ 53	17♋ 35	22♍ 10	28♈ 32	22♌ 18
STATIONS	JAN 16	APR 17	FEB 15	JUN 13	MAR 31	MAY 22	JAN 12	MAY 6
	AUG 10	SEP 30	SEP 5	NOV 27	OCT 17	NOV 7	JUL 29	NOV 20

1851

	♃		♄		⚷		♆		♅		♆		⚴		♓	
JAN 3	5♌32R		17♑28		4♊19R		12♓56		17♒31R		22♏13		28♈31R		22♌16R	
8	6 31		17 34		4 16		12 59		17 27		22 17		28 30		22 13	
13	6 30		17 41		4 13		13 2		17 23		22 21		28 30D		22 10	
18	6 29		17 48		4 11		13 6		17 19		22 25		28 30		22 7	
23	6 30D		17 54		4 8		13 10		17 16		22 29		28 31		22 4	
28	6 30		18 1		4 7		13 14		17 12		22 34		28 32		22 1	
FEB 2	6 32		18 7		4 5		13 18		17 8		22 38		28 33		21 58	
7	6 34		18 13		4 4		13 23		17 5		22 43		28 35		21 54	
12	6 37		18 19		4 3		13 27		17 2		22 47		28 36		21 51	
17	6 40		18 24		4 3D		13 32		16 59		22 52		28 39		21 48	
22	6 44		18 29		4 4		13 37		16 56		22 56		28 41		21 44	
27	6 49		18 34		4 4		13 42		16 54		23 1		28 44		21 41	
MAR 4	6 54		18 39		4 5		13 47		16 52		23 5		28 47		21 38	
9	6 59		18 43		4 7		13 53		16 50		23 9		28 50		21 35	
14	7 5		18 46		4 9		13 58		16 49		23 13		28 53		21 32	
19	7 11		18 50		4 11		14 3		16 47		23 17		28 57		21 29	
24	7 18		18 52		4 14		14 8		16 47		23 21		29 1		21 27	
29	7 25		18 55		4 17		14 12		16 46		23 25		29 4		21 24	
APR 3	7 32		18 56		4 21		14 17		16 46D		23 28		29 8		21 22	
8	7 40		18 58		4 25		14 21		16 47		23 31		29 13		21 21	
13	7 48		18 59		4 29		14 26		16 47		23 34		29 17		21 19	
18	7 56		18 59		4 33		14 30		16 48		23 36		29 21		21 17	
23	8 4		18 59R		4 38		14 33		16 50		23 38		29 25		21 17	
28	8 12		18 58		4 42		14 37		16 51		23 40		29 29		21 16	
MAY 3	8 20		18 57		4 48		14 40		16 53		23 42		29 34		21 16	
8	8 28		18 55		4 53		14 43		16 56		23 43		29 38		21 15D	
13	8 36		18 53		4 58		14 46		16 59		23 44		29 42		21 16	
18	8 44		18 51		5 3		14 48		17 2		23 44		29 46		21 16	
23	8 51		18 48		5 9		14 50		17 5		23 45R		29 49		21 17	
28	8 59		18 45		5 14		14 51		17 8		23 44		29 53		21 18	
JUN 2	9 6		18 41		5 20		14 52		17 12		23 44		29 56		21 20	
7	9 13		18 37		5 25		14 53		17 16		23 43		29 59		21 21	
12	9 19		18 33		5 31		14 53		17 20		23 42		0♉2		21 23	
17	9 26		18 29		5 36		14 53R		17 24		23 40		0 5		21 26	
22	9 31		18 24		5 41		14 53		17 29		23 39		0 8		21 28	
27	9 37		18 19		5 46		14 52		17 33		23 37		0 10		21 31	
JUL 2	9 42		18 15		5 51		14 51		17 38		23 34		0 12		21 34	
7	9 46		18 10		5 55		14 50		17 42		23 32		0 13		21 37	
12	9 50		18 5		6 0		14 48		17 47		23 29		0 15		21 40	
17	9 53		18 0		6 4		14 46		17 51		23 26		0 16		21 44	
22	9 56		17 55		6 8		14 43		17 56		23 23		0 16		21 47	
27	9 58		17 50		6 11		14 41		18 0		23 19		0 17		21 51	
AUG 1	10 0		17 45		6 14		14 38		18 5		23 16		0 17R		21 55	
6	10 1		17 41		6 17		14 34		18 9		23 13		0 16		21 59	
11	10 1		17 36		6 19		14 31		18 13		23 9		0 16		22 3	
16	10 1R		17 32		6 21		14 27		18 17		23 5		0 15		22 7	
21	10 0		17 28		6 23		14 24		18 21		23 2		0 14		22 11	
26	9 59		17 25		6 24		14 20		18 25		22 58		0 12		22 15	
31	9 57		17 22		6 25		14 16		18 28		22 55		0 11		22 18	
SEP 5	9 54		17 19		6 25		14 12		18 31		22 51		0 9		22 22	
10	9 51		17 17		6 25R		14 8		18 34		22 48		0 6		22 26	
15	9 48		17 15		6 24		14 4		18 36		22 45		0 4		22 30	
20	9 44		17 14		6 23		14 0		18 39		22 42		0 1		22 33	
25	9 39		17 13		6 22		13 56		18 40		22 39		29♈58		22 36	
30	9 34		17 12		6 20		13 52		18 42		22 36		29 55		22 39	
OCT 5	9 29		17 12D		6 18		13 49		18 43		22 34		29 52		22 42	
10	9 24		17 13		6 16		13 45		18 44		22 32		29 49		22 45	
15	9 18		17 14		6 13		13 42		18 44		22 30		29 45		22 47	
20	9 12		17 16		6 10		13 39		18 45R		22 29		29 42		22 49	
25	9 6		17 18		6 6		13 36		18 44		22 28		29 38		22 51	
30	8 59		17 20		6 3		13 34		18 44		22 27		29 35		22 53	
NOV 4	8 53		17 23		5 59		13 32		18 43		22 26		29 32		22 54	
9	8 47		17 27		5 55		13 30		18 41		22 26D		29 28		22 55	
14	8 41		17 31		5 51		13 29		18 40		22 26		29 25		22 56	
19	8 35		17 35		5 46		13 28		18 38		22 27		29 22		22 56	
24	8 29		17 40		5 42		13 28		18 35		22 28		29 19		22 56R	
29	8 23		17 45		5 37		13 27D		18 33		22 29		29 16		22 56	
DEC 4	8 18		17 50		5 33		13 28		18 30		22 31		29 14		22 55	
9	8 13		17 56		5 28		13 28		18 27		22 33		29 11		22 54	
14	8 9		18 2		5 24		13 29		18 24		22 35		29 9		22 53	
19	8 5		18 8		5 20		13 31		18 20		22 38		29 7		22 52	
24	8 1		18 14		5 16		13 33		18 16		22 41		29 6		22 49	
29	7♉58		18♑21		5♊12		13♓35		18♒13		22♏44		29♈5		22♌47	
STATIONS	JAN 18	AUG 11	APR 18	OCT 1	FEB 16	SEP 6	JUN 14	NOV 28	APR 1	OCT 18	MAY 22	NOV 7	JAN 12	JUL 30	MAY 6	NOV 21

	♃	♄		♆	♅	♇	⚷	⚳
JAN 4	7♉56R	18♑27	5♊8R	13♓37	18♋9R	22≈48	29♈4R	22♌45R
9	7 54	18 34	5 5	13 40	18 5	22 51	29 3	22 42
14	7 53	18 40	5 2	13 44	18 1	22 55	29 3	22 40
19	7 52	18 47	4 59	13 47	17 57	22 59	29 3D	22 37
24	7 52D	18 54	4 57	13 51	17 54	23 4	29 4	22 34
29	7 53	19 0	4 55	13 55	17 50	23 8	29 4	22 31
FEB 3	7 54	19 6	4 54	13 59	17 47	23 12	29 6	22 27
8	7 56	19 12	4 52	14 4	17 43	23 17	29 7	22 24
13	7 59	19 18	4 52	14 9	17 40	23 21	29 9	22 21
18	8 2	19 24	4 52	14 13	17 37	23 26	29 11	22 17
23	8 6	19 29	4 52D	14 18	17 34	23 31	29 13	22 14
28	8 10	19 34	4 52	14 23	17 32	23 35	29 16	22 11
MAR 4	8 15	19 39	4 53	14 29	17 30	23 39	29 19	22 7
9	8 20	19 43	4 55	14 34	17 28	23 44	29 22	22 4
14	8 26	19 47	4 57	14 39	17 26	23 48	29 25	22 1
19	8 32	19 50	4 59	14 44	17 25	23 52	29 29	21 59
24	8 39	19 53	5 2	14 49	17 24	23 56	29 33	21 56
29	8 46	19 55	5 5	14 53	17 24	23 59	29 37	21 54
APR 3	8 53	19 57	5 8	14 58	17 24D	24 3	29 41	21 52
8	9 0	19 59	5 12	15 3	17 24	24 6	29 45	21 50
13	9 8	20 0	5 16	15 7	17 25	24 9	29 49	21 48
18	9 16	20 0	5 20	15 11	17 26	24 11	29 53	21 47
23	9 24	20 0R	5 25	15 15	17 27	24 13	29 57	21 46
28	9 32	19 59	5 30	15 18	17 29	24 15	0♉1	21 45
MAY 3	9 40	19 58	5 35	15 22	17 31	24 17	0 6	21 45
8	9 48	19 57	5 40	15 25	17 33	24 18	0 10	21 45D
13	9 56	19 55	5 45	15 27	17 36	24 19	0 14	21 45
18	10 4	19 53	5 50	15 30	17 39	24 19	0 18	21 45
23	10 12	19 50	5 56	15 31	17 42	24 20	0 21	21 46
28	10 19	19 47	6 1	15 33	17 45	24 20R	0 25	21 47
JUN 2	10 26	19 43	6 7	15 34	17 49	24 19	0 28	21 48
7	10 33	19 39	6 12	15 35	17 53	24 18	0 32	21 50
12	10 40	19 35	6 18	15 35	17 57	24 17	0 35	21 52
17	10 46	19 31	6 23	15 35R	18 1	24 16	0 37	21 54
22	10 52	19 26	6 28	15 35	18 5	24 14	0 40	21 57
27	10 58	19 22	6 33	15 34	18 10	24 12	0 42	21 59
JUL 2	11 3	19 17	6 38	15 33	18 14	24 10	0 44	22 2
7	11 7	19 12	6 43	15 32	18 19	24 7	0 46	22 5
12	11 12	19 7	6 47	15 30	18 23	24 4	0 47	22 9
17	11 15	19 2	6 51	15 28	18 28	24 2	0 48	22 12
22	11 18	18 57	6 55	15 26	18 33	23 58	0 49	22 16
27	11 20	18 52	6 58	15 23	18 37	23 55	0 49	22 20
AUG 1	11 22	18 47	7 2	15 20	18 42	23 52	0 50R	22 23
6	11 23	18 43	7 4	15 17	18 46	23 48	0 49	22 27
11	11 24	18 38	7 7	15 14	18 50	23 45	0 49	22 31
16	11 24R	18 34	7 9	15 10	18 54	23 41	0 48	22 35
21	11 23	18 30	7 11	15 6	18 58	23 37	0 47	22 39
26	11 22	18 27	7 12	15 3	19 2	23 34	0 45	22 43
31	11 20	18 24	7 13	14 59	19 5	23 30	0 44	22 47
SEP 5	11 18	18 21	7 13	14 55	19 8	23 27	0 42	22 51
10	11 15	18 18	7 13R	14 51	19 11	23 24	0 40	22 55
15	11 12	18 17	7 13	14 47	19 14	23 20	0 37	22 58
20	11 8	18 15	7 12	14 43	19 16	23 17	0 34	23 2
25	11 4	18 14	7 11	14 39	19 18	23 14	0 31	23 5
30	10 59	18 13	7 9	14 35	19 19	23 12	0 28	23 8
OCT 5	10 54	18 13D	7 7	14 31	19 21	23 9	0 25	23 11
10	10 48	18 14	7 5	14 28	19 21	23 7	0 22	23 14
15	10 43	18 15	7 2	14 25	19 22	23 6	0 19	23 16
20	10 37	18 16	6 59	14 22	19 22R	23 4	0 15	23 18
25	10 31	18 18	6 55	14 19	19 22	23 3	0 12	23 20
30	10 24	18 21	6 52	14 17	19 21	23 2	0 8	23 22
NOV 4	10 18	18 23	6 48	14 15	19 20	23 1	0 5	23 23
9	10 12	18 27	6 44	14 13	19 19	23 1D	0 1	23 24
14	10 6	18 31	6 40	14 11	19 17	23 1	29♈58	23 25
19	9 59	18 35	6 35	14 10	19 16	23 2	29 55	23 25
24	9 54	18 39	6 31	14 10	19 13	23 3	29 52	23 25R
29	9 48	18 44	6 26	14 9	19 11	23 4	29 49	23 25
DEC 4	9 43	18 50	6 22	14 10D	19 8	23 6	29 47	23 24
9	9 38	18 55	6 18	14 10	19 5	23 8	29 44	23 23
14	9 33	19 1	6 13	14 11	19 2	23 10	29 42	23 22
19	9 29	19 7	6 9	14 13	18 58	23 13	29 40	23 21
24	9 25	19 14	6 5	14 14	18 55	23 16	29 39	23 19
29	9♉22	19♑20	6♊1	14♓16	18♋51	23≈19	29♈38	23♌17
STATIONS	JAN 21	APR 20	FEB 18	JUN 15	APR 1	MAY 23	JAN 14	MAY 7
	AUG 13	OCT 3	SEP 7	NOV 29	OCT 19	NOV 8	JUL 31	NOV 22

1853

	♃	⚷	♆	♅	⛢	♇	⚸	⚵
JAN 2	9♉ 19R	19♑ 27	5♊ 57R	14♓ 19	18♋ 47R	23♏ 22	29♈ 37R	23♌ 14R
7	9 17	19 33	5 54	14 22	18 43	23 26	29 36	23 12
12	9 16	19 40	5 51	14 25	18 39	23 30	29 36	23 9
17	9 15	19 46	5 48	14 28	18 36	23 34	29 36D	23 6
22	9 15D	19 53	5 46	14 32	18 32	23 38	29 36	23 3
27	9 15	19 59	5 44	14 36	18 28	23 42	29 37	23 0
FEB 1	9 17	20 6	5 42	14 41	18 25	23 47	29 38	22 57
6	9 18	20 12	5 41	14 45	18 21	23 51	29 39	22 54
11	9 21	20 18	5 40	14 50	18 18	23 56	29 41	22 50
16	9 24	20 23	5 40	14 55	18 15	24 0	29 43	22 47
21	9 27	20 29	5 40D	15 0	18 12	24 5	29 46	22 43
26	9 31	20 34	5 40	15 5	18 10	24 9	29 48	22 40
MAR 3	9 36	20 39	5 41	15 10	18 8	24 14	29 51	22 37
8	9 41	20 43	5 43	15 15	18 6	24 18	29 54	22 34
13	9 47	20 47	5 44	15 20	18 4	24 22	29 58	22 31
18	9 53	20 50	5 47	15 25	18 3	24 26	0♉ 1	22 28
23	9 59	20 53	5 49	15 30	18 2	24 30	0 5	22 26
28	10 6	20 56	5 52	15 35	18 2	24 34	0 9	22 23
APR 2	10 13	20 58	5 56	15 39	18 1D	24 37	0 13	22 21
7	10 21	20 59	5 59	15 44	18 2	24 40	0 17	22 19
12	10 28	21 0	6 3	15 48	18 2	24 43	0 21	22 18
17	10 36	21 1	6 8	15 52	18 3	24 46	0 25	22 16
22	10 44	21 1R	6 12	15 56	18 4	24 48	0 29	22 15
27	10 52	21 1	6 17	16 0	18 6	24 50	0 33	22 14
MAY 2	11 0	21 0	6 22	16 3	18 8	24 52	0 38	22 14
7	11 8	20 58	6 27	16 6	18 10	24 53	0 42	22 14
12	11 16	20 57	6 32	16 9	18 13	24 54	0 46	22 14D
17	11 24	20 54	6 38	16 11	18 16	24 54	0 50	22 14
22	11 32	20 52	6 43	16 13	18 19	24 55	0 53	22 15
27	11 40	20 49	6 48	16 15	18 22	24 55R	0 57	22 16
JUN 1	11 47	20 45	6 54	16 16	18 26	24 54	1 1	22 17
6	11 54	20 42	6 59	16 17	18 30	24 54	1 4	22 19
11	12 1	20 37	7 5	16 17	18 34	24 52	1 7	22 21
16	12 7	20 33	7 10	16 18R	18 38	24 51	1 10	22 23
21	12 13	20 29	7 15	16 17	18 42	24 49	1 12	22 25
26	12 19	20 24	7 20	16 17	18 47	24 47	1 15	22 28
JUL 1	12 24	20 19	7 25	16 16	18 51	24 45	1 17	22 31
6	12 29	20 14	7 30	16 14	18 56	24 43	1 18	22 34
11	12 33	20 9	7 34	16 13	19 0	24 40	1 20	22 37
16	12 37	20 4	7 38	16 11	19 5	24 37	1 21	22 41
21	12 40	19 59	7 42	16 8	19 9	24 34	1 22	22 44
26	12 42	19 54	7 46	16 6	19 14	24 31	1 22	22 48
31	12 44	19 50	7 49	16 3	19 18	24 27	1 22	22 52
AUG 5	12 46	19 45	7 52	16 0	19 23	24 24	1 22R	22 56
10	12 47	19 41	7 55	15 56	19 27	24 20	1 22	23 0
15	12 47R	19 36	7 57	15 53	19 31	24 17	1 21	23 4
20	12 47	19 32	7 59	15 49	19 35	24 13	1 20	23 8
25	12 46	19 28	8 0	15 45	19 39	24 10	1 18	23 12
30	12 44	19 26	8 1	15 41	19 42	24 6	1 17	23 16
SEP 4	12 42	19 23	8 1	15 37	19 45	24 3	1 15	23 19
9	12 39	19 20	8 1R	15 33	19 48	23 59	1 13	23 23
14	12 36	19 18	8 1	15 29	19 51	23 56	1 10	23 27
19	12 32	19 16	8 0	15 25	19 53	23 53	1 7	23 30
24	12 28	19 15	7 59	15 22	19 55	23 50	1 5	23 34
29	12 23	19 15	7 58	15 18	19 57	23 47	1 2	23 37
OCT 4	12 18	19 14D	7 56	15 14	19 58	23 45	0 58	23 40
9	12 13	19 15	7 53	15 11	19 59	23 43	0 55	23 42
14	12 7	19 16	7 51	15 7	19 59	23 41	0 52	23 45
19	12 1	19 17	7 48	15 4	20 0	23 39	0 48	23 47
24	11 55	19 19	7 44	15 2	20 0R	23 38	0 45	23 49
29	11 49	19 21	7 41	14 59	19 59	23 37	0 41	23 51
NOV 3	11 43	19 24	7 37	14 57	19 58	23 37	0 38	23 52
8	11 37	19 27	7 33	14 55	19 57	23 36	0 35	23 53
13	11 30	19 31	7 29	14 54	19 55	23 36D	0 31	23 54
18	11 24	19 35	7 24	14 53	19 53	23 37	0 28	23 54
23	11 18	19 39	7 20	14 52	19 51	23 38	0 25	23 54R
28	11 13	19 44	7 16	14 52	19 49	23 39	0 22	23 54
DEC 3	11 7	19 49	7 11	14 52D	19 46	23 41	0 20	23 53
8	11 2	19 55	7 7	14 52	19 43	23 42	0 17	23 53
13	10 57	20 1	7 2	14 53	19 40	23 45	0 15	23 51
18	10 53	20 7	6 58	14 54	19 36	23 47	0 13	23 50
23	10 49	20 13	6 54	14 56	19 33	23 50	0 12	23 48
28	10♉ 46	20♑ 19	6♊ 50	14♓ 58	19♋ 29	23♏ 53	0♉ 10	23♌ 46
STATIONS	JAN 20	APR 20	FEB 17	JUN 15	APR 1	MAY 23	JAN 13	MAY 7
	AUG 14	OCT 3	SEP 7	NOV 29	OCT 19	NOV 8	JUL 31	NOV 21

	♃	♄	♅	♈	♅	♆	♃	♓
JAN 2	10♉43R	20♑26	6♊46R	15♓0	19♋25R	23♒57	0♉9R	23♌44R
7	10 41	20 33	6 43	15 3	19 22	24 0	0 9	23 41
12	10 39	20 39	6 40	15 6	19 18	24 4	0 8	23 39
17	10 38	20 46	6 37	15 10	19 14	24 8	0 8D	23 36
22	10 38	20 52	6 34	15 14	19 10	24 12	0 9	23 33
27	10 38D	20 59	6 32	15 18	19 6	24 17	0 10	23 30
FEB 1	10 39	21 5	6 31	15 22	19 3	24 21	0 11	23 26
6	10 40	21 11	6 29	15 26	18 59	24 26	0 12	23 23
11	10 43	21 17	6 28	15 31	18 56	24 30	0 14	23 20
16	10 45	21 23	6 28	15 36	18 53	24 35	0 16	23 16
21	10 49	21 29	6 28D	15 41	18 50	24 39	0 18	23 13
26	10 53	21 34	6 28	15 46	18 48	24 44	0 20	23 10
MAR 3	10 57	21 38	6 29	15 51	18 46	24 48	0 23	23 7
8	11 2	21 43	6 31	15 56	18 44	24 52	0 26	23 3
13	11 8	21 47	6 32	16 1	18 42	24 57	0 30	23 1
18	11 14	21 50	6 34	16 6	18 41	25 1	0 33	22 58
23	11 20	21 53	6 37	16 11	18 40	25 5	0 37	22 55
28	11 27	21 56	6 40	16 16	18 39	25 8	0 41	22 53
APR 2	11 34	21 58	6 43	16 21	18 39	25 12	0 45	22 51
7	11 41	22 0	6 47	16 25	18 39D	25 15	0 49	22 49
12	11 49	22 1	6 51	16 29	18 40	25 18	0 53	22 47
17	11 56	22 2	6 55	16 34	18 40	25 20	0 57	22 45
22	12 4	22 2R	6 59	16 38	18 42	25 23	1 1	22 44
27	12 12	22 2	7 4	16 41	18 43	25 25	1 5	22 44
MAY 2	12 20	22 1	7 9	16 45	18 45	25 26	1 10	22 43
7	12 28	22 0	7 14	16 48	18 47	25 28	1 14	22 43
12	12 36	21 58	7 19	16 50	18 50	25 29	1 18	22 43D
17	12 44	21 56	7 25	16 53	18 53	25 29	1 22	22 43
22	12 52	21 53	7 30	16 55	18 56	25 30	1 26	22 44
27	13 0	21 51	7 35	16 57	18 59	25 30R	1 29	22 45
JUN 1	13 7	21 47	7 41	16 58	19 3	25 29	1 33	22 46
6	13 14	21 44	7 46	16 59	19 6	25 29	1 36	22 48
11	13 21	21 40	7 52	16 59	19 10	25 28	1 39	22 50
16	13 28	21 35	7 57	17 0	19 15	25 26	1 42	22 52
21	13 34	21 31	8 2	16 59R	19 19	25 25	1 45	22 54
26	13 40	21 26	8 8	16 59	19 23	25 23	1 47	22 57
JUL 1	13 45	21 22	8 12	16 58	19 28	25 21	1 49	23 0
6	13 50	21 17	8 17	16 57	19 32	25 18	1 51	23 3
11	13 55	21 12	8 22	16 55	19 37	25 16	1 52	23 6
16	13 58	21 7	8 26	16 53	19 42	25 13	1 53	23 9
21	14 2	21 2	8 30	16 51	19 46	25 10	1 54	23 13
26	14 5	20 57	8 33	16 48	19 51	25 6	1 55	23 17
31	14 7	20 52	8 37	16 45	19 55	25 3	1 55	23 20
AUG 5	14 8	20 47	8 40	16 42	20 0	25 0	1 55R	23 24
10	14 9	20 43	8 42	16 39	20 4	24 56	1 54	23 28
15	14 10	20 38	8 45	16 36	20 8	24 52	1 53	23 32
20	14 10R	20 34	8 46	16 32	20 12	24 49	1 52	23 36
25	14 9	20 31	8 48	16 28	20 15	24 45	1 51	23 40
30	14 7	20 27	8 49	16 24	20 19	24 42	1 50	23 44
SEP 4	14 5	20 24	8 49	16 20	20 22	24 38	1 48	23 48
9	14 3	20 22	8 50R	16 16	20 25	24 35	1 46	23 52
14	14 0	20 20	8 49	16 12	20 28	24 32	1 43	23 55
19	13 56	20 18	8 49	16 8	20 30	24 28	1 41	23 59
24	13 52	20 17	8 48	16 4	20 32	24 26	1 38	24 2
29	13 48	20 16	8 46	16 1	20 34	24 23	1 35	24 5
OCT 4	13 43	20 15	8 44	15 57	20 35	24 20	1 32	24 8
9	13 38	20 16D	8 42	15 53	20 36	24 18	1 28	24 11
14	13 32	20 16	8 39	15 50	20 37	24 16	1 25	24 14
19	13 26	20 18	8 37	15 47	20 37	24 15	1 22	24 16
24	13 20	20 19	8 33	15 44	20 37R	24 13	1 18	24 18
29	13 14	20 21	8 30	15 42	20 37	24 12	1 15	24 19
NOV 3	13 8	20 24	8 26	15 39	20 36	24 12	1 11	24 21
8	13 1	20 27	8 22	15 38	20 35	24 11	1 8	24 22
13	12 55	20 31	8 18	15 36	20 33	24 12D	1 5	24 23
18	12 49	20 35	8 14	15 35	20 31	24 12	1 1	24 23
23	12 43	20 39	8 9	15 34	20 29	24 13	0 58	24 23R
28	12 37	20 44	8 5	15 34	20 27	24 14	0 56	24 23
DEC 3	12 32	20 49	8 0	15 34D	20 24	24 15	0 53	24 23
8	12 26	20 55	7 56	15 34	20 21	24 17	0 50	24 22
13	12 21	21 0	7 51	15 35	20 18	24 19	0 48	24 21
18	12 17	21 6	7 47	15 36	20 15	24 22	0 46	24 19
23	12 13	21 13	7 43	15 38	20 11	24 25	0 45	24 18
28	12♉10	21♑19	7♊39	15♓40	20♋7	24♒28	0♉43	24♌16
STATIONS	JAN 22	APR 21	FEB 18	JUN 16	APR 2	MAY 24	JAN 14	MAY 8
	AUG 15	OCT 4	SEP 8	NOV 30	OCT 20	NOV 9	JUL 31	NOV 22

1855

	♃	♄	♅	♆	⚷	Ψ	⚸	⚹
JAN 2	12♉ 7R	21♑ 25	7♊ 35R	15♓ 42	20♋ 4R	24♏ 31	0♉ 42R	24♌ 13R
7	12 4	21 32	7 32	15 45	20 0	24 35	0 42	24 11
12	12 2	21 39	7 29	15 48	19 56	24 39	0 41	24 8
17	12 1	21 45	7 26	15 51	19 52	24 43	0 41D	24 5
22	12 1	21 52	7 23	15 55	19 48	24 47	0 41	24 2
27	12 1D	21 58	7 21	15 59	19 45	24 51	0 42	23 59
FEB 1	12 1	22 5	7 19	16 3	19 41	24 55	0 43	23 56
6	12 3	22 11	7 18	16 7	19 38	25 0	0 44	23 53
11	12 5	22 17	7 17	16 12	19 34	25 4	0 46	23 49
16	12 7	22 23	7 16	16 17	19 31	25 9	0 48	23 46
21	12 10	22 28	7 16D	16 22	19 28	25 14	0 50	23 43
26	12 14	22 33	7 16	16 27	19 26	25 18	0 53	23 39
MAR 3	12 18	22 38	7 17	16 32	19 23	25 22	0 56	23 36
8	12 23	22 43	7 18	16 37	19 21	25 27	0 59	23 33
13	12 29	22 47	7 20	16 42	19 20	25 31	1 2	23 30
18	12 34	22 51	7 22	16 47	19 18	25 35	1 5	23 27
23	12 41	22 54	7 25	16 52	19 17	25 39	1 9	23 25
28	12 47	22 57	7 27	16 57	19 17	25 43	1 13	23 22
APR 2	12 54	22 59	7 31	17 2	19 16	25 46	1 17	23 20
7	13 1	23 1	7 34	17 6	19 17D	25 49	1 21	23 18
12	13 9	23 2	7 38	17 11	19 17	25 52	1 25	23 16
17	13 17	23 3	7 42	17 15	19 18	25 55	1 29	23 15
22	13 24	23 3	7 47	17 19	19 19	25 57	1 33	23 14
27	13 32	23 3R	7 51	17 23	19 20	25 59	1 38	23 13
MAY 2	13 40	23 2	7 56	17 26	19 22	26 1	1 42	23 12
7	13 48	23 1	8 1	17 29	19 24	26 3	1 46	23 12
12	13 57	23 0	8 6	17 32	19 27	26 4	1 50	23 12D
17	14 5	22 58	8 12	17 34	19 30	26 4	1 54	23 12
22	14 12	22 55	8 17	17 37	19 33	26 5	1 58	23 13
27	14 20	22 52	8 23	17 38	19 36	26 5R	2 1	23 14
JUN 1	14 28	22 49	8 28	17 40	19 39	26 5	2 5	23 15
6	14 35	22 46	8 33	17 41	19 43	26 4	2 8	23 17
11	14 42	22 42	8 39	17 41	19 47	26 3	2 11	23 18
16	14 49	22 38	8 44	17 42	19 51	26 2	2 14	23 21
21	14 55	22 33	8 50	17 42R	19 56	26 0	2 17	23 23
26	15 1	22 29	8 55	17 41	20 0	25 58	2 19	23 26
JUL 1	15 6	22 24	9 0	17 40	20 5	25 56	2 21	23 28
6	15 11	22 19	9 4	17 39	20 9	25 54	2 23	23 31
11	15 16	22 14	9 9	17 37	20 14	25 51	2 25	23 35
16	15 20	22 9	9 13	17 36	20 18	25 48	2 26	23 38
21	15 24	22 4	9 17	17 33	20 23	25 45	2 27	23 42
26	15 26	21 59	9 21	17 31	20 27	25 42	2 27	23 45
31	15 29	21 54	9 24	17 28	20 32	25 39	2 28	23 49
AUG 5	15 31	21 49	9 27	17 25	20 36	25 35	2 28R	23 53
10	15 32	21 45	9 30	17 22	20 41	25 32	2 27	23 57
15	15 32	21 41	9 32	17 18	20 45	25 28	2 27	24 1
20	15 32R	21 37	9 34	17 15	20 49	25 25	2 26	24 5
25	15 32	21 33	9 36	17 11	20 52	25 21	2 24	24 9
30	15 31	21 29	9 37	17 7	20 56	25 17	2 23	24 13
SEP 4	15 29	21 26	9 38	17 3	20 59	25 14	2 21	24 16
9	15 27	21 23	9 38	16 59	21 2	25 10	2 19	24 20
14	15 24	21 21	9 38R	16 55	21 5	25 7	2 16	24 24
19	15 20	21 19	9 37	16 51	21 7	25 4	2 14	24 27
24	15 16	21 18	9 36	16 47	21 9	25 1	2 11	24 31
29	15 12	21 17	9 35	16 43	21 11	24 58	2 8	24 34
OCT 4	15 7	21 17	9 33	16 40	21 13	24 56	2 5	24 37
9	15 2	21 17D	9 31	16 36	21 14	24 54	2 2	24 40
14	14 57	21 17	9 28	16 33	21 14	24 52	1 58	24 42
19	14 51	21 18	9 25	16 30	21 15	24 50	1 55	24 45
24	14 45	21 20	9 22	16 27	21 15R	24 49	1 51	24 45
29	14 39	21 22	9 19	16 24	21 14	24 48	1 48	24 48
NOV 3	14 33	21 24	9 15	16 22	21 14	24 47	1 45	24 50
8	14 26	21 27	9 11	16 20	21 12	24 47	1 41	24 51
13	14 20	21 31	9 7	16 18	21 11	24 47D	1 38	24 52
18	14 14	21 35	9 3	16 17	21 9	24 47	1 35	24 52
23	14 8	21 39	8 58	16 16	21 7	24 48	1 32	24 52
28	14 2	21 44	8 54	16 16	21 5	24 49	1 29	24 52R
DEC 3	13 56	21 49	8 49	16 16D	21 2	24 50	1 26	24 51
8	13 51	21 54	8 45	16 16	20 59	24 52	1 23	24 51
13	13 46	22 0	8 41	16 17	20 56	24 54	1 21	24 50
18	13 41	22 6	8 36	16 18	20 53	24 57	1 19	24 49
23	13 37	22 12	8 32	16 19	20 49	24 59	1 18	24 47
28	13♉33	22♑18	8♊28	16♓21	20♋46	24≈ 2	1 16	24♌45
STATIONS	JAN 24	APR 22	FEB 19	JUN 17	APR 3	MAY 25	JAN 15	MAY 8
	AUG 17	OCT 5	SEP 9	DEC 1	OCT 21	NOV 10	AUG 1	NOV 23

1856

	♃		♄		⚷		♏		♅		♆		⚳		✶	
JAN 3	13♉	30R	22♉	25	8♊	24R	16♓	24	20♋	42R	25♒	6	1♉	15R	24♌	43R
8	13	28	22	31	8	21	16	26	20	38	25	9	1	14	24	40
13	13	26	22	38	8	17	16	29	20	34	25	13	1	14	24	38
18	13	24	22	45	8	14	16	33	20	30	25	17	1	14D	24	35
23	13	24	22	51	8	12	16	36	20	27	25	21	1	14	24	32
28	13	23D	22	58	8	10	16	40	20	23	25	25	1	15	24	29
FEB 2	13	24	23	4	8	8	16	44	20	19	25	30	1	16	24	26
7	13	25	23	10	8	6	16	49	20	16	25	34	1	17	24	22
12	13	27	23	17	8	5	16	53	20	12	25	39	1	18	24	19
17	13	29	23	22	8	5	16	58	20	9	25	43	1	20	24	16
22	13	32	23	28	8	4D	17	3	20	6	25	48	1	23	24	12
27	13	36	23	33	8	5	17	8	20	4	25	52	1	25	24	9
MAR 3	13	40	23	38	8	5	17	13	20	1	25	57	1	28	24	6
8	13	44	23	43	8	6	17	18	19	59	26	1	1	31	24	3
13	13	50	23	47	8	8	17	23	19	58	26	5	1	34	24	0
18	13	55	23	51	8	10	17	28	19	56	26	10	1	37	23	57
23	14	1	23	54	8	12	17	33	19	55	26	13	1	41	23	54
28	14	8	23	57	8	15	17	38	19	54	26	17	1	45	23	52
APR 2	14	15	23	59	8	18	17	43	19	54	26	21	1	49	23	49
7	14	22	24	1	8	22	17	47	19	54D	26	24	1	53	23	47
12	14	29	24	3	8	25	17	52	19	54	26	27	1	57	23	46
17	14	37	24	4	8	29	17	56	19	55	26	30	2	1	23	44
22	14	45	24	4	8	34	18	0	19	56	26	32	2	5	23	43
27	14	53	24	4R	8	38	18	4	19	58	26	34	2	10	23	42
MAY 2	15	1	24	4	8	43	18	7	19	59	26	36	2	14	23	41
7	15	9	24	3	8	48	18	11	20	2	26	37	2	18	23	41
12	15	17	24	1	8	53	18	14	20	4	26	39	2	22	23	41D
17	15	25	23	59	8	59	18	16	20	7	26	39	2	26	23	41
22	15	33	23	57	9	4	18	18	20	10	26	40	2	30	23	42
27	15	40	23	54	9	10	18	20	20	13	26	40R	2	33	23	43
JUN 1	15	48	23	51	9	15	18	22	20	16	26	40	2	37	23	44
6	15	55	23	48	9	21	18	23	20	20	26	39	2	40	23	46
11	16	2	23	44	9	26	18	23	20	24	26	38	2	44	23	47
16	16	9	23	40	9	31	18	24	20	28	26	37	2	46	23	49
21	16	16	23	35	9	37	18	24R	20	32	26	36	2	49	23	52
26	16	22	23	31	9	42	18	23	20	37	26	34	2	52	23	54
JUL 1	16	27	23	26	9	47	18	23	20	41	26	32	2	54	23	57
6	16	33	23	21	9	52	18	21	20	46	26	29	2	56	24	0
11	16	37	23	16	9	56	18	20	20	50	26	27	2	57	24	3
16	16	42	23	11	10	0	18	18	20	55	26	24	2	58	24	7
21	16	45	23	6	10	5	18	16	21	0	26	21	2	59	24	10
26	16	48	23	1	10	8	18	13	21	4	26	18	3	0	24	14
31	16	51	22	56	10	12	18	11	21	9	26	14	3	0	24	17
AUG 5	16	53	22	52	10	15	18	8	21	13	26	11	3	0R	24	21
10	16	54	22	47	10	18	18	5	21	17	26	7	3	0	24	25
15	16	55	22	43	10	20	18	1	21	22	26	4	2	59	24	29
20	16	55R	22	39	10	22	17	57	21	26	26	0	2	58	24	33
25	16	55	22	35	10	24	17	54	21	29	25	57	2	57	24	37
30	16	54	22	31	10	25	17	50	21	33	25	53	2	56	24	41
SEP 4	16	52	22	28	10	26	17	46	21	36	25	50	2	54	24	45
9	16	50	22	25	10	26	17	42	21	39	25	46	2	52	24	49
14	16	48	22	23	10	26R	17	38	21	42	25	43	2	49	24	52
19	16	44	22	21	10	25	17	34	21	44	25	40	2	47	24	56
24	16	41	22	19	10	25	17	30	21	47	25	37	2	44	24	59
29	16	36	22	18	10	23	17	26	21	48	25	34	2	41	25	3
OCT 4	16	32	22	18	10	22	17	22	21	50	25	31	2	38	25	6
9	16	27	22	18D	10	19	17	19	21	51	25	29	2	35	25	8
14	16	21	22	18	10	17	17	15	21	52	25	27	2	32	25	11
19	16	16	22	19	10	14	17	12	21	52	25	25	2	28	25	13
24	16	10	22	20	10	11	17	9	21	52R	25	24	2	25	25	15
29	16	4	22	22	10	8	17	7	21	52	25	23	2	21	25	17
NOV 3	15	58	22	25	10	4	17	4	21	51	25	22	2	18	25	19
8	15	51	22	28	10	0	17	2	21	50	25	22	2	14	25	20
13	15	45	22	31	9	56	17	1	21	49	25	22D	2	11	25	21
18	15	39	22	35	9	52	16	59	21	47	25	22	2	8	25	21
23	15	33	22	39	9	47	16	58	21	45	25	23	2	5	25	22
28	15	27	22	44	9	43	16	58	21	43	25	24	2	2	25	21R
DEC 3	15	21	22	49	9	39	16	58D	21	40	25	25	1	59	25	21
8	15	15	22	54	9	34	16	58	21	37	25	27	1	57	25	20
13	15	10	23	0	9	30	16	59	21	34	25	29	1	54	25	19
18	15	5	23	5	9	25	17	0	21	31	25	31	1	52	25	18
23	15	1	23	11	9	21	17	1	21	27	25	34	1	51	25	16
28	14♉	57	23♉	18	9♊	17	17♓	3	21♋	24	25♒	37	1♉	49	25♌	14
STATIONS	JAN 26		APR 24		FEB 21		JUN 18		APR 4		MAY 26		JAN 16		MAY 9	
	AUG 19		OCT 7		SEP 10		DEC 2		OCT 22		NOV 11		AUG 2		NOV 23	

1857

	⯠	⯡	⯢	⯣	⯤	⯥	⯦	⯧
JAN 1	14♉ 54R	23♑ 24	9♊ 13R	17♓ 5	21♋ 20R	25♒ 40	1♉ 48R	25♌ 12R
6	14 51	23 31	9 10	17 8	21 16	25 44	1 47	25 10
11	14 49	23 37	9 6	17 11	21 12	25 47	1 47	25 7
16	14 47	23 44	9 3	17 14	21 9	25 51	1 47D	25 4
21	14 47	23 51	9 1	17 18	21 5	25 55	1 47	25 1
26	14 46	23 57	8 58	17 21	21 1	26 0	1 47	24 58
31	14 46D	24 4	8 56	17 26	20 57	26 4	1 48	24 55
FEB 5	14 47	24 10	8 55	17 30	20 54	26 9	1 49	24 52
10	14 49	24 16	8 54	17 34	20 50	26 13	1 51	24 49
15	14 51	24 22	8 53	17 39	20 47	26 18	1 53	24 45
20	14 54	24 28	8 53	17 44	20 44	26 22	1 55	24 42
25	14 57	24 33	8 53D	17 49	20 42	26 27	1 57	24 38
MAR 2	15 1	24 38	8 53	17 54	20 39	26 31	2 0	24 35
7	15 6	24 43	8 54	17 59	20 37	26 36	2 3	24 32
12	15 11	24 47	8 56	18 4	20 35	26 40	2 6	24 29
17	15 16	24 51	8 58	18 9	20 34	26 44	2 10	24 26
22	15 22	24 54	9 0	18 14	20 33	26 48	2 13	24 24
27	15 28	24 57	9 3	18 19	20 32	26 52	2 17	24 21
APR 1	15 35	25 0	9 6	18 24	20 32	26 55	2 21	24 19
6	15 42	25 2	9 9	18 29	20 32D	26 58	2 25	24 17
11	15 50	25 4	9 13	18 33	20 32	27 2	2 29	24 15
16	15 57	25 5	9 17	18 37	20 33	27 4	2 33	24 13
21	16 5	25 5	9 21	18 41	20 34	27 7	2 37	24 12
26	16 13	25 5R	9 26	18 45	20 35	27 9	2 42	24 11
MAY 1	16 21	25 5	9 30	18 49	20 37	27 11	2 46	24 10
6	16 29	25 4	9 35	18 52	20 39	27 12	2 50	24 10
11	16 37	25 3	9 41	18 55	20 41	27 14	2 54	24 10D
16	16 45	25 1	9 46	18 58	20 44	27 14	2 58	24 10
21	16 53	24 59	9 51	19 0	20 47	27 15	3 2	24 11
26	17 1	24 56	9 57	19 2	20 50	27 15R	3 6	24 12
31	17 8	24 53	10 2	19 3	20 53	27 15	3 9	24 13
JUN 5	17 16	24 50	10 8	19 5	20 57	27 14	3 13	24 14
10	17 23	24 46	10 13	19 5	21 1	27 14	3 16	24 16
15	17 30	24 42	10 18	19 6	21 5	27 12	3 19	24 18
20	17 36	24 38	10 24	19 6R	21 9	27 11	3 21	24 20
25	17 43	24 33	10 29	19 5	21 14	27 9	3 24	24 23
30	17 48	24 28	10 34	19 5	21 18	27 7	3 26	24 26
JUL 5	17 54	24 24	10 39	19 4	21 23	27 5	3 28	24 29
10	17 59	24 19	10 43	19 2	21 27	27 2	3 30	24 32
15	18 3	24 14	10 48	19 0	21 32	26 59	3 31	24 35
20	18 7	24 9	10 52	18 58	21 36	26 57	3 32	24 39
25	18 10	24 4	10 56	18 56	21 41	26 53	3 33	24 42
30	18 13	23 59	10 59	18 53	21 45	26 50	3 33	24 46
AUG 4	18 15	23 54	11 2	18 50	21 50	26 47	3 33R	24 50
9	18 17	23 49	11 5	18 47	21 54	26 43	3 33	24 54
14	18 18	23 45	11 8	18 44	21 58	26 40	3 32	24 58
19	18 18	23 41	11 10	18 40	22 2	26 36	3 31	25 2
24	18 18R	23 37	11 12	18 37	22 6	26 32	3 30	25 6
29	18 17	23 33	11 13	18 33	22 10	26 29	3 29	25 10
SEP 3	18 16	23 30	11 14	18 29	22 13	26 25	3 27	25 13
8	18 14	23 27	11 14	18 25	22 16	26 22	3 25	25 17
13	18 11	23 24	11 14R	18 21	22 19	26 18	3 23	25 21
18	18 8	23 22	11 14	18 17	22 22	26 15	3 20	25 25
23	18 5	23 21	11 13	18 13	22 24	26 12	3 17	25 28
28	18 1	23 20	11 12	18 9	22 26	26 9	3 14	25 31
OCT 3	17 56	23 19	11 10	18 5	22 27	26 7	3 11	25 34
8	17 51	23 19D	11 8	18 1	22 28	26 4	3 8	25 37
13	17 46	23 19	11 6	17 58	22 29	26 2	3 5	25 40
18	17 40	23 20	11 3	17 55	22 30	26 1	3 1	25 42
23	17 35	23 21	11 0	17 52	22 30R	25 59	2 58	25 44
28	17 29	23 23	10 57	17 49	22 30	25 58	2 54	25 46
NOV 2	17 22	23 25	10 53	17 47	22 29	25 57	2 51	25 48
7	17 16	23 28	10 49	17 45	22 28	25 57	2 48	25 49
12	17 10	23 31	10 45	17 43	22 27	25 57D	2 44	25 50
17	17 4	23 35	10 41	17 42	22 25	25 57	2 41	25 50
22	16 57	23 39	10 37	17 41	22 23	25 58	2 38	25 51
27	16 51	23 43	10 32	17 40	22 21	25 59	2 35	25 51R
DEC 2	16 45	23 48	10 28	17 40	22 18	26 0	2 32	25 50
7	16 40	23 54	10 23	17 40D	22 15	26 2	2 30	25 49
12	16 35	23 59	10 19	17 41	22 12	26 4	2 27	25 48
17	16 30	24 5	10 14	17 42	22 9	26 6	2 25	25 47
22	16 25	24 11	10 10	17 43	22 6	26 9	2 23	25 46
27	16♉ 21	24♑ 17	10♊ 6	17♓ 45	22♋ 2	26♒ 11	2♉ 22	25♌ 44
STATIONS	JAN 26 AUG 19	APR 24 OCT 7	FEB 20 SEP 10	JUN 18 DEC 2	APR 4 OCT 21	MAY 25 NOV 10	JAN 15 AUG 2	MAY 9 NOV 23

	♃	♄	♅	♆	⚳	⚴	⚵	⚶
JAN 1	16♉18R	24♑24	10♊2R	17♓47	21♋58R	26♒15	2♉21R	25♌42R
6	16 15	24 30	9 59	17 49	21 54	26 18	2 20	25 39
11	16 13	24 37	9 55	17 52	21 51	26 22	2 19	25 37
16	16 11	24 43	9 52	17 55	21 47	26 26	2 19	25 34
21	16 10	24 50	9 49	17 59	21 43	26 30	2 19D	25 31
26	16 9	24 57	9 47	18 3	21 39	26 34	2 20	25 28
31	16 9D	25 3	9 45	18 7	21 35	26 38	2 21	25 25
FEB 5	16 10	25 9	9 43	18 11	21 32	26 43	2 22	25 21
10	16 11	25 16	9 42	18 16	21 29	26 47	2 23	25 18
15	16 13	25 22	9 41	18 20	21 25	26 52	2 25	25 15
20	16 16	25 27	9 41	18 25	21 22	26 57	2 27	25 11
25	16 19	25 33	9 41D	18 30	21 20	27 1	2 30	25 8
MAR 2	16 23	25 38	9 41	18 35	21 17	27 6	2 32	25 5
7	16 27	25 43	9 42	18 40	21 15	27 10	2 35	25 2
12	16 32	25 47	9 44	18 45	21 13	27 14	2 38	24 59
17	16 37	25 51	9 45	18 50	21 12	27 18	2 42	24 56
22	16 43	25 55	9 48	18 55	21 11	27 22	2 45	24 53
27	16 49	25 58	9 50	19 0	21 10	27 26	2 49	24 50
APR 1	16 56	26 0	9 53	19 5	21 9	27 30	2 53	24 48
6	17 3	26 3	9 56	19 10	21 9D	27 33	2 57	24 46
11	17 10	26 4	10 0	19 14	21 9	27 36	3 1	24 44
16	17 17	26 5	10 4	19 19	21 10	27 39	3 5	24 43
21	17 25	26 6	10 8	19 23	21 11	27 41	3 9	24 41
26	17 33	26 6R	10 13	19 27	21 12	27 44	3 14	24 40
MAY 1	17 41	26 6	10 18	19 30	21 14	27 46	3 18	24 40
6	17 49	26 5	10 22	19 34	21 16	27 47	3 22	24 39
11	17 57	26 4	10 28	19 37	21 18	27 48	3 26	24 39D
16	18 5	26 2	10 33	19 39	21 21	27 49	3 30	24 39
21	18 13	26 0	10 38	19 42	21 24	27 50	3 34	24 40
26	18 21	25 58	10 44	19 44	21 27	27 50	3 38	24 41
31	18 29	25 55	10 49	19 45	21 30	27 50R	3 41	24 42
JUN 5	18 36	25 52	10 55	19 46	21 34	27 50	3 45	24 43
10	18 43	25 48	11 0	19 47	21 38	27 49	3 48	24 45
15	18 50	25 44	11 5	19 48	21 42	27 48	3 51	24 47
20	18 57	25 40	11 11	19 48R	21 46	27 46	3 54	24 49
25	19 3	25 35	11 16	19 48	21 50	27 45	3 56	24 52
30	19 9	25 31	11 21	19 47	21 55	27 43	3 58	24 54
JUL 5	19 15	25 26	11 26	19 46	21 59	27 40	4 0	24 57
10	19 20	25 21	11 31	19 45	22 4	27 38	4 2	25 0
15	19 24	25 16	11 35	19 43	22 8	27 35	4 3	25 4
20	19 29	25 11	11 39	19 41	22 13	27 32	4 5	25 7
25	19 32	25 6	11 43	19 39	22 18	27 29	4 5	25 11
30	19 35	25 1	11 47	19 36	22 22	27 26	4 6	25 15
AUG 4	19 37	24 56	11 50	19 33	22 27	27 22	4 6R	25 18
9	19 39	24 52	11 53	19 30	22 31	27 19	4 6	25 22
14	19 40	24 47	11 56	19 27	22 35	27 15	4 5	25 26
19	19 41	24 43	11 58	19 23	22 39	27 12	4 4	25 30
24	19 41R	24 39	11 59	19 19	22 43	27 8	4 3	25 34
29	19 40	24 35	12 1	19 15	22 47	27 4	4 2	25 38
SEP 3	19 39	24 32	12 2	19 12	22 50	27 1	4 0	25 42
8	19 37	24 29	12 2	19 8	22 53	26 57	3 58	25 46
13	19 35	24 26	12 2R	19 4	22 56	26 54	3 56	25 50
18	19 32	24 24	12 2	19 0	22 59	26 51	3 53	25 53
23	19 29	24 22	12 1	18 56	23 1	26 48	3 50	25 57
28	19 25	24 21	12 0	18 52	23 3	26 45	3 48	26 0
OCT 3	19 20	24 20	11 59	18 48	23 5	26 42	3 45	26 3
8	19 16	24 20	11 57	18 44	23 6	26 40	3 41	26 6
13	19 11	24 20D	11 54	18 41	23 7	26 38	3 38	26 9
18	19 5	24 21	11 52	18 38	23 7	26 36	3 35	26 11
23	18 59	24 22	11 49	18 34	23 7R	26 35	3 31	26 13
28	18 53	24 23	11 46	18 32	23 7	26 33	3 28	26 15
NOV 2	18 47	24 26	11 42	18 29	23 7	26 32	3 24	26 16
7	18 41	24 28	11 38	18 27	23 6	26 32	3 21	26 18
12	18 35	24 31	11 34	18 25	23 4	26 32D	3 17	26 19
17	18 28	24 35	11 30	18 24	23 3	26 32	3 14	26 19
22	18 22	24 39	11 26	18 23	23 1	26 33	3 11	26 20
27	18 16	24 43	11 21	18 22	22 59	26 33	3 8	26 20R
DEC 2	18 10	24 48	11 17	18 22	22 56	26 35	3 5	26 19
7	18 5	24 53	11 12	18 22D	22 53	26 36	3 3	26 19
12	17 59	24 59	11 8	18 22	22 50	26 38	3 0	26 18
17	17 54	25 5	11 4	18 23	22 47	26 41	2 58	26 16
22	17 50	25 11	10 59	18 25	22 44	26 43	2 56	26 15
27	17♉45	25♑17	10♊55	18♓26	22♋40	26♒46	2♉55	26♌13
STATIONS	JAN 27	APR 25	FEB 21	JUN 18	APR 5	MAY 26	JAN 16	MAY 10
	AUG 21	OCT 8	SEP 11	DEC 3	OCT 22	NOV 11	AUG 3	NOV 24

1859

	♃	♄	♃	♈	♅	♆	♌	⚸
JAN 1	17♉ 42R	25♑ 23	10♊ 51R	18♓ 28	22♋ 36R	26♍ 49	2♉ 54R	26♌ 11R
6	17 39	25 30	10 47	18 31	22 33	26 53	2 53	26 9
11	17 36	25 36	10 44	18 34	22 29	26 56	2 52	26 6
16	17 34	25 43	10 41	18 37	22 25	27 0	2 52	26 3
21	17 33	25 49	10 38	18 40	22 21	27 4	2 52D	26 0
26	17 32	25 56	10 36	18 44	22 17	27 8	2 52	25 57
31	17 32D	26 3	10 33	18 48	22 14	27 13	2 53	25 54
FEB 5	17 32	26 9	10 32	18 52	22 10	27 17	2 54	25 51
10	17 33	26 15	10 30	18 57	22 7	27 22	2 56	25 48
15	17 35	26 21	10 30	19 1	22 3	27 26	2 58	25 44
20	17 38	26 27	10 29	19 6	22 0	27 31	3 0	25 41
25	17 41	26 32	10 29D	19 11	21 58	27 35	3 2	25 38
MAR 2	17 44	26 38	10 29	19 16	21 55	27 40	3 5	25 34
7	17 48	26 42	10 30	19 21	21 53	27 44	3 7	25 31
12	17 53	26 47	10 32	19 26	21 51	27 49	3 11	25 28
17	17 58	26 51	10 33	19 31	21 50	27 53	3 14	25 25
22	18 4	26 55	10 35	19 36	21 48	27 57	3 17	25 22
27	18 10	26 58	10 38	19 41	21 47	28 1	3 21	25 20
APR 1	18 16	27 1	10 41	19 46	21 47	28 4	3 25	25 18
6	18 23	27 3	10 44	19 51	21 47	28 8	3 29	25 15
11	18 30	27 5	10 48	19 56	21 47D	28 11	3 33	25 14
16	18 38	27 6	10 51	20 0	21 47	28 14	3 37	25 12
21	18 45	27 7	10 56	20 4	21 48	28 16	3 41	25 11
26	18 53	27 7	11 0	20 8	21 49	28 18	3 46	25 10
MAY 1	19 1	27 7R	11 5	20 12	21 51	28 20	3 50	25 9
6	19 9	27 7	11 10	20 15	21 53	28 22	3 54	25 8
11	19 17	27 6	11 15	20 18	21 55	28 23	3 58	25 8D
16	19 25	27 4	11 20	20 21	21 58	28 24	4 2	25 8
21	19 33	27 2	11 25	20 23	22 1	28 25	4 6	25 9
26	19 41	27 0	11 31	20 25	22 4	28 25	4 10	25 10
31	19 49	26 57	11 36	20 27	22 7	28 25R	4 13	25 11
JUN 5	19 56	26 54	11 42	20 28	22 11	28 25	4 17	25 12
10	20 4	26 50	11 47	20 29	22 15	28 24	4 20	25 14
15	20 11	26 46	11 53	20 30	22 19	28 23	4 23	25 16
20	20 18	26 42	11 58	20 30R	22 23	28 22	4 26	25 18
25	20 24	26 38	12 3	20 30	22 27	28 20	4 29	25 20
30	20 30	26 33	12 8	20 29	22 32	28 18	4 31	25 23
JUL 5	20 36	26 28	12 13	20 28	22 36	28 16	4 33	25 26
10	20 41	26 23	12 18	20 27	22 41	28 13	4 35	25 29
15	20 46	26 18	12 22	20 25	22 45	28 11	4 36	25 32
20	20 50	26 13	12 27	20 23	22 50	28 8	4 37	25 36
25	20 54	26 8	12 31	20 21	22 54	28 5	4 38	25 39
30	20 57	26 3	12 34	20 19	22 59	28 1	4 38	25 43
AUG 4	20 59	25 59	12 38	20 16	23 3	27 58	4 38R	25 47
9	21 1	25 54	12 41	20 13	23 8	27 54	4 38	25 51
14	21 3	25 49	12 43	20 9	23 12	27 51	4 38	25 55
19	21 4	25 45	12 45	20 6	23 16	27 47	4 37	25 59
24	21 4R	25 41	12 47	20 2	23 20	27 44	4 36	26 3
29	21 3	25 37	12 49	19 58	23 24	27 40	4 35	26 7
SEP 3	21 2	25 34	12 50	19 54	23 27	27 37	4 33	26 11
8	21 1	25 31	12 50	19 50	23 30	27 33	4 31	26 14
13	20 59	25 28	12 51R	19 46	23 33	27 30	4 29	26 18
18	20 56	25 26	12 50	19 42	23 36	27 26	4 26	26 22
23	20 53	25 24	12 50	19 38	23 38	27 23	4 24	26 25
28	20 49	25 22	12 49	19 34	23 40	27 21	4 21	26 29
OCT 3	20 45	25 21	12 47	19 31	23 42	27 18	4 18	26 32
8	20 40	25 21	12 45	19 27	23 43	27 15	4 15	26 35
13	20 35	25 21D	12 43	19 23	23 44	27 13	4 11	26 37
18	20 30	25 21	12 41	19 20	23 45	27 11	4 8	26 40
23	20 24	25 22	12 38	19 17	23 45	27 10	4 4	26 42
28	20 18	25 24	12 35	19 14	23 45R	27 9	4 1	26 44
NOV 2	20 12	25 26	12 31	19 12	23 44	27 8	3 58	26 45
7	20 6	25 29	12 27	19 10	23 43	27 7	3 54	26 47
12	20 0	25 32	12 23	19 8	23 42	27 7	3 51	26 48
17	19 53	25 35	12 19	19 6	23 41	27 7D	3 47	26 48
22	19 47	25 39	12 15	19 5	23 39	27 7	3 44	26 49
27	19 41	25 43	12 10	19 4	23 37	27 8	3 41	26 49R
DEC 2	19 35	25 48	12 6	19 4	23 34	27 10	3 38	26 48
7	19 29	25 53	12 1	19 4D	23 31	27 11	3 36	26 48
12	19 24	25 58	11 57	19 4	23 28	27 13	3 33	26 47
17	19 19	26 4	11 53	19 5	23 25	27 15	3 31	26 46
22	19 14	26 10	11 48	19 6	23 22	27 18	3 29	26 44
27	19♉ 10	26♑ 16	11♊ 44	19♓ 8	23♋ 18	27♍ 21	3♉ 28	26♌ 42
STATIONS	JAN 29	APR 27	FEB 22	JUN 19	APR 6	MAY 27	JAN 17	MAY 10
	AUG 23	OCT 10	SEP 12	DEC 4	OCT 23	NOV 12	AUG 3	NOV 25

	♃	♄	⚵	⚴	♃	♆	⚶	♅
JAN 2	19♉ 6R	26♑ 23	11♊ 40R	19♓ 10	23♋ 15R	27♏ 24	3♉ 27R	26♌ 40R
7	19 2	26 29	11 36	19 12	23 11	27 27	3 26	26 38
12	19 0	26 36	11 33	19 15	23 7	27 31	3 25	26 36
17	18 57	26 42	11 30	19 18	23 3	27 35	3 25D	26 33
22	18 56	26 49	11 27	19 22	22 59	27 39	3 25	26 30
27	18 55	26 55	11 24	19 25	22 56	27 43	3 25	26 27
FEB 1	18 55	27 2	11 22	19 29	22 52	27 47	3 26	26 24
6	18 55D	27 8	11 20	19 34	22 48	27 52	3 27	26 21
11	18 56	27 15	11 19	19 38	22 45	27 56	3 28	26 17
16	18 57	27 21	11 18	19 43	22 42	28 1	3 30	26 14
21	19 0	27 27	11 17	19 47	22 39	28 5	3 32	26 11
26	19 2	27 32	11 17D	19 52	22 36	28 10	3 34	26 7
MAR 2	19 6	27 37	11 18	19 57	22 33	28 14	3 37	26 4
7	19 10	27 42	11 18	20 2	22 31	28 19	3 40	26 1
12	19 14	27 47	11 19	20 7	22 29	28 23	3 43	25 58
17	19 19	27 51	11 21	20 13	22 27	28 27	3 46	25 55
22	19 25	27 55	11 23	20 18	22 26	28 31	3 50	25 52
27	19 31	27 58	11 25	20 23	22 25	28 35	3 53	25 49
APR 1	19 37	28 1	11 28	20 27	22 24	28 39	3 57	25 47
6	19 44	28 4	11 31	20 32	22 24	28 42	4 1	25 45
11	19 51	28 6	11 35	20 37	22 24D	28 45	4 5	25 43
16	19 58	28 7	11 39	20 41	22 25	28 48	4 9	25 41
21	20 6	28 8	11 43	20 45	22 26	28 51	4 13	25 40
26	20 13	28 8	11 47	20 49	22 27	28 53	4 18	25 39
MAY 1	20 21	28 8R	11 52	20 53	22 28	28 55	4 22	25 38
6	20 29	28 8	11 57	20 56	22 30	28 57	4 26	25 38
11	20 37	28 7	12 2	21 0	22 32	28 58	4 30	25 37
16	20 45	28 6	12 7	21 2	22 35	28 59	4 34	25 37D
21	20 53	28 4	12 12	21 5	22 38	29 0	4 38	25 38
26	21 1	28 1	12 18	21 7	22 41	29 0	4 42	25 39
31	21 9	27 59	12 23	21 9	22 44	29 0R	4 46	25 40
JUN 5	21 17	27 55	12 29	21 10	22 48	29 0	4 49	25 41
10	21 24	27 52	12 34	21 11	22 51	28 59	4 52	25 43
15	21 31	27 48	12 40	21 12	22 55	28 58	4 55	25 44
20	21 38	27 44	12 45	21 12	23 0	28 57	4 58	25 47
25	21 45	27 40	12 50	21 12R	23 4	28 55	5 1	25 49
30	21 51	27 35	12 55	21 11	23 8	28 53	5 3	25 52
JUL 5	21 57	27 31	13 0	21 11	23 13	28 51	5 5	25 55
10	22 2	27 26	13 5	21 9	23 17	28 49	5 7	25 58
15	22 7	27 21	13 10	21 8	23 22	28 46	5 8	26 1
20	22 12	27 16	13 14	21 6	23 27	28 43	5 10	26 4
25	22 15	27 11	13 18	21 4	23 31	28 40	5 10	26 8
30	22 19	27 6	13 22	21 1	23 36	28 37	5 11	26 12
AUG 4	22 21	27 1	13 25	20 58	23 40	28 34	5 11	26 15
9	22 24	26 56	13 28	20 55	23 45	28 30	5 11R	26 19
14	22 25	26 52	13 31	20 52	23 49	28 27	5 11	26 23
19	22 26	26 47	13 33	20 49	23 53	28 23	5 10	26 27
24	22 27	26 43	13 35	20 45	23 57	28 19	5 9	26 31
29	22 26R	26 39	13 37	20 41	24 1	28 16	5 7	26 35
SEP 3	22 26	26 36	13 38	20 37	24 4	28 12	5 6	26 39
8	22 24	26 32	13 39	20 33	24 7	28 9	5 4	26 43
13	22 22	26 30	13 39	20 29	24 10	28 5	5 2	26 47
18	22 20	26 27	13 39R	20 25	24 13	28 2	4 59	26 50
23	22 17	26 25	13 38	20 21	24 15	27 59	4 57	26 54
28	22 13	26 24	13 37	20 17	24 17	27 56	4 54	26 57
OCT 3	22 9	26 23	13 36	20 13	24 19	27 53	4 51	27 0
8	22 5	26 22	13 34	20 10	24 21	27 51	4 48	27 3
13	22 0	26 22D	13 32	20 6	24 22	27 49	4 44	27 6
18	21 54	26 22	13 29	20 3	24 22	27 47	4 41	27 8
23	21 49	26 23	13 27	20 0	24 23	27 45	4 38	27 11
28	21 43	26 25	13 23	19 57	24 22R	27 44	4 34	27 13
NOV 2	21 37	26 27	13 20	19 54	24 22	27 43	4 31	27 14
7	21 31	26 29	13 16	19 52	24 21	27 42	4 27	27 16
12	21 24	26 32	13 12	19 50	24 20	27 42	4 24	27 17
17	21 18	26 35	13 8	19 49	24 19	27 42D	4 21	27 17
22	21 12	26 39	13 4	19 47	24 17	27 42	4 17	27 18
27	21 6	26 43	13 0	19 46	24 15	27 43	4 14	27 18R
DEC 2	21 0	26 48	12 55	19 46	24 12	27 44	4 12	27 18
7	20 54	26 53	12 51	19 46D	24 9	27 46	4 9	27 17
12	20 48	26 58	12 46	19 46	24 7	27 48	4 6	27 16
17	20 43	27 4	12 42	19 47	24 3	27 50	4 4	27 15
22	20 38	27 10	12 37	19 48	24 0	27 52	4 2	27 14
27	20♉ 34	27♑ 16	12♊ 33	19♓ 50	23♋ 56	27♏ 55	4♉ 1	27♌ 12
32	20♉ 30	27♑ 22	12♊ 29	19♓ 52	23♋ 53	27♏ 58	3♉ 59	27♌ 10
STATIONS	FEB 1	APR 28	FEB 24	JUN 20	APR 6	MAY 28	JAN 18	MAY 11
	AUG 24	OCT 11	SEP 13	DEC 5	OCT 24	NOV 13	AUG 4	NOV 25

1861

	♃	♄	⚷	♀	♅	♆	⚶	♓
JAN 5	20♉ 26R	27♈ 28	12Ⅱ 25R	19♓ 54	23♋ 49R	28♒ 2	3♉ 58R	27♌ 8R
10	20 23	27 35	12 22	19 57	23 45	28 5	3 58	27 5
15	20 21	27 42	12 19	20 0	23 41	28 9	3 57	27 2
20	20 19	27 48	12 16	20 3	23 38	28 13	3 57D	27 0
25	20 18	27 55	12 13	20 7	23 34	28 17	3 58	26 57
30	20 17	28 1	12 11	20 11	23 30	28 22	3 58	26 53
FEB 4	20 18D	28 8	12 9	20 15	23 26	28 26	3 59	26 50
9	20 18	28 14	12 7	20 19	23 23	28 30	4 1	26 47
14	20 20	28 20	12 6	20 24	23 20	28 35	4 2	26 43
19	20 22	28 26	12 6	20 29	23 17	28 40	4 4	26 40
24	20 24	28 32	12 5D	20 33	23 14	28 44	4 7	26 37
MAR 1	20 27	28 37	12 6	20 38	23 11	28 49	4 9	26 34
6	20 31	28 42	12 6	20 43	23 9	28 53	4 12	26 30
11	20 36	28 47	12 7	20 49	23 7	28 57	4 15	26 27
16	20 40	28 51	12 9	20 54	23 5	29 2	4 18	26 24
21	20 46	28 55	12 11	20 59	23 4	29 6	4 22	26 21
26	20 52	28 59	12 13	21 4	23 3	29 10	4 25	26 19
31	20 58	29 2	12 16	21 9	23 2	29 13	4 29	26 16
APR 5	21 4	29 4	12 19	21 13	23 2	29 17	4 33	26 14
10	21 11	29 6	12 22	21 18	23 2D	29 20	4 37	26 12
15	21 18	29 8	12 26	21 22	23 2	29 23	4 41	26 11
20	21 26	29 9	12 30	21 27	23 3	29 26	4 45	26 9
25	21 34	29 9	12 35	21 31	23 4	29 28	4 50	26 8
30	21 41	29 10R	12 39	21 34	23 6	29 30	4 54	26 7
MAY 5	21 49	29 9	12 44	21 38	23 7	29 32	4 58	26 7
10	21 57	29 8	12 49	21 41	23 10	29 33	5 2	26 6
15	22 6	29 7	12 54	21 44	23 12	29 34	5 6	26 7D
20	22 14	29 5	12 59	21 46	23 15	29 35	5 10	26 7
25	22 22	29 3	13 5	21 49	23 18	29 35	5 14	26 8
30	22 29	29 0	13 10	21 50	23 21	29 35R	5 18	26 9
JUN 4	22 37	28 57	13 16	21 52	23 25	29 35	5 21	26 10
9	22 45	28 54	13 21	21 53	23 28	29 34	5 25	26 11
14	22 52	28 50	13 27	21 54	23 32	29 34	5 28	26 13
19	22 59	28 46	13 32	21 54	23 36	29 32	5 31	26 15
24	23 6	28 42	13 37	21 54R	23 41	29 31	5 33	26 18
29	23 12	28 38	13 42	21 54	23 45	29 29	5 36	26 20
JUL 4	23 18	28 33	13 47	21 53	23 50	29 27	5 38	26 23
9	23 23	28 28	13 52	21 52	23 54	29 24	5 39	26 26
14	23 28	28 23	13 57	21 50	23 59	29 22	5 41	26 30
19	23 33	28 18	14 1	21 48	24 3	29 19	5 42	26 33
24	23 37	28 13	14 5	21 46	24 8	29 16	5 43	26 36
29	23 40	28 8	14 9	21 44	24 12	29 13	5 44	26 40
AUG 3	23 43	28 3	14 13	21 41	24 17	29 9	5 44	26 44
8	23 46	27 58	14 16	21 38	24 21	29 6	5 44R	26 48
13	23 48	27 54	14 19	21 35	24 26	29 2	5 43	26 52
18	23 49	27 49	14 21	21 31	24 30	28 59	5 43	26 56
23	23 49	27 45	14 23	21 28	24 34	28 55	5 42	27 0
28	23 49R	27 41	14 25	21 24	24 37	28 51	5 40	27 4
SEP 2	23 49	27 37	14 26	21 20	24 41	28 48	5 39	27 8
7	23 48	27 34	14 27	21 16	24 44	28 44	5 37	27 11
12	23 46	27 31	14 27	21 12	24 47	28 41	5 35	27 15
17	23 43	27 29	14 27R	21 8	24 50	28 38	5 32	27 19
22	23 41	27 27	14 27	21 4	24 53	28 35	5 30	27 22
27	23 37	27 25	14 26	21 0	24 55	28 32	5 27	27 26
OCT 2	23 33	27 24	14 24	20 56	24 56	28 29	5 24	27 29
7	23 29	27 23	14 23	20 52	24 58	28 26	5 21	27 32
12	23 24	27 23D	14 21	20 49	24 59	28 24	5 18	27 35
17	23 19	27 23	14 18	20 46	25 0	28 22	5 14	27 37
22	23 13	27 24	14 15	20 42	25 0	28 20	5 11	27 39
27	23 8	27 25	14 12	20 39	25 0R	28 19	5 7	27 41
NOV 1	23 2	27 27	14 9	20 37	25 0	28 18	5 4	27 43
6	22 56	27 29	14 5	20 34	24 59	28 17	5 1	27 45
11	22 49	27 32	14 1	20 33	24 58	28 17	4 57	27 46
16	22 43	27 35	13 57	20 31	24 56	28 17D	4 54	27 46
21	22 37	27 39	13 53	20 30	24 55	28 17	4 51	27 47
26	22 30	27 43	13 49	20 29	24 53	28 18	4 48	27 47R
DEC 1	22 24	27 48	13 44	20 28	24 50	28 19	4 45	27 47
6	22 18	27 53	13 40	20 28D	24 48	28 21	4 42	27 46
11	22 13	27 58	13 35	20 28	24 45	28 23	4 40	27 45
16	22 7	28 3	13 31	20 29	24 41	28 25	4 37	27 44
21	22 2	28 9	13 27	20 30	24 38	28 27	4 35	27 43
26	21 58	28 15	13 22	20 32	24 35	28 30	4 34	27 41
31	21♉ 54	28 21	13Ⅱ 18	20♓ 33	24♋ 31	28♒ 33	4♉ 32	27♌ 39
STATIONS	JAN 31	APR 28	FEB 23	JUN 20	APR 6	MAY 28	JAN 17	MAY 11
	AUG 25	OCT 11	SEP 14	DEC 5	OCT 24	NOV 13	AUG 4	NOV 25

1862

	Cupido	Hades	Zeus	Kronos	Apollon	Admetos	Vulkanus	Poseidon
JAN 5	21♉ 50R	28♑ 28	13♊ 14R	20♓ 36	24♋ 27R	28♒ 36	4♉ 31R	27♌ 37R
10	21 47	28 34	13 11	20 38	24 23	28 40	4 31	27 35
15	21 44	28 41	13 7	20 41	24 20	28 44	4 30	27 32
20	21 42	28 48	13 4	20 45	24 16	28 47	4 30D	27 29
25	21 41	28 54	13 2	20 48	24 12	28 52	4 30	27 26
30	21 40	29 1	12 59	20 52	24 8	28 56	4 31	27 23
FEB 4	21 40D	29 7	12 57	20 56	24 5	29 0	4 32	27 20
9	21 41	29 14	12 56	21 0	24 1	29 5	4 33	27 16
14	21 42	29 20	12 55	21 5	23 58	29 9	4 35	27 13
19	21 44	29 26	12 54	21 10	23 55	29 14	4 37	27 10
24	21 46	29 31	12 54	21 15	23 52	29 18	4 39	27 6
MAR 1	21 49	29 37	12 54D	21 20	23 49	29 23	4 41	27 3
6	21 53	29 42	12 54	21 25	23 47	29 27	4 44	27 0
11	21 57	29 47	12 55	21 30	23 45	29 32	4 47	26 57
16	22 2	29 51	12 57	21 35	23 43	29 36	4 50	26 54
21	22 7	29 55	12 59	21 40	23 42	29 40	4 54	26 51
26	22 12	29 59	13 1	21 45	23 40	29 44	4 57	26 48
31	22 18	0♒ 2	13 3	21 50	23 40	29 48	5 1	26 46
APR 5	22 25	0 5	13 6	21 55	23 39	29 51	5 5	26 44
10	22 32	0 7	13 10	21 59	23 39D	29 54	5 9	26 42
15	22 39	0 8	13 14	22 4	23 40	29 57	5 13	26 40
20	22 46	0 10	13 18	22 8	23 40	0♓ 0	5 18	26 38
25	22 54	0 10	13 22	22 12	23 41	0 3	5 22	26 37
30	23 2	0 11R	13 26	22 16	23 43	0 5	5 26	26 36
MAY 5	23 10	0 10	13 31	22 19	23 45	0 7	5 30	26 36
10	23 18	0 10	13 36	22 23	23 47	0 8	5 34	26 36
15	23 26	0 8	13 41	22 25	23 49	0 9	5 38	26 36D
20	23 34	0 7	13 46	22 28	23 52	0 10	5 42	26 36
25	23 42	0 5	13 52	22 30	23 55	0 10	5 46	26 37
30	23 50	0 2	13 57	22 32	23 58	0 11R	5 50	26 37
JUN 4	23 57	29♑ 59	14 3	22 34	24 1	0 10	5 53	26 39
9	24 5	29 56	14 8	22 35	24 5	0 10	5 57	26 40
14	24 12	29 52	14 14	22 36	24 9	0 9	6 0	26 42
19	24 19	29 48	14 19	22 36	24 13	0 8	6 3	26 44
24	24 26	29 44	14 24	22 36R	24 17	0 6	6 5	26 47
29	24 33	29 40	14 30	22 36	24 22	0 4	6 8	26 49
JUL 4	24 39	29 35	14 35	22 35	24 26	0 2	6 10	26 52
9	24 44	29 30	14 39	22 34	24 31	0 0	6 12	26 55
14	24 50	29 25	14 44	22 33	24 35	29♒ 57	6 13	26 58
19	24 54	29 20	14 49	22 31	24 40	29 54	6 15	27 2
24	24 59	29 15	14 53	22 29	24 45	29 51	6 16	27 5
29	25 2	29 10	14 57	22 26	24 49	29 48	6 16	27 9
AUG 3	25 5	29 6	15 0	22 24	24 54	29 45	6 17	27 12
8	25 8	29 1	15 3	22 21	24 58	29 42	6 17R	27 16
13	25 10	28 56	15 6	22 17	25 2	29 38	6 16	27 20
18	25 11	28 51	15 9	22 14	25 7	29 34	6 16	27 24
23	25 12	28 47	15 11	22 10	25 11	29 31	6 15	27 28
28	25 12R	28 43	15 13	22 7	25 14	29 27	6 13	27 32
SEP 2	25 12	28 39	15 14	22 3	25 18	29 24	6 12	27 36
7	25 11	28 36	15 15	21 59	25 21	29 20	6 10	27 40
12	25 9	28 33	15 15	21 55	25 24	29 17	6 8	27 44
17	25 7	28 30	15 15R	21 51	25 27	29 13	6 6	27 47
22	25 4	28 28	15 15	21 47	25 30	29 10	6 3	27 51
27	25 1	28 26	15 14	21 43	25 32	29 7	6 0	27 54
OCT 2	24 57	28 25	15 13	21 39	25 34	29 4	5 57	27 58
7	24 53	28 24	15 11	21 35	25 35	29 2	5 54	28 1
12	24 49	28 24	15 9	21 32	25 36	29 0	5 51	28 3
17	24 43	28 24D	15 7	21 28	25 37	28 58	5 48	28 6
22	24 38	28 25	15 4	21 25	25 38	28 56	5 44	28 8
27	24 32	28 26	15 1	21 22	25 38R	28 54	5 41	28 10
NOV 1	24 26	28 28	14 58	21 19	25 37	28 53	5 37	28 12
6	24 20	28 30	14 54	21 17	25 37	28 53	5 34	28 13
11	24 14	28 32	14 50	21 15	25 36	28 52	5 30	28 15
16	24 8	28 36	14 46	21 13	25 34	28 52D	5 27	28 15
21	24 2	28 39	14 42	21 12	25 33	28 52	5 24	28 16
26	23 55	28 43	14 38	21 11	25 30	28 53	5 21	28 16
DEC 1	23 49	28 48	14 33	21 10	25 28	28 54	5 18	28 16R
6	23 43	28 52	14 29	21 10D	25 26	28 56	5 15	28 15
11	23 37	28 58	14 24	21 10	25 23	28 57	5 13	28 15
16	23 32	29 3	14 20	21 11	25 20	28 59	5 10	28 14
21	23 27	29 9	14 16	21 12	25 16	29 2	5 8	28 12
26	23 22	29 15	14 11	21 13	25 13	29 4	5 7	28 11
31	23♉ 18	29♑ 21	14♊ 7	21♓ 15	25♋ 9	29♒ 7	5♉ 5	28♌ 9
STATIONS	FEB 2	APR 29	FEB 25	JUN 21	APR 7	MAY 29	JAN 18	MAY 12
	AUG 27	OCT 12	SEP 15	DEC 5	OCT 25	NOV 14	AUG 5	NOV 26

1863

	♃	⚷	♄	⚳	♃	♆	⚷	♅
JAN 5	23♉ 14R	29♑ 27	14♊ 3R	21♓ 17	25♋ 5R	29♒ 11	5♉ 4R	28♌ 6R
10	23 11	29 34	14 0	21 20	25 2	29 14	5 3	28 4
15	23 8	29 40	13 56	21 23	24 58	29 18	5 3	28 1
20	23 6	29 47	13 53	21 26	24 54	29 22	5 3D	27 59
25	23 4	29 54	13 50	21 29	24 50	29 26	5 3	27 56
30	23 3	0♒ 0	13 48	21 33	24 46	29 30	5 4	27 52
FEB 4	23 3D	0 7	13 46	21 37	24 43	29 35	5 4	27 49
9	23 3	0 13	13 44	21 42	24 39	29 39	5 6	27 46
14	23 4	0 19	13 43	21 46	24 36	29 44	5 7	27 43
19	23 6	0 25	13 42	21 51	24 33	29 48	5 9	27 39
24	23 8	0 31	13 42	21 56	24 30	29 53	5 11	27 36
MAR 1	23 11	0 37	13 42D	22 1	24 27	29 57	5 14	27 33
6	23 14	0 42	13 42	22 6	24 25	0♓ 2	5 16	27 29
11	23 18	0 47	13 43	22 11	24 23	0 6	5 19	27 26
16	23 23	0 51	13 45	22 16	24 21	0 10	5 23	27 23
21	23 28	0 55	13 46	22 21	24 19	0 14	5 26	27 20
26	23 33	0 59	13 49	22 26	24 18	0 18	5 30	27 18
31	23 39	1 2	13 51	22 31	24 17	0 22	5 33	27 15
APR 5	23 46	1 5	13 54	22 36	24 17	0 26	5 37	27 13
10	23 52	1 7	13 57	22 40	24 17D	0 29	5 41	27 11
15	23 59	1 9	14 1	22 45	24 17	0 32	5 45	27 9
20	24 7	1 10	14 5	22 49	24 18	0 35	5 50	27 8
25	24 14	1 11	14 9	22 53	24 19	0 37	5 54	27 7
30	24 22	1 12	14 14	22 57	24 20	0 39	5 58	27 6
MAY 5	24 30	1 12R	14 18	23 1	24 22	0 41	6 2	27 5
10	24 38	1 11	14 23	23 4	24 24	0 43	6 6	27 5
15	24 46	1 10	14 28	23 7	24 26	0 44	6 10	27 5D
20	24 54	1 8	14 34	23 10	24 29	0 45	6 14	27 5
25	25 2	1 6	14 39	23 12	24 32	0 45	6 18	27 6
30	25 10	1 4	14 44	23 14	24 35	0 46	6 22	27 6
JUN 4	25 18	1 1	14 50	23 16	24 38	0 45R	6 26	27 8
9	25 25	0 58	14 55	23 17	24 42	0 45	6 29	27 9
14	25 33	0 54	15 1	23 18	24 46	0 44	6 32	27 11
19	25 40	0 51	15 6	23 18	24 50	0 43	6 35	27 13
24	25 47	0 46	15 11	23 18R	24 54	0 41	6 38	27 15
29	25 53	0 42	15 17	23 18	24 59	0 40	6 40	27 18
JUL 4	26 0	0 37	15 22	23 17	25 3	0 38	6 42	27 21
9	26 5	0 33	15 27	23 16	25 8	0 35	6 44	27 24
14	26 11	0 28	15 31	23 15	25 12	0 33	6 46	27 27
19	26 16	0 23	15 36	23 13	25 17	0 30	6 47	27 30
24	26 20	0 18	15 40	23 11	25 21	0 27	6 48	27 34
29	26 24	0 13	15 44	23 9	25 26	0 24	6 49	27 37
AUG 3	26 27	0 8	15 48	23 6	25 30	0 21	6 49	27 41
8	26 30	0 3	15 51	23 3	25 35	0 17	6 49R	27 45
13	26 32	29♑ 58	15 54	23 0	25 39	0 14	6 49	27 49
18	26 34	29 54	15 56	22 57	25 43	0 10	6 48	27 53
23	26 35	29 49	15 59	22 53	25 47	0 6	6 47	27 57
28	26 35	29 45	16 0	22 49	25 51	0 3	6 46	28 1
SEP 2	26 35R	29 41	16 2	22 46	25 55	29♒ 59	6 45	28 5
7	26 34	29 38	16 3	22 42	25 58	29 56	6 43	28 8
12	26 33	29 35	16 3	22 38	26 1	29 52	6 41	28 12
17	26 31	29 32	16 3R	22 34	26 4	29 49	6 39	28 16
22	26 28	29 30	16 3	22 30	26 7	29 46	6 36	28 20
27	26 25	29 28	16 2	22 26	26 9	29 43	6 33	28 23
OCT 2	26 22	29 26	16 1	22 22	26 11	29 40	6 30	28 26
7	26 17	29 26	16 0	22 18	26 12	29 37	6 27	28 29
12	26 13	29 25	15 58	22 14	26 14	29 35	6 24	28 32
17	26 8	29 25D	15 56	22 11	26 15	29 33	6 21	28 35
22	26 3	29 26	15 53	22 8	26 15	29 31	6 17	28 37
27	25 57	29 27	15 50	22 5	26 15R	29 30	6 14	28 39
NOV 1	25 51	29 28	15 47	22 2	26 15	29 29	6 11	28 41
6	25 45	29 30	15 43	21 59	26 14	29 28	6 7	28 42
11	25 39	29 33	15 39	21 57	26 13	29 27	6 4	28 44
16	25 33	29 36	15 35	21 56	26 12	29 27D	6 0	28 44
21	25 26	29 39	15 31	21 54	26 10	29 27	5 57	28 45
26	25 20	29 43	15 27	21 53	26 8	29 28	5 54	28 45
DEC 1	25 14	29 48	15 23	21 52	26 6	29 29	5 51	28 45R
6	25 8	29 52	15 18	21 52	26 4	29 30	5 48	28 45
11	25 2	29 57	15 14	21 52D	26 1	29 32	5 46	28 44
16	24 57	0♓ 3	15 9	21 53	25 58	29 34	5 43	28 43
21	24 51	0 8	15 5	21 54	25 54	29 36	5 41	28 42
26	24 46	0 14	15 0	21 55	25 51	29 39	5 40	28 40
31	24♉ 42	0♒ 20	14♊ 56	21♓ 56	25♋ 47	29♒ 42	5♉ 38	28♌ 38
STATIONS	FEB 3 / AUG 28	MAY 1 / OCT 14	FEB 26 / SEP 16	JUN 22 / DEC 6	APR 8 / OCT 26	MAY 30 / NOV 14	JAN 19 / AUG 6	MAY 12 / NOV 27

	♃	☾	♄	♀	♅	♆	⚷	♅
JAN 6	24♉ 38R	0♒ 27	14♊ 52R	21♓ 59	25♋ 44R	29♒ 45	5♉ 37R	28♌ 36R
11	24 35	0 33	14 49	22 1	25 40	29 49	5 36	28 33
16	24 32	0 40	14 45	22 4	25 36	29 52	5 36	28 31
21	24 29	0 46	14 42	22 7	25 32	29 56	5 35	28 28
26	24 28	0 53	14 39	22 11	25 28	0♓ 0	5 36D	28 25
31	24 26	1 0	14 37	22 15	25 25	0 5	5 36	28 22
FEB 5	24 26	1 6	14 35	22 19	25 21	0 9	5 37	28 19
10	24 26D	1 13	14 33	22 23	25 17	0 13	5 38	28 16
15	24 27	1 19	14 31	22 27	25 14	0 18	5 40	28 12
20	24 28	1 25	14 31	22 32	25 11	0 23	5 41	28 9
25	24 30	1 31	14 30	22 37	25 8	0 27	5 44	28 6
MAR 1	24 33	1 36	14 30D	22 42	25 5	0 32	5 46	28 2
6	24 36	1 42	14 30	22 47	25 3	0 36	5 49	27 59
11	24 40	1 47	14 31	22 52	25 1	0 40	5 52	27 56
16	24 44	1 51	14 32	22 57	24 59	0 45	5 55	27 53
21	24 49	1 55	14 34	23 2	24 57	0 49	5 58	27 50
26	24 54	1 59	14 36	23 7	24 56	0 53	6 2	27 47
31	25 0	2 2	14 39	23 12	24 55	0 57	6 5	27 45
APR 5	25 6	2 5	14 42	23 17	24 55	1 0	6 9	27 42
10	25 13	2 8	14 45	23 22	24 54D	1 4	6 13	27 40
15	25 20	2 10	14 48	23 26	24 55	1 7	6 17	27 39
20	25 27	2 11	14 52	23 30	24 55	1 9	6 22	27 37
25	25 34	2 12	14 56	23 35	24 56	1 12	6 26	27 36
30	25 42	2 13	15 1	23 38	24 57	1 14	6 30	27 35
MAY 5	25 50	2 13R	15 5	23 42	24 59	1 16	6 34	27 34
10	25 58	2 12	15 10	23 45	25 1	1 18	6 38	27 34
15	26 6	2 11	15 15	23 48	25 3	1 19	6 42	27 34D
20	26 14	2 10	15 21	23 51	25 6	1 20	6 46	27 34
25	26 22	2 8	15 26	23 54	25 9	1 20	6 50	27 35
30	26 30	2 6	15 31	23 56	25 12	1 21	6 54	27 35
JUN 4	26 38	2 3	15 37	23 57	25 15	1 21R	6 58	27 37
9	26 46	2 0	15 42	23 59	25 19	1 20	7 1	27 38
14	26 53	1 56	15 48	24 0	25 23	1 19	7 4	27 40
19	27 0	1 53	15 53	24 0	25 27	1 18	7 7	27 42
24	27 7	1 49	15 59	24 0R	25 31	1 17	7 10	27 44
29	27 14	1 44	16 4	24 0	25 35	1 15	7 13	27 46
JUL 4	27 20	1 40	16 9	23 59	25 40	1 13	7 15	27 49
9	27 26	1 35	16 14	23 59	25 44	1 11	7 17	27 52
14	27 32	1 30	16 19	23 57	25 49	1 8	7 18	27 55
19	27 37	1 25	16 23	23 56	25 54	1 6	7 20	27 59
24	27 41	1 20	16 27	23 54	25 58	1 3	7 21	28 2
29	27 45	1 15	16 31	23 51	26 3	1 0	7 21	28 6
AUG 3	27 49	1 10	16 35	23 49	26 7	0 56	7 22	28 10
8	27 52	1 5	16 38	23 46	26 12	0 53	7 22R	28 13
13	27 54	1 1	16 41	23 43	26 16	0 49	7 22	28 17
18	27 56	0 56	16 44	23 39	26 20	0 46	7 21	28 21
23	27 57	0 52	16 46	23 36	26 24	0 42	7 20	28 25
28	27 58	0 47	16 48	23 32	26 28	0 39	7 19	28 29
SEP 2	27 58R	0 43	16 50	23 28	26 32	0 35	7 18	28 33
7	27 57	0 40	16 51	23 25	26 35	0 31	7 16	28 37
12	27 56	0 37	16 51	23 21	26 38	0 28	7 14	28 41
17	27 54	0 34	16 52	23 17	26 41	0 25	7 12	28 45
22	27 52	0 31	16 52R	23 12	26 44	0 21	7 9	28 48
27	27 49	0 29	16 51	23 8	26 46	0 18	7 7	28 52
OCT 2	27 46	0 28	16 50	23 5	26 48	0 15	7 4	28 55
7	27 42	0 27	16 48	23 1	26 50	0 13	7 1	28 58
12	27 37	0 26	16 47	22 57	26 51	0 10	6 57	29 1
17	27 32	0 26D	16 44	22 54	26 52	0 8	6 54	29 3
22	27 27	0 27	16 42	22 50	26 53	0 7	6 51	29 6
27	27 22	0 27	16 39	22 47	26 53	0 5	6 47	29 8
NOV 1	27 16	0 29	16 36	22 44	26 53R	0 4	6 44	29 10
6	27 10	0 31	16 32	22 42	26 52	0 3	6 40	29 11
11	27 4	0 33	16 28	22 40	26 51	0 2	6 37	29 12
16	26 58	0 36	16 25	22 38	26 50	0 2D	6 34	29 13
21	26 51	0 39	16 20	22 36	26 48	0 2	6 30	29 14
26	26 45	0 43	16 16	22 35	26 46	0 3	6 27	29 14
DEC 1	26 39	0 47	16 12	22 35	26 44	0 4	6 24	29 14R
6	26 33	0 52	16 7	22 34	26 42	0 5	6 21	29 14
11	26 27	0 57	16 3	22 34D	26 39	0 7	6 19	29 13
16	26 21	1 2	15 58	22 35	26 36	0 9	6 16	29 12
21	26 16	1 8	15 54	22 36	26 33	0 11	6 14	29 11
26	26 11	1 14	15 50	22 37	26 29	0 13	6 13	29 9
31	26♉ 6	1♒ 20	15♊ 45	22♓ 38	26♋ 26	0♓ 17	6♉ 11	29♌ 7
STATIONS	FEB 6 / AUG 30	MAY 2 / OCT 15	FEB 28 / SEP 17	JUN 23 / DEC 7	APR 9 / OCT 27	MAY 30 / NOV 15	JAN 21 / AUG 6	MAY 13 / NOV 27

1865

	♃	ℭ	♄	⚷	♅	Ψ	⚸	♆
JAN 4	26♉ 2R	1♏ 26	15♊ 41R	22♓ 41	26♋ 22R	0♒ 20	6♉ 10R	29♌ 5R
9	25 58	1 33	15 38	22 43	26 18	0 23	6 9	29 3
14	25 55	1 39	15 34	22 46	26 14	0 27	6 8	29 0
19	25 53	1 46	15 31	22 49	26 10	0 31	6 8	28 58
24	25 51	1 52	15 28	22 52	26 7	0 35	6 8D	28 55
29	25 50	1 59	15 25	22 56	26 3	0 39	6 9	28 52
FEB 3	25 49	2 6	15 23	23 0	25 59	0 43	6 9	28 48
8	25 49D	2 12	15 21	23 4	25 56	0 48	6 11	28 45
13	25 49	2 18	15 20	23 9	25 52	0 52	6 12	28 42
18	25 50	2 24	15 19	23 13	25 49	0 57	6 14	28 38
23	25 52	2 30	15 18	23 18	25 46	1 1	6 16	28 35
28	25 55	2 36	15 18D	23 23	25 43	1 6	6 18	28 32
MAR 5	25 58	2 41	15 19	23 28	25 41	1 10	6 21	28 29
10	26 1	2 46	15 19	23 33	25 38	1 15	6 24	28 25
15	26 5	2 51	15 20	23 38	25 37	1 19	6 27	28 22
20	26 10	2 55	15 22	23 43	25 35	1 23	6 30	28 19
25	26 15	2 59	15 24	23 48	25 34	1 27	6 34	28 17
30	26 21	3 2	15 26	23 53	25 33	1 31	6 38	28 14
APR 4	26 27	3 6	15 29	23 58	25 32	1 35	6 41	28 12
9	26 33	3 8	15 32	24 3	25 32	1 38	6 45	28 10
14	26 40	3 10	15 36	24 7	25 32D	1 41	6 49	28 8
19	26 47	3 12	15 40	24 12	25 33	1 44	6 54	28 6
24	26 55	3 13	15 44	24 16	25 34	1 47	6 58	28 5
29	27 2	3 14	15 48	24 20	25 35	1 49	7 2	28 4
MAY 4	27 10	3 14R	15 53	24 23	25 36	1 51	7 6	28 3
9	27 18	3 13	15 58	24 27	25 38	1 53	7 10	28 3
14	27 26	3 13	16 3	24 30	25 40	1 54	7 14	28 3D
19	27 34	3 11	16 8	24 33	25 43	1 55	7 18	28 3
24	27 42	3 10	16 13	24 35	25 46	1 55	7 22	28 4
29	27 50	3 7	16 18	24 37	25 49	1 56	7 26	28 4
JUN 3	27 58	3 5	16 24	24 39	25 52	1 56R	7 30	28 5
8	28 6	3 2	16 29	24 40	25 56	1 55	7 33	28 7
13	28 13	2 58	16 35	24 41	26 0	1 55	7 36	28 9
18	28 21	2 55	16 40	24 42	26 4	1 54	7 40	28 10
23	28 28	2 51	16 46	24 42	26 8	1 52	7 42	28 13
28	28 35	2 46	16 51	24 42R	26 12	1 51	7 45	28 15
JUL 3	28 41	2 42	16 56	24 42	26 17	1 49	7 47	28 18
8	28 47	2 37	17 1	24 41	26 21	1 46	7 49	28 21
13	28 53	2 32	17 6	24 40	26 26	1 44	7 51	28 24
18	28 58	2 28	17 10	24 38	26 30	1 41	7 52	28 27
23	29 3	2 23	17 15	24 36	26 35	1 38	7 53	28 31
28	29 7	2 18	17 19	24 34	26 39	1 35	7 54	28 34
AUG 2	29 11	2 13	17 22	24 31	26 44	1 32	7 55	28 38
7	29 14	2 8	17 26	24 29	26 48	1 29	7 55R	28 42
12	29 16	2 3	17 29	24 25	26 53	1 25	7 55	28 46
17	29 18	1 58	17 32	24 22	26 57	1 21	7 54	28 50
22	29 20	1 54	17 34	24 19	27 1	1 18	7 53	28 54
27	29 21	1 49	17 36	24 15	27 5	1 14	7 52	28 58
SEP 1	29 21R	1 45	17 38	24 11	27 9	1 11	7 51	29 2
6	29 20	1 42	17 39	24 7	27 12	1 7	7 49	29 6
11	29 19	1 39	17 40	24 3	27 15	1 4	7 47	29 9
16	29 18	1 36	17 40	23 59	27 18	1 0	7 45	29 13
21	29 16	1 33	17 40R	23 55	27 21	0 57	7 42	29 17
26	29 13	1 31	17 39	23 51	27 23	0 54	7 40	29 20
OCT 1	29 10	1 29	17 38	23 47	27 25	0 51	7 37	29 23
6	29 6	1 28	17 37	23 44	27 27	0 48	7 34	29 27
11	29 2	1 27	17 35	23 40	27 28	0 46	7 31	29 29
16	28 57	1 27D	17 33	23 36	27 29	0 44	7 27	29 32
21	28 52	1 27	17 31	23 33	27 30	0 42	7 24	29 35
26	28 46	1 28	17 28	23 30	27 30	0 40	7 20	29 37
31	28 41	1 30	17 25	23 27	27 30R	0 39	7 17	29 39
NOV 5	28 35	1 31	17 21	23 24	27 30	0 38	7 14	29 40
10	28 29	1 34	17 17	23 22	27 29	0 38	7 10	29 41
15	28 22	1 36	17 14	23 20	27 28	0 37	7 7	29 42
20	28 16	1 40	17 9	23 19	27 26	0 38D	7 3	29 43
25	28 10	1 43	17 5	23 18	27 24	0 38	7 0	29 43
30	28 4	1 47	17 1	23 17	27 22	0 39	6 57	29 43R
DEC 5	27 57	1 52	16 56	23 16	27 20	0 40	6 54	29 43
10	27 51	1 57	16 52	23 16D	27 17	0 42	6 52	29 42
15	27 46	2 2	16 47	23 17	27 14	0 44	6 49	29 41
20	27 40	2 8	16 43	23 17	27 11	0 46	6 47	29 40
25	27 35	2 13	16 39	23 19	27 7	0 48	6 46	29 39
30	27♉ 30	2♏ 19	16♊ 34	23♓ 20	27♋ 4	0♒ 51	6♉ 44	29♌ 37
STATIONS	FEB 6	MAY 2	FEB 27	JUN 23	APR 9	MAY 30	JAN 19	MAY 13
	AUG 31	OCT 15	SEP 17	DEC 7	OCT 26	NOV 15	AUG 6	NOV 27

	♃	♄	☿	⚷	♅	♆	⚳	♓
JAN 4	27♉26R	2♏26	16♊30R	23♓22	27♋0R	0♓54	6♉43R	29♌35R
9	27 22	2 32	16 27	23 25	26 56	0 58	6 42	29 32
14	27 19	2 39	16 23	23 27	26 52	1 1	6 41	29 30
19	27 16	2 45	16 20	23 30	26 49	1 5	6 41	29 27
24	27 14	2 52	16 17	23 34	26 45	1 9	6 41D	29 24
29	27 13	2 58	16 14	23 37	26 41	1 13	6 41	29 21
FEB 3	27 12	3 5	16 12	23 41	26 37	1 18	6 42	29 18
8	27 12D	3 11	16 10	23 45	26 34	1 22	6 43	29 15
13	27 12	3 18	16 8	23 50	26 30	1 27	6 45	29 11
18	27 13	3 24	16 7	23 54	26 27	1 31	6 46	29 8
23	27 14	3 30	16 7	23 59	26 24	1 36	6 48	29 5
28	27 17	3 36	16 6	24 4	26 21	1 40	6 51	29 1
MAR 5	27 19	3 41	16 7D	24 9	26 19	1 45	6 53	28 58
10	27 23	3 46	16 7	24 14	26 16	1 49	6 56	28 55
15	27 27	3 51	16 8	24 19	26 14	1 53	6 59	28 52
20	27 31	3 55	16 10	24 24	26 13	1 58	7 2	28 49
25	27 36	3 59	16 12	24 29	26 11	2 2	7 6	28 46
30	27 42	4 3	16 14	24 34	26 10	2 6	7 10	28 44
APR 4	27 48	4 6	16 17	24 39	26 10	2 9	7 13	28 41
9	27 54	4 9	16 20	24 44	26 10	2 13	7 17	28 39
14	28 1	4 11	16 23	24 48	26 10D	2 16	7 22	28 37
19	28 8	4 13	16 27	24 53	26 10	2 19	7 26	28 36
24	28 15	4 14	16 31	24 57	26 11	2 21	7 30	28 34
29	28 23	4 15	16 35	25 1	26 12	2 24	7 34	28 33
MAY 4	28 30	4 15	16 40	25 5	26 14	2 26	7 38	28 33
9	28 38	4 15R	16 45	25 8	26 15	2 27	7 42	28 32
14	28 46	4 14	16 50	25 11	26 18	2 29	7 47	28 32
19	28 54	4 13	16 55	25 14	26 20	2 30	7 51	28 32D
24	29 2	4 11	17 0	25 17	26 23	2 30	7 54	28 33
29	29 10	4 9	17 5	25 19	26 26	2 31	7 58	28 33
JUN 3	29 18	4 7	17 11	25 21	26 29	2 31R	8 2	28 34
8	29 26	4 4	17 16	25 22	26 33	2 30	8 5	28 36
13	29 34	4 0	17 22	25 23	26 37	2 30	8 9	28 37
18	29 41	3 57	17 27	25 24	26 41	2 29	8 12	28 39
23	29 48	3 53	17 33	25 24	26 45	2 28	8 15	28 41
28	29 55	3 49	17 38	25 24R	26 49	2 26	8 17	28 44
JUL 3	0♊2	3 44	17 43	25 24	26 53	2 24	8 19	28 47
8	0 8	3 40	17 48	25 23	26 58	2 22	8 22	28 49
13	0 14	3 35	17 53	25 22	27 2	2 19	8 23	28 53
18	0 19	3 30	17 58	25 20	27 7	2 17	8 25	28 56
23	0 24	3 25	18 2	25 19	27 12	2 14	8 26	28 59
28	0 28	3 20	18 6	25 16	27 16	2 11	8 27	29 3
AUG 2	0 32	3 15	18 10	25 14	27 21	2 8	8 27	29 7
7	0 36	3 10	18 13	25 11	27 25	2 4	8 27	29 10
12	0 38	3 5	18 17	25 8	27 30	2 1	8 27R	29 14
17	0 41	3 0	18 19	25 5	27 34	1 57	8 27	29 18
22	0 42	2 56	18 22	25 1	27 38	1 54	8 26	29 22
27	0 43	2 52	18 24	24 58	27 42	1 50	8 25	29 26
SEP 1	0 44	2 48	18 26	24 54	27 46	1 46	8 24	29 30
6	0 43R	2 44	18 27	24 50	27 49	1 43	8 22	29 34
11	0 43	2 40	18 28	24 46	27 52	1 39	8 20	29 38
16	0 41	2 37	18 28	24 42	27 55	1 36	8 18	29 42
21	0 39	2 35	18 28R	24 38	27 58	1 33	8 15	29 45
26	0 37	2 33	18 28	24 34	28 1	1 30	8 13	29 49
OCT 1	0 34	2 31	18 27	24 30	28 3	1 27	8 10	29 52
6	0 30	2 29	18 25	24 26	28 4	1 24	8 7	29 55
11	0 26	2 29	18 24	24 23	28 6	1 21	8 4	29 58
16	0 21	2 28	18 22	24 19	28 7	1 19	8 1	0♍1
21	0 16	2 28D	18 19	24 16	28 8	1 17	7 57	0 3
26	0 11	2 29	18 17	24 12	28 8	1 16	7 54	0 5
31	0 5	2 30	18 14	24 10	28 8R	1 14	7 50	0 7
NOV 5	0 0	2 32	18 10	24 7	28 7	1 13	7 47	0 9
10	29♉54	2 34	18 6	24 5	28 7	1 13	7 43	0 10
15	29 47	2 37	18 3	24 3	28 5	1 12	7 40	0 11
20	29 41	2 40	17 59	24 1	28 4	1 13D	7 37	0 12
25	29 35	2 43	17 54	24 0	28 2	1 13	7 33	0 12
30	29 28	2 47	17 50	23 59	28 0	1 14	7 30	0 12R
DEC 5	29 22	2 52	17 45	23 58	27 58	1 15	7 28	0 12
10	29 16	2 57	17 41	23 58D	27 55	1 16	7 25	0 12
15	29 10	3 2	17 37	23 59	27 52	1 18	7 23	0 11
20	29 5	3 7	17 32	23 59	27 49	1 20	7 20	0 9
25	29 0	3 13	17 28	24 0	27 45	1 22	7 18	0 8
30	28♉55	3♏19	17♊24	24♓2	27♋42	1♓26	7♉17	0♍6
STATIONS	FEB 7	MAY 4	FEB 28	JUN 24	APR 10	MAY 31	JAN 20	MAY 14
	SEP 1	OCT 16	SEP 18	DEC 8	OCT 27	NOV 16	AUG 7	NOV 28

	♃	♄	⚷	⚹	♆	♇	⚸	✶
JAN 4	28♐50R	3♏25	17♊19R	24♓4	27♑38R	1♓29	7♉16R	0♍4
9	28 46	3 31	17 16	24 6	27 35	1 32	7 15	0 2
14	28 43	3 38	17 12	24 9	27 31	1 36	7 14	29♌59
19	28 40	3 45	17 9	24 12	27 27	1 40	7 14	29 57
24	28 38	3 51	17 6	24 15	27 23	1 44	7 14D	29 54
29	28 36	3 58	17 3	24 19	27 19	1 48	7 14	29 51
FEB 3	28 35	4 4	17 0	24 22	27 16	1 52	7 15	29 48
8	28 34	4 11	16 58	24 27	27 12	1 56	7 16	29 44
13	28 34D	4 17	16 57	24 31	27 8	2 1	7 17	29 41
18	28 35	4 23	16 56	24 36	27 5	2 5	7 19	29 38
23	28 37	4 30	16 55	24 40	27 2	2 10	7 21	29 34
28	28 39	4 35	16 55	24 45	26 59	2 15	7 23	29 31
MAR 5	28 41	4 41	16 55D	24 50	26 57	2 19	7 25	29 28
10	28 44	4 46	16 55	24 55	26 54	2 24	7 28	29 25
15	28 48	4 51	16 56	25 0	26 52	2 28	7 31	29 21
20	28 53	4 55	16 58	25 5	26 51	2 32	7 35	29 18
25	28 57	4 59	16 59	25 10	26 49	2 36	7 38	29 16
30	29 3	5 3	17 2	25 15	26 48	2 40	7 42	29 13
APR 4	29 9	5 6	17 4	25 20	26 47	2 44	7 46	29 11
9	29 15	5 9	17 7	25 25	26 47	2 47	7 50	29 9
14	29 21	5 11	17 11	25 30	26 47D	2 50	7 54	29 7
19	29 28	5 13	17 14	25 34	26 48	2 53	7 58	29 5
24	29 36	5 15	17 18	25 38	26 48	2 56	8 2	29 4
29	29 43	5 16	17 23	25 42	26 49	2 58	8 6	29 3
MAY 4	29 51	5 16	17 27	25 46	26 51	3 0	8 10	29 2
9	29 58	5 16R	17 32	25 50	26 53	3 2	8 14	29 1
14	0♑6	5 15	17 37	25 53	26 55	3 4	8 19	29 1
19	0 14	5 14	17 42	25 56	26 57	3 5	8 23	29 1D
24	0 23	5 13	17 47	25 58	27 0	3 5	8 27	29 2
29	0 31	5 11	17 53	26 1	27 3	3 6	8 30	29 2
JUN 3	0 39	5 8	17 58	26 3	27 6	3 6R	8 34	29 3
8	0 46	5 5	18 3	26 4	27 10	3 6	8 38	29 5
13	0 54	5 2	18 9	26 5	27 13	3 5	8 41	29 8
18	1 2	4 59	18 14	26 6	27 17	3 4	8 44	29 8
23	1 9	4 55	18 20	26 6	27 21	3 3	8 47	29 10
28	1 16	4 51	18 25	26 6R	27 26	3 1	8 49	29 13
JUL 3	1 23	4 46	18 30	26 6	27 30	2 59	8 52	29 15
8	1 29	4 42	18 35	26 5	27 35	2 57	8 54	29 18
13	1 35	4 37	18 40	26 4	27 39	2 55	8 56	29 21
18	1 40	4 32	18 45	26 3	27 44	2 52	8 57	29 24
23	1 45	4 27	18 49	26 1	27 48	2 49	8 58	29 28
28	1 50	4 22	18 53	25 59	27 53	2 46	8 59	29 31
AUG 2	1 54	4 17	18 57	25 56	27 58	2 43	9 0	29 35
7	1 57	4 12	19 1	25 54	28 2	2 40	9 0	29 39
12	2 0	4 7	19 4	25 51	28 6	2 36	9 0R	29 43
17	2 3	4 3	19 7	25 48	28 11	2 33	9 0	29 47
22	2 5	3 58	19 10	25 44	28 15	2 29	8 59	29 51
27	2 6	3 54	19 12	25 41	28 19	2 26	8 58	29 55
SEP 1	2 6	3 50	19 13	25 37	28 23	2 22	8 57	29 59
6	2 6R	3 46	19 15	25 33	28 26	2 18	8 55	0♍3
11	2 6	3 42	19 16	25 29	28 29	2 15	8 53	0 6
16	2 4	3 39	19 16	25 25	28 32	2 12	8 51	0 10
21	2 3	3 36	19 16R	25 21	28 35	2 8	8 49	0 14
26	2 0	3 34	19 16	25 17	28 38	2 5	8 46	0 17
OCT 1	1 57	3 32	19 15	25 13	28 40	2 2	8 43	0 21
6	1 54	3 31	19 14	25 9	28 42	1 59	8 40	0 24
11	1 50	3 30	19 12	25 5	28 43	1 57	8 37	0 27
16	1 46	3 29	19 10	25 2	28 44	1 55	8 34	0 30
21	1 41	3 29D	19 8	24 58	28 45	1 53	8 30	0 32
26	1 36	3 30	19 5	24 55	28 45	1 51	8 27	0 34
31	1 30	3 31	19 2	24 52	28 45R	1 50	8 24	0 36
NOV 5	1 24	3 32	18 59	24 50	28 45	1 49	8 20	0 38
10	1 18	3 35	18 55	24 47	28 44	1 48	8 17	0 39
15	1 12	3 37	18 52	24 45	28 43	1 48	8 13	0 40
20	1 6	3 40	18 48	24 43	28 42	1 48D	8 10	0 41
25	1 0	3 43	18 43	24 42	28 40	1 48	8 7	0 41
30	0 53	3 47	18 39	24 41	28 38	1 49	8 4	0 42R
DEC 5	0 47	3 52	18 35	24 41	28 36	1 50	8 1	0 41
10	0 41	3 56	18 30	24 40D	28 33	1 51	7 58	0 41
15	0 35	4 1	18 26	24 41	28 30	1 53	7 56	0 40
20	0 29	4 7	18 21	24 41	28 27	1 55	7 53	0 39
25	0 24	4 13	18 17	24 42	28 24	1 58	7 51	0 37
30	0♐19	4♏18	18♊13	24♓44	28♑20	2♓0	7♉50	0♍36
STATIONS	FEB 9	MAY 5	MAR 1	JUN 25	APR 11	JUN 1	JAN 21	MAY 14
	SEP 3	OCT 18	SEP 19	DEC 9	OCT 28	NOV 17	AUG 8	NOV 28

	♃	℄	♋	♈	⚴	♆	♄	♅
JAN 5	0♊15R	4♒25	18♊8R	24♓45	28♋16R	2♓3	7♉48R	0♍34R
10	0 10	4 31	18 5	24 48	28 13	2 7	7 47	0 31
15	0 7	4 37	18 1	24 50	28 9	2 10	7 47	0 29
20	0 4	4 44	17 57	24 53	28 5	2 14	7 46	0 26
25	0 1	4 51	17 54	24 56	28 1	2 18	7 46D	0 23
30	29♉59	4 57	17 52	25 0	27 57	2 22	7 47	0 20
FEB 4	29 58	5 4	17 49	25 4	27 54	2 26	7 47	0 17
9	29 57	5 10	17 47	25 8	27 50	2 31	7 48	0 14
14	29 57D	5 17	17 45	25 12	27 47	2 35	7 49	0 11
19	29 58	5 23	17 44	25 17	27 43	2 40	7 51	0 7
24	29 59	5 29	17 43	25 21	27 40	2 44	7 53	0 4
29	0♊1	5 35	17 43	25 26	27 37	2 49	7 55	0 1
MAR 5	0 3	5 40	17 43D	25 31	27 35	2 53	7 58	29♌57
10	0 6	5 46	17 43	25 36	27 32	2 58	8 0	29 54
15	0 10	5 51	17 44	25 41	27 30	3 2	8 4	29 51
20	0 14	5 55	17 46	25 46	27 28	3 6	8 7	29 48
25	0 19	6 0	17 47	25 51	27 27	3 11	8 10	29 45
30	0 24	6 3	17 49	25 56	27 26	3 14	8 14	29 43
APR 4	0 29	6 7	17 52	26 1	27 25	3 18	8 18	29 40
9	0 36	6 10	17 55	26 6	27 25	3 22	8 22	29 38
14	0 42	6 12	17 58	26 11	27 25D	3 25	8 26	29 36
19	0 49	6 14	18 2	26 15	27 25	3 28	8 30	29 34
24	0 56	6 15	18 6	26 20	27 26	3 31	8 34	29 33
29	1 3	6 16	18 10	26 24	27 27	3 33	8 38	29 32
MAY 4	1 11	6 17	18 14	26 28	27 28	3 35	8 42	29 31
9	1 19	6 17R	18 19	26 31	27 30	3 37	8 46	29 30
14	1 27	6 17	18 24	26 34	27 32	3 38	8 51	29 30
19	1 35	6 16	18 29	26 37	27 34	3 40	8 55	29 30D
24	1 43	6 14	18 34	26 40	27 37	3 40	8 59	29 31
29	1 51	6 12	18 40	26 42	27 40	3 41	9 2	29 31
JUN 3	1 59	6 10	18 45	26 44	27 43	3 41R	9 6	29 32
8	2 7	6 7	18 50	26 46	27 47	3 41	9 10	29 33
13	2 14	6 4	18 56	26 47	27 50	3 40	9 13	29 35
18	2 22	6 1	19 1	26 48	27 54	3 39	9 16	29 37
23	2 29	5 57	19 7	26 48	27 58	3 38	9 19	29 39
28	2 36	5 53	19 12	26 48R	28 2	3 37	9 22	29 41
JUL 3	2 43	5 49	19 17	26 48	28 7	3 35	9 24	29 44
8	2 50	5 44	19 22	26 48	28 11	3 33	9 26	29 47
13	2 56	5 39	19 27	26 46	28 16	3 30	9 28	29 50
18	3 1	5 35	19 32	26 45	28 20	3 28	9 30	29 53
23	3 7	5 30	19 37	26 43	28 25	3 25	9 31	29 56
28	3 11	5 25	19 41	26 41	28 30	3 22	9 32	0♍0
AUG 2	3 15	5 20	19 45	26 39	28 34	3 19	9 32	0 4
7	3 19	5 15	19 48	26 36	28 39	3 16	9 33	0 7
12	3 22	5 10	19 52	26 33	28 43	3 12	9 33R	0 11
17	3 25	5 5	19 55	26 30	28 48	3 9	9 32	0 15
22	3 27	5 0	19 57	26 27	28 52	3 5	9 32	0 19
27	3 28	4 56	20 0	26 23	28 56	3 1	9 31	0 23
SEP 1	3 29	4 52	20 1	26 20	28 59	2 58	9 29	0 27
6	3 29R	4 48	20 3	26 16	29 3	2 54	9 28	0 31
11	3 29	4 44	20 4	26 12	29 6	2 51	9 26	0 35
16	3 28	4 41	20 4	26 8	29 10	2 47	9 24	0 39
21	3 26	4 38	20 5R	26 4	29 12	2 44	9 22	0 42
26	3 24	4 36	20 4	26 0	29 15	2 41	9 19	0 46
OCT 1	3 21	4 34	20 4	25 56	29 17	2 38	9 16	0 49
6	3 18	4 32	20 2	25 52	29 19	2 35	9 13	0 53
11	3 14	4 31	20 1	25 48	29 20	2 32	9 10	0 55
16	3 10	4 30	19 59	25 44	29 22	2 30	9 7	0 58
21	3 5	4 30D	19 57	25 41	29 22	2 28	9 4	1 1
26	3 0	4 31	19 54	25 38	29 23	2 26	9 0	1 3
31	2 55	4 32	19 51	25 35	29 23R	2 25	8 57	1 5
NOV 5	2 49	4 33	19 48	25 32	29 23	2 24	8 53	1 7
10	2 43	4 35	19 44	25 30	29 22	2 23	8 50	1 8
15	2 37	4 37	19 41	25 28	29 21	2 23	8 46	1 9
20	2 31	4 40	19 37	25 26	29 20	2 23D	8 43	1 10
25	2 24	4 44	19 33	25 24	29 18	2 23	8 40	1 11
30	2 18	4 47	19 28	25 23	29 16	2 24	8 37	1 11R
DEC 5	2 12	4 52	19 24	25 23	29 14	2 25	8 34	1 10
10	2 6	4 56	19 19	25 22	29 11	2 26	8 31	1 10
15	2 0	5 1	19 15	25 23D	29 8	2 28	8 29	1 9
20	1 54	5 7	19 10	25 23	29 5	2 30	8 26	1 8
25	1 49	5 12	19 6	25 24	29 2	2 32	8 24	1 7
30	1♊43	5♒18	19♊2	25♓25	28♋58	2♓35	8♉23	1♍5
TATIONS	FEB 12	MAY 6	MAR 2	JUN 26	APR 11	JUN 2	JAN 23	MAY 15
	SEP 5	OCT 19	SEP 20	DEC 10	OCT 29	NOV 18	AUG 9	NOV 29

1869

	Cupido	Hades	Zeus	Kronos	Apollon	Admetos	Vulkanus	Poseidon
JAN 3	1♊ 39R	5♒ 24	18♊ 58R	25♓ 27	28♋ 53R	2♓ 38	8♉ 21R	1♍ 3R
8	1 34	5 30	18 54	25 29	28 51	2 41	8 20	1 1
13	1 31	5 37	18 50	25 32	28 47	2 45	8 19	0 58
18	1 27	5 43	18 46	25 35	28 43	2 48	8 19	0 56
23	1 25	5 50	18 43	25 38	28 39	2 52	8 19D	0 53
28	1 23	5 57	18 40	25 41	28 36	2 57	8 19	0 50
FEB 2	1 21	6 3	18 38	25 45	28 32	3 1	8 20	0 47
7	1 20	6 10	18 36	25 49	28 28	3 5	8 21	0 43
12	1 20D	6 16	18 34	25 53	28 25	3 10	8 22	0 40
17	1 20	6 22	18 33	25 58	28 21	3 14	8 23	0 37
22	1 21	6 29	18 32	26 3	28 18	3 19	8 25	0 33
27	1 23	6 34	18 31	26 7	28 15	3 23	8 28	0 30
MAR 4	1 25	6 40	18 31D	26 12	28 13	3 28	8 30	0 27
9	1 28	6 46	18 31	26 17	28 10	3 32	8 33	0 24
14	1 31	6 51	18 32	26 22	28 8	3 37	8 36	0 21
19	1 35	6 55	18 33	26 27	28 6	3 41	8 39	0 18
24	1 40	7 0	18 35	26 33	28 5	3 45	8 42	0 15
29	1 45	7 3	18 37	26 38	28 4	3 49	8 46	0 12
APR 3	1 50	7 7	18 40	26 42	28 3	3 53	8 50	0 10
8	1 56	7 10	18 42	26 47	28 2	3 56	8 54	0 7
13	2 3	7 12	18 46	26 52	28 2D	4 0	8 58	0 5
18	2 9	7 15	18 49	26 57	28 2	4 3	9 2	0 4
23	2 16	7 16	18 53	27 1	28 3	4 5	9 6	0 2
28	2 24	7 17	18 57	27 5	28 4	4 8	9 10	0 1
MAY 3	2 31	7 18	19 2	27 9	28 5	4 10	9 14	0 0
8	2 39	7 18R	19 6	27 13	28 7	4 12	9 19	0 0
13	2 47	7 18	19 11	27 16	28 9	4 13	9 23	29♌ 59
18	2 55	7 17	19 16	27 19	28 11	4 15	9 27	29 59D
23	3 3	7 16	19 21	27 22	28 14	4 15	9 31	0♍ 0
28	3 11	7 14	19 27	27 24	28 17	4 16	9 35	0 0
JUN 2	3 19	7 12	19 32	27 26	28 20	4 16	9 38	0 1
7	3 27	7 9	19 37	27 28	28 24	4 16R	9 42	0 2
12	3 35	7 6	19 43	27 29	28 27	4 15	9 45	0 4
17	3 42	7 3	19 48	27 30	28 31	4 15	9 48	0 6
22	3 50	6 59	19 54	27 30	28 35	4 13	9 51	0 8
27	3 57	6 55	19 59	27 31R	28 39	4 12	9 54	0 10
JUL 2	4 4	6 51	20 4	27 30	28 44	4 10	9 56	0 13
7	4 10	6 46	20 10	27 30	28 48	4 8	9 59	0 15
12	4 16	6 42	20 15	27 29	28 53	4 6	10 1	0 18
17	4 22	6 37	20 19	27 27	28 57	4 3	10 2	0 22
22	4 28	6 32	20 24	27 26	29 2	4 1	10 3	0 25
27	4 33	6 27	20 28	27 24	29 6	3 58	10 4	0 29
AUG 1	4 37	6 22	20 32	27 22	29 11	3 54	10 5	0 32
6	4 41	6 17	20 36	27 19	29 16	3 51	10 5	0 36
11	4 44	6 12	20 39	27 16	29 20	3 48	10 5R	0 40
16	4 47	6 7	20 42	27 13	29 24	3 44	10 5	0 44
21	4 49	6 3	20 45	27 10	29 28	3 41	10 5	0 48
26	4 51	5 58	20 47	27 6	29 33	3 37	10 4	0 52
31	4 52	5 54	20 49	27 2	29 36	3 33	10 2	0 56
SEP 5	4 52	5 50	20 51	26 59	29 40	3 30	10 1	1 0
10	4 52R	5 46	20 52	26 55	29 43	3 26	9 59	1 4
15	4 51	5 43	20 52	26 51	29 47	3 23	9 57	1 7
20	4 50	5 40	20 53	26 47	29 49	3 19	9 55	1 11
25	4 48	5 37	20 53R	26 43	29 52	3 16	9 52	1 15
30	4 45	5 35	20 52	26 39	29 54	3 13	9 49	1 18
OCT 5	4 42	5 34	20 51	26 35	29 56	3 10	9 47	1 21
10	4 38	5 32	20 50	26 31	29 58	3 8	9 43	1 24
15	4 34	5 32	20 48	26 27	29 59	3 6	9 40	1 27
20	4 30	5 31D	20 46	26 24	0♌ 0	3 3	9 37	1 30
25	4 25	5 32	20 43	26 20	0 0	3 2	9 33	1 32
30	4 19	5 32	20 40	26 17	0 0R	3 0	9 30	1 34
NOV 4	4 14	5 34	20 37	26 15	0 0	2 59	9 27	1 36
9	4 8	5 36	20 33	26 12	0 0	2 58	9 23	1 37
14	4 2	5 38	20 30	26 10	29♋ 59	2 58	9 20	1 38
19	3 56	5 41	20 26	26 8	29 57	2 58D	9 16	1 39
24	3 49	5 44	20 22	26 7	29 56	2 58	9 13	1 40
29	3 43	5 47	20 17	26 6	29 54	2 59	9 10	1 40
DEC 4	3 37	5 52	20 13	26 5	29 52	3 0	9 7	1 40R
9	3 30	5 56	20 8	26 4	29 49	3 1	9 4	1 39
14	3 24	6 1	20 4	26 5D	29 46	3 3	9 2	1 38
19	3 19	6 6	19 59	26 5	29 43	3 5	8 59	1 37
24	3 13	6 12	19 55	26 6	29 40	3 7	8 57	1 36
29	3♊ 8	6♒ 18	19♊ 51	26♓ 7	29♋ 36	3♓ 10	8♉ 56	1♍ 34
STATIONS	FEB 11	MAY 6	MAR 2	JUN 26	APR 11	JUN 2	JAN 22	MAY 15
	SEP 5	OCT 19	SEP 20	DEC 10	OCT 29	NOV 17	AUG 8	NOV 29

	♃	♄	⚷	♀	♃	♆	☊	♓
JAN 3	3♊ 3R	6♏ 24	19♊ 47R	26♓ 9	29♋ 33R	3♓ 13	8♉ 54R	1♌ 32R
8	2 59	6 30	19 43	26 11	29 29	3 16	8 53	1 30
13	2 55	6 36	19 39	26 13	29 25	3 19	8 52	1 28
18	2 51	6 43	19 35	26 16	29 22	3 23	8 52	1 25
23	2 48	6 49	19 32	26 19	29 18	3 27	8 52D	1 22
28	2 46	6 56	19 29	26 23	29 14	3 31	8 52	1 19
FEB 2	2 44	7 3	19 27	26 26	29 10	3 35	8 52	1 16
7	2 43	7 9	19 24	26 30	29 6	3 40	8 53	1 13
12	2 43	7 16	19 22	26 35	29 3	3 44	8 54	1 10
17	2 43D	7 22	19 21	26 39	28 59	3 48	8 56	1 6
22	2 44	7 28	19 20	26 44	28 56	3 53	8 58	1 3
27	2 45	7 34	19 19	26 49	28 53	3 58	9 0	1 0
MAR 4	2 47	7 40	19 19D	26 53	28 51	4 2	9 2	0 56
9	2 50	7 45	19 20	26 58	28 48	4 7	9 5	0 53
14	2 53	7 50	19 20	27 3	28 46	4 11	9 8	0 50
19	2 57	7 55	19 21	27 9	28 44	4 15	9 11	0 47
24	3 1	8 0	19 23	27 14	28 42	4 19	9 15	0 44
29	3 6	8 4	19 25	27 19	28 41	4 23	9 18	0 42
APR 3	3 11	8 7	19 27	27 24	28 40	4 27	9 22	0 39
8	3 17	8 10	19 30	27 28	28 40	4 31	9 26	0 37
13	3 23	8 13	19 33	27 33	28 40D	4 34	9 30	0 35
18	3 30	8 15	19 37	27 38	28 40	4 37	9 34	0 33
23	3 37	8 17	19 40	27 42	28 40	4 40	9 38	0 31
28	3 44	8 18	19 44	27 46	28 41	4 42	9 42	0 30
MAY 3	3 51	8 19	19 49	27 50	28 43	4 45	9 46	0 29
8	3 59	8 19	19 53	27 54	28 44	4 47	9 51	0 29
13	4 7	8 19R	19 58	27 57	28 46	4 48	9 55	0 28
18	4 15	8 18	20 3	28 0	28 48	4 49	9 59	0 28D
23	4 23	8 17	20 8	28 3	28 51	4 50	10 3	0 29
28	4 31	8 15	20 14	28 6	28 54	4 51	10 7	0 29
JUN 2	4 39	8 13	20 19	28 8	28 57	4 51	10 10	0 30
7	4 47	8 11	20 25	28 9	29 0	4 51R	10 14	0 31
12	4 55	8 8	20 30	28 11	29 4	4 51	10 17	0 33
17	5 3	8 5	20 35	28 12	29 8	4 50	10 21	0 34
22	5 10	8 1	20 41	28 12	29 12	4 49	10 24	0 37
27	5 17	7 57	20 46	28 13	29 16	4 47	10 26	0 39
JUL 2	5 24	7 53	20 52	28 12R	29 20	4 46	10 29	0 41
7	5 31	7 49	20 57	28 12	29 25	4 44	10 31	0 44
12	5 37	7 44	21 2	28 11	29 29	4 41	10 33	0 47
17	5 43	7 39	21 7	28 10	29 34	4 39	10 35	0 50
22	5 49	7 34	21 11	28 8	29 39	4 36	10 36	0 54
27	5 54	7 29	21 15	28 6	29 43	4 33	10 37	0 57
AUG 1	5 58	7 24	21 20	28 4	29 48	4 30	10 38	1 1
6	6 2	7 19	21 23	28 2	29 52	4 27	10 38	1 5
11	6 6	7 14	21 27	27 59	29 57	4 23	10 38R	1 8
16	6 9	7 10	21 30	27 56	0♌ 1	4 20	10 38	1 12
21	6 11	7 5	21 33	27 52	0 5	4 16	10 37	1 16
26	6 13	7 0	21 35	27 49	0 9	4 13	10 37	1 20
31	6 14	6 56	21 37	27 45	0 13	4 9	10 35	1 24
SEP 5	6 15	6 52	21 39	27 41	0 17	4 6	10 34	1 28
10	6 15R	6 48	21 40	27 37	0 20	4 2	10 32	1 32
15	6 14	6 45	21 41	27 33	0 24	3 58	10 30	1 36
20	6 13	6 42	21 41	27 29	0 26	3 55	10 28	1 40
25	6 11	6 39	21 41R	27 25	0 29	3 52	10 25	1 43
30	6 9	6 37	21 40	27 21	0 31	3 49	10 23	1 47
OCT 5	6 6	6 35	21 39	27 17	0 33	3 46	10 20	1 50
10	6 2	6 34	21 38	27 14	0 35	3 43	10 17	1 53
15	5 58	6 33	21 36	27 10	0 36	3 41	10 13	1 56
20	5 54	6 32	21 34	27 6	0 37	3 39	10 10	1 58
25	5 49	6 33D	21 32	27 3	0 38	3 37	10 7	2 1
30	5 44	6 33	21 29	27 0	0 38	3 36	10 3	2 3
NOV 4	5 38	6 34	21 26	26 57	0 38R	3 34	10 0	2 4
9	5 33	6 36	21 22	26 55	0 37	3 33	9 56	2 6
14	5 27	6 38	21 19	26 52	0 36	3 33	9 53	2 7
19	5 20	6 41	21 15	26 50	0 35	3 33D	9 50	2 8
24	5 14	6 44	21 11	26 49	0 34	3 33	9 46	2 9
29	5 8	6 48	21 6	26 48	0 32	3 34	9 43	2 9
DEC 4	5 1	6 52	21 2	26 47	0 30	3 34	9 40	2 9R
9	4 55	6 56	20 58	26 47	0 27	3 36	9 37	2 8
14	4 49	7 1	20 53	26 47D	0 24	3 37	9 35	2 8
19	4 43	7 6	20 49	26 47	0 21	3 39	9 33	2 7
24	4 38	7 11	20 44	26 48	0 18	3 42	9 30	2 5
29	4♊ 32	7♏ 17	20♊ 40	26♓ 49	0♌ 15	3♓ 44	9♉ 29	2♌ 4
STATIONS	FEB 13	MAY 8	MAR 3	JUN 27	APR 12	JUN 2	JAN 22	MAY 15
	SEP 7	OCT 21	SEP 21	DEC 11	OCT 30	NOV 18	AUG 9	NOV 30

1871

	♃	ℭ	⚷	♀	♅	♇	⚓	✕
JAN 3	4♊27R	7≈23	20♊36R	26♓51	0♌11R	3♓47	9♉27R	2⚳2R
8	4 23	7 29	20 32	26 53	0 7	3 50	9 26	2 0
13	4 19	7 36	20 28	26 55	0 4	3 54	9 25	1 57
18	4 15	7 42	20 24	26 58	0 0	3 57	9 25	1 55
23	4 12	7 49	20 21	27 1	29♋56	4 1	9 24	1 52
28	4 10	7 55	20 18	27 4	29 52	4 5	9 24D	1 49
FEB 2	4 8	8 2	20 15	27 8	29 48	4 10	9 25	1 46
7	4 6	8 9	20 13	27 12	29 45	4 14	9 26	1 43
12	4 6	8 15	20 11	27 16	29 41	4 18	9 27	1 39
17	4 6D	8 21	20 10	27 20	29 38	4 23	9 28	1 36
22	4 6	8 28	20 8	27 25	29 34	4 27	9 30	1 33
27	4 7	8 34	20 8	27 30	29 31	4 32	9 32	1 29
MAR 4	4 9	8 39	20 7	27 35	29 29	4 36	9 35	1 26
9	4 12	8 45	20 8D	27 40	29 26	4 41	9 37	1 23
14	4 15	8 50	20 8	27 45	29 24	4 45	9 40	1 20
19	4 18	8 55	20 9	27 50	29 22	4 50	9 43	1 17
24	4 22	9 0	20 11	27 55	29 20	4 54	9 47	1 14
29	4 27	9 4	20 13	28 0	29 19	4 58	9 50	1 11
APR 3	4 32	9 7	20 15	28 5	29 18	5 2	9 54	1 8
8	4 38	9 11	20 18	28 10	29 18	5 5	9 58	1 6
13	4 44	9 13	20 21	28 14	29 17	5 9	10 2	1 4
18	4 51	9 16	20 24	28 19	29 17D	5 12	10 6	1 2
23	4 57	9 18	20 28	28 23	29 18	5 15	10 10	1 1
28	5 4	9 19	20 32	28 28	29 19	5 17	10 14	1 0
MAY 3	5 12	9 20	20 36	28 32	29 20	5 19	10 18	0 59
8	5 19	9 20	20 41	28 35	29 22	5 21	10 23	0 58
13	5 27	9 20R	20 45	28 39	29 23	5 23	10 27	0 57
18	5 35	9 20	20 50	28 42	29 26	5 24	10 31	0 57D
23	5 43	9 18	20 56	28 45	29 28	5 25	10 35	0 58
28	5 51	9 17	21 1	28 47	29 31	5 26	10 39	0 58
JUN 2	5 59	9 15	21 6	28 49	29 34	5 26	10 43	0 59
7	6 7	9 13	21 12	28 51	29 37	5 26R	10 46	1 0
12	6 15	9 10	21 17	28 53	29 41	5 26	10 50	1 2
17	6 23	9 7	21 23	28 54	29 45	5 25	10 53	1 3
22	6 30	9 3	21 28	28 54	29 49	5 24	10 56	1 5
27	6 38	8 59	21 33	28 55	29 53	5 23	10 59	1 8
JUL 2	6 45	8 55	21 39	28 55R	29 57	5 21	11 1	1 10
7	6 52	8 51	21 44	28 54	0♌2	5 19	11 3	1 13
12	6 58	8 46	21 49	28 53	0 6	5 17	11 5	1 16
17	7 4	8 42	21 54	28 52	0 11	5 14	11 7	1 19
22	7 10	8 37	21 58	28 51	0 15	5 12	11 8	1 22
27	7 15	8 32	22 3	28 49	0 20	5 9	11 10	1 26
AUG 1	7 20	8 27	22 7	28 47	0 24	5 6	11 10	1 29
6	7 24	8 22	22 11	28 44	0 29	5 2	11 11	1 33
11	7 28	8 17	22 14	28 41	0 34	4 59	11 11R	1 37
16	7 31	8 12	22 17	28 38	0 38	4 56	11 11	1 41
21	7 33	8 7	22 20	28 35	0 42	4 52	11 10	1 45
26	7 35	8 2	22 23	28 32	0 46	4 48	11 9	1 49
31	7 37	7 58	22 25	28 28	0 50	4 45	11 8	1 53
SEP 5	7 37	7 54	22 27	28 24	0 54	4 41	11 7	1 57
10	7 38R	7 50	22 28	28 20	0 57	4 38	11 5	2 1
15	7 37	7 47	22 29	28 16	1 0	4 34	11 3	2 4
20	7 36	7 43	22 29	28 12	1 4	4 31	11 1	2 8
25	7 35	7 41	22 29R	28 8	1 6	4 28	10 58	2 12
30	7 32	7 38	22 29	28 4	1 9	4 24	10 56	2 15
OCT 5	7 30	7 36	22 28	28 0	1 11	4 22	10 53	2 18
10	7 26	7 35	22 27	27 56	1 12	4 19	10 50	2 21
15	7 23	7 34	22 25	27 53	1 14	4 16	10 47	2 24
20	7 18	7 34	22 23	27 49	1 15	4 14	10 43	2 27
25	7 14	7 34D	22 21	27 46	1 15	4 12	10 40	2 29
30	7 8	7 34	22 18	27 43	1 16	4 11	10 37	2 31
NOV 4	7 3	7 35	22 15	27 40	1 15R	4 10	10 33	2 33
9	6 57	7 37	22 11	27 37	1 15	4 9	10 30	2 35
14	6 51	7 39	22 8	27 35	1 14	4 8	10 26	2 36
19	6 45	7 41	22 4	27 33	1 13	4 8D	10 23	2 37
24	6 39	7 44	22 0	27 31	1 11	4 9	10 19	2 38
29	6 33	7 48	21 56	27 30	1 10	4 9	10 16	2 38
DEC 4	6 26	7 52	21 51	27 29	1 7	4 9	10 13	2 38R
9	6 20	7 56	21 47	27 29	1 5	4 11	10 11	2 38
14	6 14	8 1	21 42	27 29D	1 2	4 12	10 8	2 37
19	6 8	8 6	21 38	27 29	0 59	4 14	10 6	2 36
24	6 2	8 11	21 33	27 30	0 56	4 16	10 3	2 35
29	5♊57	8≈17	21♊29	27♓31	0♌53	4♓19	10♉2	2⚳33
STATIONS	FEB 14	MAY 9	MAR 4	JUN 28	APR 13	JUN 3	JAN 23	MAY 16
	SEP 8	OCT 22	SEP 22	DEC 12	OCT 31	NOV 19	AUG 10	NOV 30

1872

	♃	♄	⛢	♈	♅	♆	⚷	✶
JAN 4	5♊52R	8♒23	21♊25R	27♓32	0♌49R	4♓22	10♉0R	2♈31R
9	5 47	8 29	21 21	27 34	0 46	4 25	9 59	2 29
14	5 43	8 35	21 17	27 37	0 42	4 28	9 58	2 27
19	5 39	8 42	21 13	27 39	0 38	4 32	9 57	2 24
24	5 36	8 48	21 10	27 42	0 34	4 36	9 57	2 21
29	5 33	8 55	21 7	27 45	0 30	4 40	9 57D	2 18
FEB 3	5 31	9 1	21 4	27 49	0 26	4 44	9 58	2 15
8	5 30	9 8	21 2	27 53	0 23	4 48	9 58	2 12
13	5 29	9 14	21 0	27 57	0 19	4 53	9 59	2 9
18	5 28D	9 21	20 58	28 2	0 16	4 57	10 1	2 6
23	5 29	9 27	20 57	28 6	0 12	5 2	10 3	2 2
28	5 30	9 33	20 56	28 11	0 9	5 6	10 5	1 59
MAR 4	5 31	9 39	20 56	28 16	0 7	5 11	10 7	1 56
9	5 34	9 45	20 56D	28 21	0 4	5 15	10 10	1 52
14	5 36	9 50	20 56	28 26	0 2	5 20	10 12	1 49
19	5 40	9 55	20 57	28 31	0 0	5 24	10 15	1 46
24	5 44	9 59	20 59	28 36	29♋58	5 28	10 19	1 43
29	5 48	10 4	21 0	28 41	29 57	5 32	10 22	1 40
APR 3	5 53	10 7	21 3	28 46	29 56	5 36	10 26	1 38
8	5 59	10 11	21 5	28 51	29 55	5 40	10 30	1 36
13	6 5	10 14	21 8	28 56	29 55	5 43	10 34	1 34
18	6 11	10 16	21 11	29 0	29 55D	5 46	10 38	1 32
23	6 18	10 18	21 15	29 5	29 55	5 49	10 42	1 30
28	6 25	10 20	21 19	29 9	29 56	5 52	10 46	1 29
MAY 3	6 32	10 21	21 23	29 13	29 57	5 54	10 50	1 28
8	6 40	10 21	21 28	29 17	29 59	5 56	10 55	1 27
13	6 47	10 21R	21 33	29 20	0♌1	5 58	10 59	1 27
18	6 55	10 21	21 38	29 23	0 3	5 59	11 3	1 26D
23	7 3	10 20	21 43	29 26	0 5	6 0	11 7	1 27
28	7 11	10 18	21 48	29 29	0 8	6 1	11 11	1 27
JUN 2	7 19	10 17	21 53	29 31	0 11	6 1	11 15	1 28
7	7 27	10 14	21 59	29 33	0 14	6 1R	11 18	1 29
12	7 35	10 12	22 4	29 34	0 18	6 1	11 22	1 30
17	7 43	10 9	22 10	29 36	0 22	6 0	11 25	1 32
22	7 51	10 5	22 15	29 36	0 26	5 59	11 28	1 34
27	7 58	10 1	22 20	29 37	0 30	5 58	11 31	1 36
JUL 2	8 5	9 57	22 26	29 37R	0 34	5 56	11 33	1 39
7	8 12	9 53	22 31	29 36	0 38	5 55	11 36	1 41
12	8 19	9 49	22 36	29 36	0 43	5 52	11 38	1 44
17	8 25	9 44	22 41	29 34	0 47	5 50	11 40	1 48
22	8 31	9 39	22 46	29 33	0 52	5 47	11 41	1 51
27	8 36	9 34	22 50	29 31	0 57	5 44	11 42	1 54
AUG 1	8 41	9 29	22 54	29 29	1 1	5 41	11 43	1 58
6	8 45	9 24	22 58	29 27	1 6	5 38	11 43	2 2
11	8 49	9 19	23 2	29 24	1 10	5 35	11 44	2 5
16	8 53	9 14	23 5	29 21	1 15	5 31	11 43R	2 9
21	8 55	9 9	23 8	29 18	1 19	5 28	11 43	2 13
26	8 58	9 5	23 10	29 14	1 23	5 24	11 42	2 17
31	8 59	9 0	23 13	29 11	1 27	5 21	11 41	2 21
SEP 5	9 0	8 56	23 14	29 7	1 31	5 17	11 40	2 25
10	9 0	8 52	23 16	29 3	1 34	5 13	11 38	2 29
15	9 0R	8 49	23 17	28 59	1 38	5 10	11 36	2 33
20	8 59	8 45	23 17	28 55	1 41	5 6	11 34	2 37
25	8 58	8 42	23 17R	28 51	1 43	5 3	11 32	2 40
30	8 53	8 40	23 17	28 47	1 46	5 0	11 29	2 44
OCT 5	8 53	8 38	23 16	28 43	1 48	4 57	11 26	2 47
10	8 50	8 36	23 15	28 39	1 50	4 54	11 23	2 50
15	8 47	8 35	23 14	28 35	1 51	4 52	11 20	2 53
20	8 43	8 35	23 12	28 32	1 52	4 50	11 17	2 56
25	8 38	8 35D	23 9	28 28	1 53	4 48	11 13	2 58
30	8 33	8 35	23 7	28 25	1 53	4 46	11 10	3 0
NOV 4	8 28	8 36	23 4	28 22	1 53R	4 45	11 6	3 2
9	8 22	8 37	23 0	28 20	1 53	4 44	11 3	3 4
14	8 16	8 39	22 57	28 17	1 52	4 43	10 59	3 5
19	8 10	8 42	22 53	28 15	1 51	4 43	10 56	3 6
24	8 4	8 45	22 49	28 14	1 49	4 43D	10 53	3 7
29	7 58	8 48	22 45	28 12	1 48	4 44	10 50	3 7
DEC 4	7 51	8 52	22 40	28 11	1 45	4 44	10 47	3 7R
9	7 45	8 56	22 36	28 11	1 43	4 45	10 44	3 7
14	7 39	9 0	22 31	28 11D	1 40	4 47	10 41	3 6
19	7 33	9 5	22 27	28 11	1 37	4 49	10 39	3 5
24	7 27	9 11	22 22	28 12	1 34	4 51	10 36	3 4
29	7♊21	9♒16	22♊18	28♓13	1♌31	4♓54	10♉35	3♈2
STATIONS	FEB 17	MAY 10	MAR 5	JUN 29	APR 14	JUN 4	JAN 25	MAY 17
	SEP 10	OCT 23	SEP 23	DEC 13	NOV 1	NOV 20	AUG 11	DEC 1

1873

	♃	♄	⚷	⚶	♅	♆	⚴	⚵
JAN 2	7♊16R	9≈22	22♊14R	28♓14	1♌27R	4♓56	10♉33R	3♍0R
7	7 11	9 28	22 10	28 16	1 24	4 59	10 32	2 58
12	7 7	9 35	22 6	28 18	1 20	5 3	10 31	2 56
17	7 3	9 41	22 2	28 21	1 16	5 6	10 30	2 54
22	7 0	9 48	21 59	28 24	1 12	5 10	10 30	2 51
27	6 57	9 54	21 56	28 27	1 8	5 14	10 30D	2 48
FEB 1	6 54	10 1	21 53	28 30	1 5	5 18	10 30	2 45
6	6 53	10 7	21 50	28 34	1 1	5 23	10 31	2 42
11	6 52	10 14	21 48	28 38	0 57	5 27	10 32	2 38
16	6 51	10 20	21 47	28 43	0 54	5 31	10 33	2 35
21	6 51D	10 27	21 45	28 47	0 51	5 36	10 35	2 32
26	6 52	10 33	21 44	28 52	0 48	5 41	10 37	2 28
MAR 3	6 54	10 39	21 44	28 57	0 45	5 45	10 39	2 25
8	6 56	10 44	21 44D	29 2	0 42	5 50	10 42	2 22
13	6 58	10 50	21 44	29 7	0 40	5 54	10 45	2 19
18	7 2	10 55	21 45	29 12	0 38	5 58	10 48	2 16
23	7 5	10 59	21 47	29 17	0 36	6 3	10 51	2 13
28	7 10	11 4	21 48	29 22	0 35	6 7	10 54	2 10
APR 2	7 15	11 8	21 50	29 27	0 33	6 11	10 58	2 7
7	7 20	11 11	21 53	29 32	0 33	6 14	11 2	2 5
12	7 26	11 14	21 56	29 37	0 32	6 18	11 6	2 3
17	7 32	11 17	21 59	29 41	0 32D	6 21	11 10	2 1
22	7 38	11 19	22 3	29 46	0 33	6 24	11 14	1 59
27	7 45	11 20	22 6	29 50	0 34	6 26	11 18	1 58
MAY 2	7 53	11 22	22 11	29 54	0 35	6 29	11 22	1 57
7	8 0	11 22	22 15	29 58	0 36	6 31	11 27	1 56
12	8 8	11 22R	22 20	0♈2	0 38	6 33	11 31	1 56
17	8 15	11 22	22 25	0 5	0 40	6 34	11 35	1 56
22	8 23	11 21	22 30	0 8	0 42	6 35	11 39	1 56D
27	8 31	11 20	22 35	0 10	0 45	6 36	11 43	1 56
JUN 1	8 39	11 18	22 40	0 13	0 48	6 36	11 47	1 57
6	8 47	11 16	22 46	0 15	0 51	6 36R	11 50	1 58
11	8 55	11 13	22 51	0 16	0 55	6 36	11 54	1 59
16	9 3	11 10	22 57	0 17	0 58	6 36	11 57	2 1
21	9 11	11 7	23 2	0 18	1 2	6 35	12 0	2 3
26	9 19	11 3	23 7	0 19	1 6	6 33	12 3	2 5
JUL 1	9 26	10 59	23 13	0 19R	1 11	6 32	12 6	2 7
6	9 33	10 55	23 18	0 18	1 15	6 30	12 8	2 10
11	9 39	10 51	23 23	0 18	1 20	6 28	12 10	2 13
16	9 46	10 46	23 28	0 17	1 24	6 25	12 12	2 16
21	9 52	10 41	23 33	0 15	1 29	6 23	12 13	2 19
26	9 57	10 36	23 37	0 14	1 33	6 20	12 15	2 23
31	10 2	10 31	23 42	0 12	1 38	6 17	12 16	2 26
AUG 5	10 7	10 26	23 46	0 9	1 43	6 14	12 16	2 30
10	10 11	10 21	23 49	0 7	1 47	6 10	12 16	2 34
15	10 14	10 16	23 53	0 4	1 51	6 7	12 16R	2 38
20	10 17	10 12	23 56	0 0	1 56	6 3	12 16	2 42
25	10 20	10 7	23 58	29♓57	2 0	6 0	12 15	2 46
30	10 21	10 2	24 0	29 53	2 4	5 56	12 14	2 50
SEP 4	10 23	9 58	24 2	29 50	2 8	5 53	12 13	2 54
9	10 23	9 54	24 4	29 46	2 11	5 49	12 11	2 58
14	10 23R	9 51	24 5	29 42	2 15	5 45	12 9	3 1
19	10 23	9 47	24 5	29 38	2 18	5 42	12 7	3 5
24	10 21	9 44	24 6R	29 34	2 20	5 39	12 5	3 9
29	10 20	9 42	24 5	29 30	2 23	5 36	12 2	3 12
OCT 4	10 17	9 40	24 5	29 26	2 25	5 33	11 59	3 16
9	10 14	9 38	24 4	29 22	2 27	5 30	11 56	3 19
14	10 11	9 37	24 2	29 18	2 28	5 27	11 53	3 22
19	10 7	9 36	24 0	29 15	2 29	5 25	11 50	3 24
24	10 2	9 36D	23 58	29 11	2 30	5 23	11 46	3 27
29	9 57	9 36	23 55	29 8	2 31	5 22	11 43	3 29
NOV 3	9 52	9 37	23 52	29 5	2 31R	5 20	11 40	3 31
8	9 47	9 38	23 49	29 2	2 30	5 19	11 36	3 33
13	9 41	9 40	23 46	29 0	2 30	5 18	11 33	3 34
18	9 35	9 42	23 42	28 58	2 29	5 18	11 29	3 35
23	9 29	9 45	23 38	28 56	2 27	5 18D	11 26	3 36
28	9 22	9 48	23 34	28 55	2 25	5 18	11 23	3 36
DEC 3	9 16	9 52	23 29	28 54	2 23	5 19	11 20	3 36R
8	9 10	9 56	23 25	28 53	2 21	5 20	11 17	3 36
13	9 4	10 0	23 21	28 53	2 18	5 22	11 14	3 35
18	8 57	10 5	23 16	28 53D	2 15	5 24	11 12	3 34
23	8 52	10 10	23 12	28 53	2 12	5 26	11 9	3 33
28	8♊46	10≈16	23♊7	28♓54	2♌9	5♓28	11♉8	3♍32
STATIONS	FEB 17	MAY 11	MAR 5	JUN 29	APR 14	JUN 4	JAN 24	MAY 17
	SEP 11	OCT 23	SEP 23	DEC 13	OCT 31	NOV 20	AUG 11	DEC 1

	♃	♄	⚷	♁	♯	Ψ	⚴	✕	1874
JAN 2	8♊41R	10♏22	23♊ 3R	28♓56	2♌ 6R	5♓31	11♉ 6R	3♏30R	
7	8 36	10 28	22 59	28 58	2 2	5 34	11 5	3 28	
12	8 31	10 34	22 55	29 0	1 58	5 37	11 4	3 26	
17	8 27	10 40	22 51	29 2	1 54	5 41	11 3	3 23	
22	8 23	10 47	22 48	29 5	1 51	5 45	11 2	3 20	
27	8 20	10 54	22 44	29 8	1 47	5 49	11 2D	3 17	
FEB 1	8 18	11 0	22 41	29 12	1 43	5 53	11 3	3 14	
6	8 16	11 7	22 39	29 16	1 39	5 57	11 3	3 11	
11	8 15	11 13	22 37	29 20	1 36	6 1	11 4	3 8	
16	8 14	11 20	22 35	29 24	1 32	6 6	11 6	3 5	
21	8 14D	11 26	22 34	29 28	1 29	6 10	11 7	3 1	
26	8 15	11 32	22 33	29 33	1 26	6 15	11 9	2 58	
MAR 3	8 16	11 38	22 32	29 38	1 23	6 19	11 12	2 55	
8	8 18	11 44	22 32D	29 43	1 20	6 24	11 14	2 51	
13	8 20	11 49	22 32	29 48	1 18	6 28	11 17	2 48	
18	8 23	11 55	22 33	29 53	1 16	6 33	11 20	2 45	
23	8 27	11 59	22 34	29 58	1 14	6 37	11 23	2 42	
28	8 31	12 4	22 36	0♈ 3	1 12	6 41	11 27	2 39	
APR 2	8 36	12 8	22 38	0 8	1 11	6 45	11 30	2 37	
7	8 41	12 11	22 40	0 13	1 10	6 49	11 34	2 34	
12	8 47	12 14	22 43	0 18	1 10	6 52	11 38	2 32	
17	8 53	12 17	22 46	0 23	1 10D	6 55	11 42	2 30	
22	8 59	12 19	22 50	0 27	1 10	6 58	11 46	2 29	
27	9 6	12 21	22 54	0 31	1 11	7 1	11 50	2 27	
MAY 2	9 13	12 22	22 58	0 35	1 12	7 4	11 54	2 26	
7	9 20	12 23	23 2	0 39	1 13	7 6	11 59	2 25	
12	9 28	12 23	23 7	0 43	1 15	7 8	12 3	2 25	
17	9 36	12 23R	23 12	0 46	1 17	7 9	12 7	2 25	
22	9 44	12 23	23 17	0 49	1 19	7 10	12 11	2 25D	
27	9 52	12 21	23 22	0 52	1 22	7 11	12 15	2 25	
JUN 1	10 0	12 20	23 27	0 54	1 25	7 11	12 19	2 26	
6	10 8	12 18	23 33	0 56	1 28	7 12R	12 23	2 27	
11	10 16	12 15	23 38	0 58	1 32	7 11	12 26	2 28	
16	10 24	12 12	23 44	0 59	1 35	7 11	12 29	2 30	
21	10 31	12 9	23 49	1 0	1 39	7 10	12 32	2 32	
26	10 39	12 6	23 55	1 1	1 43	7 9	12 35	2 34	
JUL 1	10 46	12 2	24 0	1 1R	1 48	7 7	12 38	2 36	
6	10 53	11 57	24 5	1 1	1 52	7 5	12 40	2 39	
11	11 0	11 53	24 10	1 0	1 56	7 3	12 43	2 42	
16	11 7	11 48	24 15	0 59	2 1	7 1	12 44	2 45	
21	11 13	11 44	24 20	0 58	2 5	6 58	12 46	2 48	
26	11 18	11 39	24 25	0 56	2 10	6 56	12 47	2 51	
31	11 23	11 34	24 29	0 54	2 15	6 53	12 48	2 55	
AUG 5	11 28	11 29	24 33	0 52	2 19	6 49	12 49	2 59	
10	11 32	11 24	24 37	0 49	2 24	6 46	12 49	3 2	
15	11 36	11 19	24 40	0 46	2 28	6 43	12 49R	3 6	
20	11 39	11 14	24 43	0 43	2 33	6 39	12 48	3 10	
25	11 42	11 9	24 46	0 40	2 37	6 36	12 48	3 14	
30	11 44	11 5	24 48	0 36	2 41	6 32	12 47	3 18	
SEP 4	11 45	11 0	24 50	0 33	2 45	6 28	12 46	3 22	
9	11 46	10 56	24 52	0 29	2 48	6 25	12 44	3 26	
14	11 46R	10 52	24 53	0 25	2 52	6 21	12 42	3 30	
19	11 46	10 49	24 53	0 21	2 55	6 18	12 40	3 34	
24	11 45	10 46	24 54	0 17	2 57	6 14	12 38	3 37	
29	11 43	10 43	24 54R	0 13	3 0	6 11	12 35	3 41	
OCT 4	11 41	10 41	24 53	0 9	3 2	6 8	12 32	3 44	
9	11 38	10 39	24 52	0 5	3 4	6 5	12 29	3 47	
14	11 35	10 38	24 51	0 1	3 6	6 3	12 26	3 50	
19	11 31	10 37	24 49	29♓57	3 7	6 1	12 23	3 53	
24	11 27	10 37	24 47	29 54	3 8	5 59	12 20	3 56	
29	11 22	10 37D	24 44	29 51	3 8	5 57	12 16	3 58	
NOV 3	11 17	10 38	24 41	29 48	3 8R	5 55	12 13	4 0	
8	11 11	10 39	24 38	29 45	3 8	5 54	12 9	4 2	
13	11 6	10 40	24 35	29 42	3 7	5 54	12 6	4 3	
18	11 0	10 42	24 31	29 40	3 6	5 53	12 2	4 4	
23	10 54	10 45	24 27	29 38	3 5	5 53D	11 59	4 5	
28	10 47	10 48	24 23	29 37	3 3	5 53	11 56	4 5	
DEC 3	10 41	10 52	24 19	29 36	3 1	5 54	11 53	4 5R	
8	10 35	10 56	24 14	29 35	2 59	5 55	11 50	4 5	
13	10 28	11 0	24 10	29 35	2 56	5 57	11 47	4 4	
18	10 22	11 5	24 5	29 35D	2 54	5 58	11 45	4 4	
23	10 16	11 10	24 1	29 35	2 50	6 0	11 43	4 2	
28	10♊10	11♏16	23♊56	29♓36	2♌47	6♓ 3	11♉41	4♏ 1	
STATIONS	FEB 18	MAY 12	MAR 6	JUN 30	APR 15	JUN 5	JAN 24	MAY 17	
	SEP 12	OCT 25	SEP 24	DEC 14	NOV 1	NOV 21	AUG 11	DEC 2	

1875

	♃	♄	⚷	♇	♅	♆	⚸	⚳
JAN 2	10♊ 5R	11♏ 21	23♊ 52R	29♓ 38	2♌ 44R	6♓ 6	11♉ 39R	3♐ 59R
7	10 0	11 27	23 48	29 59	2 40	6 9	11 37	3 57
12	9 55	11 33	23 40	29 41	2 36	6 12	11 36	3 55
17	9 51	11 40	23 40	29 44	2 33	6 15	11 36	3 53
22	9 47	11 46	23 36	29 47	2 29	6 19	11 35	3 50
27	9 44	11 53	23 33	29 50	2 25	6 23	11 35D	3 47
FEB 1	9 41	12 0	23 30	29 53	2 21	6 27	11 35	3 44
6	9 39	12 6	23 28	29 57	2 17	6 31	11 36	3 41
11	9 38	12 13	23 25	0♈ 1	2 14	6 36	11 37	3 38
16	9 37	12 19	23 24	0 5	2 10	6 40	11 38	3 34
21	9 37D	12 26	23 22	0 10	2 7	6 45	11 40	3 31
26	9 37	12 32	23 21	0 14	2 4	6 49	11 42	3 28
MAR 3	9 38	12 38	23 20	0 19	2 1	6 54	11 44	3 24
8	9 40	12 44	23 20D	0 24	1 58	6 58	11 46	3 21
13	9 42	12 49	23 21	0 29	1 56	7 3	11 49	3 18
18	9 45	12 54	23 21	0 34	1 53	7 7	11 52	3 15
23	9 48	12 59	23 22	0 39	1 52	7 11	11 55	3 12
28	9 52	13 4	23 24	0 44	1 50	7 15	11 59	3 9
APR 2	9 57	13 8	23 26	0 49	1 49	7 19	12 2	3 6
7	10 2	13 11	23 28	0 54	1 48	7 23	12 6	3 4
12	10 7	13 15	23 31	0 59	1 48	7 27	12 10	3 2
17	10 13	13 18	23 34	1 4	1 47D	7 30	12 14	3 0
22	10 20	13 20	23 37	1 8	1 48	7 33	12 18	2 58
27	10 26	13 22	23 41	1 13	1 48	7 36	12 22	2 57
MAY 2	10 33	13 23	23 45	1 17	1 49	7 38	12 26	2 55
7	10 41	13 24	23 50	1 21	1 51	7 40	12 31	2 55
12	10 48	13 24	23 54	1 24	1 52	7 42	12 35	2 54
17	10 56	13 24R	23 59	1 28	1 54	7 44	12 39	2 54
22	11 4	13 24	24 4	1 31	1 57	7 45	12 43	2 54D
27	11 12	13 23	24 9	1 34	1 59	7 46	12 47	2 54
JUN 1	11 20	13 21	24 14	1 36	2 2	7 46	12 51	2 55
6	11 28	13 19	24 20	1 38	2 5	7 47	12 55	2 56
11	11 36	13 17	24 25	1 40	2 9	7 46R	12 58	2 57
16	11 44	13 14	24 31	1 41	2 12	7 46	13 2	2 59
21	11 52	13 11	24 36	1 42	2 16	7 45	13 5	3 0
26	11 59	13 8	24 42	1 43	2 20	7 44	13 8	3 3
JUL 1	12 7	13 4	24 47	1 43	2 24	7 43	13 10	3 5
6	12 14	13 0	24 52	1 43R	2 29	7 41	13 13	3 8
11	12 21	12 55	24 57	1 42	2 33	7 39	13 15	3 10
16	12 27	12 51	25 2	1 41	2 38	7 36	13 17	3 13
21	12 33	12 46	25 7	1 40	2 42	7 34	13 18	3 17
26	12 39	12 41	25 12	1 38	2 47	7 31	13 20	3 20
31	12 45	12 36	25 16	1 37	2 51	7 28	13 21	3 24
AUG 5	12 49	12 31	25 20	1 34	2 56	7 25	13 21	3 27
10	12 54	12 26	25 24	1 32	3 1	7 22	13 22	3 31
15	12 58	12 21	25 28	1 29	3 5	7 18	13 22R	3 35
20	13 1	12 16	25 31	1 26	3 9	7 15	13 21	3 39
25	13 4	12 11	25 34	1 23	3 14	7 11	13 21	3 43
30	13 6	12 7	25 36	1 19	3 18	7 8	13 20	3 47
SEP 4	13 8	12 2	25 38	1 15	3 21	7 4	13 19	3 51
9	13 9	11 58	25 40	1 12	3 25	7 0	13 17	3 55
14	13 9	11 54	25 41	1 8	3 29	6 57	13 15	3 59
19	13 9R	11 51	25 42	1 4	3 32	6 53	13 13	4 2
24	13 8	11 48	25 42	1 0	3 35	6 50	13 11	4 6
29	13 6	11 45	25 42R	0 56	3 37	6 47	13 8	4 10
OCT 4	13 4	11 43	25 41	0 52	3 39	6 44	13 6	4 13
9	13 2	11 41	25 41	0 48	3 41	6 41	13 3	4 16
14	12 59	11 39	25 39	0 44	3 43	6 38	12 59	4 19
19	12 55	11 38	25 38	0 40	3 44	6 36	12 56	4 22
24	12 51	11 38	25 35	0 37	3 45	6 34	12 53	4 24
29	12 46	11 38D	25 33	0 33	3 46	6 32	12 49	4 27
NOV 3	12 41	11 38	25 30	0 30	3 46R	6 31	12 46	4 29
8	12 36	11 39	25 27	0 27	3 46	6 30	12 43	4 30
13	12 30	11 41	25 24	0 25	3 45	6 29	12 39	4 32
18	12 24	11 43	25 20	0 23	3 44	6 28	12 36	4 33
23	12 18	11 45	25 16	0 21	3 43	6 28D	12 32	4 34
28	12 12	11 48	25 12	0 19	3 41	6 28	12 29	4 34
DEC 3	12 6	11 52	25 8	0 18	3 39	6 29	12 26	4 34R
8	11 59	11 56	25 3	0 17	3 37	6 30	12 23	4 34
13	11 53	12 0	24 59	0 17	3 34	6 31	12 20	4 34
18	11 47	12 5	24 54	0♈ 17D	3 32	6 33	12 18	4 33
23	11 41	12 10	24 50	0 17	3 29	6 35	12 16	4 32
28	11♊ 35	12♏ 15	24♊ 45	0♈ 18	3♌ 25	6♓ 37	12♉ 14	4♐ 30
STATIONS	FEB 29	MAY 13	MAR 7	JUL 1	APR 16	JUN 6	JAN 25	MAY 18
	SEP 14	OCT 26	SEP 25	DEC 15	NOV 2	NOV 21	AUG 12	DEC 2

	♃	♀	☿	♈	♅	♆	⚸	♓
JAN 3	11♊ 30R	12♒ 21	24♊ 41R	0♈ 19	3♌ 22R	6♓ 40	12♉ 12R	4♏ 29R
8	11 24	12 27	24 37	0 21	3 18	6 43	12 10	4 27
13	11 20	12 33	24 33	0 25	3 15	6 46	12 9	4 24
18	11 15	12 39	24 29	0 25	3 11	6 50	12 8	4 22
23	11 11	12 46	24 25	0 28	3 7	6 53	12 8	4 19
28	11 8	12 52	24 22	0 31	3 3	6 57	12 8D	4 16
FEB 2	11 5	12 59	24 19	0 35	2 59	7 1	12 8	4 14
7	11 3	13 6	24 16	0 38	2 56	7 6	12 9	4 10
12	11 1	13 12	24 14	0 42	2 52	7 10	12 9	4 7
17	11 0	13 19	24 12	0 46	2 48	7 15	12 11	4 4
22	11 0	13 25	24 11	0 51	2 45	7 19	12 12	4 1
27	11 0D	13 31	24 9	0 55	2 42	7 24	12 14	3 57
MAR 3	11 1	13 37	24 9	1 0	2 39	7 28	12 16	3 54
8	11 2	13 43	24 8	1 5	2 36	7 33	12 19	3 51
13	11 4	13 49	24 9D	1 10	2 34	7 37	12 21	3 47
18	11 7	13 54	24 9	1 15	2 31	7 41	12 24	3 44
23	11 10	13 59	24 10	1 20	2 29	7 46	12 27	3 41
28	11 14	14 4	24 12	1 25	2 28	7 50	12 31	3 38
APR 2	11 18	14 8	24 14	1 30	2 27	7 54	12 34	3 36
7	11 23	14 12	24 16	1 35	2 26	7 58	12 38	3 33
12	11 28	14 15	24 18	1 40	2 25	8 1	12 42	3 31
17	11 34	14 18	24 21	1 45	2 25	8 5	12 46	3 29
22	11 40	14 20	24 25	1 49	2 25D	8 8	12 50	3 27
27	11 47	14 22	24 29	1 54	2 26	8 10	12 54	3 26
MAY 2	11 54	14 24	24 33	1 58	2 27	8 13	12 59	3 25
7	12 1	14 25	24 37	2 2	2 28	8 15	13 3	3 24
12	12 8	14 25	24 41	2 6	2 29	8 17	13 7	3 23
17	12 16	14 25R	24 46	2 9	2 31	8 19	13 11	3 23
22	12 24	14 25	24 51	2 12	2 34	8 20	13 15	3 23D
27	12 32	14 24	24 56	2 15	2 36	8 21	13 19	3 23
JUN 1	12 40	14 23	25 1	2 18	2 39	8 21	13 23	3 24
6	12 48	14 21	25 7	2 20	2 42	8 22	13 27	3 25
11	12 56	14 19	25 12	2 22	2 46	8 22R	13 30	3 26
16	13 4	14 16	25 18	2 23	2 49	8 21	13 34	3 27
21	13 12	14 13	25 23	2 24	2 53	8 20	13 37	3 29
26	13 19	14 10	25 29	2 25	2 57	8 19	13 40	3 31
JUL 1	13 27	14 6	25 34	2 25	3 1	8 18	13 43	3 34
6	13 34	14 2	25 39	2 25R	3 5	8 16	13 45	3 36
11	13 41	13 57	25 45	2 24	3 10	8 14	13 47	3 39
16	13 48	13 53	25 50	2 24	3 14	8 12	13 49	3 42
21	13 54	13 48	25 54	2 22	3 19	8 9	13 51	3 45
26	14 0	13 43	25 59	2 21	3 24	8 7	13 52	3 49
31	14 6	13 38	26 3	2 19	3 28	8 4	13 53	3 52
AUG 5	14 11	13 33	26 8	2 17	3 33	8 1	13 54	3 56
10	14 15	13 28	26 12	2 14	3 37	7 57	13 54	4 0
15	14 19	13 23	26 15	2 12	3 42	7 54	13 54R	4 3
20	14 23	13 19	26 18	2 8	3 46	7 50	13 54	4 7
25	14 26	13 14	26 21	2 5	3 50	7 47	13 54	4 11
30	14 28	13 9	26 24	2 2	3 54	7 43	13 53	4 15
SEP 4	14 30	13 5	26 26	1 58	3 58	7 40	13 51	4 19
9	14 31	13 0	26 27	1 54	4 2	7 36	13 50	4 23
14	14 32	12 56	26 29	1 50	4 6	7 33	13 48	4 27
19	14 32R	12 53	26 30	1 46	4 9	7 29	13 46	4 31
24	14 31	12 50	26 30	1 42	4 12	7 26	13 44	4 35
29	14 30	12 47	26 30R	1 38	4 14	7 22	13 41	4 38
OCT 4	14 28	12 44	26 30	1 34	4 17	7 19	13 39	4 42
9	14 26	12 42	26 29	1 30	4 19	7 17	13 36	4 45
14	14 23	12 41	26 28	1 27	4 20	7 14	13 33	4 48
19	14 19	12 40	26 26	1 23	4 22	7 11	13 29	4 51
24	14 15	12 39	26 24	1 19	4 23	7 9	13 26	4 53
29	14 11	12 39D	26 22	1 16	4 23	7 8	13 23	4 55
NOV 3	14 6	12 39	26 19	1 13	4 23	7 6	13 19	4 57
8	14 1	12 40	26 16	1 10	4 23R	7 5	13 16	4 59
13	13 55	12 42	26 13	1 7	4 23	7 4	13 12	5 1
18	13 49	12 43	26 9	1 5	4 22	7 3	13 8	5 2
23	13 43	12 46	26 5	1 3	4 21	7 3D	13 6	5 2
28	13 37	12 49	26 1	1 1	4 19	7 3	13 2	5 3
DEC 3	13 31	12 52	25 57	1 0	4 17	7 4	12 59	5 3
8	13 24	12 56	25 52	0 59	4 15	7 5	12 56	5 3R
13	13 18	13 0	25 48	0 59	4 12	7 6	12 53	5 3
18	13 12	13 5	25 43	0 59D	4 10	7 8	12 51	5 2
23	13 6	13 10	25 39	0 59	4 7	7 10	12 49	5 1
28	13♊	13♒ 15	25♊ 35	1♈ 0	4♌ 3	7♓ 12	12♉ 47	5♏ 0
STATIONS	FEB 23	MAY 14	MAR 8	JUL 2	APR 17	JUN 7	JAN 27	MAY 19
	SEP 16	OCT 27	SEP 26	DEC 16	NOV 3	NOV 22	AUG 13	DEC 3

1876

1877

	♃	⛢	♄	♈	♅	♆	☊	♓
JAN 1	12♊54R	13♏21	25♊30R	1♈1	4♌0R	7♓15	12♉45R	4♍58R
6	12 49	13 26	25 26	1 3	3 56	7 18	12 43	4 56
11	12 44	13 32	25 22	1 5	3 53	7 21	12 42	4 54
16	12 39	13 39	25 18	1 7	3 49	7 24	12 41	4 51
21	12 35	13 45	25 14	1 10	3 45	7 28	12 41	4 49
26	12 32	13 52	25 11	1 13	3 41	7 32	12 41	4 46
31	12 29	13 58	25 8	1 16	3 38	7 36	12 41D	4 43
FEB 5	12 26	14 5	25 5	1 20	3 34	7 40	12 41	4 40
10	12 24	14 12	25 3	1 24	3 30	7 44	12 42	4 37
15	12 23	14 18	25 1	1 28	3 26	7 49	12 43	4 33
20	12 23	14 25	24 59	1 32	3 23	7 53	12 45	4 30
25	12 22D	14 31	24 58	1 37	3 20	7 58	12 46	4 27
MAR 2	12 23	14 37	24 57	1 41	3 17	8 2	12 49	4 23
7	12 24	14 43	24 57	1 46	3 14	8 7	12 51	4 20
12	12 26	14 48	24 57D	1 51	3 12	8 11	12 54	4 17
17	12 29	14 54	24 57	1 56	3 9	8 16	12 56	4 14
22	12 32	14 59	24 58	2 1	3 7	8 20	13 0	4 11
27	12 35	15 4	25 0	2 6	3 6	8 24	13 3	4 8
APR 1	12 39	15 8	25 1	2 11	3 4	8 28	13 7	4 5
6	12 44	15 12	25 4	2 16	3 3	8 32	13 10	4 3
11	12 49	15 15	25 6	2 21	3 3	8 36	13 14	4 1
16	12 55	15 18	25 9	2 26	3 3	8 39	13 18	3 58
21	13 1	15 21	25 12	2 31	3 3D	8 42	13 22	3 57
26	13 8	15 23	25 16	2 35	3 3	8 45	13 26	3 55
MAY 1	13 14	15 25	25 20	2 39	3 4	8 48	13 31	3 54
6	13 21	15 26	25 24	2 43	3 5	8 50	13 35	3 53
11	13 29	15 26	25 29	2 47	3 7	8 52	13 39	3 52
16	13 36	15 27R	25 33	2 51	3 9	8 54	13 43	3 52
21	13 44	15 26	25 38	2 54	3 11	8 55	13 47	3 52D
26	13 52	15 25	25 43	2 57	3 13	8 56	13 51	3 52
31	14 0	15 24	25 49	2 59	3 16	8 56	13 55	3 53
JUN 5	14 8	15 22	25 54	3 1	3 19	8 57	13 59	3 54
10	14 16	15 20	25 59	3 3	3 22	8 57R	14 2	3 55
15	14 24	15 18	26 5	3 5	3 26	8 56	14 6	3 56
20	14 32	15 15	26 10	3 6	3 30	8 56	14 9	3 58
25	14 40	15 11	26 16	3 7	3 34	8 55	14 12	4 0
30	14 47	15 8	26 21	3 7	3 38	8 53	14 15	4 2
JUL 5	14 55	15 4	26 26	3 7R	3 42	8 52	14 17	4 5
10	15 2	15 0	26 32	3 7	3 47	8 50	14 20	4 8
15	15 9	14 55	26 37	3 6	3 51	8 47	14 22	4 11
20	15 15	14 51	26 42	3 5	3 56	8 45	14 23	4 14
25	15 21	14 46	26 46	3 3	4 0	8 42	14 25	4 17
30	15 27	14 41	26 51	3 1	4 5	8 39	14 26	4 21
AUG 4	15 32	14 36	26 55	2 59	4 10	8 36	14 27	4 24
9	15 37	14 31	26 59	2 57	4 14	8 33	14 27	4 28
14	15 41	14 26	27 3	2 54	4 19	8 30	14 27R	4 32
19	15 45	14 21	27 6	2 51	4 23	8 26	14 27	4 36
24	15 48	14 16	27 9	2 48	4 27	8 23	14 26	4 40
29	15 50	14 11	27 11	2 44	4 31	8 19	14 26	4 44
SEP 3	15 52	14 7	27 14	2 41	4 35	8 15	14 24	4 48
8	15 54	14 3	27 15	2 37	4 39	8 12	14 23	4 52
13	15 54	13 59	27 17	2 33	4 42	8 8	14 21	4 56
18	15 55R	13 55	27 18	2 29	4 46	8 5	14 19	4 59
23	15 54	13 52	27 18	2 25	4 49	8 1	14 17	5 3
28	15 53	13 49	27 18R	2 21	4 51	7 58	14 15	5 7
OCT 3	15 51	13 46	27 18	2 17	4 54	7 55	14 12	5 10
8	15 49	13 44	27 17	2 13	4 56	7 52	14 9	5 13
13	15 46	13 42	27 16	2 9	4 58	7 49	14 6	5 16
18	15 43	13 41	27 15	2 6	4 59	7 47	14 3	5 19
23	15 39	13 40	27 13	2 2	5 0	7 45	13 59	5 22
28	15 35	13 40D	27 10	1 59	5 1	7 43	13 56	5 24
NOV 2	15 30	13 40	27 8	1 55	5 1	7 41	13 53	5 26
7	15 25	13 41	27 5	1 52	5 1R	7 40	13 49	5 28
12	15 20	13 42	27 1	1 50	5 0	7 39	13 46	5 30
17	15 14	13 44	26 58	1 47	5 0	7 39	13 42	5 31
22	15 8	13 46	26 54	1 45	4 58	7 38	13 39	5 32
27	15 2	13 49	26 50	1 44	4 57	7 39D	13 36	5 32
DEC 2	14 56	13 52	26 46	1 43	4 55	7 39	13 32	5 33
7	14 49	13 56	26 42	1 42	4 53	7 40	13 29	5 32R
12	14 43	14 0	26 37	1 41	4 50	7 41	13 27	5 32
17	14 37	14 5	26 33	1 41D	4 48	7 43	13 24	5 31
22	14 30	14 9	26 28	1 41	4 45	7 45	13 22	5 30
27	14♊24	14♏15	26♊24	1♈42	4♌42	7♓47	13♉20	5♍29
STATIONS	FEB 22	MAY 15	MAR 8	JUL 2	APR 16	JUN 6	JAN 26	MAY 19
	SEP 16	OCT 27	SEP 26	DEC 16	NOV 3	NOV 22	AUG 13	DEC 3

	♃	♄	♅	♆	♇	♅	♄	♇
JAN 1	14Ⅱ 19R	14≈ 20	26Ⅱ 19R	1♈ 43	4♌ 38R	7♓ 49	13♉ 18R	5♍ 27R
6	14 13	14 26	26 15	1 44	4 35	7 52	13 16	5 25
11	14 8	14 32	26 11	1 46	4 31	7 55	13 15	5 23
16	14 4	14 38	26 7	1 49	4 27	7 59	13 14	5 21
21	13 59	14 45	26 3	1 51	4 23	8 2	13 13	5 18
26	13 56	14 51	26 0	1 54	4 20	8 6	13 13	5 16
31	13 52	14 58	25 57	1 57	4 16	8 10	13 13D	5 13
FEB 5	13 50	15 4	25 54	2 1	4 12	8 14	13 14	5 10
10	13 48	15 11	25 51	2 5	4 8	8 19	13 15	5 6
15	13 46	15 17	25 49	2 9	4 5	8 23	13 16	5 3
20	13 45	15 24	25 48	2 13	4 1	8 28	13 17	5 0
25	13 45D	15 30	25 46	2 18	3 58	8 32	13 19	4 56
MAR 2	13 46	15 36	25 45	2 23	3 55	8 37	13 21	4 53
7	13 47	15 42	25 45	2 27	3 52	8 41	13 23	4 50
12	13 48	15 48	25 45D	2 32	3 49	8 46	13 26	4 46
17	13 51	15 54	25 45	2 37	3 47	8 50	13 29	4 43
22	13 53	15 59	25 46	2 42	3 45	8 55	13 32	4 40
27	13 57	16 3	25 47	2 47	3 44	8 59	13 35	4 37
APR 1	14 1	16 8	25 49	2 52	3 42	9 3	13 39	4 35
6	14 5	16 12	25 51	2 57	3 41	9 7	13 42	4 32
11	14 10	16 15	25 53	3 2	3 40	9 10	13 46	4 30
16	14 16	16 19	25 57	3 7	3 40	9 14	13 50	4 28
21	14 22	16 21	26 0	3 12	3 40D	9 17	13 54	4 26
26	14 28	16 24	26 3	3 16	3 41	9 20	13 58	4 25
MAY 1	14 35	16 25	26 7	3 21	3 41	9 22	14 3	4 23
6	14 42	16 27	26 11	3 25	3 43	9 25	14 7	4 22
11	14 49	16 27	26 16	3 28	3 44	9 27	14 11	4 22
16	14 57	16 28	26 20	3 32	3 46	9 28	14 15	4 21
21	15 4	16 27R	26 25	3 35	3 48	9 30	14 19	4 21D
26	15 12	16 27	26 30	3 38	3 50	9 31	14 23	4 21
31	15 20	16 26	26 36	3 41	3 53	9 31	14 27	4 22
JUN 5	15 28	16 24	26 41	3 43	3 56	9 32	14 31	4 23
10	15 36	16 22	26 46	3 45	3 59	9 32R	14 35	4 24
15	15 44	16 20	26 52	3 47	4 3	9 32	14 38	4 25
20	15 52	16 17	26 57	3 48	4 7	9 31	14 41	4 27
25	16 0	16 13	27 3	3 49	4 11	9 30	14 44	4 29
30	16 8	16 10	27 8	3 49	4 15	9 29	14 47	4 31
JUL 5	16 15	16 6	27 13	3 49R	4 19	9 27	14 50	4 34
10	16 22	16 2	27 19	3 49	4 23	9 25	14 52	4 36
15	16 29	15 57	27 24	3 48	4 28	9 23	14 54	4 39
20	16 36	15 53	27 29	3 47	4 32	9 21	14 56	4 42
25	16 42	15 48	27 34	3 46	4 37	9 18	14 57	4 46
30	16 48	15 43	27 38	3 44	4 42	9 15	14 58	4 49
AUG 4	16 53	15 38	27 42	3 42	4 46	9 12	14 59	4 53
9	16 58	15 33	27 46	3 39	4 51	9 9	15 0	4 57
14	17 2	15 28	27 50	3 37	4 55	9 5	15 0	5 0
19	17 6	15 23	27 53	3 34	5 0	9 2	15 0R	5 4
24	17 10	15 18	27 56	3 31	5 4	8 58	14 59	5 8
29	17 12	15 14	27 59	3 27	5 8	8 55	14 58	5 12
SEP 3	17 14	15 9	28 1	3 24	5 12	8 51	14 57	5 16
8	17 16	15 5	28 3	3 20	5 16	8 47	14 56	5 20
13	17 17	15 1	28 5	3 16	5 19	8 44	14 54	5 24
18	17 17	14 57	28 6	3 12	5 23	8 40	14 52	5 28
23	17 17R	14 53	28 6	3 8	5 26	8 37	14 50	5 32
28	17 16	14 50	28 7	3 4	5 28	8 34	14 48	5 35
OCT 3	17 15	14 48	28 6R	3 0	5 31	8 31	14 45	5 39
8	17 13	14 45	28 6	2 56	5 33	8 28	14 42	5 42
13	17 10	14 44	28 5	2 52	5 35	8 25	14 39	5 45
18	17 7	14 42	28 3	2 48	5 36	8 22	14 36	5 48
23	17 3	14 41	28 1	2 45	5 37	8 20	14 33	5 51
28	16 59	14 41	27 59	2 41	5 38	8 18	14 29	5 53
NOV 2	16 55	14 41D	27 57	2 38	5 38	8 17	14 26	5 55
7	16 50	14 42	27 54	2 35	5 38R	8 15	14 22	5 57
12	16 44	14 43	27 50	2 32	5 38	8 14	14 19	5 59
17	16 39	14 45	27 47	2 30	5 37	8 14	14 15	6 0
22	16 33	14 47	27 43	2 28	5 36	8 13	14 12	6 1
27	16 27	14 49	27 39	2 26	5 35	8 14D	14 9	6 1
DEC 2	16 20	14 52	27 35	2 25	5 33	8 14	14 6	6 2
7	16 14	14 56	27 31	2 24	5 31	8 15	14 3	6 2R
12	16 8	15 0	27 26	2 23	5 28	8 16	14 0	6 1
17	16 1	15 4	27 22	2 23	5 26	8 17	13 57	6 1
22	15 55	15 9	27 17	2 23D	5 23	8 19	13 55	6 0
27	15Ⅱ 49	15≈ 14	27Ⅱ 13	2♈ 24	5♌ 20	8♓ 22	13♉ 53	5♍ 58
STATIONS	FEB 24	MAY 16	MAR 9	JUL 3	APR 17	JUN 7	JAN 27	MAY 19
	SEP 18	OCT 29	SEP 28	DEC 17	NOV 4	NOV 23	AUG 14	DEC 3

1879

	♃	♄	♅	♆	♅	♆	♁	♅
JAN 1	15Ⅱ43R	15♏20	27Ⅱ 8R	2♈25	5♌16R	8♓24	13♉51R	5♍57R
6	15 38	15 26	27 4	2 26	5 13	8 27	13 49	5 55
11	15 33	15 31	27 0	2 28	5 9	8 30	13 48	5 53
16	15 28	15 38	26 56	2 30	5 5	8 33	13 47	5 50
21	15 24	15 44	26 52	2 33	5 2	8 37	13 46	5 48
26	15 20	15 51	26 49	2 36	4 58	8 41	13 46	5 45
31	15 16	15 57	26 46	2 39	4 54	8 45	13 46D	5 42
FEB 5	15 13	16 4	26 43	2 42	4 50	8 49	13 46	5 39
10	15 11	16 10	26 40	2 46	4 46	8 53	13 47	5 36
15	15 10	16 17	26 38	2 50	4 43	8 58	13 48	5 33
20	15 8	16 23	26 36	2 54	4 39	9 2	13 50	5 29
25	15 8	16 30	26 35	2 59	4 36	9 7	13 51	5 26
MAR 2	15 8D	16 36	26 34	3 4	4 33	9 11	13 53	5 23
7	15 9	16 42	26 33	3 8	4 30	9 16	13 56	5 19
12	15 11	16 48	26 33D	3 13	4 27	9 20	13 58	5 16
17	15 13	16 53	26 33	3 18	4 25	9 25	14 1	5 13
22	15 15	16 58	26 34	3 23	4 23	9 29	14 4	5 10
27	15 18	17 3	26 35	3 29	4 21	9 33	14 7	5 7
APR 1	15 22	17 8	26 37	3 34	4 20	9 37	14 11	5 4
6	15 27	17 12	26 39	3 39	4 19	9 41	14 14	5 2
11	15 32	17 16	26 41	3 44	4 18	9 45	14 18	4 59
16	15 37	17 19	26 44	3 48	4 18	9 48	14 22	4 57
21	15 43	17 22	26 47	3 53	4 18D	9 51	14 26	4 55
26	15 49	17 24	26 51	3 58	4 18	9 54	14 30	4 54
MAY 1	15 55	17 26	26 55	4 2	4 19	9 57	14 35	4 52
6	16 2	17 27	26 59	4 6	4 20	9 59	14 39	4 51
11	16 10	17 28	27 3	4 10	4 21	10 1	14 43	4 51
16	16 17	17 29	27 8	4 13	4 23	10 3	14 47	4 50
21	16 25	17 29R	27 13	4 17	4 25	10 5	14 51	4 50D
26	16 32	17 28	27 18	4 20	4 27	10 6	14 55	4 50
31	16 40	17 27	27 23	4 22	4 30	10 6	14 59	4 51
JUN 5	16 48	17 26	27 28	4 25	4 33	10 7	15 3	4 52
10	16 56	17 24	27 33	4 27	4 36	10 7R	15 7	4 53
15	17 4	17 21	27 39	4 28	4 40	10 7	15 10	4 54
20	17 12	17 19	27 44	4 30	4 44	10 6	15 13	4 56
25	17 20	17 15	27 50	4 30	4 47	10 5	15 17	4 58
30	17 28	17 12	27 55	4 31	4 52	10 4	15 19	5 0
JUL 5	17 35	17 8	28 1	4 31R	4 56	10 2	15 22	5 2
10	17 43	17 4	28 6	4 31	5 0	10 1	15 24	5 5
15	17 50	17 0	28 11	4 30	5 5	9 58	15 26	5 8
20	17 56	16 55	28 16	4 29	5 9	9 56	15 28	5 11
25	18 3	16 50	28 21	4 26	5 14	9 53	15 30	5 14
30	18 9	16 45	28 25	4 26	5 18	9 51	15 31	5 18
AUG 4	18 14	16 41	28 30	4 24	5 23	9 48	15 32	5 21
9	18 19	16 35	28 34	4 22	5 28	9 44	15 32	5 25
14	18 24	16 30	28 37	4 19	5 32	9 41	15 32	5 29
19	18 28	16 25	28 41	4 16	5 37	9 38	15 32R	5 33
24	18 31	16 21	28 44	4 13	5 41	9 34	15 32	5 37
29	18 34	16 16	28 47	4 10	5 45	9 30	15 31	5 41
SEP 3	18 37	16 11	28 49	4 6	5 49	9 27	15 30	5 45
8	18 38	16 7	28 51	4 3	5 53	9 23	15 29	5 49
13	18 40	16 3	28 53	3 59	5 56	9 20	15 27	5 53
18	18 40	15 59	28 54	3 55	6 0	9 16	15 25	5 56
23	18 40R	15 55	28 54	3 51	6 3	9 13	15 23	6 0
28	18 39	15 52	28 55	3 47	6 6	9 9	15 21	6 4
OCT 3	18 38	15 49	28 55R	3 43	6 8	9 6	15 18	6 7
8	18 36	15 47	28 54	3 39	6 10	9 3	15 15	6 11
13	18 34	15 45	28 53	3 35	6 12	9 0	15 12	6 14
18	18 31	15 44	28 52	3 31	6 14	8 58	15 9	6 17
23	18 27	15 43	28 50	3 27	6 15	8 56	15 6	6 19
28	18 23	15 42	28 48	3 24	6 16	8 54	15 2	6 22
NOV 2	18 19	15 42D	28 45	3 21	6 16	8 52	14 59	6 24
7	18 14	15 43	28 42	3 18	6 16R	8 51	14 56	6 26
12	18 9	15 44	28 39	3 15	6 16	8 50	14 52	6 27
17	18 3	15 45	28 36	3 12	6 15	8 49	14 49	6 29
22	17 57	15 47	28 32	3 10	6 14	8 49	14 45	6 30
27	17 51	15 50	28 28	3 9	6 13	8 49D	14 42	6 30
DEC 2	17 45	15 53	28 24	3 7	6 11	8 49	14 39	6 31
7	17 39	15 56	28 20	3 6	6 9	8 50	14 36	6 31R
12	17 33	16 0	28 15	3 5	6 6	8 51	14 33	6 30
17	17 26	16 4	28 11	3 5	6 4	8 52	14 30	6 30
22	17 20	16 9	28 6	3 5D	6 1	8 54	14 28	6 29
27	17Ⅱ14	16♏14	28Ⅱ 2	3♈ 6	5♌58	8♓56	14♉26	6♍28
STATIONS	FEB 25	MAY 17	MAR 10	JUL 4	APR 18	JUN 8	JAN 27	MAY 20
	SEP 20	OCT 30	SEP 29	DEC 17	NOV 5	NOV 24	AUG 14	DEC 4

	♃	☾	☿	♈	4	Ψ	♅	♇
JAN 2	17♊8R	16♒19	27♊58R	3♈7	5♌54R	8♓59	14♉24R	6♍26R
7	17 2	16 25	27 53	3 8	5 51	9 1	14 22	6 24
12	16 57	16 31	27 49	3 10	5 47	9 4	14 21	6 22
17	16 52	16 37	27 45	3 12	5 44	9 8	14 20	6 20
22	16 48	16 43	27 41	3 14	5 40	9 11	14 19	6 17
27	16 44	16 50	27 38	3 17	5 36	9 15	14 19	6 15
FEB 1	16 40	16 56	27 34	3 20	5 32	9 19	14 19D	6 12
6	16 37	17 3	27 31	3 24	5 28	9 23	14 19	6 9
11	16 35	17 10	27 29	3 27	5 25	9 28	14 20	6 5
16	16 33	17 16	27 27	3 31	5 21	9 32	14 21	6 2
21	16 32	17 23	27 25	3 36	5 17	9 36	14 22	5 59
26	16 31	17 29	27 23	3 40	5 14	9 41	14 24	5 56
MAR 2	16 31D	17 35	27 22	3 45	5 11	9 45	14 26	5 52
7	16 32	17 42	27 22	3 50	5 8	9 50	14 28	5 49
12	16 33	17 47	27 21D	3 55	5 5	9 54	14 30	5 46
17	16 35	17 53	27 22	4 0	5 3	9 59	14 33	5 42
22	16 37	17 58	27 22	4 5	5 1	10 3	14 36	5 39
27	16 40	18 3	27 23	4 10	4 59	10 7	14 39	5 36
APR 1	16 44	18 8	27 25	4 15	4 58	10 12	14 43	5 34
6	16 48	18 12	27 27	4 20	4 57	10 15	14 47	5 31
11	16 53	18 16	27 29	4 25	4 56	10 19	14 50	5 29
16	16 58	18 19	27 32	4 29	4 55	10 23	14 54	5 27
21	17 4	18 22	27 35	4 34	4 55D	10 26	14 58	5 25
26	17 10	18 25	27 38	4 39	4 56	10 29	15 2	5 23
MAY 1	17 16	18 27	27 42	4 43	4 56	10 32	15 7	5 22
6	17 23	18 28	27 46	4 47	4 57	10 34	15 11	5 21
11	17 30	18 29	27 50	4 51	4 59	10 36	15 15	5 20
16	17 37	18 30	27 53	4 55	5 0	10 38	15 19	5 19
21	17 45	18 30R	28 0	4 58	5 2	10 39	15 23	5 19
26	17 53	18 29	28 5	5 1	5 5	10 41	15 27	5 19D
31	18 1	18 28	28 10	5 4	5 7	10 41	15 31	5 20
JUN 5	18 9	18 27	28 15	5 6	5 10	10 42	15 35	5 21
10	18 17	18 25	28 20	5 8	5 13	10 42R	15 39	5 22
15	18 25	18 23	28 26	5 10	5 17	10 42	15 42	5 23
20	18 33	18 20	28 31	5 11	5 20	10 41	15 46	5 25
25	18 40	18 17	28 37	5 12	5 24	10 40	15 49	5 26
30	18 48	18 14	28 42	5 13	5 28	10 39	15 52	5 29
JUL 5	18 56	18 10	28 48	5 13	5 33	10 38	15 54	5 31
10	19 3	18 6	28 53	5 13R	5 37	10 36	15 57	5 34
15	19 10	18 2	28 58	5 12	5 41	10 34	15 59	5 37
20	19 17	17 57	29 3	5 10	5 46	10 32	16 1	5 40
25	19 23	17 53	29 8	5 10	5 51	10 29	16 2	5 43
30	19 29	17 48	29 13	5 9	5 55	10 26	16 3	5 46
AUG 4	19 35	17 43	29 17	5 7	6 0	10 23	16 4	5 50
9	19 40	17 38	29 21	5 4	6 4	10 20	16 5	5 54
14	19 45	17 33	29 25	5 2	6 9	10 17	16 5	5 58
19	19 49	17 28	29 28	4 59	6 13	10 13	16 5R	6 1
24	19 53	17 23	29 32	4 56	6 18	10 10	16 5	6 5
29	19 56	17 18	29 34	4 53	6 22	10 6	16 4	6 9
SEP 3	19 59	17 13	29 37	4 49	6 26	10 2	16 3	6 13
8	20 1	17 9	29 39	4 45	6 30	9 59	16 2	6 17
13	20 2	17 5	29 41	4 42	6 33	9 55	16 0	6 21
18	20 3	17 1	29 42	4 38	6 37	9 52	15 58	6 25
23	20 3R	16 57	29 43	4 34	6 40	9 48	15 56	6 29
28	20 3	16 54	29 43	4 30	6 43	9 45	15 54	6 32
OCT 3	20 1	16 51	29 43R	4 26	6 45	9 42	15 51	6 36
8	20 0	16 49	29 42	4 22	6 47	9 39	15 48	6 39
13	19 58	16 47	29 42	4 18	6 49	9 36	15 45	6 42
18	19 55	16 45	29 40	4 14	6 51	9 33	15 42	6 45
23	19 51	16 44	29 39	4 10	6 52	9 31	15 39	6 48
28	19 48	16 43	29 37	4 7	6 53	9 29	15 36	6 51
NOV 2	19 43	16 43D	29 34	4 3	6 53	9 27	15 32	6 53
7	19 39	16 43	29 31	4 0	6 54R	9 26	15 29	6 55
12	19 33	16 44	29 28	3 57	6 53	9 25	15 25	6 56
17	19 28	16 46	29 25	3 55	6 53	9 24	15 22	6 58
22	19 22	16 48	29 21	3 53	6 52	9 24	15 18	6 59
27	19 16	16 50	29 17	3 51	6 50	9 24D	15 15	6 59
DEC 2	19 10	16 53	29 13	3 49	6 49	9 24	15 12	7 0
7	19 4	16 56	29 9	3 48	6 47	9 25	15 9	7 0R
12	18 57	17 0	29 5	3 47	6 44	9 26	15 6	7 0
17	18 51	17 4	29 0	3 47	6 42	9 27	15 3	6 59
22	18 45	17 9	28 56	3 47D	6 39	9 29	15 1	6 58
27	18♊39	17♒14	28♊51	3♈48	6♌36	9♓31	14♉59	6♍57
32	18♊33	17♒19	28♊47	3♈48	6♌33	9♓33	14♉57	6♍55
STATIONS	FEB 28	MAY 19	MAR 11	JUL 5	APR 19	JUN 9	JAN 29	MAY 21
	SEP 21	OCT 31	SEP 30	DEC 18	NOV 5	NOV 25	AUG 15	DEC 5

1881

	♃	♄	⚷	♈	♅	♆	⚸	☿
JAN 5	18♊27R	17♒25	28♊42R	3♈50	6♌29R	9♓36	14♉55R	6♍54R
10	18 22	17 31	28 38	3 51	6 26	9 39	14 54	6 52
15	18 17	17 37	28 34	3 53	6 22	9 42	14 53	6 49
20	18 12	17 43	28 30	3 56	6 18	9 46	14 52	6 47
25	18 8	17 49	28 27	3 59	6 14	9 50	14 51	6 44
30	18 4	17 56	28 23	4 2	6 10	9 54	14 51D	6 41
FEB 4	18 1	18 2	28 20	4 5	6 7	9 58	14 52	6 38
9	17 58	18 9	28 18	4 9	6 3	10 2	14 52	6 35
14	17 56	18 16	28 15	4 13	5 59	10 6	14 53	6 32
19	17 55	18 22	28 13	4 17	5 56	10 11	14 54	6 28
24	17 54	18 29	28 12	4 21	5 52	10 15	14 56	6 25
MAR 1	17 54D	18 35	28 11	4 26	5 49	10 20	14 58	6 22
6	17 54	18 41	28 10	4 31	5 46	10 24	15 0	6 18
11	17 55	18 47	28 10	4 36	5 43	10 29	15 3	6 15
16	17 57	18 53	28 10D	4 41	5 41	10 33	15 5	6 12
21	17 59	18 58	28 10	4 46	5 39	10 38	15 8	6 9
26	18 2	19 3	28 11	4 51	5 37	10 42	15 12	6 6
31	18 5	19 8	28 13	4 56	5 35	10 46	15 15	6 3
APR 5	18 9	19 12	28 14	5 1	5 34	10 50	15 19	6 1
10	18 14	19 16	28 17	5 6	5 33	10 54	15 22	5 58
15	18 19	19 19	28 19	5 11	5 33	10 57	15 26	5 56
20	18 24	19 22	28 22	5 15	5 33D	11 0	15 30	5 54
25	18 30	19 25	28 26	5 20	5 33	11 4	15 35	5 52
30	18 37	19 27	28 29	5 24	5 34	11 6	15 39	5 51
MAY 5	18 43	19 29	28 33	5 29	5 35	11 9	15 43	5 50
10	18 50	19 30	28 38	5 32	5 36	11 11	15 47	5 49
15	18 58	19 31	28 42	5 36	5 37	11 13	15 51	5 49
20	19 5	19 31R	28 47	5 40	5 39	11 14	15 55	5 48
25	19 13	19 31	28 52	5 43	5 42	11 16	15 59	5 48D
30	19 21	19 30	28 57	5 46	5 44	11 16	16 3	5 49
JUN 4	19 29	19 29	29 2	5 48	5 47	11 17	16 7	5 50
9	19 37	19 27	29 7	5 50	5 50	11 17	16 11	5 51
14	19 45	19 25	29 13	5 52	5 54	11 17R	16 15	5 52
19	19 53	19 22	29 18	5 53	5 57	11 16	16 18	5 53
24	20 1	19 19	29 24	5 54	6 1	11 16	16 21	5 55
29	20 8	19 16	29 29	5 55	6 5	11 15	16 24	5 57
JUL 4	20 16	19 12	29 35	5 55	6 9	11 13	16 27	6 0
9	20 23	19 8	29 40	5 55R	6 14	11 11	16 29	6 2
14	20 31	19 4	29 45	5 55	6 18	11 9	16 31	6 5
19	20 38	19 0	29 50	5 54	6 23	11 7	16 33	6 8
24	20 44	18 55	29 55	5 53	6 27	11 4	16 35	6 12
29	20 50	18 50	0♋0	5 51	6 32	11 2	16 36	6 15
AUG 3	20 56	18 45	0 4	5 49	6 36	10 59	16 37	6 19
8	21 1	18 40	0 8	5 47	6 41	10 56	16 38	6 22
13	21 6	18 35	0 12	5 44	6 46	10 52	16 38	6 26
18	21 11	18 30	0 16	5 42	6 50	10 49	16 38R	6 30
23	21 15	18 25	0 19	5 39	6 54	10 45	16 38	6 34
28	21 18	18 20	0 22	5 35	6 59	10 42	16 37	6 38
SEP 2	21 21	18 16	0 25	5 32	7 3	10 38	16 36	6 42
7	21 23	18 11	0 27	5 28	7 7	10 35	16 35	6 46
12	21 24	18 7	0 28	5 24	7 10	10 31	16 33	6 50
17	21 25	18 3	0 30	5 21	7 14	10 27	16 31	6 54
22	21 26	17 59	0 31	5 17	7 17	10 24	16 29	6 57
27	21 26R	17 56	0 31	5 13	7 20	10 21	16 27	7 1
OCT 2	21 25	17 53	0 31R	5 8	7 22	10 17	16 24	7 5
7	21 23	17 50	0 31	5 4	7 25	10 14	16 22	7 8
12	21 21	17 48	0 30	5 0	7 27	10 11	16 19	7 11
17	21 19	17 46	0 29	4 57	7 28	10 9	16 16	7 14
22	21 15	17 45	0 27	4 53	7 29	10 7	16 12	7 17
27	21 12	17 44	0 25	4 49	7 30	10 4	16 9	7 19
NOV 1	21 8	17 44	0 23	4 46	7 31	10 3	16 6	7 22
6	21 3	17 44D	0 20	4 43	7 31R	10 1	16 2	7 23
11	20 58	17 45	0 17	4 40	7 31	10 0	15 59	7 25
16	20 53	17 46	0 14	4 37	7 30	9 59	15 55	7 27
21	20 47	17 48	0 10	4 35	7 29	9 59	15 52	7 28
26	20 41	17 50	0 6	4 33	7 28	9 59D	15 48	7 28
DEC 1	20 35	17 53	0 2	4 32	7 27	9 59	15 45	7 29
6	20 29	17 56	29♊58	4 30	7 25	10 0	15 42	7 29R
11	20 22	18 0	29 54	4 30	7 22	10 1	15 39	7 29
16	20 16	18 4	29 49	4 29	7 20	10 2	15 36	7 28
21	20 10	18 9	29 45	4 29D	7 17	10 4	15 34	7 27
26	20 4	18 14	29 40	4 29	7 14	10 6	15 32	7 26
31	19♊57	18♒19	29♊36	4♈30	7♌11	10♓8	15♉30	7♍25
STATIONS	FEB 28	MAY 19	MAR 11	JUL 5	APR 19	JUN 9	JAN 28	MAY 21
	SEP 22	NOV 1	SEP 30	DEC 18	NOV 5	NOV 24	AUG 15	DEC 5

1882

	♃	☾	♀	♁	♃	♆	♄	♍
JAN 5	19♊52R	18≈24	29♊31R	4♈32	7♌7R	10♓11	15♉28R	7♍23R
10	19 46	18 30	29 27	4 33	7 4	10 14	15 26	7 21
15	19 41	18 36	29 23	4 35	7 0	10 17	15 25	7 19
20	19 36	18 42	29 19	4 37	6 56	10 20	15 25	7 16
25	19 32	18 49	29 16	4 40	6 52	10 24	15 24	7 14
30	19 28	18 55	29 12	4 43	6 49	10 28	15 24D	7 11
FEB 4	19 25	19 2	29 9	4 46	6 45	10 32	15 24	7 8
9	19 22	19 8	29 6	4 50	6 41	10 36	15 25	7 5
14	19 20	19 15	29 4	4 54	6 37	10 41	15 26	7 1
19	19 18	19 22	29 2	4 58	6 34	10 45	15 27	6 58
24	19 17	19 28	29 0	5 3	6 30	10 50	15 28	6 55
MAR 1	19 16	19 34	28 59	5 7	6 27	10 54	15 30	6 51
6	19 17D	19 41	28 58	5 12	6 24	10 59	15 33	6 48
11	19 18	19 47	28 58	5 17	6 21	11 3	15 35	6 45
16	19 19	19 52	28 58D	5 22	6 19	11 8	15 38	6 42
21	19 21	19 58	28 58	5 27	6 17	11 12	15 41	6 38
26	19 24	20 3	28 59	5 32	6 15	11 16	15 44	6 36
31	19 27	20 8	29 1	5 37	6 13	11 20	15 47	6 33
APR 5	19 31	20 12	29 2	5 42	6 12	11 24	15 51	6 30
10	19 35	20 16	29 4	5 47	6 11	11 28	15 55	6 28
15	19 40	20 20	29 7	5 52	6 11	11 32	15 58	6 25
20	19 45	20 23	29 10	5 57	6 10	11 35	16 2	6 23
25	19 51	20 26	29 13	6 1	6 11D	11 38	16 7	6 22
30	19 57	20 28	29 17	6 6	6 11	11 41	16 11	6 20
MAY 5	20 4	20 30	29 21	6 10	6 12	11 43	16 15	6 19
10	20 11	20 31	29 25	6 14	6 13	11 46	16 19	6 18
15	20 18	20 32	29 29	6 18	6 15	11 48	16 23	6 18
20	20 25	20 32	29 34	6 21	6 17	11 49	16 27	6 17
25	20 33	20 32R	29 39	6 24	6 19	11 50	16 31	6 18D
30	20 41	20 31	29 44	6 27	6 21	11 51	16 35	6 18
JUN 4	20 49	20 30	29 49	6 30	6 24	11 52	16 39	6 19
9	20 57	20 28	29 55	6 32	6 27	11 52	16 43	6 19
14	21 5	20 26	0♋0	6 34	6 31	11 52R	16 47	6 21
19	21 13	20 24	0 5	6 35	6 34	11 52	16 50	6 22
24	21 21	20 21	0 11	6 36	6 38	11 51	16 53	6 24
29	21 29	20 18	0 16	6 37	6 42	11 50	16 56	6 26
JUL 4	21 36	20 14	0 22	6 37	6 46	11 48	16 59	6 29
9	21 44	20 10	0 27	6 37R	6 50	11 47	17 1	6 31
14	21 51	20 6	0 32	6 37	6 55	11 45	17 4	6 34
19	21 58	20 2	0 37	6 36	6 59	11 43	17 6	6 37
24	22 5	19 57	0 42	6 35	7 4	11 40	17 7	6 40
29	22 11	19 52	0 47	6 33	7 9	11 37	17 8	6 44
AUG 3	22 17	19 48	0 52	6 32	7 13	11 34	17 9	6 47
8	22 23	19 43	0 56	6 29	7 18	11 31	17 10	6 51
13	22 28	19 38	1 0	6 27	7 22	11 28	17 11	6 55
18	22 32	19 33	1 3	6 24	7 27	11 25	17 11R	6 58
23	22 36	19 28	1 7	6 21	7 31	11 21	17 10	7 2
28	22 40	19 23	1 10	6 18	7 35	11 17	17 10	7 6
SEP 2	22 43	19 18	1 12	6 15	7 40	11 14	17 9	7 10
7	22 45	19 13	1 14	6 11	7 43	11 10	17 8	7 14
12	22 47	19 9	1 16	6 7	7 47	11 7	17 6	7 18
17	22 48	19 5	1 18	6 3	7 51	11 3	17 4	7 22
22	22 49	19 1	1 19	5 59	7 54	11 0	17 2	7 26
27	22 48R	18 58	1 19	5 55	7 57	10 56	17 0	7 30
OCT 2	22 48	18 55	1 19R	5 51	7 59	10 53	16 57	7 33
7	22 47	18 52	1 19	5 47	8 2	10 50	16 55	7 36
12	22 45	18 50	1 18	5 43	8 4	10 47	16 52	7 40
17	22 42	18 48	1 17	5 39	8 6	10 44	16 49	7 43
22	22 39	18 46	1 16	5 36	8 7	10 42	16 45	7 45
27	22 36	18 46	1 14	5 32	8 8	10 40	16 42	7 48
NOV 1	22 32	18 45	1 12	5 29	8 8	10 38	16 39	7 50
6	22 27	18 45D	1 9	5 26	8 9	10 37	16 35	7 52
11	22 22	18 46	1 6	5 23	8 9R	10 35	16 32	7 54
16	22 17	18 47	1 3	5 20	8 8	10 34	16 28	7 55
21	22 12	18 49	0 59	5 18	8 7	10 34	16 25	7 57
26	22 6	18 51	0 55	5 16	8 6	10 34D	16 22	7 57
DEC 1	22 0	18 54	0 51	5 14	8 4	10 34	16 18	7 58
6	21 53	18 57	0 47	5 13	8 3	10 35	16 15	7 58R
11	21 47	19 0	0 43	5 12	8 0	10 36	16 12	7 58
16	21 41	19 4	0 38	5 11	7 58	10 37	16 10	7 57
21	21 34	19 9	0 34	5 11D	7 55	10 38	16 7	7 57
26	21 28	19 13	0 29	5 12	7 52	10 40	16 5	7 55
31	21♊22	19≈19	0♋25	5♈12	7♌49	10♓43	16♉3	7♍54
STATIONS	MAR 1	MAY 20	MAR 12	JUL 6	APR 20	JUN 10	JAN 29	MAY 21
	SEP 24	NOV 2	OCT 1	DEC 19	NOV 6	NOV 25	AUG 16	DEC 5

1883

	♃	⚳	⚴	⚵	⚶	⚺	♄	♅
JAN 5	21♊16R	19♏24	0♋21R	5♈13	7♌45R	10♓45	16♉1R	7♍52R
10	21 11	19 30	0 16	5 15	7 42	10 48	15 59	7 50
15	21 5	19 36	0 12	5 17	7 38	10 51	15 58	7 48
20	21 0	19 42	0 8	5 19	7 34	10 55	15 57	7 46
25	20 56	19 48	0 4	5 22	7 31	10 58	15 57	7 43
30	20 52	19 55	0 1	5 25	7 27	11 2	15 57	7 40
FEB 4	20 48	20 1	29♊58	5 28	7 23	11 6	15 57D	7 37
9	20 45	20 8	29 55	5 31	7 19	11 11	15 57	7 34
14	20 43	20 14	29 53	5 35	7 16	11 15	15 58	7 31
19	20 41	20 21	29 50	5 39	7 12	11 19	15 59	7 28
24	20 40	20 28	29 49	5 44	7 9	11 24	16 1	7 24
MAR 1	20 39	20 34	29 47	5 48	7 5	11 28	16 3	7 21
6	20 39D	20 40	29 46	5 53	7 2	11 33	16 5	7 18
11	20 40	20 46	29 46	5 58	6 59	11 37	16 7	7 14
16	20 41	20 52	29 46D	6 3	6 57	11 42	16 10	7 11
21	20 43	20 57	29 46	6 8	6 55	11 46	16 13	7 8
26	20 46	21 3	29 47	6 13	6 53	11 51	16 16	7 5
31	20 49	21 7	29 48	6 18	6 51	11 55	16 19	7 2
APR 5	20 52	21 12	29 50	6 23	6 50	11 59	16 23	7 0
10	20 56	21 16	29 52	6 28	6 49	12 3	16 27	6 57
15	21 1	21 20	29 55	6 33	6 48	12 6	16 31	6 55
20	21 6	21 23	29 57	6 38	6 48	12 10	16 35	6 53
25	21 12	21 26	0♋1	6 42	6 48D	12 13	16 39	6 51
30	21 18	21 28	0 4	6 47	6 48	12 16	16 43	6 50
MAY 5	21 25	21 30	0 8	6 51	6 49	12 18	16 47	6 48
10	21 31	21 32	0 12	6 55	6 50	12 20	16 51	6 48
15	21 38	21 33	0 17	6 59	6 52	12 22	16 55	6 47
20	21 46	21 33	0 21	7 2	6 54	12 24	16 59	6 47
25	21 53	21 33R	0 26	7 6	6 56	12 25	17 4	6 47D
30	22 1	21 32	0 31	7 9	6 58	12 26	17 8	6 47
JUN 4	22 9	21 31	0 36	7 11	7 1	12 27	17 11	6 47
9	22 17	21 30	0 42	7 13	7 4	12 27	17 15	6 48
14	22 25	21 28	0 47	7 15	7 8	12 27R	17 19	6 50
19	22 33	21 26	0 52	7 17	7 11	12 27	17 22	6 51
24	22 41	21 23	0 58	7 18	7 15	12 26	17 25	6 53
29	22 49	21 20	1 3	7 19	7 19	12 25	17 28	6 55
JUL 4	22 57	21 16	1 9	7 19	7 23	12 24	17 31	6 57
9	23 4	21 12	1 14	7 19R	7 27	12 22	17 34	7 0
14	23 12	21 8	1 19	7 19	7 32	12 20	17 36	7 3
19	23 19	21 4	1 25	7 18	7 36	12 18	17 38	7 6
24	23 25	20 59	1 29	7 17	7 41	12 16	17 40	7 9
29	23 32	20 55	1 34	7 16	7 45	12 13	17 41	7 12
AUG 3	23 38	20 50	1 39	7 14	7 50	12 10	17 42	7 16
8	23 44	20 45	1 43	7 12	7 55	12 7	17 43	7 19
13	23 49	20 40	1 47	7 10	7 59	12 4	17 43	7 23
18	23 54	20 35	1 51	7 7	8 4	12 0	17 43R	7 27
23	23 58	20 30	1 54	7 4	8 8	11 57	17 43	7 31
28	24 1	20 25	1 57	7 1	8 12	11 53	17 43	7 35
SEP 2	24 5	20 20	2 0	6 57	8 16	11 50	17 42	7 39
7	24 7	20 16	2 2	6 54	8 20	11 46	17 41	7 43
12	24 9	20 11	2 4	6 50	8 24	11 42	17 39	7 47
17	24 10	20 7	2 6	6 46	8 28	11 39	17 37	7 51
22	24 11	20 3	2 7	6 42	8 31	11 35	17 35	7 54
27	24 11R	20 0	2 7	6 38	8 34	11 32	17 33	7 58
OCT 2	24 11	19 56	2 8	6 34	8 37	11 29	17 31	8 2
7	24 10	19 54	2 7R	6 30	8 39	11 25	17 28	8 5
12	24 8	19 51	2 7	6 26	8 41	11 23	17 25	8 8
17	24 6	19 49	2 6	6 22	8 43	11 20	17 22	8 11
22	24 3	19 48	2 4	6 18	8 44	11 17	17 19	8 14
27	24 0	19 47	2 3	6 15	8 45	11 15	17 15	8 17
NOV 1	23 56	19 46	2 0	6 11	8 46	11 13	17 12	8 19
6	23 52	19 46D	1 58	6 8	8 46	11 12	17 9	8 21
11	23 47	19 47	1 55	6 5	8 46R	11 11	17 5	8 23
16	23 42	19 48	1 52	6 2	8 46	11 10	17 2	8 24
21	23 36	19 49	1 48	6 0	8 45	11 9	16 58	8 26
26	23 30	19 51	1 44	5 58	8 44	11 9	16 55	8 26
DEC 1	23 24	19 54	1 40	5 56	8 42	11 9D	16 52	8 27
6	23 18	19 57	1 36	5 55	8 40	11 10	16 48	8 27
11	23 12	20 0	1 32	5 54	8 38	11 10	16 45	8 27R
16	23 6	20 4	1 27	5 53	8 36	11 12	16 43	8 27
21	23 0	20 8	1 23	5 53D	8 33	11 13	16 40	8 26
26	22 53	20 13	1 18	5 53	8 30	11 15	16 38	8 25
31	22♊47	20♏18	1♋14	5♈54	8♌27	11♓17	16♉36	8♍23
STATIONS	MAR 3	MAY 21	MAR 14	JUL 7	APR 21	JUN 10	JAN 30	MAY 22
	SEP 25	NOV 3	OCT 2	DEC 20	NOV 7	NOV 26	AUG 17	DEC 6

	♃	☽	☿	⚷	4	♆	⚷ (↑)	♓
JAN 6	22Ⅱ41R	20♏24	1♋10R	5♈55	8♌24R	11♓20	16♉34R	8♍22R
11	22 35	20 29	1 5	5 57	8 20	11 23	16 32	8 20
16	22 30	20 35	1 1	5 58	8 16	11 26	16 31	8 18
21	22 25	20 41	0 57	6 1	8 13	11 29	16 30	8 15
26	22 20	20 48	0 53	6 3	8 9	11 33	16 30	8 13
31	22 16	20 54	0 50	6 6	8 5	11 37	16 29	8 10
FEB 5	22 12	21 1	0 47	6 9	8 1	11 41	16 30D	8 7
10	22 9	21 7	0 44	6 13	7 57	11 45	16 30	8 4
15	22 7	21 14	0 41	6 17	7 54	11 49	16 31	8 0
20	22 5	21 20	0 39	6 21	7 50	11 54	16 32	7 57
25	22 3	21 27	0 37	6 25	7 47	11 58	16 33	7 54
MAR 1	22 2	21 33	0 36	6 30	7 43	12 3	16 35	7 51
6	22 2D	21 40	0 35	6 34	7 40	12 7	16 37	7 47
11	22 3	21 46	0 34	6 39	7 37	12 12	16 40	7 44
16	22 4	21 52	0 34D	6 44	7 35	12 16	16 42	7 41
21	22 5	21 57	0 34	6 49	7 33	12 21	16 45	7 38
26	22 8	22 2	0 35	6 54	7 31	12 25	16 48	7 35
31	22 10	22 7	0 36	6 59	7 29	12 29	16 52	7 32
APR 5	22 14	22 12	0 38	7 4	7 28	12 33	16 55	7 29
10	22 18	22 16	0 40	7 9	7 26	12 37	16 59	7 27
15	22 22	22 20	0 42	7 14	7 26	12 41	17 3	7 24
20	22 27	22 23	0 45	7 19	7 26	12 44	17 7	7 22
25	22 33	22 26	0 48	7 23	7 26D	12 47	17 11	7 20
30	22 39	22 29	0 52	7 28	7 26	12 50	17 15	7 19
MAY 5	22 45	22 31	0 55	7 32	7 27	12 53	17 19	7 18
10	22 52	22 32	0 59	7 36	7 28	12 55	17 23	7 17
15	22 59	22 33	1 4	7 40	7 29	12 57	17 27	7 16
20	23 6	22 34	1 8	7 44	7 31	12 59	17 31	7 16
25	23 14	22 34R	1 13	7 47	7 33	13 0	17 36	7 16D
30	23 21	22 34	1 18	7 50	7 36	13 1	17 40	7 16
JUN 4	23 29	22 33	1 23	7 53	7 38	13 2	17 44	7 16
9	23 37	22 31	1 29	7 55	7 41	13 2	17 47	7 17
14	23 45	22 30	1 34	7 57	7 45	13 2R	17 51	7 19
19	23 53	22 27	1 39	7 59	7 48	13 2	17 54	7 20
24	24 1	22 25	1 45	8 0	7 52	13 1	17 58	7 22
29	24 9	22 22	1 50	8 1	7 56	13 0	18 1	7 24
JUL 4	24 17	22 18	1 56	8 1	8 0	12 59	18 3	7 26
9	24 25	22 15	2 1	8 1R	8 4	12 58	18 6	7 29
14	24 32	22 11	2 7	8 1	8 8	12 56	18 10	7 31
19	24 39	22 6	2 12	8 1	8 13	12 53	18 10	7 34
24	24 46	22 2	2 17	8 0	8 17	12 51	18 12	7 37
29	24 53	21 57	2 21	7 58	8 22	12 48	18 13	7 41
AUG 3	24 59	21 52	2 26	7 57	8 27	12 46	18 15	7 44
8	25 5	21 47	2 30	7 54	8 31	12 42	18 15	7 48
13	25 10	21 42	2 34	7 52	8 36	12 39	18 16	7 52
18	25 15	21 37	2 38	7 50	8 40	12 36	18 16R	7 55
23	25 19	21 32	2 42	7 47	8 45	12 32	18 16	7 59
28	25 23	21 27	2 45	7 43	8 49	12 29	18 15	8 3
SEP 2	25 26	21 22	2 48	7 40	8 53	12 25	18 15	8 7
7	25 29	21 18	2 50	7 37	8 57	12 22	18 13	8 11
12	25 31	21 13	2 52	7 33	9 1	12 18	18 12	8 15
17	25 33	21 9	2 54	7 29	9 5	12 14	18 10	8 19
22	25 34	21 5	2 55	7 25	9 8	12 11	18 8	8 23
27	25 34	21 2	2 56	7 21	9 11	12 7	18 6	8 27
OCT 2	25 34R	20 58	2 56	7 17	9 14	12 4	18 4	8 30
7	25 33	20 55	2 56R	7 13	9 16	12 1	18 1	8 34
12	25 32	20 53	2 55	7 9	9 18	11 58	17 58	8 37
17	25 30	20 51	2 54	7 5	9 20	11 55	17 55	8 40
22	25 27	20 49	2 53	7 1	9 22	11 53	17 52	8 43
27	25 24	20 48	2 51	6 58	9 23	11 51	17 49	8 45
NOV 1	25 20	20 47	2 49	6 54	9 23	11 49	17 45	8 48
6	25 16	20 47D	2 47	6 51	9 24	11 47	17 42	8 50
11	25 11	20 48	2 44	6 48	9 24R	11 46	17 38	8 52
16	25 6	20 49	2 41	6 45	9 23	11 45	17 35	8 53
21	25 1	20 50	2 37	6 43	9 23	11 44	17 31	8 54
26	24 55	20 52	2 33	6 40	9 22	11 44	17 28	8 55
DEC 1	24 49	20 54	2 29	6 39	9 20	11 44D	17 25	8 56
6	24 43	20 57	2 25	6 37	9 18	11 45	17 22	8 56
11	24 37	21 0	2 21	6 36	9 16	11 45	17 19	8 56R
16	24 31	21 4	2 17	6 36	9 14	11 46	17 16	8 56
21	24 24	21 8	2 12	6 35	9 11	11 48	17 13	8 55
26	24 18	21 13	2 8	6 35D	9 8	11 50	17 11	8 54
31	24Ⅱ12	21♏18	2♋3	6♈36	9♌5	11♓52	17♉9	8♍53
STATIONS	MAR 5	MAY 23	MAR 15	JUL 8	APR 22	JUN 11	JAN 31	MAY 29
	SEP 27	NOV 4	OCT 3	DEC 21	NOV 8	NOV 27	AUG 17	DEC 7

1884

1885

Date	♃		♄		⚷		⚴		♅		♆		⚸		⚵	
JAN 4	24♊	6R	21♏	23R	1♐	59R	6♈	37R	9♌	2R	11♓	55R	17♉	7R	8♍	51R
9	24	0	21	29	1	54	6	38	8	58	11	57	17	5	8	49
14	23	54	21	35	1	50	6	40	8	55	12	0	17	4	8	47
19	23	49	21	41	1	46	6	42	8	51	12	4	17	3	8	45
24	23	44	21	47	1	42	6	45	8	47	12	7	17	2	8	42
29	23	40	21	54	1	39	6	48	8	43	12	11	17	2	8	39
FEB 3	23	36	22	0	1	36	6	51	8	39	12	15	17	2	8	36
8	23	33	22	7	1	33	6	54	8	36	12	19	17	3	8	33
13	23	30	22	13	1	30	6	58	8	32	12	24	17	3	8	30
18	23	28	22	20	1	28	7	2	8	28	12	28	17	4	8	27
23	23	26	22	26	1	26	7	6	8	25	12	33	17	6	8	23
28	23	25	22	33	1	24	7	11	8	22	12	37	17	8	8	20
MAR 5	23	25	22	39	1	23	7	15	8	18	12	42	17	10	8	17
10	23	25D	22	45	1	23	7	20	8	16	12	46	17	12	8	13
15	23	26	22	51	1	22	7	25	8	13	12	51	17	14	8	10
20	23	27	22	57	1	23D	7	30	8	11	12	55	17	17	8	7
25	23	30	23	2	1	23	7	35	8	8	12	59	17	20	8	4
30	23	32	23	7	1	24	7	40	8	7	13	4	17	24	8	1
APR 4	23	35	23	12	1	26	7	45	8	5	13	8	17	27	7	58
9	23	39	23	16	1	28	7	50	8	4	13	12	17	31	7	56
14	23	44	23	20	1	30	7	55	8	3	13	15	17	35	7	54
19	23	48	23	24	1	33	8	0	8	3	13	19	17	39	7	52
24	23	54	23	27	1	36	8	5	8	3D	13	22	17	43	7	50
29	24	0	23	29	1	39	8	9	8	3	13	25	17	47	7	48
MAY 4	24	6	23	31	1	43	8	14	8	4	13	27	17	51	7	47
9	24	12	23	33	1	47	8	18	8	5	13	30	17	55	7	46
14	24	19	23	34	1	51	8	22	8	6	13	32	17	59	7	45
19	24	26	23	35	1	56	8	25	8	8	13	34	18	4	7	45
24	24	34	23	35R	2	0	8	29	8	10	13	35	18	8	7	45
29	24	42	23	35	2	5	8	32	8	13	13	36	18	12	7	45D
JUN 3	24	49	23	34	2	10	8	34	8	15	13	37	18	16	7	45
8	24	57	23	33	2	16	8	37	8	18	13	37	18	19	7	46
13	25	5	23	31	2	21	8	39	8	21	13	37R	18	23	7	47
18	25	13	23	29	2	27	8	40	8	25	13	37	18	27	7	49
23	25	21	23	26	2	32	8	42	8	29	13	37	18	30	7	51
28	25	29	23	24	2	37	8	43	8	33	13	36	18	33	7	53
JUL 3	25	37	23	20	2	43	8	43	8	37	13	34	18	36	7	55
8	25	45	23	17	2	48	8	43	8	41	13	33	18	38	7	57
13	25	52	23	13	2	54	8	43R	8	45	13	31	18	41	8	0
18	26	0	23	8	2	59	8	43	8	50	13	29	18	43	8	3
23	26	7	23	4	3	4	8	42	8	54	13	27	18	44	8	6
28	26	13	22	59	3	9	8	41	8	59	13	24	18	46	8	9
AUG 2	26	20	22	55	3	13	8	39	9	3	13	21	18	47	8	13
7	26	25	22	50	3	18	8	37	9	8	13	18	18	48	8	16
12	26	31	22	45	3	22	8	35	9	13	13	15	18	48	8	20
17	26	36	22	40	3	26	8	32	9	17	13	12	18	49	8	24
22	26	41	22	35	3	29	8	29	9	22	13	8	18	49R	8	28
27	26	45	22	30	3	32	8	26	9	26	13	5	18	48	8	32
SEP 1	26	48	22	25	3	35	8	23	9	30	13	1	18	47	8	36
6	26	51	22	20	3	38	8	19	9	34	12	57	18	46	8	40
11	26	53	22	16	3	40	8	16	9	38	12	54	18	45	8	44
16	26	55	22	11	3	41	8	12	9	41	12	50	18	43	8	48
21	26	56	22	7	3	43	8	8	9	45	12	47	18	41	8	52
26	26	57	22	3	3	44	8	4	9	48	12	43	18	39	8	55
OCT 1	26	57R	22	0	3	44	8	0	9	51	12	40	18	37	8	59
6	26	56	21	57	3	44R	7	56	9	53	12	37	18	34	9	2
11	26	55	21	55	3	44	7	52	9	55	12	34	18	31	9	6
16	26	53	21	52	3	43	7	48	9	57	12	31	18	28	9	9
21	26	51	21	51	3	41	7	44	9	59	12	28	18	25	9	12
26	26	48	21	49	3	40	7	40	10	0	12	26	18	22	9	14
31	26	44	21	49	3	38	7	37	10	1	12	24	18	18	9	17
NOV 5	26	40	21	48	3	35	7	33	10	1	12	22	18	15	9	19
10	26	36	21	49D	3	32	7	30	10	1R	12	21	18	12	9	21
15	26	31	21	49	3	29	7	28	10	1	12	20	18	8	9	22
20	26	25	21	51	3	26	7	25	10	0	12	19	18	5	9	23
25	26	20	21	52	3	22	7	23	9	59	12	19	18	1	9	24
30	26	14	21	55	3	18	7	21	9	58	12	19D	17	58	9	25
DEC 5	26	8	21	57	3	14	7	20	9	56	12	20	17	55	9	25
10	26	2	22	1	3	10	7	18	9	54	12	20	17	52	9	25R
15	25	55	22	4	3	6	7	18	9	52	12	21	17	49	9	25
20	25	49	22	8	3	1	7	17	9	49	12	23	17	46	9	24
25	25	43	22	13	2	57	7	17D	9	46	12	25	17	44	9	23
30	25♊	36	22♏	18	2♋	52	7♈	18	9♌	43	12♓	27	17♉	42	9♍	22
STATIONS	MAR	5	MAY	23	MAR	15	JUL	8	APR	21	JUN	11	AUG	17	MAY	23
	SEP	27	NOV	5	OCT	3	DEC	21	NOV	8	NOV	27	OCT	0	DEC	7

	♃		♄		⚷		♈		♅		♆		⛢		♓	
JAN 4	25♊	30R	22≈	23	2♋	48R	7♈	19	9♌	40R	12♓	29	17♉	40R	9♍	20R
9	25	25	22	29	2	44	7	20	9	36	12	32	17	38	9	19
14	25	19	22	34	2	39	7	22	9	33	12	35	17	37	9	16
19	25	14	22	40	2	35	7	24	9	29	12	38	17	36	9	14
24	25	9	22	47	2	31	7	26	9	25	12	42	17	35	9	12
29	25	4	22	53	2	28	7	29	9	21	12	46	17	35	9	9
FEB 3	25	0	22	59	2	24	7	32	9	18	12	50	17	35D	9	6
8	24	57	23	6	2	21	7	36	9	14	12	54	17	35	9	3
13	24	54	23	13	2	19	7	39	9	10	12	58	17	36	9	0
18	24	51	23	19	2	16	7	43	9	6	13	2	17	37	8	56
23	24	50	23	26	2	14	7	47	9	3	13	7	17	38	8	53
28	24	48	23	32	2	13	7	52	9	0	13	11	17	40	8	50
MAR 5	24	48	23	39	2	12	7	57	8	56	13	16	17	42	8	46
10	24	48D	23	45	2	11	8	1	8	54	13	20	17	44	8	43
15	24	48	23	51	2	11	8	6	8	51	13	25	17	47	8	40
20	24	50	23	56	2	11D	8	11	8	48	13	29	17	50	8	37
25	24	52	24	2	2	11	8	16	8	46	13	34	17	53	8	34
30	24	54	24	7	2	12	8	21	8	45	13	38	17	56	8	31
APR 4	24	57	24	12	2	14	8	26	8	43	13	42	17	59	8	28
9	25	1	24	16	2	15	8	31	8	42	13	46	18	3	8	25
14	25	5	24	20	2	18	8	36	8	41	13	50	18	7	8	23
19	25	10	24	24	2	20	8	41	8	41	13	53	18	11	8	21
24	25	15	24	27	2	23	8	46	8	41D	13	56	18	15	8	19
29	25	20	24	30	2	26	8	50	8	41	13	59	18	19	8	18
MAY 4	25	27	24	32	2	30	8	55	8	41	14	2	18	23	8	16
9	25	33	24	34	2	34	8	59	8	42	14	5	18	27	8	15
14	25	40	24	35	2	38	9	3	8	44	14	7	18	31	8	14
19	25	47	24	36	2	43	9	7	8	45	14	8	18	36	8	14
24	25	54	24	36	2	48	9	10	8	47	14	10	18	40	8	14D
29	26	2	24	36R	2	52	9	13	8	50	14	11	18	44	8	14
JUN 3	26	10	24	35	2	58	9	16	8	52	14	12	18	48	8	14
8	26	17	24	34	3	3	9	18	8	55	14	12	18	51	8	15
13	26	25	24	33	3	8	9	20	8	58	14	13R	18	55	8	16
18	26	33	24	31	3	14	9	22	9	2	14	12	18	59	8	18
23	26	41	24	28	3	19	9	24	9	6	14	12	19	2	8	19
28	26	49	24	25	3	24	9	25	9	9	14	11	19	5	8	21
JUL 3	26	57	24	22	3	30	9	25	9	13	14	10	19	8	8	23
8	27	5	24	19	3	35	9	26	9	18	14	8	19	11	8	26
13	27	13	24	15	3	41	9	25R	9	22	14	6	19	13	8	29
18	27	20	24	11	3	46	9	25	9	26	14	4	19	15	8	32
23	27	27	24	6	3	51	9	24	9	31	14	2	19	17	8	35
28	27	34	24	2	3	56	9	23	9	36	13	59	19	18	8	38
AUG 2	27	40	23	57	4	1	9	21	9	40	13	57	19	20	8	41
7	27	46	23	52	4	5	9	19	9	45	13	54	19	21	8	45
12	27	52	23	47	4	9	9	17	9	49	13	51	19	21	8	49
17	27	57	23	42	4	13	9	15	9	54	13	47	19	21	8	53
22	28	2	23	37	4	17	9	12	9	58	13	44	19	21R	8	56
27	28	6	23	32	4	20	9	9	10	3	13	40	19	21	9	0
SEP 1	28	10	23	27	4	23	9	6	10	7	13	37	19	20	9	4
6	28	13	23	22	4	25	9	2	10	11	13	33	19	19	9	8
11	28	16	23	18	4	28	8	58	10	15	13	29	19	18	9	12
16	28	18	23	13	4	29	8	55	10	18	13	26	19	16	9	16
21	28	19	23	9	4	31	8	51	10	22	13	22	19	14	9	20
26	28	20	23	5	4	32	8	47	10	25	13	19	19	12	9	24
OCT 1	28	20R	23	2	4	32	8	43	10	28	13	15	19	10	9	27
6	28	19	22	59	4	32R	8	39	10	30	13	12	19	7	9	31
11	28	18	22	56	4	32	8	35	10	33	13	9	19	4	9	34
16	28	17	22	54	4	31	8	31	10	35	13	6	19	1	9	37
21	28	14	22	52	4	30	8	27	10	36	13	4	18	58	9	40
26	28	11	22	51	4	28	8	23	10	37	13	2	18	55	9	43
31	28	8	22	50	4	26	8	19	10	38	13	0	18	52	9	45
NOV 5	28	4	22	49	4	24	8	16	10	39	12	58	18	48	9	48
10	28	0	22	50D	4	21	8	13	10	39R	12	56	18	45	9	49
15	27	55	22	50	4	18	8	10	10	39	12	55	18	41	9	51
20	27	50	22	51	4	15	8	8	10	38	12	55	18	38	9	52
25	27	44	22	53	4	11	8	5	10	37	12	54	18	34	9	53
30	27	39	22	55	4	7	8	3	10	36	12	54D	18	31	9	54
DEC 5	27	33	22	58	4	3	8	2	10	34	12	54	18	28	9	54
10	27	27	23	1	3	59	8	1	10	32	12	55	18	25	9	54R
15	27	20	23	4	3	55	8	0	10	30	12	56	18	22	9	54
20	27	14	23	8	3	50	7	59	10	27	12	58	18	19	9	53
25	27	8	23	13	3	46	7	59D	10	24	13	0	18	17	9	52
30	27♊	1	23≈	18	3♋	41	8♈	0	10♌	21	13♓	1	18♉	15	9♍	51
STATIONS	MAR 7		MAY 24		MAR 16		JUL 9		APR 22		JUN 12		JAN 31		MAY 23	
	SEP 29		NOV 6		OCT 4		DEC 22		NOV 9		NOV 28		AUG 18		DEC 7	

1887

	♃	♄	♅	♆	♆	♇	♆	♆
JAN 4	26Ⅱ 55R	23♒ 23	3♋ 37R	8♈ 1	10♌ 18R	13♓ 4	18♉ 13R	9♍ 50R
9	26 49	23 28	3 33	8 2	10 15	13 7	18 11	9 48
14	26 44	23 34	3 28	8 3	10 11	13 10	18 10	9 46
19	26 38	23 40	3 24	8 5	10 7	13 13	18 9	9 44
24	26 33	23 46	3 20	8 8	10 4	13 16	18 8	9 41
29	26 29	23 52	3 17	8 11	10 0	13 20	18 8	9 38
FEB 3	26 24	23 59	3 13	8 14	9 56	13 24	18 8D	9 35
8	26 21	24 5	3 10	8 17	9 52	13 28	18 8	9 32
13	26 18	24 12	3 7	8 21	9 48	13 32	18 8	9 29
18	26 15	24 19	3 5	8 25	9 45	13 37	18 9	9 26
23	26 13	24 25	3 3	8 29	9 41	13 41	18 11	9 23
28	26 11	24 32	3 1	8 33	9 38	13 46	18 12	9 19
MAR 5	26 11	24 38	3 0	8 38	9 35	13 50	18 14	9 16
10	26 11D	24 44	2 59	8 42	9 32	13 55	18 16	9 13
15	26 11	24 50	2 59	8 47	9 29	13 59	18 19	9 9
20	26 12	24 56	2 59D	8 52	9 26	14 4	18 22	9 6
25	26 14	25 2	2 59	8 57	9 24	14 8	18 25	9 3
30	26 16	25 7	3 0	9 2	9 22	14 12	18 28	9 0
APR 4	26 19	25 12	3 1	9 7	9 21	14 16	18 31	8 57
9	26 22	25 16	3 3	9 12	9 20	14 20	18 35	8 55
14	26 26	25 20	3 5	9 17	9 19	14 24	18 39	8 53
19	26 31	25 24	3 8	9 22	9 18	14 28	18 43	8 50
24	26 36	25 27	3 11	9 27	9 18D	14 31	18 47	8 48
29	26 41	25 30	3 14	9 32	9 18	14 34	18 51	8 47
MAY 4	26 47	25 32	3 18	9 36	9 19	14 37	18 55	8 45
9	26 54	25 34	3 21	9 40	9 20	14 39	18 59	8 44
14	27 0	25 36	3 26	9 44	9 21	14 41	19 3	8 44
19	27 7	25 37	3 30	9 48	9 23	14 43	19 8	8 43
24	27 15	25 37	3 35	9 51	9 25	14 45	19 12	8 43
29	27 22	25 37R	3 40	9 55	9 27	14 46	19 16	8 43D
JUN 3	27 30	25 37	3 45	9 57	9 29	14 47	19 20	8 43
8	27 38	25 36	3 50	10 0	9 32	14 47	19 24	8 44
13	27 46	25 34	3 55	10 2	9 35	14 48	19 27	8 45
18	27 54	25 32	4 1	10 4	9 39	14 48R	19 31	8 47
23	28 2	25 30	4 6	10 5	9 42	14 47	19 34	8 48
28	28 10	25 27	4 12	10 7	9 46	14 46	19 37	8 50
JUL 3	28 18	25 24	4 17	10 7	9 50	14 45	19 40	8 52
8	28 25	25 21	4 22	10 8	9 54	14 44	19 43	8 55
13	28 33	25 17	4 28	10 8R	9 59	14 42	19 45	8 57
18	28 40	25 13	4 33	10 7	10 3	14 40	19 47	9 0
23	28 48	25 8	4 38	10 6	10 8	14 38	19 49	9 3
28	28 54	25 4	4 43	10 5	10 13	14 35	19 51	9 7
AUG 2	29 1	24 59	4 48	10 4	10 17	14 32	19 52	9 10
7	29 7	24 54	4 52	10 2	10 22	14 29	19 53	9 14
12	29 13	24 49	4 57	10 0	10 26	14 26	19 54	9 17
17	29 18	24 44	5 0	9 57	10 31	14 23	19 54	9 21
22	29 23	24 39	5 4	9 54	10 35	14 19	19 54R	9 25
27	29 28	24 34	5 7	9 51	10 39	14 16	19 54	9 29
SEP 1	29 32	24 29	5 10	9 48	10 44	14 12	19 53	9 33
6	29 35	24 25	5 13	9 45	10 48	14 9	19 52	9 37
11	29 38	24 20	5 15	9 41	10 52	14 5	19 51	9 41
16	29 40	24 16	5 17	9 37	10 55	14 1	19 49	9 45
21	29 41	24 11	5 19	9 33	10 59	13 58	19 47	9 49
26	29 41	24 7	5 20	9 29	11 2	13 54	19 45	9 52
OCT 1	29 43	24 4	5 20	9 25	11 5	13 51	19 43	9 56
6	29 42R	24 1	5 20R	9 21	11 8	13 48	19 40	9 59
11	29 41	23 58	5 20	9 17	11 10	13 45	19 38	10 3
16	29 40	23 56	5 20	9 13	11 12	13 42	19 35	10 6
21	29 38	23 54	5 18	9 10	11 13	13 39	19 32	10 9
26	29 35	23 52	5 17	9 6	11 15	13 37	19 28	10 12
31	29 32	23 51	5 15	9 2	11 16	13 35	19 25	10 14
NOV 5	29 28	23 51	5 13	8 59	11 16	13 33	19 22	10 16
10	29 24	23 51D	5 10	8 56	11 16	13 32	19 18	10 18
15	29 20	23 51	5 7	8 53	11 16R	13 31	19 15	10 20
20	29 15	23 52	5 4	8 50	11 16	13 30	19 11	10 21
25	29 9	23 54	5 0	8 48	11 15	13 29	19 8	10 22
30	29 3	23 56	4 57	8 46	11 14	13 29D	19 4	10 23
DEC 5	28 57	23 58	4 52	8 44	11 12	13 30	19 1	10 23
10	28 51	24 1	4 48	8 43	11 10	13 30	18 58	10 23R
15	28 45	24 5	4 44	8 42	11 8	13 31	18 55	10 23
20	28 39	24 8	4 40	8 42	11 5	13 32	18 52	10 23
25	28 32	24 13	4 35	8 42D	11 2	13 34	18 50	10 22
30	28Ⅱ 26	24♒ 17	4♋ 31	8♈ 42	10♌ 59	13♓ 36	18♉ 48	10♍ 21
STATIONS	MAR 8	MAY 26	MAR 17	JUL 9	APR 23	JUN 13	FEB 1	MAY 24
	OCT 1	NOV 7	OCT 5	DEC 23	NOV 10	NOV 28	AUG 19	DEC 8

1888

	♃	♄	☿	⛢	24	Ψ	♅	✶
JAN 5	28♊ 20R	24♒ 22	4♒ 26R	8♈ 43	10♌ 56R	13♓ 39	18♉ 46R	10♍ 19R
10	28 14	24 28	4 22	8 44	10 53	13 41	18 44	10 17
15	28 8	24 33	4 17	8 45	10 49	13 44	18 43	10 15
20	28 3	24 39	4 13	8 47	10 46	13 47	18 42	10 13
25	27 58	24 46	4 9	8 49	10 42	13 51	18 41	10 10
30	27 53	24 52	4 6	8 52	10 38	13 55	18 40	10 8
FEB 4	27 48	24 58	4 2	8 55	10 34	13 58	18 40D	10 5
9	27 45	25 5	3 59	8 58	10 30	14 3	18 40	10 2
14	27 41	25 11	3 56	9 2	10 26	14 7	18 41	9 59
19	27 39	25 18	3 54	9 6	10 23	14 11	18 42	9 56
24	27 36	25 25	3 52	9 10	10 19	14 16	18 43	9 52
29	27 35	25 31	3 50	9 14	10 16	14 20	18 45	9 49
MAR 5	27 34	25 38	3 48	9 19	10 13	14 25	18 47	9 46
10	27 33	25 44	3 48	9 24	10 10	14 29	18 49	9 42
15	27 34D	25 50	3 47	9 28	10 7	14 34	18 51	9 39
20	27 34	25 56	3 47D	9 33	10 4	14 38	18 54	9 36
25	27 36	26 1	3 47	9 38	10 2	14 42	18 57	9 33
30	27 38	26 7	3 48	9 43	10 0	14 47	19 0	9 30
APR 4	27 41	26 11	3 49	9 48	9 59	14 51	19 4	9 27
9	27 44	26 16	3 51	9 54	9 57	14 55	19 7	9 24
14	27 48	26 20	3 53	9 59	9 56	14 59	19 11	9 22
19	27 52	26 24	3 55	10 3	9 56	15 2	19 15	9 20
24	27 57	26 28	3 58	10 8	9 56D	15 6	19 19	9 18
29	28 2	26 30	4 1	10 13	9 56	15 9	19 23	9 16
MAY 4	28 8	26 33	4 5	10 17	9 56	15 11	19 27	9 15
9	28 14	26 35	4 9	10 22	9 57	15 14	19 31	9 14
14	28 21	26 37	4 13	10 26	9 58	15 16	19 35	9 13
19	28 28	26 38	4 17	10 29	10 0	15 18	19 40	9 12
24	28 35	26 38	4 22	10 33	10 2	15 20	19 44	9 12
29	28 42	26 38R	4 27	10 36	10 4	15 21	19 48	9 12D
JUN 3	28 50	26 38	4 32	10 39	10 7	15 22	19 52	9 13
8	28 58	26 37	4 37	10 42	10 9	15 22	19 56	9 13
13	29 6	26 36	4 42	10 44	10 12	15 23	19 59	9 14
18	29 14	26 34	4 48	10 46	10 16	15 23R	20 3	9 15
23	29 22	26 32	4 53	10 47	10 19	15 22	20 6	9 17
28	29 30	26 29	4 59	10 48	10 23	15 21	20 10	9 19
JUL 3	29 38	26 26	5 4	10 49	10 27	15 20	20 12	9 21
8	29 46	26 23	5 9	10 50	10 31	15 19	20 15	9 23
13	29 53	26 19	5 15	10 50R	10 36	15 17	20 18	9 26
18	0♋ 1	26 15	5 20	10 49	10 40	15 15	20 20	9 29
23	0 8	26 11	5 25	10 49	10 44	15 13	20 22	9 32
28	0 15	26 6	5 30	10 47	10 49	15 11	20 23	9 35
AUG 2	0 22	26 1	5 35	10 46	10 54	15 8	20 25	9 39
7	0 28	25 57	5 40	10 44	10 58	15 5	20 26	9 42
12	0 34	25 52	5 44	10 42	11 3	15 2	20 26	9 46
17	0 39	25 47	5 48	10 40	11 7	14 58	20 27	9 50
22	0 45	25 42	5 52	10 37	11 12	14 55	20 27R	9 53
27	0 49	25 37	5 55	10 34	11 16	14 52	20 26	9 57
SEP 1	0 53	25 32	5 58	10 31	11 21	14 48	20 26	10 1
6	0 57	25 27	6 1	10 28	11 25	14 44	20 25	10 5
11	1 0	25 22	6 3	10 24	11 29	14 41	20 24	10 9
16	1 2	25 18	6 5	10 20	11 32	14 37	20 22	10 13
21	1 4	25 13	6 7	10 16	11 36	14 34	20 20	10 17
26	1 5	25 9	6 8	10 12	11 39	14 30	20 18	10 21
OCT 1	1 5	25 6	6 8	10 8	11 42	14 27	20 16	10 25
5	1 5R	25 3	6 9	10 4	11 45	14 23	20 14	10 28
11	1 5	25 0	6 9R	10 0	11 47	14 20	20 11	10 31
16	1 3	24 57	6 8	9 56	11 49	14 18	20 8	10 35
21	1 1	24 55	6 7	9 52	11 51	14 15	20 5	10 38
26	0 59	24 53	6 5	9 49	11 52	14 13	20 2	10 40
31	0 56	24 52	6 4	9 45	11 53	14 10	19 58	10 43
NOV 5	0 52	24 52	6 1	9 41	11 54	14 9	19 55	10 45
10	0 48	24 52D	5 59	9 38	11 54	14 7	19 51	10 47
15	0 44	24 52	5 56	9 35	11 54R	14 6	19 48	10 49
20	0 39	24 53	5 53	9 33	11 53	14 5	19 44	10 50
25	0 34	24 54	5 49	9 30	11 53	14 4	19 41	10 51
30	0 28	24 56	5 46	9 28	11 51	14 4D	19 38	10 52
DEC 5	0 22	24 58	5 42	9 27	11 50	14 5	19 34	10 52
10	0 16	25 1	5 37	9 25	11 48	14 5	19 31	10 53R
15	0 10	25 5	5 33	9 24	11 46	14 6	19 28	10 52
20	0 4	25 8	5 29	9 24	11 43	14 7	19 26	10 52
25	29♊ 57	25 13	5 24	9 24D	11 41	14 9	19 23	10 51
30	29♊ 51	25♒ 17	5♋ 20	9♈ 24	11♌ 38	14♓ 11	19♉ 21	10♍ 50
STATIONS	MAR 10 OCT 2	MAY 27 NOV 8	MAR 18 OCT 6	JUL 10 DEC 24	APR 24 NOV 10	JUN 14 NOV 29	FEB 2 AUG 20	MAY 25 DEC 9

1889

	♃	⚷	♄	♁	♅	♆	⚶	⚳
JAN 3	29♊ 45R	25♏ 22	5♋ 15R	9♈ 24	11♌ 34R	14♓ 13	19♉ 19R	10♍ 48R
8	29 39	25 27	5 11	9 25	11 31	14 16	19 17	10 47
13	29 33	25 33	5 7	9 27	11 27	14 19	19 16	10 45
18	29 27	25 39	5 2	9 29	11 24	14 22	19 14	10 42
23	29 22	25 45	4 58	9 31	11 20	14 25	19 14	10 40
28	29 17	25 51	4 55	9 34	11 16	14 29	19 13	10 37
FEB 2	29 13	25 58	4 51	9 36	11 12	14 33	19 13D	10 34
7	29 9	26 4	4 48	9 40	11 8	14 37	19 13	10 31
12	29 5	26 11	4 45	9 43	11 5	14 41	19 14	10 28
17	29 2	26 17	4 42	9 47	11 1	14 45	19 14	10 25
22	29 0	26 24	4 40	9 51	10 57	14 50	19 16	10 22
27	28 58	26 31	4 38	9 56	10 54	14 54	19 17	10 18
MAR 4	28 57	26 37	4 37	10 0	10 51	14 59	19 19	10 15
9	28 56	26 43	4 36	10 5	10 48	15 3	19 21	10 12
14	28 56D	26 49	4 35	10 10	10 45	15 8	19 24	10 9
19	28 57	26 55	4 35D	10 14	10 42	15 12	19 26	10 5
24	28 58	27 1	4 35	10 19	10 40	15 17	19 29	10 2
29	29 0	27 6	4 36	10 25	10 38	15 21	19 32	9 59
APR 3	29 3	27 11	4 37	10 30	10 36	15 25	19 36	9 56
8	29 6	27 16	4 39	10 35	10 35	15 29	19 39	9 54
13	29 9	27 20	4 41	10 40	10 34	15 33	19 43	9 51
18	29 13	27 24	4 43	10 45	10 34	15 37	19 47	9 49
23	29 18	27 28	4 46	10 49	10 33	15 40	19 51	9 47
28	29 23	27 31	4 49	10 54	10 33D	15 43	19 55	9 46
MAY 3	29 29	27 33	4 52	10 58	10 34	15 46	19 59	9 44
8	29 35	27 36	4 56	11 3	10 35	15 49	20 3	9 43
13	29 41	27 37	5 0	11 7	10 36	15 51	20 7	9 42
18	29 48	27 38	5 5	11 11	10 37	15 53	20 12	9 41
23	29 55	27 39	5 9	11 14	10 39	15 55	20 16	9 41
28	0♋ 3	27 39R	5 14	11 18	10 41	15 56	20 20	9 41D
JUN 2	0 10	27 39	5 19	11 20	10 44	15 57	20 24	9 42
7	0 18	27 38	5 24	11 23	10 46	15 57	20 28	9 43
12	0 26	27 37	5 29	11 25	10 49	15 58	20 32	9 44
17	0 34	27 35	5 35	11 27	10 53	15 58R	20 35	9 46
22	0 42	27 33	5 40	11 29	10 56	15 57	20 39	9 46
27	0 50	27 31	5 46	11 30	11 0	15 57	20 42	9 48
JUL 2	0 58	27 28	5 51	11 31	11 4	15 56	20 45	9 50
7	1 6	27 25	5 57	11 32	11 8	15 54	20 47	9 52
12	1 14	27 21	6 2	11 32R	11 12	15 53	20 50	9 55
17	1 21	27 17	6 7	11 31	11 17	15 51	20 52	9 57
22	1 28	27 13	6 12	11 31	11 21	15 49	20 54	10 1
27	1 36	27 8	6 17	11 30	11 26	15 46	20 56	10 4
AUG 1	1 42	27 4	6 22	11 28	11 30	15 43	20 57	10 7
6	1 49	26 59	6 27	11 27	11 35	15 40	20 58	10 11
11	1 55	26 54	6 31	11 25	11 40	15 37	20 59	10 14
16	2 0	26 49	6 35	11 22	11 44	15 34	20 59	10 18
21	2 6	26 44	6 39	11 20	11 49	15 31	20 59R	10 22
26	2 10	26 39	6 43	11 17	11 53	15 27	20 59	10 26
31	2 15	26 34	6 46	11 14	11 57	15 24	20 59	10 30
SEP 5	2 18	26 29	6 48	11 10	12 1	15 20	20 58	10 34
10	2 21	26 24	6 51	11 7	12 5	15 16	20 57	10 38
15	2 24	26 20	6 53	11 3	12 9	15 13	20 55	10 42
20	2 26	26 16	6 55	10 59	12 13	15 9	20 53	10 46
25	2 27	26 12	6 56	10 55	12 16	15 6	20 51	10 49
30	2 28	26 8	6 57	10 51	12 19	15 2	20 49	10 53
OCT 5	2 28R	26 4	6 57	10 47	12 22	14 59	20 47	10 57
10	2 28	26 1	6 57R	10 43	12 24	14 56	20 44	11 0
15	2 27	25 59	6 56	10 39	12 26	14 53	20 41	11 3
20	2 25	25 57	6 55	10 35	12 28	14 50	20 38	11 6
25	2 23	25 55	6 54	10 31	12 29	14 48	20 35	11 9
30	2 20	25 54	6 52	10 28	12 31	14 46	20 31	11 12
NOV 4	2 16	25 53	6 50	10 24	12 31	14 44	20 28	11 14
9	2 13	25 53	6 48	10 21	12 32	14 42	20 25	11 16
14	2 8	25 53D	6 45	10 18	12 31R	14 41	20 21	11 18
19	2 3	25 54	6 42	10 15	12 31	14 40	20 18	11 19
24	1 58	25 55	6 38	10 13	12 30	14 40	20 14	11 20
29	1 53	25 57	6 35	10 11	12 29	14 39	20 11	11 21
DEC 4	1 47	25 59	6 31	10 9	12 28	14 40D	20 8	11 22
9	1 41	26 2	6 26	10 7	12 26	14 40	20 4	11 22R
14	1 35	26 5	6 22	10 6	12 24	14 41	20 1	11 22
19	1 28	26 8	6 18	10 6	12 21	14 42	19 59	11 21
24	1 22	26 13	6 13	10 6	12 19	14 44	19 56	11 20
29	1♋ 16	26♏ 17	6♋ 9	10♈ 6D	12♌ 16	14♓ 46	19♉ 54	11♍ 19
STATIONS	MAR 11	MAY 27	MAR 18	JUL 10	APR 24	JUN 14	FEB 1	MAY 25
	OCT 3	NOV 9	OCT 6	DEC 24	NOV 10	NOV 29	AUG 19	DEC 8

1890

	♃	(Cupido)	(Hades)	(Zeus)	(Kronos)	♆	(Vulkanus)	(Poseidon)
JAN 3	1♐ 10R	26♏ 22	6♐ 4R	10♈ 6	12♌ 12R	14♓ 48	19♉ 52R	11♍ 18R
8	1 3	26 27	6 0	10 7	12 9	14 50	19 50	11 16
13	0 57	26 33	5 56	10 9	12 6	14 53	19 48	11 14
18	0 52	26 38	5 51	10 10	12 2	14 56	19 47	11 12
23	0 46	26 45	5 47	10 13	11 58	15 0	19 46	11 9
28	0 41	26 51	5 44	10 15	11 54	15 3	19 46	11 7
FEB 2	0 37	26 57	5 40	10 18	11 51	15 7	19 46	11 4
7	0 33	27 4	5 37	10 21	11 47	15 11	19 46D	11 1
12	0 29	27 10	5 34	10 25	11 43	15 16	19 46	10 58
17	0 26	27 17	5 31	10 28	11 39	15 20	19 47	10 55
22	0 23	27 23	5 29	10 32	11 36	15 24	19 48	10 51
27	0 21	27 30	5 27	10 37	11 32	15 29	19 50	10 48
MAR 4	0 20	27 36	5 25	10 41	11 29	15 33	19 51	10 45
9	0 19	27 43	5 24	10 46	11 26	15 38	19 53	10 41
14	0 19D	27 49	5 24	10 51	11 23	15 42	19 56	10 38
19	0 19	27 55	5 23	10 56	11 20	15 47	19 59	10 35
24	0 20	28 1	5 24D	11 1	11 18	15 51	20 1	10 32
29	0 22	28 6	5 24	11 6	11 16	15 56	20 5	10 29
APR 3	0 24	28 11	5 25	11 11	11 14	16 0	20 8	10 26
8	0 27	28 16	5 27	11 16	11 13	16 4	20 11	10 23
13	0 31	28 20	5 29	11 21	11 12	16 8	20 15	10 21
18	0 35	28 24	5 31	11 26	11 11	16 11	20 19	10 19
23	0 39	28 28	5 33	11 30	11 11	16 15	20 23	10 17
28	0 44	28 31	5 36	11 35	11 11D	16 18	20 27	10 15
MAY 3	0 50	28 34	5 40	11 40	11 11	16 21	20 31	10 13
8	0 56	28 36	5 44	11 44	11 12	16 23	20 35	10 12
13	1 2	28 38	5 48	11 48	11 13	16 26	20 40	10 11
18	1 9	28 39	5 52	11 52	11 14	16 28	20 44	10 11
23	1 16	28 40	5 56	11 56	11 16	16 29	20 48	10 11
28	1 23	28 40	6 1	11 59	11 18	16 31	20 52	10 10D
JUN 2	1 31	28 40R	6 6	12 2	11 21	16 32	20 56	10 11
7	1 38	28 40	6 11	12 5	11 23	16 32	21 0	10 11
12	1 46	28 39	6 16	12 7	11 26	16 33	21 4	10 12
17	1 54	28 37	6 22	12 9	11 30	16 33R	21 7	10 13
22	2 2	28 35	6 27	12 11	11 33	16 33	21 11	10 15
27	2 10	28 33	6 33	12 12	11 37	16 32	21 14	10 16
JUL 2	2 18	28 30	6 38	12 13	11 41	16 31	21 17	10 19
7	2 26	28 27	6 44	12 14	11 45	16 30	21 20	10 21
12	2 34	28 23	6 49	12 14R	11 49	16 28	21 22	10 23
17	2 41	28 19	6 54	12 14	11 53	16 26	21 25	10 26
22	2 49	28 15	6 59	12 13	11 58	16 24	21 27	10 29
27	2 56	28 11	7 4	12 12	12 2	16 22	21 28	10 32
AUG 1	3 3	28 6	7 9	12 11	12 7	16 19	21 30	10 36
6	3 9	28 1	7 14	12 9	12 12	16 16	21 31	10 39
11	3 16	27 56	7 18	12 7	12 16	16 13	21 32	10 43
16	3 21	27 51	7 23	12 5	12 21	16 10	21 32	10 47
21	3 27	27 46	7 26	12 2	12 25	16 6	21 32R	10 50
26	3 32	27 41	7 30	11 59	12 30	16 3	21 32	10 54
31	3 36	27 36	7 33	11 56	12 34	15 59	21 32	10 58
SEP 5	3 40	27 31	7 36	11 53	12 38	15 56	21 31	11 2
10	3 43	27 27	7 39	11 49	12 42	15 52	21 30	11 6
15	3 46	27 22	7 41	11 46	12 46	15 48	21 28	11 10
20	3 48	27 18	7 42	11 42	12 50	15 45	21 26	11 14
25	3 50	27 14	7 44	11 38	12 53	15 41	21 24	11 18
30	3 51	27 10	7 45	11 34	12 56	15 38	21 22	11 22
OCT 5	3 51	27 6	7 45	11 30	12 59	15 35	21 20	11 25
10	3 51R	27 3	7 45R	11 26	13 1	15 32	21 17	11 29
15	3 50	27 0	7 45	11 22	13 3	15 29	21 14	11 32
20	3 48	26 58	7 44	11 18	13 5	15 26	21 11	11 35
25	3 46	26 56	7 43	11 14	13 7	15 23	21 8	11 38
30	3 44	26 55	7 41	11 10	13 8	15 21	21 5	11 40
NOV 4	3 40	26 54	7 39	11 7	13 9	15 19	21 1	11 43
9	3 37	26 54	7 36	11 4	13 9	15 18	20 58	11 45
14	3 32	26 54D	7 34	11 1	13 9R	15 16	20 54	11 47
19	3 28	26 54	7 31	10 58	13 9	15 15	20 51	11 48
24	3 23	26 56	7 27	10 55	13 8	15 15	20 47	11 49
29	3 17	26 57	7 24	10 53	13 7	15 14	20 44	11 50
DEC 4	3 12	26 59	7 20	10 51	13 5	15 15D	20 41	11 51
9	3 6	27 2	7 16	10 50	13 4	15 15	20 38	11 51
14	3 0	27 5	7 11	10 49	13 2	15 16	20 35	11 51R
19	2 53	27 9	7 7	10 48	12 59	15 17	20 32	11 50
24	2 47	27 13	7 2	10 48D	12 57	15 19	20 29	11 49
29	2♐ 41	27♏ 17	6♐ 58	10♈ 48D	12♌ 54	15♓ 20	20♉ 27	11♍ 48
STATIONS	MAR 12	MAY 28	MAR 19	JUL 11	APR 25	JUN 14	FEB 2	MAY 25
	OCT 5	NOV 10	OCT 7	DEC 25	NOV 11	NOV 30	AUG 20	DEC 9

1891

	♃	♄	⚵	⚷	♅	♆	♇	⚳
JAN 3	2♐34R	27♏22	6♋54R	10♈48	12♌51R	15♓23	20♉25R	11♍47R
8	2 28	27 27	6 49	10 49	12 47	15 25	20 23	11 45
13	2 22	27 32	6 45	10 50	12 44	15 28	20 21	11 43
18	2 16	27 38	6 40	10 52	12 40	15 31	20 20	11 41
23	2 11	27 44	6 36	10 54	12 36	15 34	20 19	11 39
28	2 6	27 50	6 33	10 57	12 33	15 38	20 19	11 36
FEB 2	2 1	27 57	6 29	10 59	12 29	15 42	20 18	11 33
7	1 57	28 3	6 26	11 3	12 25	15 46	20 18D	11 31
12	1 53	28 10	6 23	11 6	12 21	15 50	20 19	11 27
17	1 50	28 16	6 20	11 10	12 17	15 54	20 19	11 24
22	1 47	28 23	6 17	11 14	12 14	15 59	20 21	11 21
27	1 45	28 29	6 15	11 18	12 10	16 3	20 22	11 18
MAR 4	1 43	28 36	6 14	11 22	12 7	16 8	20 24	11 14
9	1 42	28 42	6 13	11 27	12 4	16 12	20 26	11 11
14	1 42	28 48	6 12	11 32	12 1	16 17	20 28	11 8
19	1 42D	28 54	6 12	11 37	11 58	16 21	20 31	11 4
24	1 43	29 0	6 12D	11 42	11 56	16 26	20 34	11 1
29	1 44	29 6	6 12	11 47	11 54	16 30	20 37	10 58
APR 3	1 46	29 11	6 13	11 52	11 52	16 34	20 40	10 55
8	1 49	29 16	6 15	11 57	11 51	16 38	20 44	10 53
13	1 52	29 20	6 16	12 2	11 50	16 42	20 47	10 50
18	1 56	29 24	6 19	12 7	11 49	16 46	20 51	10 48
23	2 1	29 28	6 21	12 12	11 48	16 49	20 55	10 46
28	2 5	29 31	6 24	12 16	11 48D	16 52	20 59	10 44
MAY 3	2 11	29 34	6 27	12 21	11 49	16 55	21 3	10 43
8	2 17	29 37	6 31	12 25	11 49	16 58	21 7	10 41
13	2 23	29 39	6 35	12 29	11 50	17 0	21 12	10 40
18	2 29	29 40	6 39	12 33	11 52	17 2	21 16	10 40
23	2 36	29 41	6 44	12 37	11 53	17 4	21 20	10 39
28	2 43	29 41	6 48	12 40	11 55	17 6	21 24	10 39D
JUN 2	2 51	29 41R	6 53	12 43	11 58	17 7	21 28	10 40
7	2 58	29 41	6 58	12 46	12 0	17 7	21 32	10 40
12	3 6	29 40	7 3	12 49	12 3	17 8	21 36	10 41
17	3 14	29 38	7 9	12 51	12 7	17 8R	21 39	10 42
22	3 22	29 37	7 14	12 53	12 10	17 8	21 43	10 44
27	3 30	29 34	7 20	12 54	12 14	17 7	21 46	10 45
JUL 2	3 38	29 32	7 25	12 55	12 18	17 6	21 49	10 47
7	3 46	29 28	7 31	12 56	12 22	17 5	21 52	10 50
12	3 54	29 25	7 36	12 56	12 26	17 3	21 55	10 52
17	4 2	29 21	7 41	12 56R	12 30	17 2	21 57	10 55
22	4 9	29 17	7 47	12 55	12 35	16 59	21 59	10 58
27	4 16	29 13	7 52	12 54	12 39	16 57	22 1	11 1
AUG 1	4 23	29 8	7 57	12 53	12 44	16 54	22 2	11 4
6	4 30	29 4	8 1	12 52	12 48	16 52	22 3	11 8
11	4 36	28 59	8 6	12 50	12 53	16 49	22 4	11 11
16	4 42	28 54	8 10	12 47	12 58	16 45	22 5	11 15
21	4 48	28 49	8 14	12 45	13 2	16 42	22 5	11 19
26	4 53	28 44	8 17	12 42	13 7	16 39	22 5R	11 23
31	4 58	28 39	8 21	12 39	13 11	16 35	22 4	11 27
SEP 5	5 2	28 34	8 24	12 36	13 15	16 31	22 4	11 31
10	5 5	28 29	8 26	12 32	13 19	16 28	22 2	11 35
15	5 8	28 24	8 29	12 28	13 23	16 24	22 1	11 39
20	5 10	28 20	8 30	12 25	13 27	16 21	21 59	11 43
25	5 12	28 16	8 32	12 21	13 30	16 17	21 58	11 47
30	5 13	28 12	8 33	12 17	13 33	16 14	21 55	11 50
OCT 5	5 14	28 8	8 33	12 13	13 36	16 10	21 53	11 54
10	5 14R	28 5	8 33R	12 9	13 38	16 7	21 50	11 57
15	5 13	28 2	8 33	12 5	13 41	16 4	21 47	12 1
20	5 12	28 0	8 32	12 1	13 43	16 1	21 44	12 4
25	5 10	27 58	8 31	11 57	13 44	15 59	21 41	12 6
30	5 7	27 56	8 29	11 53	13 45	15 57	21 38	12 9
NOV 4	5 4	27 55	8 28	11 50	13 46	15 55	21 34	12 11
9	5 1	27 55	8 25	11 46	13 47	15 53	21 31	12 14
14	4 57	27 55D	8 22	11 43	13 47R	15 52	21 28	12 15
19	4 52	27 55	8 19	11 40	13 46	15 51	21 24	12 17
24	4 47	27 56	8 16	11 38	13 46	15 50	21 21	12 18
29	4 42	27 58	8 13	11 36	13 45	15 50	21 17	12 19
DEC 4	4 36	28 0	8 9	11 34	13 43	15 50D	21 14	12 20
9	4 30	28 2	8 5	11 32	13 42	15 50	21 11	12 20
14	4 24	28 5	8 0	11 31	13 40	15 51	21 8	12 20R
19	4 18	28 9	7 56	11 30	13 37	15 52	21 5	12 19
24	4 12	28 13	7 52	11 30	13 35	15 53	21 2	12 19
29	4♐5	28♏17	7♋47	11♈30D	13♌32	15♓55	21♉0	12♍18
STATIONS	MAR 14 OCT 6	MAY 30 NOV 11	MAR 20 OCT 8	JUL 12 DEC 26	APR 26 NOV 12	JUN 15 DEC 1	FEB 3 AUG 21	MAY 26 DEC 10

	♃	☽	⚷	⚸	♃	♆	⚹	♓
JAN 4	3S 59R	28♏ 22	7S 43R	11♈ 30	13♌ 29R	15♓ 57	20♉ 58R	12♊ 16R
9	3 53	28 27	7 38	11 31	13 25	16 0	20 56	12 15
14	3 47	28 32	7 34	11 32	13 22	16 2	20 54	12 13
19	3 41	28 38	7 30	11 34	13 18	16 6	20 53	12 11
24	3 35	28 44	7 25	11 36	13 15	16 9	20 52	12 8
29	3 30	28 50	7 22	11 38	13 11	16 12	20 51	12 6
FEB 3	3 25	28 56	7 18	11 41	13 7	16 16	20 51	12 3
8	3 21	29 2	7 14	11 44	13 3	16 20	20 51D	12 0
13	3 17	29 9	7 11	11 47	12 59	16 24	20 51	11 57
18	3 13	29 16	7 9	11 51	12 56	16 29	20 52	11 54
23	3 11	29 22	7 6	11 55	12 52	16 33	20 53	11 51
28	3 8	29 29	7 4	11 59	12 48	16 37	20 55	11 47
MAR 4	3 6	29 35	7 2	12 4	12 45	16 42	20 56	11 44
9	3 5	29 42	7 1	12 8	12 42	16 46	20 58	11 41
14	3 5	29 48	7 0	12 13	12 39	16 51	21 0	11 37
19	3 5D	29 54	7 0	12 18	12 36	16 56	21 3	11 34
24	3 5	0♓ 0	7 0D	12 23	12 34	17 0	21 6	11 31
29	3 7	0 5	7 0	12 28	12 32	17 4	21 9	11 28
APR 3	3 8	0 11	7 1	12 33	12 30	17 8	21 12	11 25
8	3 11	0 16	7 2	12 38	12 28	17 13	21 16	11 22
13	3 14	0 20	7 4	12 43	12 27	17 16	21 19	11 20
18	3 18	0 24	7 6	12 48	12 26	17 20	21 23	11 17
23	3 22	0 28	7 9	12 53	12 26	17 24	21 27	11 15
28	3 27	0 32	7 12	12 57	12 26D	17 27	21 31	11 14
MAY 3	3 32	0 35	7 15	13 2	12 26	17 30	21 35	11 12
8	3 37	0 37	7 18	13 6	12 27	17 33	21 39	11 11
13	3 43	0 39	7 22	13 11	12 28	17 35	21 44	11 10
18	3 50	0 41	7 26	13 15	12 29	17 37	21 48	11 9
23	3 57	0 42	7 31	13 18	12 31	17 39	21 52	11 9
28	4 4	0 42	7 35	13 22	12 33	17 40	21 56	11 8D
JUN 2	4 11	0 42R	7 40	13 25	12 35	17 42	22 0	11 9
7	4 19	0 42	7 45	13 28	12 38	17 42	22 4	11 9
12	4 26	0 41	7 51	13 30	12 40	17 43	22 8	11 10
17	4 34	0 40	7 56	13 32	12 44	17 43R	22 12	11 11
22	4 42	0 38	8 1	13 34	12 47	17 43	22 15	11 12
27	4 50	0 36	8 7	13 36	12 51	17 42	22 18	11 14
JUL 2	4 58	0 33	8 12	13 37	12 54	17 41	22 21	11 16
7	5 6	0 30	8 18	13 38	12 58	17 40	22 24	11 18
12	5 14	0 27	8 23	13 38	13 3	17 39	22 27	11 21
17	5 22	0 23	8 28	13 38R	13 7	17 37	22 29	11 24
22	5 30	0 19	8 34	13 37	13 11	17 35	22 31	11 26
27	5 37	0 15	8 39	13 37	13 16	17 33	22 33	11 30
AUG 1	5 44	0 11	8 44	13 35	13 21	17 30	22 35	11 33
6	5 51	0 6	8 48	13 34	13 25	17 27	22 36	11 36
11	5 57	0 1	8 53	13 32	13 30	17 24	22 37	11 40
16	6 3	29♏ 56	8 57	13 30	13 34	17 21	22 37	11 44
21	6 9	29 51	9 1	13 27	13 39	17 18	22 38	11 48
26	6 14	29 46	9 5	13 25	13 43	17 14	22 38R	11 51
31	6 19	29 41	9 8	13 22	13 48	17 11	22 37	11 55
SEP 5	6 23	29 36	9 11	13 18	13 52	17 7	22 36	11 59
10	6 27	29 31	9 14	13 15	13 56	17 4	22 35	12 3
15	6 30	29 26	9 16	13 11	14 0	17 0	22 34	12 7
20	6 32	29 22	9 18	13 7	14 4	16 56	22 32	12 11
25	6 34	29 18	9 20	13 4	14 7	16 53	22 31	12 15
30	6 36	29 14	9 21	13 0	14 10	16 49	22 28	12 19
OCT 5	6 37	29 10	9 21	12 56	14 13	16 46	22 26	12 22
10	6 37R	29 7	9 22R	12 51	14 16	16 43	22 23	12 26
15	6 36	29 4	9 21	12 47	14 18	16 40	22 21	12 29
20	6 35	29 1	9 21	12 43	14 20	16 37	22 18	12 32
25	6 33	28 59	9 20	12 40	14 21	16 34	22 14	12 35
30	6 31	28 58	9 18	12 36	14 23	16 32	22 11	12 38
NOV 4	6 28	28 57	9 16	12 32	14 24	16 30	22 8	12 40
9	6 25	28 56	9 14	12 29	14 24	16 28	22 4	12 42
14	6 21	28 56D	9 11	12 26	14 24R	16 27	22 1	12 44
19	6 17	28 56	9 8	12 23	14 24	16 26	21 57	12 46
24	6 12	28 57	9 5	12 20	14 23	16 25	21 54	12 47
29	6 7	28 58	9 2	12 18	14 22	16 25	21 50	12 48
DEC 4	6 1	29 0	8 58	12 16	14 21	16 25D	21 47	12 49
9	5 55	29 3	8 54	12 14	14 19	16 25	21 44	12 49
14	5 49	29 6	8 50	12 13	14 18	16 26	21 41	12 49R
19	5 43	29 9	8 45	12 12	14 15	16 27	21 38	12 49
24	5 37	29 13	8 41	12 12	14 13	16 28	21 35	12 48
29	5S 30	29♏ 17	8S 36	12♈ 12D	14♌ 10	16♓ 30	21♉ 33	12♊ 47
STATIONS	MAR 16	MAY 31	MAR 21	JUL 13	APR 27	JUN 16	FEB 5	MAY 27
	OCT 8	NOV 12	OCT 9	DEC 27	NOV 13	DEC 1	AUG 22	DEC 11

1893

	♃	♄	⚳	⚴	⚵	♆	⚶	♓
JAN 2	5♋24R	29♑21	8♋32R	12♈12	14♌7R	16♓32	21♉31R	12♍46R
7	5 18	29 26	8 27	12 13	14 4	16 34	21 29	12 44
12	5 12	29 32	8 23	12 14	14 0	16 37	21 27	12 42
17	5 6	29 37	8 19	12 16	13 56	16 40	21 26	12 40
22	5 0	29 43	8 15	12 18	13 53	16 43	21 25	12 38
27	4 55	29 49	8 11	12 20	13 49	16 47	21 24	12 35
FEB 1	4 50	29 55	8 7	12 22	13 45	16 51	21 24	12 32
6	4 45	0♒2	8 3	12 25	13 41	16 55	21 24D	12 30
11	4 41	0 8	8 0	12 29	13 38	16 59	21 24	12 27
16	4 37	0 15	7 57	12 32	13 34	17 3	21 25	12 23
21	4 34	0 22	7 55	12 36	13 30	17 7	21 26	12 20
26	4 32	0 28	7 53	12 40	13 27	17 12	21 27	12 17
MAR 3	4 30	0 35	7 51	12 45	13 23	17 16	21 29	12 13
8	4 28	0 41	7 50	12 49	13 20	17 21	21 31	12 10
13	4 27	0 47	7 49	12 54	13 17	17 25	21 33	12 7
18	4 27D	0 53	7 48	12 59	13 14	17 30	21 35	12 4
23	4 28	0 59	7 48D	13 4	13 12	17 34	21 38	12 0
28	4 29	1 5	7 48	13 9	13 10	17 39	21 41	11 57
APR 2	4 31	1 10	7 49	13 14	13 8	17 43	21 44	11 54
7	4 33	1 15	7 50	13 19	13 6	17 47	21 48	11 52
12	4 36	1 20	7 52	13 24	13 5	17 51	21 51	11 49
17	4 39	1 24	7 54	13 29	13 4	17 55	21 55	11 47
22	4 43	1 28	7 56	13 34	13 3	17 58	21 59	11 45
27	4 48	1 32	7 59	13 39	13 3D	18 1	22 3	11 43
MAY 2	4 53	1 35	8 2	13 43	13 4	18 4	22 7	11 41
7	4 58	1 38	8 6	13 48	13 4	18 7	22 11	11 40
12	5 4	1 40	8 10	13 52	13 5	18 10	22 16	11 39
17	5 11	1 41	8 14	13 56	13 6	18 12	22 20	11 38
22	5 17	1 43	8 18	14 0	13 8	18 14	22 24	11 38
27	5 24	1 43	8 23	14 3	13 10	18 15	22 28	11 38D
JUN 1	5 31	1 44R	8 27	14 6	13 12	18 17	22 32	11 38
6	5 39	1 43	8 32	14 9	13 15	18 17	22 36	11 38
11	5 47	1 43	8 38	14 12	13 17	18 18	22 40	11 39
16	5 55	1 41	8 43	14 14	13 21	18 18	22 44	11 40
21	6 2	1 40	8 48	14 16	13 24	18 18R	22 47	11 41
26	6 10	1 38	8 54	14 18	13 27	18 18	22 50	11 43
JUL 1	6 18	1 35	8 59	14 19	13 31	18 17	22 54	11 45
6	6 26	1 32	9 5	14 19	13 35	18 16	22 57	11 47
11	6 34	1 29	9 10	14 20	13 39	18 14	22 59	11 50
16	6 42	1 25	9 15	14 20R	13 44	18 12	23 2	11 52
21	6 50	1 21	9 21	14 20	13 48	18 10	23 4	11 55
26	6 57	1 17	9 26	14 19	13 53	18 8	23 6	11 58
31	7 4	1 13	9 31	14 18	13 57	18 6	23 7	12 1
AUG 5	7 11	1 8	9 36	14 16	14 2	18 3	23 8	12 5
10	7 18	1 3	9 40	14 15	14 7	18 0	23 9	12 9
15	7 24	0 58	9 45	14 12	14 11	17 57	23 10	12 12
20	7 30	0 53	9 49	14 10	14 16	17 53	23 10	12 16
25	7 35	0 48	9 52	14 7	14 20	17 50	23 10R	12 20
30	7 40	0 43	9 56	14 4	14 25	17 46	23 10	12 24
SEP 4	7 45	0 38	9 59	14 1	14 29	17 43	23 9	12 28
9	7 48	0 33	10 2	13 58	14 33	17 39	23 8	12 32
14	7 52	0 29	10 4	13 54	14 37	17 36	23 7	12 36
19	7 55	0 24	10 6	13 50	14 40	17 32	23 5	12 40
24	7 57	0 20	10 8	13 46	14 44	17 28	23 4	12 44
29	7 58	0 16	10 9	13 42	14 47	17 25	23 1	12 47
OCT 4	7 59	0 12	10 9	13 38	14 50	17 22	22 59	12 51
9	7 59	0 9	10 10	13 34	14 53	17 18	22 56	12 54
14	7 59R	0 6	10 10R	13 30	14 55	17 15	22 54	12 58
19	7 58	0 3	10 9	13 26	14 57	17 12	22 51	13 1
24	7 57	0 1	10 8	13 22	14 59	17 10	22 48	13 4
29	7 55	29♒59	10 7	13 19	15 0	17 8	22 44	13 7
NOV 3	7 52	29 58	10 5	13 15	15 1	17 5	22 41	13 9
8	7 49	29 57	10 3	13 12	15 2	17 4	22 38	13 11
13	7 45	29 57	10 0	13 8	15 2	17 2	22 34	13 13
18	7 41	29 57D	9 57	13 5	15 2R	17 1	22 31	13 15
23	7 36	29 58	9 54	13 3	15 1	17 0	22 27	13 17
28	7 31	29 59	9 50	13 0	15 0	17 0	22 24	13 17
DEC 3	7 26	0♒1	9 47	12 58	14 59	17 0D	22 20	13 18
8	7 20	0 3	9 43	12 57	14 57	17 0	22 17	13 18
13	7 14	0 6	9 39	12 55	14 55	17 1	22 14	13 18R
18	7 8	0 9	9 34	12 54	14 53	17 2	22 11	13 18
23	7 2	0 13	9 30	12 54	14 51	17 3	22 8	13 17
28	6♋55	0♒17	9♋25	12♈54D	14♌48	17♓5	22♉6	13♍16
STATIONS	MAR 16	MAY 31	MAR 21	JUL 13	APR 26	JUN 16	FEB 3	MAY 26
	OCT 9	NOV 13	OCT 9	DEC 27	NOV 13	DEC 1	AUG 22	DEC 10

1894

	♃		ℭ		♄		⚷		♅		♆		⚶		✶	
JAN 2	6♐49R		0♓21		9♋21R		12♉54		14♌45R		17♓7		22♉4R		13♍15R	
7	6 43		0 26		9 16		12 55		14 42		17 9		22 2		13 13	
12	6 36		0 31		9 12		12 56		14 38		17 12		22 0		13 12	
17	6 30		0 37		9 8		12 57		14 35		17 15		21 59		13 10	
22	6 25		0 43		9 4		12 59		14 31		17 18		21 58		13 7	
27	6 19		0 49		9 0		13 1		14 27		17 21		21 57		13 5	
FEB 1	6 14		0 55		8 56		13 4		14 23		17 25		21 56		13 2	
6	6 9		1 1		8 52		13 7		14 20		17 29		21 56D		12 59	
11	6 5		1 8		8 49		13 10		14 16		17 33		21 57		12 56	
16	6 1		1 14		8 46		13 14		14 12		17 37		21 57		12 53	
21	5 58		1 21		8 44		13 18		14 8		17 42		21 58		12 50	
26	5 55		1 28		8 41		13 22		14 5		17 46		21 59		12 46	
MAR 3	5 53		1 34		8 39		13 26		14 1		17 51		22 1		12 43	
8	5 51		1 41		8 38		13 31		13 58		17 55		22 3		12 40	
13	5 50		1 47		8 37		13 35		13 55		18 0		22 5		12 36	
18	5 50		1 53		8 36		13 40		13 52		18 4		22 8		12 33	
23	5 50D		1 59		8 36D		13 45		13 50		18 9		22 10		12 30	
28	5 51		2 5		8 36		13 50		13 48		18 13		22 13		12 27	
APR 2	5 53		2 10		8 37		13 55		13 46		18 17		22 17		12 24	
7	5 55		2 15		8 38		14 0		13 44		18 21		22 20		12 21	
12	5 58		2 20		8 40		14 5		13 43		18 25		22 24		12 19	
17	6 1		2 24		8 42		14 10		13 42		18 29		22 27		12 16	
22	6 5		2 28		8 44		14 15		13 41		18 33		22 31		12 14	
27	6 9		2 32		8 47		14 20		13 41		18 36		22 35		12 12	
MAY 2	6 14		2 35		8 50		14 24		13 41D		18 39		22 39		12 11	
7	6 19		2 38		8 53		14 29		13 42		18 42		22 43		12 9	
12	6 25		2 40		8 57		14 33		13 42		18 44		22 48		12 8	
17	6 31		2 42		9 1		14 37		13 44		18 47		22 52		12 7	
22	6 38		2 43		9 5		14 41		13 45		18 49		22 56		12 7	
27	6 45		2 44		9 10		14 45		13 47		18 50		23 0		12 7	
JUN 1	6 52		2 45		9 15		14 48		13 49		18 51		23 4		12 7D	
6	6 59		2 44R		9 20		14 51		13 52		18 52		23 8		12 7	
11	7 7		2 44		9 25		14 54		13 54		18 53		23 12		12 8	
16	7 15		2 43		9 30		14 56		13 58		18 53		23 16		12 9	
21	7 23		2 41		9 35		14 58		14 1		18 53R		23 19		12 10	
26	7 31		2 39		9 41		14 59		14 4		18 53		23 23		12 12	
JUL 1	7 39		2 37		9 46		15 1		14 8		18 52		23 26		12 14	
6	7 47		2 34		9 52		15 1		14 12		18 51		23 29		12 16	
11	7 55		2 31		9 57		15 2		14 16		18 50		23 31		12 18	
16	8 2		2 27		10 3		15 2R		14 21		18 48		23 34		12 21	
21	8 10		2 24		10 8		15 2		14 25		18 46		23 36		12 24	
26	8 18		2 19		10 13		15 1		14 29		18 44		23 38		12 27	
31	8 25		2 15		10 18		15 0		14 34		18 41		23 40		12 30	
AUG 5	8 32		2 10		10 23		14 59		14 39		18 38		23 41		12 34	
10	8 39		2 6		10 28		14 57		14 43		18 35		23 42		12 37	
15	8 45		2 1		10 32		14 55		14 48		18 32		23 43		12 41	
20	8 51		1 56		10 36		14 53		14 52		18 29		23 43		12 45	
25	8 56		1 51		10 40		14 50		14 57		18 26		23 43R		12 48	
30	9 1		1 46		10 43		14 47		15 1		18 22		23 43		12 52	
SEP 4	9 6		1 41		10 47		14 44		15 6		18 19		23 42		12 56	
9	9 10		1 36		10 49		14 40		15 10		18 15		23 41		13 0	
14	9 14		1 31		10 52		14 37		15 14		18 11		23 40		13 4	
19	9 16		1 26		10 54		14 33		15 17		18 8		23 38		13 8	
24	9 19		1 22		10 55		14 29		15 21		18 4		23 37		13 12	
29	9 21		1 18		10 57		14 25		15 24		18 1		23 34		13 16	
OCT 4	9 22		1 14		10 58		14 21		15 27		17 57		23 32		13 20	
9	9 22		1 11		10 58		14 17		15 30		17 54		23 30		13 23	
14	9 22R		1 7		10 58R		14 13		15 32		17 51		23 27		13 26	
19	9 21		1 5		10 57		14 9		15 34		17 48		23 24		13 30	
24	9 20		1 2		10 56		14 5		15 36		17 45		23 21		13 33	
29	9 18		1 1		10 55		14 1		15 37		17 43		23 18		13 35	
NOV 3	9 16		0 59		10 53		13 58		15 38		17 41		23 14		13 38	
8	9 13		0 58		10 51		13 54		15 39		17 39		23 11		13 40	
13	9 9		0 58		10 49		13 51		15 39		17 38		23 7		13 42	
18	9 5		0 58D		10 46		13 48		15 39R		17 36		23 4		13 44	
23	9 0		0 59		10 43		13 45		15 39		17 35		23 0		13 45	
28	8 56		1 0		10 39		13 43		15 38		17 35		22 57		13 46	
DEC 3	8 50		1 1		10 36		13 41		15 37		17 35D		22 54		13 47	
8	8 45		1 3		10 32		13 39		15 35		17 35		22 50		13 47	
13	8 39		1 6		10 28		13 38		15 33		17 36		22 47		13 47R	
18	8 33		1 9		10 23		13 37		15 31		17 37		22 44		13 47	
23	8 26		1 13		10 19		13 36		15 29		17 38		22 42		13 46	
28	8♐20		1♓17		10♋15		13♉36		15♌26		17♓39		22♉39		13♍45	
STATIONS	MAR 18		JUN 2		MAR 22		JUL 14		APR 27		JUN 17		FEB 4		MAY 27	
	OCT 10		NOV 14		OCT 10		DEC 0		NOV 14		DEC 2		AUG 22		DEC 11	

1895

	♃	♀	♄	♈	♃	♆	↑	♅
JAN 2	8♋ 14R	1♓ 21	10♋ 10R	13♈ 36D	15♌ 23R	17♓ 41	22♉ 37R	13♍ 44R
7	8 7	1 26	10 6	13 37	15 20	17 44	22 35	13 43
12	8 1	1 31	10 1	13 38	15 16	17 46	22 33	13 41
17	7 55	1 37	9 57	13 39	15 13	17 49	22 32	13 39
22	7 49	1 42	9 53	13 41	15 9	17 52	22 30	13 37
27	7 44	1 48	9 49	13 43	15 5	17 56	22 30	13 34
FEB 1	7 38	1 54	9 45	13 46	15 2	18 0	22 29	13 32
6	7 34	2 1	9 41	13 48	14 58	18 3	22 29D	13 29
11	7 29	2 7	9 38	13 52	14 54	18 7	22 29	13 26
16	7 25	2 14	9 35	13 55	14 50	18 12	22 30	13 22
21	7 22	2 20	9 32	13 59	14 46	18 16	22 31	13 19
26	7 19	2 27	9 30	14 3	14 43	18 20	22 32	13 16
MAR 3	7 16	2 33	9 28	14 7	14 39	18 25	22 33	13 13
8	7 15	2 40	9 27	14 12	14 36	18 29	22 35	13 9
13	7 14	2 46	9 25	14 16	14 33	18 34	22 37	13 6
18	7 13	2 53	9 25	14 21	14 30	18 39	22 40	13 3
23	7 13D	2 59	9 24	14 26	14 28	18 43	22 43	13 0
28	7 14	3 4	9 25D	14 31	14 26	18 47	22 46	12 56
APR 2	7 15	3 10	9 25	14 36	14 24	18 52	22 49	12 53
7	7 17	3 15	9 26	14 41	14 22	18 56	22 52	12 51
12	7 19	3 20	9 28	14 46	14 21	19 0	22 56	12 48
17	7 23	3 24	9 29	14 51	14 20	19 4	22 59	12 46
22	7 26	3 29	9 32	14 56	14 19	19 7	23 3	12 44
27	7 30	3 32	9 34	15 1	14 19	19 11	23 7	12 42
MAY 2	7 35	3 36	9 37	15 6	14 19D	19 14	23 11	12 40
7	7 40	3 38	9 41	15 10	14 19	19 17	23 15	12 38
12	7 46	3 41	9 44	15 14	14 20	19 19	23 20	12 37
17	7 52	3 43	9 48	15 19	14 21	19 21	23 24	12 37
22	7 58	3 44	9 53	15 22	14 22	19 23	23 28	12 36
27	8 5	3 45	9 57	15 26	14 24	19 25	23 32	12 36
JUN 1	8 12	3 46	10 2	15 29	14 26	19 26	23 36	12 36D
6	8 20	3 46R	10 7	15 32	14 29	19 27	23 40	12 36
11	8 27	3 45	10 12	15 35	14 31	19 28	23 44	12 37
16	8 35	3 44	10 17	15 37	14 34	19 28	23 48	12 38
21	8 43	3 43	10 22	15 39	14 38	19 28R	23 51	12 39
26	8 51	3 41	10 28	15 41	14 41	19 28	23 55	12 41
JUL 1	8 59	3 39	10 33	15 42	14 45	19 27	23 58	12 42
6	9 7	3 36	10 39	15 43	14 49	19 26	24 1	12 45
11	9 15	3 33	10 44	15 44	14 53	19 25	24 4	12 47
16	9 23	3 29	10 50	15 44R	14 57	19 23	24 6	12 50
21	9 30	3 26	10 55	15 44	15 2	19 21	24 8	12 52
26	9 38	3 22	11 0	15 43	15 6	19 19	24 10	12 55
31	9 45	3 17	11 5	15 42	15 11	19 17	24 12	12 59
AUG 5	9 52	3 13	11 10	15 41	15 15	19 14	24 13	13 2
10	9 59	3 8	11 15	15 39	15 20	19 11	24 14	13 6
15	10 6	3 3	11 19	15 37	15 25	19 8	24 15	13 9
20	10 12	2 58	11 23	15 35	15 29	19 5	24 16	13 13
25	10 17	2 53	11 27	15 32	15 34	19 1	24 16R	13 17
30	10 23	2 48	11 31	15 30	15 38	18 58	24 15	13 21
SEP 4	10 27	2 43	11 34	15 26	15 42	18 54	24 15	13 25
9	10 32	2 38	11 37	15 23	15 47	18 51	24 14	13 29
14	10 35	2 33	11 39	15 20	15 51	18 47	24 13	13 33
19	10 38	2 29	11 42	15 16	15 54	18 43	24 11	13 37
24	10 41	2 24	11 43	15 12	15 58	18 40	24 10	13 41
29	10 43	2 20	11 45	15 8	16 1	18 36	24 8	13 44
OCT 4	10 44	2 16	11 46	15 4	16 4	18 33	24 5	13 48
9	10 45	2 12	11 46	15 0	16 7	18 30	24 3	13 52
14	10 45R	2 9	11 46R	14 56	16 9	18 26	24 0	13 55
19	10 45	2 6	11 46	14 52	16 12	18 24	23 57	13 58
24	10 43	2 4	11 45	14 48	16 13	18 21	23 54	14 1
29	10 42	2 2	11 44	14 44	16 15	18 18	23 51	14 4
NOV 3	10 39	2 1	11 42	14 40	16 16	18 16	23 47	14 7
8	10 37	2 0	11 40	14 37	16 16	18 14	23 44	14 9
13	10 33	1 59	11 38	14 34	16 17	18 13	23 41	14 11
18	10 29	1 59D	11 35	14 31	16 17R	18 12	23 37	14 12
23	10 25	1 59	11 32	14 28	16 16	18 11	23 34	14 14
28	10 20	2 0	11 28	14 25	16 16	18 10	23 30	14 15
DEC 3	10 15	2 2	11 25	14 23	16 15	18 10	23 27	14 16
8	10 9	2 4	11 21	14 21	16 13	18 10D	23 24	14 16
13	10 3	2 6	11 17	14 20	16 11	18 11	23 20	14 16R
18	9 57	2 9	11 13	14 19	16 9	18 11	23 17	14 16
23	9 51	2 13	11 8	14 18	16 6	18 13	23 13	14 16
28	9♋ 45	2♓ 17	11♋ 4	14♈ 18	16♌ 4	18♓ 14	23♉ 12	14♍ 15
STATIONS	MAR 20	JUN 3	MAR 23	DEC 28	APR 28	JUN 18	FEB 5	MAY 28
	OCT 12	NOV 15	OCT 11	JUL 15	NOV 15	DEC 3	AUG 23	DEC 12

1 8 9 6

	♃	♄	⚸	⚷	♅	♆	⚳	♇
JAN 3	9♊39R	2♓21	10♊59R	14♈18D	16♌1R	18♓16	23♉10R	14♏14R
8	9 32	2 26	10 55	14 19	15 58	18 18	23 8	14 12
13	9 26	2 31	10 50	14 19	15 55	18 21	23 6	14 10
18	9 20	2 36	10 46	14 21	15 51	18 24	23 5	14 8
23	9 14	2 42	10 42	14 23	15 47	18 27	23 3	14 6
28	9 8	2 48	10 38	14 25	15 44	18 30	23 3	14 4
FEB 2	9 3	2 54	10 34	14 27	15 40	18 34	23 2	14 1
7	8 58	3 0	10 30	14 30	15 36	18 38	23 2	13 58
12	8 53	3 7	10 27	14 33	15 32	18 42	23 2D	13 55
17	8 49	3 13	10 24	14 36	15 28	18 46	23 2	13 52
22	8 46	3 20	10 21	14 40	15 25	18 50	23 3	13 49
27	8 43	3 26	10 19	14 44	15 21	18 55	23 4	13 46
MAR 3	8 40	3 33	10 17	14 48	15 18	18 59	23 6	13 42
8	8 38	3 39	10 15	14 53	15 14	19 4	23 8	13 39
13	8 37	3 46	10 14	14 58	15 11	19 8	23 10	13 36
18	8 36	3 52	10 13	15 2	15 8	19 13	23 12	13 32
23	8 36D	3 58	10 13	15 7	15 6	19 17	23 15	13 29
28	8 36	4 4	10 13D	15 12	15 3	19 22	23 18	13 26
APR 2	8 37	4 9	10 13	15 17	15 1	19 26	23 21	13 23
7	8 39	4 15	10 14	15 22	15 0	19 30	23 24	13 20
12	8 41	4 20	10 15	15 27	14 58	19 34	23 28	13 18
17	8 44	4 24	10 17	15 32	14 57	19 38	23 31	13 15
22	8 48	4 29	10 19	15 37	14 57	19 42	23 35	13 13
27	8 52	4 32	10 22	15 42	14 56	19 45	23 39	13 11
MAY 2	8 56	4 36	10 25	15 47	14 56D	19 48	23 43	13 9
7	9 1	4 39	10 28	15 51	14 56	19 51	23 48	13 8
12	9 7	4 41	10 32	15 56	14 57	19 54	23 52	13 7
17	9 13	4 43	10 36	16 0	14 58	19 56	23 56	13 6
22	9 19	4 45	10 40	16 4	15 0	19 58	24 0	13 5
27	9 26	4 46	10 44	16 7	15 1	20 0	24 4	13 5
JUN 1	9 33	4 47	10 49	16 11	15 3	20 1	24 8	13 5D
6	9 40	4 47R	10 54	16 14	15 6	20 2	24 12	13 5
11	9 47	4 46	10 59	16 17	15 9	20 3	24 16	13 6
16	9 55	4 46	11 4	16 19	15 11	20 3	24 20	13 7
21	10 3	4 44	11 9	16 21	15 15	20 3R	24 24	13 8
26	10 11	4 42	11 15	16 23	15 18	20 3	24 27	13 9
JUL 1	10 19	4 40	11 20	16 24	15 22	20 2	24 30	13 11
6	10 27	4 38	11 26	16 25	15 26	20 1	24 33	13 13
11	10 35	4 35	11 31	16 26	15 30	20 0	24 36	13 16
16	10 43	4 31	11 37	16 26	15 34	19 59	24 39	13 18
21	10 51	4 28	11 42	16 26R	15 39	19 57	24 41	13 21
26	10 58	4 24	11 47	16 25	15 43	19 55	24 43	13 24
31	11 6	4 19	11 52	16 25	15 48	19 52	24 45	13 27
AUG 5	11 13	4 15	11 57	16 23	15 52	19 49	24 46	13 31
10	11 20	4 10	12 2	16 22	15 57	19 47	24 47	13 34
15	11 26	4 5	12 6	16 20	16 1	19 44	24 48	13 38
20	11 33	4 0	12 11	16 18	16 6	19 40	24 48	13 42
25	11 38	3 55	12 15	16 15	16 10	19 37	24 48R	13 46
30	11 44	3 50	12 18	16 12	16 15	19 33	24 48	13 49
SEP 4	11 49	3 45	12 22	16 9	16 19	19 30	24 48	13 53
9	11 53	3 40	12 25	16 6	16 23	19 26	24 47	13 57
14	11 57	3 36	12 27	16 2	16 27	19 23	24 46	14 1
19	12 0	3 31	12 29	15 59	16 31	19 19	24 44	14 5
24	12 3	3 26	12 31	15 55	16 35	19 15	24 43	14 9
29	12 5	3 22	12 33	15 51	16 38	19 12	24 41	14 13
OCT 4	12 7	3 18	12 34	15 47	16 41	19 8	24 38	14 17
9	12 8	3 14	12 34	15 43	16 44	19 5	24 36	14 20
14	12 8R	3 11	12 34R	15 39	16 47	19 2	24 33	14 24
19	12 8	3 8	12 34	15 35	16 49	18 59	24 30	14 27
24	12 7	3 6	12 33	15 31	16 51	18 56	24 27	14 30
29	12 5	3 4	12 32	15 27	16 52	18 54	24 24	14 33
NOV 3	12 3	3 2	12 31	15 23	16 53	18 52	24 21	14 35
8	12 0	3 1	12 29	15 20	16 54	18 50	24 17	14 38
13	11 57	3 0	12 26	15 16	16 54	18 48	24 14	14 40
18	11 53	3 0D	12 24	15 13	16 54R	18 47	24 10	14 41
23	11 49	3 0	12 21	15 10	16 54	18 46	24 7	14 43
28	11 44	3 1	12 17	15 8	16 53	18 45	24 3	14 44
DEC 3	11 39	3 3	12 14	15 6	16 52	18 45	24 0	14 45
8	11 34	3 4	12 10	15 4	16 51	18 45D	23 57	14 45
13	11 28	3 7	12 6	15 2	16 49	18 46	23 54	14 45
18	11 22	3 10	12 2	15 1	16 47	18 46	23 51	14 45R
23	11 16	3 13	11 57	15 0	16 45	18 46	23 48	14 45
28	11♊10	3♓17	11♊53	15♈0	16♌42	18♓49	23♉45	14♏44
STATIONS	MAR 21 / OCT 13	JUN 4 / NOV 17	MAR 24 / OCT 13	DEC 29 / JUL 16	APR 29 / NOV 15	DEC 4	FEB 7 / AUG 24	MAY 29 / DEC 13

1897

	Cupido	Hades	Zeus	Kronos	Apollon	Admetos	Vulkanus	Poseidon
JAN 1	11♋ 3R	3♓ 21	11♋ 48R	15♈ 0D	16♌ 39R	18♓ 51	23♉ 43R	14♍ 43R
6	10 57	3 26	11 44	15 0	16 36	18 53	23 41	14 41
11	10 51	3 31	11 39	15 1	16 33	18 56	23 39	14 40
16	10 45	3 36	11 35	15 3	16 29	18 58	23 37	14 38
21	10 39	3 41	11 31	15 4	16 26	19 2	23 36	14 36
26	10 33	3 47	11 27	15 6	16 22	19 5	23 35	14 33
31	10 27	3 53	11 23	15 9	16 18	19 8	23 35	14 30
FEB 5	10 22	4 0	11 19	15 11	16 14	19 12	23 34	14 28
10	10 18	4 6	11 16	15 14	16 10	19 16	23 35D	14 25
15	10 13	4 13	11 13	15 18	16 7	19 20	23 35	14 22
20	10 10	4 19	11 10	15 22	16 3	19 25	23 36	14 18
25	10 6	4 26	11 7	15 26	15 59	19 29	23 37	14 15
MAR 2	10 4	4 32	11 5	15 30	15 56	19 34	23 38	14 12
7	10 1	4 39	11 4	15 34	15 52	19 38	23 40	14 8
12	10 0	4 45	11 2	15 39	15 49	19 43	23 42	14 5
17	9 59	4 52	11 1	15 43	15 46	19 47	23 44	14 2
22	9 59	4 58	11 1	15 48	15 44	19 52	23 47	13 59
27	9 59D	5 3	11 1D	15 53	15 41	19 56	23 50	13 56
APR 1	10 0	5 9	11 1	15 58	15 39	20 0	23 53	13 53
6	10 1	5 15	11 2	16 3	15 38	20 5	23 56	13 50
11	10 3	5 20	11 3	16 8	15 36	20 9	24 0	13 47
16	10 6	5 24	11 5	16 13	15 35	20 12	24 4	13 45
21	10 9	5 29	11 7	16 18	15 34	20 16	24 7	13 42
26	10 13	5 33	11 10	16 23	15 34	20 20	24 11	13 40
MAY 1	10 18	5 36	11 12	16 28	15 34D	20 23	24 15	13 39
6	10 22	5 39	11 16	16 33	15 34	20 26	24 20	13 37
11	10 28	5 42	11 19	16 37	15 35	20 28	24 24	13 36
16	10 34	5 44	11 23	16 41	15 36	20 31	24 28	13 35
21	10 40	5 46	11 27	16 45	15 37	20 33	24 32	13 34
26	10 46	5 47	11 32	16 49	15 39	20 35	24 36	13 34
31	10 53	5 48	11 36	16 52	15 41	20 36	24 40	13 34D
JUN 5	11 0	5 48	11 41	16 55	15 43	20 37	24 44	13 34
10	11 8	5 48R	11 46	16 58	15 46	20 38	24 48	13 35
15	11 15	5 47	11 51	17 1	15 49	20 38	24 52	13 36
20	11 23	5 46	11 57	17 3	15 52	20 38R	24 56	13 37
25	11 31	5 44	12 2	17 5	15 55	20 38	24 59	13 38
30	11 39	5 42	12 7	17 6	15 59	20 38	25 2	13 40
JUL 5	11 47	5 39	12 13	17 7	16 3	20 37	25 5	13 42
10	11 55	5 37	12 18	17 8	16 7	20 36	25 8	13 44
15	12 3	5 33	12 24	17 8	16 11	20 34	25 11	13 47
20	12 11	5 30	12 29	17 8R	16 15	20 32	25 13	13 50
25	12 19	5 26	12 34	17 8	16 20	20 30	25 15	13 53
30	12 26	5 22	12 39	17 7	16 24	20 28	25 17	13 56
AUG 4	12 33	5 17	12 44	17 6	16 29	20 25	25 18	13 59
9	12 40	5 12	12 49	17 4	16 33	20 22	25 20	14 3
14	12 47	5 8	12 54	17 2	16 38	20 19	25 20	14 6
19	12 53	5 3	12 58	17 0	16 43	20 16	25 21	14 10
24	12 59	4 58	13 2	16 58	16 47	20 13	25 21	14 14
29	13 5	4 53	13 6	16 55	16 52	20 9	25 21R	14 18
SEP 3	13 10	4 48	13 9	16 52	16 56	20 6	25 20	14 22
8	13 14	4 43	13 12	16 49	17 0	20 2	25 20	14 26
13	13 19	4 38	13 15	16 45	17 4	19 58	25 19	14 30
18	13 22	4 33	13 17	16 41	17 8	19 55	25 17	14 34
23	13 25	4 29	13 19	16 38	17 12	19 51	25 16	14 38
28	13 27	4 24	13 21	16 34	17 15	19 48	25 14	14 42
OCT 3	13 29	4 20	13 22	16 30	17 18	19 44	25 11	14 45
8	13 30	4 16	13 22	16 26	17 21	19 41	25 9	14 49
13	13 31	4 13	13 23	16 22	17 24	19 38	25 6	14 52
18	13 31R	4 10	13 22R	16 18	17 26	19 35	25 3	14 56
23	13 30	4 7	13 22	16 14	17 28	19 32	25 0	14 59
28	13 29	4 5	13 21	16 10	17 29	19 29	24 57	15 1
NOV 2	13 27	4 3	13 19	16 6	17 31	19 27	24 54	15 4
7	13 24	4 2	13 17	16 2	17 31	19 25	24 51	15 6
12	13 21	4 1	13 15	15 59	17 32	19 23	24 47	15 8
17	13 17	4 1	13 12	15 56	17 32R	19 22	24 44	15 10
22	13 13	4 1D	13 10	15 53	17 32	19 21	24 40	15 12
27	13 9	4 2	13 6	15 50	17 31	19 20	24 37	15 13
DEC 2	13 4	4 3	13 3	15 48	17 30	19 20	24 33	15 14
7	12 59	4 5	12 59	15 46	17 29	19 20D	24 30	15 14
12	12 53	4 7	12 55	15 45	17 27	19 21	24 27	15 14
17	12 47	4 10	12 51	15 43	17 25	19 21	24 24	15 14R
22	12 41	4 13	12 46	15 43	17 23	19 22	24 21	15 14
27	12♋ 35	4♓ 17	12♋ 42	15♈ 42	17♌ 20	19♓ 24	24♉ 18	15♍ 13
STATIONS	MAR 22	JUN 5	MAR 24	DEC 29	APR 29	JUN 18	FEB 6	MAY 28
	OCT 14	NOV 17	OCT 13	JUL 16	NOV 15	DEC 4	AUG 24	DEC 12

	♃	C	♄	♈	♅	♆	⚷	♏
JAN 1	12♋28R	4♓21	12♋38R	15♈42D	17♌17R	19♓26	24♉16R	15♏12R
6	12 22	4 25	12 33	15 42	17 14	19 28	24 14	15 11
11	12 16	4 30	12 29	15 43	17 11	19 30	24 12	15 9
16	12 9	4 36	12 24	15 44	17 7	19 33	24 10	15 7
21	12 3	4 41	12 20	15 46	17 4	19 36	24 9	15 5
26	11 58	4 47	12 16	15 48	17 0	19 39	24 8	15 3
31	11 52	4 53	12 12	15 50	16 56	19 43	24 8	15 0
FEB 5	11 47	4 59	12 8	15 53	16 52	19 47	24 7	14 57
10	11 42	5 5	12 5	15 56	16 49	19 51	24 7D	14 54
15	11 38	5 12	12 1	15 59	16 45	19 55	24 8	14 51
20	11 34	5 19	11 59	16 3	16 41	19 59	24 8	14 48
25	11 30	5 25	11 56	16 7	16 37	20 3	24 9	14 45
MAR 2	11 27	5 32	11 54	16 11	16 34	20 8	24 11	14 41
7	11 25	5 38	11 52	16 15	16 31	20 12	24 12	14 38
12	11 23	5 45	11 51	16 20	16 27	20 17	24 14	14 35
17	11 22	5 51	11 50	16 25	16 24	20 22	24 17	14 31
22	11 21	5 57	11 49	16 29	16 22	20 26	24 19	14 28
27	11 21D	6 3	11 49D	16 34	16 19	20 30	24 22	14 25
APR 1	11 22	6 9	11 49	16 39	16 17	20 35	24 25	14 22
6	11 23	6 14	11 50	16 44	16 15	20 39	24 29	14 19
11	11 25	6 19	11 51	16 50	16 14	20 43	24 32	14 17
16	11 28	6 24	11 53	16 55	16 13	20 47	24 36	14 14
21	11 31	6 29	11 55	16 59	16 12	20 51	24 39	14 12
26	11 35	6 33	11 57	17 4	16 11	20 54	24 43	14 10
MAY 1	11 39	6 36	12 0	17 9	16 11D	20 57	24 47	14 8
6	11 44	6 39	12 3	17 14	16 11	21 0	24 52	14 6
11	11 49	6 42	12 7	17 18	16 12	21 3	24 56	14 5
16	11 54	6 44	12 10	17 22	16 13	21 6	25 0	14 4
21	12 0	6 46	12 14	17 26	16 14	21 8	25 4	14 3
26	12 7	6 48	12 19	17 30	16 16	21 9	25 8	14 3
31	12 14	6 48	12 23	17 34	16 18	21 11	25 12	14 3D
JUN 5	12 21	6 49	12 28	17 37	16 20	21 12	25 16	14 3
10	12 28	6 49R	12 33	17 40	16 23	21 13	25 20	14 4
15	12 36	6 48	12 38	17 42	16 26	21 13	25 24	14 5
20	12 43	6 47	12 44	17 45	16 29	21 14R	25 28	14 6
25	12 51	6 46	12 49	17 46	16 32	21 13	25 31	14 7
30	12 59	6 44	12 54	17 48	16 36	21 13	25 35	14 9
JUL 5	13 7	6 41	13 0	17 49	16 40	21 12	25 38	14 11
10	13 15	6 38	13 5	17 50	16 44	21 11	25 41	14 13
15	13 23	6 35	13 11	17 50	16 48	21 9	25 43	14 16
20	13 31	6 32	13 16	17 50R	16 52	21 8	25 46	14 18
25	13 39	6 28	13 21	17 50	16 56	21 5	25 48	14 21
30	13 46	6 24	13 27	17 49	17 1	21 3	25 49	14 25
AUG 4	13 54	6 19	13 32	17 48	17 6	21 1	25 51	14 28
9	14 1	6 15	13 36	17 47	17 10	20 58	25 52	14 31
14	14 8	6 10	13 41	17 45	17 15	20 55	25 53	14 35
19	14 14	6 5	13 45	17 43	17 19	20 52	25 54	14 39
24	14 20	6 0	13 49	17 40	17 24	20 48	25 54	14 43
29	14 26	5 55	13 53	17 37	17 28	20 45	25 54R	14 46
SEP 3	14 31	5 50	13 57	17 34	17 33	20 41	25 53	14 50
8	14 36	5 45	14 0	17 31	17 37	20 38	25 53	14 54
13	14 40	5 40	14 3	17 28	17 41	20 34	25 52	14 58
18	14 44	5 35	14 5	17 24	17 45	20 30	25 50	15 2
23	14 47	5 31	14 7	17 20	17 49	20 27	25 49	15 6
28	14 49	5 26	14 9	17 16	17 52	20 23	25 47	15 10
OCT 3	14 51	5 22	14 10	17 12	17 55	20 20	25 44	15 14
8	14 53	5 18	14 10	17 8	17 58	20 16	25 42	15 17
13	14 53	5 15	14 11	17 4	18 1	20 13	25 39	15 21
18	14 53R	5 12	14 11R	17 0	18 3	20 10	25 37	15 24
23	14 53	5 9	14 10	16 56	18 5	20 7	25 34	15 27
28	14 52	5 7	14 9	16 52	18 7	20 5	25 30	15 30
NOV 2	14 50	5 5	14 8	16 49	18 8	20 3	25 27	15 33
7	14 48	5 3	14 6	16 45	18 9	20 1	25 24	15 35
12	14 45	5 3	14 4	16 42	18 9	19 59	25 20	15 37
17	14 41	5 2	14 1	16 38	18 10R	19 57	25 17	15 39
22	14 38	5 2D	13 58	16 36	18 9	19 56	25 13	15 41
27	14 33	5 3	13 55	16 33	18 9	19 56	25 10	15 42
DEC 2	14 28	5 4	13 52	16 31	18 8	19 55	25 6	15 43
7	14 23	5 6	13 48	16 29	18 6	19 55D	25 3	15 43
12	14 18	5 8	13 44	16 27	18 5	19 56	25 0	15 44
17	14 12	5 10	13 40	16 26	18 3	19 56	24 57	15 43R
22	14 6	5 13	13 36	16 26	18 1	19 56	24 55	15 43
27	13♋59	5♓17	13♋31	16♈24	17♌58	19♓59	24♉51	15♏42
STATIONS	MAR 23	JUN 6	MAR 25	DEC 29	APR 30	JUN 19	FEB 6	MAY 29
	OCT 16	NOV 18	OCT 14	JUL 17	NOV 16	DEC 4	AUG 25	DEC 13

1899

	♃	♄	⚵	⚳	♅	♆	⚷	⚴
JAN 1	13♋53R	5♓21	13♋27R	16♈24D	17♌55R	20♓0	24♉49R	15♋41R
6	13 47	5 25	13 22	16 24	17 52	20 3	24 47	15 40
11	13 40	5 30	13 18	16 25	17 49	20 5	24 45	15 38
16	13 34	5 35	13 13	16 26	17 46	20 8	24 43	15 37
21	13 28	5 41	13 9	16 28	17 42	20 11	24 42	15 34
26	13 22	5 46	13 5	16 30	17 38	20 14	24 41	15 32
31	13 17	5 52	13 1	16 32	17 34	20 17	24 40	15 29
FEB 5	13 11	5 59	12 57	16 34	17 31	20 21	24 40	15 27
10	13 6	6 5	12 53	16 37	17 27	20 25	24 40D	15 24
15	13 2	6 11	12 50	16 41	17 23	20 29	24 40	15 21
20	12 58	6 18	12 47	16 44	17 19	20 33	24 41	15 18
25	12 54	6 24	12 45	16 48	17 16	20 38	24 42	15 14
MAR 2	12 51	6 31	12 42	16 52	17 12	20 42	24 43	15 11
7	12 48	6 38	12 41	16 57	17 9	20 47	24 45	15 8
12	12 46	6 44	12 39	17 1	17 5	20 51	24 47	15 4
17	12 45	6 50	12 38	17 6	17 3	20 56	24 49	15 1
22	12 44	6 57	12 37	17 11	17 0	21 0	24 52	14 58
27	12 44D	7 3	12 37D	17 16	16 57	21 5	24 54	14 55
APR 1	12 45	7 8	12 37	17 21	16 55	21 9	24 57	14 52
6	12 46	7 14	12 38	17 26	16 53	21 13	25 1	14 49
11	12 47	7 19	12 39	17 31	16 52	21 17	25 4	14 46
16	12 50	7 24	12 41	17 36	16 50	21 21	25 8	14 43
21	12 53	7 29	12 43	17 41	16 50	21 25	25 12	14 41
26	12 56	7 33	12 45	17 45	16 49	21 29	25 15	14 39
MAY 1	13 0	7 36	12 48	17 50	16 49	21 32	25 20	14 37
6	13 5	7 40	12 51	17 55	16 49D	21 35	25 24	14 36
11	13 10	7 43	12 54	17 59	16 49	21 38	25 28	14 34
16	13 15	7 45	12 58	18 4	16 50	21 40	25 32	14 33
21	13 21	7 47	13 2	18 8	16 52	21 42	25 36	14 33
26	13 27	7 48	13 6	18 12	16 53	21 44	25 40	14 32
31	13 34	7 49	13 11	18 15	16 55	21 46	25 44	14 32D
JUN 5	13 41	7 50	13 15	18 18	16 57	21 47	25 48	14 32
10	13 48	7 50R	13 20	18 21	17 0	21 48	25 52	14 33
15	13 56	7 49	13 25	18 24	17 3	21 48	25 56	14 34
20	14 4	7 48	13 31	18 26	17 6	21 49	26 0	14 35
25	14 11	7 47	13 36	18 28	17 9	21 49R	26 3	14 36
30	14 19	7 45	13 41	18 30	17 13	21 48	26 7	14 38
JUL 5	14 27	7 43	13 47	18 31	17 16	21 47	26 10	14 40
10	14 35	7 40	13 52	18 32	17 20	21 46	26 13	14 42
15	14 43	7 37	13 58	18 32	17 25	21 45	26 15	14 44
20	14 51	7 34	14 3	18 32R	17 29	21 43	26 18	14 47
25	14 59	7 30	14 9	18 32	17 33	21 41	26 20	14 50
30	15 7	7 26	14 14	18 31	17 38	21 39	26 22	14 53
AUG 4	15 14	7 22	14 19	18 30	17 42	21 36	26 23	14 56
9	15 21	7 17	14 24	18 29	17 47	21 33	26 25	15 0
14	15 28	7 12	14 28	18 27	17 52	21 30	26 26	15 4
19	15 35	7 7	14 33	18 25	17 56	21 27	26 26	15 7
24	15 41	7 2	14 37	18 23	18 1	21 24	26 26	15 11
29	15 47	6 57	14 41	18 20	18 5	21 20	26 26R	15 15
SEP 3	15 52	6 52	14 44	18 17	18 10	21 17	26 26	15 19
8	15 57	6 47	14 47	18 14	18 14	21 13	26 25	15 23
13	16 2	6 42	14 50	18 10	18 18	21 10	26 24	15 27
18	16 5	6 38	14 53	18 7	18 22	21 6	26 23	15 31
23	16 9	6 33	14 55	18 3	18 26	21 2	26 22	15 35
28	16 11	6 28	14 56	17 59	18 29	20 59	26 20	15 39
OCT 3	16 14	6 24	14 58	17 55	18 32	20 55	26 18	15 42
8	16 15	6 20	14 59	17 51	18 35	20 52	26 15	15 46
13	16 16	6 17	14 59	17 47	18 38	20 49	26 13	15 49
18	16 16R	6 14	14 59R	17 43	18 40	20 46	26 10	15 53
23	16 16	6 11	14 58	17 39	18 42	20 43	26 7	15 56
28	16 15	6 8	14 58	17 35	18 44	20 40	26 4	15 59
NOV 2	16 14	6 6	14 56	17 31	18 45	20 38	26 0	16 1
7	16 11	6 5	14 55	17 28	18 46	20 36	25 57	16 4
12	16 9	6 4	14 52	17 24	18 47	20 34	25 54	16 6
17	16 5	6 3	14 50	17 21	18 47	20 33	25 50	16 8
22	16 2	6 3D	14 47	17 18	18 47R	20 32	25 47	16 9
27	15 57	6 4	14 44	17 15	18 46	20 31	25 43	16 11
DEC 2	15 53	6 5	14 41	17 13	18 46	20 30	25 40	16 12
7	15 48	6 6	14 37	17 11	18 44	20 30D	25 36	16 12
12	15 42	6 8	14 33	17 9	18 43	20 31	25 33	16 13
17	15 36	6 11	14 29	17 8	18 41	20 31	25 30	16 13R
22	15 30	6 14	14 25	17 7	18 39	20 32	25 27	16 12
27	15♋24	6♓17	14♋20	17♈6	18♌36	20♓33	25♉25	16♋12
STATIONS	MAR 25	JUN 7	MAR 26	DEC 30	MAY 1	JUN 20	FEB 7	MAY 30
	OCT 17	NOV 19	OCT 15	JUL 18	NOV 17	DEC 5	AUG 25	DEC 14

	♃		♇		☿		♀		♄		♆		⚴		✶	
JAN 1	15♐	18R	6♓	21	14♐	16R	17♈	6R	18♌	33R	20♓	35	25♉	22R	16♍	11R
6	15	12	6	25	14	11	17	6	18	30	20	37	25	20	16	9
11	15	5	6	30	14	7	17	7	18	27	20	40	25	18	16	8
16	14	59	6	35	14	2	17	8	18	24	20	42	25	16	16	6
21	14	53	5	40	13	58	17	9	18	20	20	45	25	15	16	4
26	14	47	5	46	13	54	17	11	18	16	20	48	25	14	16	2
31	14	41	6	52	13	50	17	13	18	13	20	52	25	13	15	59
FEB 5	14	36	6	58	13	46	17	16	18	9	20	56	25	13	15	56
10	14	31	7	4	13	42	17	19	18	5	21	0	25	13D	15	53
15	14	26	7	11	13	39	17	22	18	1	21	4	25	13	15	50
20	14	22	7	17	13	36	17	26	17	57	21	8	25	13	15	47
25	14	18	7	24	13	33	17	29	17	54	21	12	25	14	15	44
MAR 2	14	15	7	30	13	31	17	33	17	50	21	17	25	16	15	41
7	14	12	7	37	13	29	17	38	17	47	21	21	25	17	15	37
12	14	10	7	44	13	28	17	42	17	44	21	26	25	19	15	34
17	14	8	7	50	13	26	17	47	17	41	21	30	25	21	15	31
22	14	7	7	56	13	26	17	52	17	38	21	35	25	24	15	27
27	14	7	8	2	13	25	17	57	17	35	21	39	25	27	15	24
APR 1	14	7D	8	8	13	26D	18	2	17	33	21	43	25	30	15	21
6	14	9	8	14	13	26	18	7	17	31	21	48	25	33	15	18
11	14	10	8	19	13	27	18	12	17	29	21	52	25	36	15	15
16	14	12	8	24	13	29	18	17	17	28	21	56	25	40	15	13
21	14	15	8	28	13	30	18	22	17	27	22	0	25	44	15	11
26	14	18	8	33	13	33	18	27	17	27	22	3	25	48	15	8
MAY 1	14	22	8	37	13	35	18	31	17	26	22	6	25	52	15	7
6	14	26	8	40	13	38	18	36	17	26D	22	10	25	56	15	5
11	14	31	8	43	13	41	18	41	17	27	22	12	26	0	15	4
16	14	36	8	45	13	45	18	45	17	28	22	15	26	4	15	3
21	14	42	8	48	13	49	18	49	17	29	22	17	26	8	15	2
26	14	48	8	49	13	53	18	53	17	30	22	19	26	12	15	1
31	14	55	8	50	13	58	18	56	17	32	22	21	26	16	15	1
JUN 5	15	2	8	51	14	3	19	0	17	34	22	22	26	21	15	1D
10	15	9	8	51R	14	7	19	3	17	37	22	23	26	25	15	2
15	15	16	8	51	14	13	19	5	17	40	22	23	26	28	15	3
20	15	24	8	50	14	18	19	8	17	43	22	24	26	32	15	4
25	15	32	8	48	14	23	19	10	17	46	22	24R	26	36	15	5
30	15	40	8	47	14	28	19	11	17	49	22	23	26	39	15	7
JUL 5	15	47	8	45	14	34	19	13	17	53	22	22	26	42	15	8
10	15	56	8	42	14	39	19	14	17	57	22	21	26	45	15	11
15	16	4	8	39	14	45	19	14	18	1	22	20	26	48	15	13
20	16	11	8	36	14	50	19	14R	18	6	22	18	26	50	15	16
25	16	19	8	32	14	56	19	14	18	10	22	16	26	52	15	19
30	16	27	8	28	15	1	19	14	18	15	22	14	26	54	15	22
AUG 4	16	35	8	24	15	6	19	13	18	19	22	12	26	56	15	25
9	16	42	8	19	15	11	19	11	18	24	22	9	26	57	15	28
14	16	49	8	15	15	15	19	10	18	28	22	6	26	58	15	32
19	16	56	8	10	15	20	19	8	18	33	22	3	26	59	15	36
24	17	2	8	5	15	24	19	5	18	37	22	0	26	59	15	40
29	17	8	8	0	15	28	19	3	18	42	21	56	26	59R	15	44
SEP 3	17	13	7	55	15	32	19	0	18	46	21	53	26	59	15	47
8	17	18	7	50	15	35	18	57	18	51	21	49	26	58	15	51
13	17	23	7	45	15	38	18	53	18	55	21	45	26	57	15	55
18	17	27	7	40	15	40	18	50	18	59	21	42	26	56	15	59
23	17	30	7	35	15	43	18	46	19	3	21	38	26	54	16	3
28	17	33	7	31	15	44	18	42	19	6	21	35	26	53	16	7
OCT 3	17	36	7	26	15	46	18	38	19	9	21	31	26	51	16	11
8	17	37	7	22	15	47	18	34	19	12	21	28	26	48	16	15
13	17	39	7	19	15	47	18	30	19	15	21	24	26	46	16	18
18	17	39	7	15	15	47R	18	26	19	17	21	21	26	43	16	21
23	17	39R	7	12	15	47	18	22	19	20	21	19	26	40	16	25
28	17	38	7	10	15	46	18	18	19	21	21	16	26	37	16	27
NOV 2	17	37	7	8	15	45	18	14	19	23	21	13	26	34	16	30
7	17	35	7	6	15	43	18	11	19	24	21	11	26	30	16	33
12	17	32	7	5	15	41	18	7	19	24	21	10	26	27	16	35
17	17	29	7	4	15	39	18	4	19	25	21	8	26	23	16	37
22	17	26	7	4D	15	36	18	1	19	25R	21	7	26	20	16	38
27	17	22	7	5	15	33	17	58	19	24	21	6	26	16	16	40
DEC 2	17	17	7	5	15	30	17	56	19	23	21	5	26	13	16	41
7	17	12	7	7	15	26	17	53	19	22	21	5D	26	10	16	41
12	17	7	7	9	15	22	17	52	19	21	21	6	26	6	16	42
17	17	1	7	11	15	18	17	50	19	19	21	6	26	3	16	42R
22	16	55	7	14	15	14	17	49	19	17	21	7	26	0	16	41
27	16♐	49	7♓	17	15♐	9	17♈	48	19♌	14	21♓	8	25♉	58	16♍	41
STATIONS	MAR 27		JUN 8		MAR 27		JUL 19		MAY 2		JUN 21		FEB 8		MAY 31	
	OCT 19		NOV 21		OCT 16		DEC 0		NOV 18		DEC 6		AUG 26		DEC 14	

1901

	⯠	⯡	⯢	⯣	⯤	⯥	⯦	⯧
JAN 1	16♋ 43R	7♓ 21	15♋ 5R	17♈ 48R	19♌ 11R	21♓ 10	25♉ 55R	16♍ 40R
6	16 37	7 25	15 0	17 48D	19 8	21 12	25 53	16 39
11	16 30	7 30	14 56	17 49	19 5	21 14	25 51	16 37
16	16 24	7 35	14 52	17 50	19 2	21 17	25 49	16 35
21	16 18	7 40	14 47	17 51	18 58	21 20	25 48	16 33
26	16 12	7 46	14 43	17 53	18 55	21 23	25 47	16 31
31	16 6	7 51	14 39	17 55	18 51	21 26	25 46	16 28
FEB 5	16 0	7 58	14 35	17 58	18 47	21 30	25 45	16 26
10	15 55	8 4	14 31	18 0	18 43	21 34	25 45D	16 23
15	15 50	8 10	14 28	18 3	18 39	21 38	25 46	16 20
20	15 46	8 17	14 25	18 7	18 36	21 42	25 46	16 17
25	15 42	8 23	14 22	18 11	18 32	21 47	25 47	16 13
MAR 2	15 38	8 30	14 20	18 15	18 28	21 51	25 48	16 10
7	15 36	8 36	14 18	18 19	18 25	21 55	25 50	16 7
12	15 33	8 43	14 16	18 23	18 22	22 0	25 52	16 3
17	15 31	8 49	14 15	18 28	18 19	22 4	25 54	16 0
22	15 30	8 56	14 14	18 33	18 16	22 9	25 56	15 57
27	15 30	9 2	14 14	18 38	18 13	22 13	25 59	15 54
APR 1	15 30D	9 8	14 14D	18 43	18 11	22 18	26 2	15 51
6	15 31	9 13	14 14	18 48	18 9	22 22	26 5	15 48
11	15 32	9 19	14 15	18 53	18 7	22 26	26 8	15 45
16	15 34	9 24	14 16	18 58	18 6	22 30	26 12	15 42
21	15 36	9 28	14 18	19 3	18 5	22 34	26 16	15 40
26	15 39	9 33	14 20	19 8	18 4	22 38	26 20	15 38
MAY 1	15 43	9 37	14 23	19 13	18 4	22 41	26 24	15 36
6	15 47	9 40	14 26	19 17	18 4D	22 44	26 28	15 34
11	15 52	9 43	14 29	19 22	18 4	22 47	26 32	15 33
16	15 57	9 46	14 33	19 26	18 5	22 50	26 36	15 32
21	16 3	9 48	14 36	19 30	18 6	22 52	26 40	15 31
26	16 9	9 50	14 41	19 34	18 8	22 54	26 44	15 31
31	16 15	9 51	14 45	19 38	18 9	22 56	26 49	15 30
JUN 5	16 22	9 52	14 50	19 41	18 11	22 57	26 53	15 30D
10	16 29	9 52	14 55	19 44	18 14	22 58	26 57	15 31
15	16 36	9 52R	15 0	19 47	18 17	22 58	27 0	15 32
20	16 44	9 51	15 5	19 49	18 20	22 59	27 4	15 33
25	16 52	9 50	15 10	19 52	18 23	22 59R	27 8	15 34
30	17 0	9 48	15 16	19 53	18 26	22 58	27 11	15 35
JUL 5	17 8	9 46	15 21	19 55	18 30	22 58	27 14	15 37
10	17 16	9 44	15 26	19 56	18 34	22 57	27 17	15 39
15	17 24	9 41	15 32	19 56	18 38	22 55	27 20	15 42
20	17 32	9 38	15 37	19 56	18 42	22 54	27 23	15 44
25	17 40	9 34	15 43	19 56R	18 47	22 52	27 25	15 47
30	17 47	9 30	15 48	19 56	18 51	22 50	27 27	15 50
AUG 4	17 55	9 26	15 53	19 55	18 56	22 47	27 28	15 54
9	18 2	9 22	15 58	19 54	19 0	22 44	27 30	15 57
14	18 9	9 17	16 3	19 52	19 5	22 42	27 31	16 1
19	18 16	9 12	16 7	19 50	19 10	22 38	27 31	16 4
24	18 23	9 7	16 11	19 48	19 14	22 35	27 32	16 8
29	18 29	9 2	16 15	19 45	19 19	22 32	27 32R	16 12
SEP 3	18 34	8 57	16 19	19 42	19 23	22 28	27 32	16 16
8	18 40	8 52	16 22	19 39	19 27	22 25	27 31	16 20
13	18 44	8 47	16 25	19 36	19 32	22 21	27 30	16 24
18	18 49	8 42	16 28	19 32	19 36	22 17	27 29	16 28
23	18 52	8 37	16 30	19 29	19 39	22 14	27 27	16 32
28	18 55	8 33	16 32	19 25	19 43	22 10	27 26	16 36
OCT 3	18 58	8 29	16 34	19 21	19 46	22 7	27 24	16 39
8	19 0	8 24	16 35	19 17	19 49	22 3	27 21	16 43
13	19 1	8 21	16 35	19 13	19 52	22 0	27 19	16 47
18	19 2	8 17	16 35R	19 9	19 55	21 57	27 16	16 50
23	19 2R	8 14	16 35	19 5	19 57	21 54	27 13	16 53
28	19 1	8 12	16 34	19 1	19 59	21 51	27 10	16 56
NOV 2	19 0	8 9	16 33	18 57	20 0	21 49	27 7	16 59
7	18 58	8 8	16 32	18 53	20 1	21 47	27 3	17 1
12	18 56	8 6	16 30	18 50	20 2	21 45	27 0	17 4
17	18 53	8 6	16 27	18 46	20 2	21 43	26 57	17 6
22	18 50	8 5	16 25	18 43	20 2R	21 42	26 53	17 7
27	18 46	8 5D	16 22	18 41	20 2	21 41	26 50	17 9
DEC 2	18 41	8 6	16 19	18 38	20 1	21 41	26 46	17 10
7	18 37	8 7	16 15	18 36	20 0	21 40	26 43	17 10
12	18 31	8 9	16 11	18 34	19 58	21 41D	26 40	17 11
17	18 26	8 11	16 7	18 32	19 57	21 41	26 36	17 11R
22	18 20	8 14	16 3	18 31	19 55	21 42	26 34	17 11
27	18♋ 14	8♓ 17	15♋ 59	18♈ 31	19♌ 52	21♓ 43	26♉ 31	17♍ 10
STATIONS	MAR 28 OCT 21	JUN 10 NOV 22	MAR 29 OCT 17	JAN 1 JUL 20	MAY 3 NOV 19	JUN 22 DEC 7	FEB 9 AUG 27	MAY 31 DEC 15

	♃	⛢	♃	♇	♃	♆	♃	♅
JAN 1	18♐ 8R	8♓ 21	15♒ 54R	18♈ 30R	19♌ 49R	21♓ 45	26♉ 28R	17♒ 9R
6	18 1	8 25	15 50	18 30D	19 46	21 47	26 26	17 8
11	17 55	8 30	15 45	18 31	19 43	21 49	26 24	17 6
16	17 49	8 35	15 41	18 32	19 40	21 51	26 22	17 5
21	17 42	8 40	15 36	18 33	19 36	21 54	26 21	17 3
26	17 36	8 45	15 32	18 35	19 33	21 57	26 19	17 0
31	17 30	8 51	15 28	18 37	19 29	22 1	26 19	16 58
FEB 5	17 25	8 57	15 24	18 39	19 25	22 5	26 18	16 55
10	17 19	9 3	15 20	18 42	19 21	22 8	26 18D	16 52
15	17 15	9 10	15 17	18 45	19 18	22 12	26 18	16 49
20	17 10	9 16	15 14	18 48	19 14	22 17	26 19	16 46
25	17 6	9 23	15 11	18 52	19 10	22 21	26 20	16 43
MAR 2	17 2	9 29	15 8	18 56	19 7	22 25	26 21	16 40
7	16 59	9 36	15 6	19 0	19 3	22 30	26 22	16 36
12	16 57	9 42	15 5	19 5	19 0	22 34	26 24	16 33
17	16 55	9 49	15 3	19 9	18 57	22 39	26 26	16 30
22	16 53	9 55	15 2	19 14	18 54	22 43	26 28	16 26
27	16 53	10 1	15 2	19 19	18 51	22 48	26 31	16 23
APR 1	16 53D	10 7	15 2D	19 24	18 49	22 52	26 34	16 20
6	16 53	10 13	15 2	19 29	18 47	22 57	26 37	16 17
11	16 54	10 18	15 3	19 34	18 45	23 1	26 41	16 14
16	16 56	10 23	15 4	19 39	18 44	23 5	26 44	16 12
21	16 58	10 28	15 6	19 44	18 43	23 9	26 48	16 9
26	17 1	10 33	15 8	19 49	18 42	23 12	26 52	16 7
MAY 1	17 5	10 37	15 10	19 54	18 41	23 16	26 56	16 5
6	17 9	10 40	15 13	19 58	18 41D	23 19	27 0	16 4
11	17 13	10 44	15 16	20 3	18 42	23 22	27 4	16 2
16	17 18	10 46	15 20	20 7	18 42	23 24	27 8	16 1
21	17 24	10 49	15 24	20 12	18 44	23 27	27 12	16 0
26	17 30	10 50	15 28	20 16	18 45	23 29	27 16	16 0
31	17 36	10 52	15 32	20 19	18 47	23 30	27 21	15 59
JUN 5	17 43	10 53	15 37	20 23	18 49	23 32	27 25	15 59D
10	17 50	10 53	15 42	20 26	18 51	23 33	27 29	16 0
15	17 57	10 53R	15 47	20 29	18 54	23 33	27 33	16 0
20	18 4	10 52	15 52	20 31	18 57	23 34	27 36	16 1
25	18 12	10 51	15 57	20 33	19 0	23 34R	27 40	16 3
30	18 20	10 50	16 3	20 35	19 3	23 34	27 43	16 4
JUL 5	18 28	10 48	16 8	20 36	19 7	23 33	27 47	16 6
10	18 36	10 46	16 13	20 37	19 11	23 32	27 50	16 8
15	18 44	10 43	16 19	20 38	19 15	23 31	27 52	16 11
20	18 52	10 40	16 24	20 38	19 19	23 29	27 55	16 13
25	19 0	10 36	16 30	20 38R	19 24	23 27	27 57	16 16
30	19 8	10 32	16 35	20 38	19 28	23 25	27 59	16 19
AUG 4	19 15	10 28	16 40	20 37	19 33	23 23	28 1	16 22
9	19 23	10 24	16 45	20 36	19 37	23 20	28 2	16 26
14	19 30	10 19	16 50	20 34	19 42	23 17	28 3	16 29
19	19 37	10 14	16 54	20 32	19 46	23 14	28 4	16 33
24	19 43	10 9	16 59	20 30	19 51	23 11	28 4	16 37
29	19 50	10 4	17 3	20 28	19 56	23 7	28 5R	16 41
SEP 3	19 55	9 59	17 7	20 25	20 0	23 4	28 4	16 44
8	20 1	9 54	17 10	20 22	20 4	23 0	28 4	16 48
13	20 6	9 49	17 13	20 19	20 8	22 57	28 3	16 52
18	20 10	9 44	17 16	20 15	20 13	22 53	28 2	16 56
23	20 14	9 40	17 18	20 11	20 16	22 50	28 0	17 0
28	20 17	9 35	17 20	20 8	20 20	22 46	27 59	17 4
OCT 3	20 20	9 31	17 22	20 4	20 23	22 42	27 57	17 8
8	20 22	9 26	17 23	20 0	20 26	22 39	27 54	17 12
13	20 24	9 23	17 23	19 56	20 29	22 36	27 52	17 15
18	20 24	9 19	17 24	19 52	20 32	22 33	27 49	17 19
23	20 25R	9 16	17 23R	19 48	20 34	22 30	27 46	17 22
28	20 24	9 13	17 23	19 44	20 36	22 27	27 43	17 25
NOV 2	20 23	9 11	17 22	19 40	20 37	22 24	27 40	17 28
7	20 22	9 9	17 20	19 36	20 38	22 22	27 37	17 30
12	20 20	9 8	17 18	19 32	20 39	22 20	27 33	17 32
17	20 17	9 7	17 16	19 29	20 40	22 19	27 30	17 34
22	20 14	9 6	17 14	19 26	20 40R	22 17	27 26	17 36
27	20 10	9 6D	17 11	19 23	20 39	22 16	27 23	17 37
DEC 2	20 6	9 7	17 7	19 21	20 39	22 16	27 19	17 39
7	20 1	9 8	17 4	19 18	20 38	22 15	27 16	17 39
12	19 56	9 10	17 0	19 16	20 36	22 16D	27 13	17 40
17	19 50	9 12	16 56	19 15	20 35	22 16	27 10	17 40R
22	19 45	9 15	16 52	19 14	20 32	22 17	27 7	17 40
27	19♐ 39	9♓ 18	16♒ 48	19♈ 13	20♌ 30	22♓ 18	27♉ 4	17♒ 39
STATIONS	MAR 30 / OCT 22	JUN 11 / NOV 23	MAR 30 / OCT 18	JAN 2 / JUL 21	MAY 3 / NOV 20	JUN 22 / DEC 8	FEB 9 / AUG 28	JUN 1 / DEC 16

1903

	♃	♄	☯	⚷	♅	♆	⚸	⚶
JAN 1	19♐33R	9♓21	16♋43R	19♈12R	20♌27R	22♒20	27♉1R	17♍38R
6	19 26	9 25	16 39	19 12D	20 25	22 21	26 59	17 37
11	19 20	9 30	16 34	19 13	20 21	22 24	26 57	17 36
16	19 14	9 34	16 30	19 14	20 18	22 26	26 55	17 34
21	19 7	9 39	16 25	19 15	20 15	22 29	26 54	17 32
26	19 1	9 45	16 21	19 16	20 11	22 32	26 52	17 30
31	18 55	9 51	16 17	19 18	20 7	22 35	26 51	17 27
FEB 5	18 49	9 57	16 13	19 21	20 4	22 39	26 51	17 25
10	18 44	10 3	16 9	19 23	20 0	22 43	26 51	17 22
15	18 39	10 9	16 6	19 26	19 56	22 47	26 51D	17 19
20	18 34	10 15	16 3	19 30	19 52	22 51	26 51	17 16
25	18 30	10 22	16 0	19 33	19 48	22 55	26 52	17 13
MAR 2	18 26	10 29	15 57	19 37	19 45	23 0	26 53	17 9
7	18 23	10 35	15 55	19 41	19 41	23 4	26 55	17 6
12	18 20	10 42	15 53	19 46	19 38	23 9	26 56	17 3
17	18 18	10 48	15 52	19 50	19 35	23 13	26 58	16 59
22	18 17	10 55	15 51	19 55	19 32	23 18	27 1	16 56
27	18 16	11 1	15 50	20 0	19 29	23 22	27 3	16 53
APR 1	18 15	11 7	15 50D	20 5	19 27	23 27	27 6	16 50
6	18 16D	11 13	15 50	20 10	19 25	23 31	27 9	16 47
11	18 17	11 18	15 51	20 15	19 23	23 35	27 13	16 44
16	18 18	11 23	15 52	20 20	19 21	23 39	27 16	16 41
21	18 20	11 28	15 54	20 25	19 20	23 43	27 20	16 39
26	18 23	11 33	15 56	20 30	19 20	23 47	27 24	16 37
MAY 1	18 26	11 37	15 58	20 35	19 19	23 50	27 28	16 35
6	18 30	11 41	16 1	20 40	19 19D	23 53	27 32	16 33
11	18 34	11 44	16 4	20 44	19 19	23 56	27 36	16 32
16	18 39	11 47	16 7	20 49	19 20	23 59	27 40	16 30
21	18 45	11 49	16 11	20 53	19 21	24 1	27 44	16 29
26	18 50	11 51	16 15	20 57	19 22	24 3	27 48	16 29
31	18 57	11 53	16 20	21 1	19 24	24 5	27 53	16 29
JUN 5	19 3	11 54	16 24	21 4	19 26	24 7	27 57	16 29D
10	19 10	11 54	16 29	21 7	19 28	24 8	28 1	16 29
15	19 17	11 54R	16 34	21 10	19 31	24 8	28 5	16 29
20	19 25	11 54	16 39	21 13	19 34	24 9	28 8	16 30
25	19 32	11 53	16 44	21 15	19 37	24 9R	28 12	16 32
30	19 40	11 51	16 50	21 17	19 40	24 9	28 15	16 33
JUL 5	19 48	11 49	16 55	21 18	19 44	24 8	28 19	16 35
10	19 56	11 47	17 1	21 19	19 48	24 7	28 22	16 37
15	20 4	11 45	17 6	21 20	19 52	24 6	28 25	16 39
20	20 12	11 41	17 11	21 20	19 56	24 4	28 27	16 42
25	20 20	11 38	17 17	21 20R	20 0	24 3	28 29	16 45
30	20 28	11 34	17 22	21 20	20 5	24 1	28 32	16 48
AUG 4	20 35	11 30	17 27	21 19	20 9	23 58	28 33	16 51
9	20 43	11 26	17 32	21 18	20 14	23 56	28 35	16 54
14	20 50	11 21	17 37	21 17	20 19	23 53	28 36	16 58
19	20 57	11 17	17 42	21 15	20 23	23 50	28 37	17 1
24	21 4	11 12	17 46	21 13	20 28	23 47	28 37	17 5
29	21 10	11 7	17 50	21 10	20 32	23 43	28 37	17 9
SEP 3	21 16	11 2	17 54	21 8	20 37	23 40	28 37R	17 13
8	21 22	10 57	17 57	21 5	20 41	23 36	28 37	17 17
13	21 27	10 52	18 1	21 1	20 45	23 33	28 36	17 21
18	21 31	10 47	18 3	20 58	20 49	23 29	28 35	17 25
23	21 35	10 42	18 6	20 54	20 53	23 25	28 33	17 29
28	21 39	10 37	18 8	20 50	20 57	23 22	28 32	17 33
OCT 3	21 42	10 33	18 9	20 47	21 0	23 18	28 30	17 37
8	21 44	10 29	18 11	20 43	21 3	23 15	28 27	17 40
13	21 46	10 25	18 11	20 39	21 6	23 11	28 25	17 44
18	21 47	10 21	18 12	20 34	21 9	23 8	28 22	17 47
23	21 48	10 18	18 12R	20 30	21 11	23 5	28 19	17 50
28	21 47R	10 15	18 11	20 26	21 13	23 2	28 16	17 54
NOV 2	21 47	10 13	18 10	20 23	21 15	23 0	28 13	17 56
7	21 45	10 11	18 9	20 19	21 16	22 58	28 10	17 59
12	21 43	10 9	18 7	20 15	21 17	22 56	28 7	18 1
17	21 41	10 8	18 5	20 12	21 17	22 54	28 3	18 3
22	21 38	10 7	18 2	20 9	21 17R	22 53	28 0	18 5
27	21 34	10 7D	18 0	20 6	21 17	22 52	27 56	18 6
DEC 2	21 30	10 8	17 56	20 3	21 16	22 51	27 53	18 8
7	21 25	10 9	17 53	20 1	21 15	22 51	27 49	18 8
12	21 20	10 10	17 49	19 59	21 14	22 51D	27 46	18 9
17	21 15	10 12	17 45	19 57	21 12	22 51	27 43	18 9
22	21 9	10 15	17 41	19 56	21 10	22 52	27 40	18 9R
27	21♐3	10♓18	17♋37	19♈55	21♌8	22♒53	27♉37	18♍8
STATIONS	APR 1 OCT 24	JUN 12 NOV 24	MAR 31 OCT 19	JAN 3 JUL 22	MAY 4 NOV 20	JUN 23 DEC 9	FEB 10 AUG 29	JUN 2 DEC 17

1904

	♃	♀	☿	♈	♃	♆	♎	✶
JAN 1	20♋57R	10♓21	17♋32R	19♈54R	21♌5R	22♓54	27♉34R	18♏8R
6	20 51	10 25	17 28	19 54D	21 3	22 56	27 32	18 7
11	20 45	10 29	17 23	19 55	21 0	22 58	27 30	18 5
16	20 38	10 34	17 19	19 55	20 56	23 1	27 28	18 3
21	20 32	10 39	17 15	19 57	20 53	23 4	27 26	18 1
26	20 26	10 45	17 10	19 58	20 49	23 7	27 25	17 59
31	20 20	10 50	17 6	20 0	20 46	23 10	27 24	17 57
FEB 5	20 14	10 56	17 2	20 2	20 42	23 13	27 24	17 54
10	20 9	11 2	16 58	20 5	20 38	23 17	27 23	17 51
15	20 3	11 8	16 55	20 8	20 34	23 21	27 23D	17 48
20	19 59	11 15	16 51	20 11	20 30	23 25	27 24	17 45
25	19 54	11 21	16 48	20 15	20 27	23 30	27 25	17 42
MAR 1	19 50	11 28	16 46	20 19	20 23	23 34	27 26	17 39
6	19 47	11 35	16 44	20 23	20 19	23 38	27 27	17 36
11	19 44	11 41	16 42	20 27	20 16	23 43	27 29	17 32
16	19 42	11 48	16 40	20 32	20 13	23 47	27 31	17 29
21	19 40	11 54	16 39	20 36	20 10	23 52	27 33	17 26
26	19 39	12 0	16 39	20 41	20 7	23 56	27 36	17 22
31	19 38	12 6	16 38	20 46	20 5	24 1	27 39	17 19
APR 5	19 38D	12 12	16 38D	20 51	20 3	24 5	27 42	17 16
10	19 39	12 18	16 39	20 56	20 1	24 9	27 45	17 13
15	19 40	12 23	16 40	21 1	19 59	24 14	27 48	17 11
20	19 42	12 28	16 42	21 6	19 58	24 17	27 52	17 8
25	19 45	12 33	16 44	21 11	19 57	24 21	27 56	17 6
30	19 48	12 37	16 46	21 16	19 57	24 25	28 0	17 4
MAY 5	19 52	12 41	16 48	21 21	19 57D	24 28	28 4	17 2
10	19 56	12 44	16 51	21 25	19 57	24 31	28 8	17 1
15	20 0	12 47	16 55	21 30	19 57	24 34	28 12	17 0
20	20 6	12 50	16 59	21 34	19 58	24 36	28 16	16 59
25	20 11	12 52	17 3	21 38	19 59	24 38	28 20	16 58
30	20 17	12 53	17 7	21 42	20 1	24 40	28 25	16 58
JUN 4	20 24	12 54	17 11	21 45	20 3	24 41	28 29	16 58D
9	20 31	12 55	17 16	21 49	20 5	24 43	28 33	16 58
14	20 38	12 55R	17 21	21 52	20 8	24 43	28 37	16 58
19	20 45	12 55	17 26	21 54	20 11	24 44	28 40	16 59
24	20 52	12 54	17 31	21 57	20 14	24 44R	28 44	17 1
29	21 0	12 53	17 37	21 58	20 17	24 44	28 48	17 2
JUL 4	21 8	12 51	17 42	22 0	20 21	24 43	28 51	17 4
9	21 16	12 49	17 48	22 1	20 25	24 41	28 54	17 6
14	21 24	12 46	17 53	22 2	20 29	24 40	28 57	17 8
19	21 32	12 43	17 58	22 2	20 33	24 38	28 59	17 11
24	21 40	12 40	18 4	22 3R	20 37	24 38	29 2	17 13
29	21 48	12 36	18 9	22 2	20 42	24 36	29 4	17 16
AUG 3	21 56	12 32	18 14	22 2	20 46	24 34	29 6	17 19
8	22 3	12 28	18 19	22 0	20 51	24 31	29 7	17 23
13	22 11	12 24	18 24	21 59	20 55	24 28	29 8	17 26
18	22 18	12 19	18 29	21 57	21 0	24 25	29 9	17 30
23	22 25	12 14	18 33	21 55	21 4	24 22	29 10	17 34
28	22 31	12 9	18 38	21 53	21 9	24 19	29 10	17 38
SEP 2	22 37	12 4	18 41	21 50	21 14	24 15	29 10R	17 42
7	22 43	11 59	18 45	21 47	21 18	24 12	29 9	17 45
12	22 48	11 54	18 48	21 44	21 22	24 8	29 9	17 49
17	22 53	11 49	18 51	21 41	21 26	24 5	29 8	17 53
22	22 57	11 44	18 54	21 37	21 30	24 1	29 6	17 57
27	23 1	11 39	18 56	21 33	21 34	23 57	29 5	18 1
OCT 2	23 4	11 35	18 57	21 29	21 37	23 54	29 3	18 5
7	23 6	11 31	18 59	21 25	21 40	23 50	29 1	18 9
12	23 8	11 27	19 0	21 21	21 43	23 47	28 58	18 12
17	23 10	11 23	19 0	21 17	21 46	23 44	28 55	18 16
22	23 10	11 20	19 0R	21 13	21 48	23 41	28 53	18 19
27	23 10R	11 17	18 59	21 9	21 50	23 38	28 50	18 22
NOV 1	23 10	11 14	18 59	21 5	21 52	23 35	28 46	18 25
6	23 9	11 12	18 57	21 2	21 53	23 33	28 43	18 28
11	23 7	11 10	18 56	20 58	21 54	23 31	28 40	18 30
16	23 4	11 9	18 54	20 54	21 55	23 29	28 36	18 32
21	23 2	11 9	18 51	20 51	21 55R	23 28	28 33	18 34
26	22 58	11 8D	18 48	20 48	21 55	23 27	28 29	18 35
DEC 1	22 54	11 9	18 45	20 46	21 54	23 26	28 26	18 36
6	22 50	11 10	18 42	20 43	21 53	23 26	28 22	18 37
11	22 45	11 11	18 38	20 41	21 52	23 26D	28 19	18 38
16	22 40	11 13	18 34	20 39	21 50	23 26	28 16	18 38
21	22 34	11 15	18 30	20 38	21 48	23 27	28 13	18 38R
26	22 28	11 18	18 26	20 38	21 46	23 28	28 10	18 38
31	22♋22	11♓21	18♋21	20♈37	21♌44	23♓29	28♉7	18♏37
STATIONS	APR 1	JUN 13	MAR 31	JAN 4	MAY 4	JUN 23	FEB 11	JUN 2
	OCT 25	NOV 25	OCT 19	JUL 22	NOV 20	DEC 8	AUG 28	DEC 16

1905	♃		⚷		⚴		♀		♃		⯉		⯈		⯆	
JAN 5	22♋	16R	11♓	25	18♋	17R	20♈	36D	21♌	41R	23♓	31	28♉	5R	18♍	36R
10	22	10	11	29	18	13	20	37	21	38	23	33	28	3	18	34
15	22	3	11	34	18	8	20	37	21	34	23	35	28	1	18	33
20	21	57	11	39	18	4	20	38	21	31	23	38	27	59	18	31
25	21	51	11	44	17	59	20	40	21	27	23	41	27	58	18	29
30	21	45	11	50	17	55	20	42	21	24	23	44	27	57	18	26
FEB 4	21	39	11	56	17	51	20	44	21	20	23	48	27	56	18	24
9	21	33	12	2	17	47	20	46	21	16	23	52	27	56	18	21
14	21	28	12	8	17	44	20	49	21	12	23	56	27	56D	18	18
19	21	23	12	14	17	40	20	53	21	8	24	0	27	56	18	15
24	21	18	12	21	17	37	20	56	21	5	24	4	27	57	18	12
MAR 1	21	14	12	27	17	35	21	0	21	1	24	8	27	58	18	8
6	21	11	12	34	17	32	21	4	20	58	24	13	28	0	18	5
11	21	8	12	41	17	30	21	8	20	54	24	17	28	1	18	2
16	21	5	12	47	17	29	21	13	20	51	24	22	28	3	17	58
21	21	3	12	53	17	28	21	17	20	48	24	26	28	5	17	55
26	21	2	13	0	17	27	21	22	20	45	24	31	28	8	17	52
31	21	1	13	6	17	26	21	27	20	43	24	35	28	11	17	49
APR 5	21	1D	13	12	17	27D	21	32	20	41	24	40	28	14	17	46
10	21	2	13	17	17	27	21	37	20	39	24	44	28	17	17	43
15	21	3	13	23	17	28	21	42	20	37	24	48	28	21	17	40
20	21	4	13	28	17	29	21	47	20	36	24	52	28	24	17	38
25	21	7	13	32	17	31	21	52	20	35	24	56	28	28	17	36
30	21	10	13	37	17	33	21	57	20	34	24	59	28	32	17	33
MAY 5	21	13	13	41	17	36	22	2	20	34	25	2	28	36	17	32
10	21	17	13	44	17	39	22	7	20	34D	25	5	28	40	17	30
15	21	22	13	47	17	42	22	11	20	35	25	8	28	44	17	29
20	21	27	13	50	17	46	22	15	20	36	25	11	28	48	17	28
25	21	32	13	52	17	50	22	19	20	37	25	13	28	52	17	27
30	21	38	13	54	17	54	22	23	20	38	25	15	28	57	17	27
JUN 4	21	44	13	55	17	59	22	27	20	40	25	16	29	1	17	27D
9	21	51	13	56	18	3	22	30	20	42	25	18	29	5	17	27
14	21	58	13	56	18	8	22	33	20	45	25	18	29	9	17	27
19	22	5	13	56R	18	13	22	36	20	48	25	19	29	13	17	28
24	22	13	13	55	18	18	22	38	20	51	25	19	29	16	17	29
29	22	20	13	54	18	24	22	40	20	54	25	19R	29	20	17	31
JUL 4	22	28	13	53	18	29	22	42	20	58	25	19	29	23	17	33
9	22	36	13	51	18	35	22	43	21	1	25	18	29	26	17	35
14	22	44	13	48	18	40	22	44	21	5	25	17	29	29	17	37
19	22	52	13	45	18	46	22	44	21	10	25	15	29	32	17	39
24	23	0	13	42	18	51	22	45R	21	14	25	13	29	34	17	42
29	23	8	13	38	18	56	22	44	21	18	25	11	29	36	17	45
AUG 3	23	16	13	34	19	2	22	44	21	23	25	9	29	38	17	48
8	23	24	13	30	19	7	22	43	21	27	25	7	29	40	17	51
13	23	31	13	26	19	11	22	41	21	32	25	4	29	41	17	55
18	23	38	13	21	19	16	22	40	21	37	25	1	29	42	17	59
23	23	45	13	16	19	21	22	38	21	41	24	58	29	42	18	2
28	23	52	13	11	19	25	22	35	21	46	24	54	29	42	18	6
SEP 2	23	58	13	6	19	29	22	33	21	50	24	51	29	43R	18	10
7	24	4	13	1	19	32	22	30	21	55	24	48	29	42	18	14
12	24	9	12	56	19	36	22	27	21	59	24	44	29	42	18	18
17	24	14	12	51	19	39	22	23	22	3	24	40	29	41	18	22
22	24	18	12	46	19	41	22	20	22	7	24	37	29	39	18	26
27	24	22	12	42	19	43	22	16	22	11	24	33	29	38	18	30
OCT 2	24	26	12	37	19	45	22	12	22	14	24	29	29	36	18	34
7	24	28	12	33	19	47	22	8	22	17	24	26	29	34	18	37
12	24	30	12	29	19	48	22	4	22	20	24	23	29	31	18	41
17	24	32	12	25	19	48	22	0	22	23	24	19	29	29	18	44
22	24	33	12	22	19	48R	21	56	22	25	24	16	29	26	18	48
27	24	33R	12	18	19	48	21	52	22	28	24	13	29	23	18	51
NOV 1	24	33	12	16	19	47	21	48	22	29	24	11	29	20	18	54
6	24	32	12	14	19	46	21	44	22	31	24	9	29	16	18	56
11	24	30	12	12	19	44	21	41	22	32	24	6	29	13	18	59
16	24	28	12	11	19	42	21	37	22	32	24	5	29	10	19	1
21	24	25	12	10	19	40	21	34	22	32	24	3	29	6	19	3
26	24	22	12	9	19	37	21	31	22	32R	24	2	29	3	19	4
DEC 1	24	18	12	10D	19	34	21	28	22	32	24	1	28	59	19	5
6	24	14	12	10	19	31	21	26	22	31	24	1	28	56	19	6
11	24	9	12	12	19	27	21	24	22	30	24	1D	28	52	19	7
16	24	4	12	13	19	23	21	22	22	28	24	1	28	49	19	7
21	23	59	12	16	19	19	21	20	22	26	24	2	28	46	19	7R
26	23	53	12	18	19	15	21	19	22	24	24	3	28	43	19	7
31	23♋	47	12♓	22	19♋	11	21♈	19	22♌	22	24♓	4	28♉	41	19♍	6
STATIONS	APR	3	JUN	14	APR	1	JAN	4	MAY	5	JUN	24	FEB	11	JUN	2
	OCT	26	NOV	26	OCT	20	JUL	23	NOV	21	DEC	9	AUG	29	DEC	17

	♃	♄	♇	⚷	⚸	♆	⚴	♓
JAN 5	23♋ 41R	12♓ 25	19♋ 6R	21♈ 18R	22♌ 19R	24♓ 6	28♉ 38R	19♍ 5R
10	23 34	12 29	19 2	21 19D	22 16	24 8	28 36	19 4
15	23 28	12 34	18 57	21 19	22 13	24 10	28 34	19 2
20	23 22	12 39	18 53	21 20	22 9	24 13	28 32	19 0
25	23 15	12 44	18 48	21 22	22 6	24 16	28 31	18 58
30	23 9	12 49	18 44	21 23	22 2	24 19	28 30	18 56
FEB 4	23 3	12 55	18 40	21 25	21 58	24 22	28 29	18 53
9	22 58	13 1	18 36	21 28	21 54	24 26	28 29	18 50
14	22 52	13 7	18 33	21 31	21 51	24 30	28 29D	18 48
19	22 47	13 14	18 29	21 34	21 47	24 34	28 29	18 44
24	22 43	13 20	18 26	21 37	21 43	24 38	28 30	18 41
MAR 1	22 38	13 27	18 23	21 41	21 39	24 43	28 31	18 38
6	22 35	13 33	18 21	21 45	21 36	24 47	28 32	18 35
11	22 31	13 40	18 19	21 49	21 32	24 52	28 34	18 31
16	22 29	13 46	18 17	21 54	21 29	24 56	28 36	18 28
21	22 27	13 53	18 16	21 59	21 26	25 1	28 38	18 25
26	22 25	13 59	18 15	22 3	21 23	25 5	28 40	18 22
31	22 24	14 5	18 15	22 8	21 21	25 10	28 43	18 18
APR 5	22 24	14 11	18 15D	22 13	21 18	25 14	28 46	18 15
10	22 24D	14 17	18 15	22 18	21 17	25 18	28 49	18 12
15	22 25	14 22	18 16	22 23	21 15	25 22	28 53	18 10
20	22 27	14 28	18 17	22 28	21 14	25 26	28 56	18 7
25	22 29	14 32	18 19	22 33	21 13	25 30	29 0	18 5
30	22 31	14 37	18 21	22 38	21 12	25 34	29 4	18 3
MAY 5	22 35	14 41	18 24	22 43	21 12	25 37	29 8	18 1
10	22 39	14 44	18 27	22 48	21 12D	25 40	29 12	17 59
15	22 43	14 48	18 30	22 52	21 12	25 43	29 16	17 58
20	22 48	14 50	18 33	22 57	21 13	25 45	29 20	17 57
25	22 53	14 53	18 37	23 1	21 14	25 48	29 25	17 56
30	22 59	14 55	18 41	23 5	21 16	25 50	29 29	17 56
JUN 4	23 5	14 56	18 46	23 8	21 17	25 51	29 33	17 56D
9	23 12	14 57	18 50	23 12	21 20	25 52	29 37	17 56
14	23 18	14 57	18 55	23 15	21 22	25 53	29 41	17 56
19	23 26	14 57R	19 0	23 17	21 25	25 54	29 45	17 57
24	23 33	14 57	19 5	23 20	21 28	25 54	29 48	17 58
29	23 41	14 56	19 11	23 22	21 31	25 54R	29 52	18 0
JUL 4	23 48	14 54	19 16	23 24	21 35	25 54	29 55	18 1
9	23 56	14 52	19 22	23 25	21 38	25 53	29 58	18 3
14	24 4	14 50	19 27	23 26	21 42	25 52	0♊ 1	18 6
19	24 12	14 47	19 33	23 26	21 46	25 51	0 4	18 8
24	24 20	14 44	19 38	23 27	21 51	25 49	0 7	18 11
29	24 28	14 40	19 43	23 27R	21 55	25 47	0 9	18 14
AUG 3	24 36	14 37	19 49	23 26	22 0	25 45	0 11	18 17
8	24 44	14 32	19 54	23 25	22 4	25 42	0 12	18 20
13	24 51	14 28	19 59	23 24	22 9	25 39	0 13	18 23
18	24 59	14 23	20 3	23 22	22 13	25 37	0 14	18 27
23	25 6	14 19	20 8	23 20	22 18	25 33	0 15	18 31
28	25 12	14 14	20 12	23 18	22 23	25 30	0 15	18 35
SEP 2	25 19	14 9	20 16	23 15	22 27	25 27	0 15R	18 39
7	25 25	14 4	20 20	23 13	22 31	25 23	0 15	18 43
12	25 30	13 59	20 23	23 9	22 36	25 20	0 14	18 46
17	25 35	13 54	20 26	23 6	22 40	25 16	0 13	18 50
22	25 40	13 49	20 29	23 3	22 44	25 12	0 12	18 54
27	25 44	13 44	20 31	22 59	22 48	25 9	0 11	18 58
OCT 2	25 47	13 39	20 33	22 55	22 51	25 5	0 9	19 2
7	25 50	13 35	20 35	22 51	22 54	25 2	0 7	19 6
12	25 53	13 31	20 36	22 47	22 57	24 58	0 4	19 10
17	25 54	13 27	20 36	22 43	23 0	24 55	0 2	19 13
22	25 55	13 23	20 36R	22 39	23 3	24 52	29♉ 59	19 16
27	25 56	13 20	20 36	22 35	23 5	24 49	29 56	19 20
NOV 1	25 56R	13 17	20 35	22 31	23 6	24 46	29 53	19 22
6	25 55	13 15	20 34	22 27	23 8	24 44	29 50	19 25
11	25 54	13 13	20 33	22 23	23 9	24 42	29 46	19 28
16	25 52	13 12	20 31	22 20	23 10	24 40	29 43	19 30
21	25 49	13 11	20 29	22 17	23 10	24 39	29 39	19 32
26	25 46	13 11	20 26	22 13	23 10R	24 37	29 36	19 33
DEC 1	25 42	13 11D	20 23	22 11	23 9	24 36	29 32	19 34
6	25 38	13 11	20 20	22 8	23 9	24 36	29 29	19 35
11	25 34	13 12	20 16	22 6	23 7	24 36D	29 26	19 36
16	25 29	13 14	20 12	22 4	23 6	24 36	29 22	19 36
21	25 23	13 16	20 8	22 2	23 4	24 37	29 19	19 36R
26	25 18	13 19	20 4	22 2	23 2	24 38	29 16	19 36
31	25♋ 12	13♓ 22	20♋ 0	22♈ 1	23♌ 0	24♓ 39	29♉ 14	19♍ 35
STATIONS	APR 5	JUN 15	APR 2	JAN 5	MAY 6	JUN 25	FEB 12	JUN 3
	OCT 28	NOV 27	OCT 21	JUL 24	NOV 22	DEC 10	AUG 30	DEC 18

1907

	♃		♄		♅		♆		⯓		⚷		⚸		⚶	
JAN 5	25♋	6R	13♓	25	19♋	55R	22♈	1R	22♌	57R	24♓	40	29♉	11R	19♍	34R
10	24	59	13	29	19	51	22	1D	22	54	24	42	29	9	19	33
15	24	53	13	34	19	46	22	1	22	51	24	45	29	7	19	31
20	24	47	13	38	19	42	22	2	22	47	24	47	29	5	19	30
25	24	40	13	44	19	37	22	3	22	44	24	50	29	4	19	28
30	24	34	13	49	19	33	22	5	22	40	24	53	29	3	19	25
FEB 4	24	28	13	55	19	29	22	7	22	36	24	57	29	2	19	23
9	24	22	14	1	19	26	22	9	22	33	25	1	29	2	19	20
14	24	17	14	7	19	21	22	12	22	29	25	4	29	1D	19	17
19	24	12	14	13	19	18	22	15	22	25	25	9	29	2	19	14
24	24	7	14	20	19	15	22	19	22	21	25	13	29	2	19	11
MAR 1	24	2	14	26	19	12	22	23	22	17	25	17	29	3	19	8
6	23	59	14	33	19	10	22	26	22	14	25	21	29	4	19	4
11	23	55	14	39	19	7	22	31	22	10	25	26	29	6	19	1
16	23	52	14	46	19	6	22	35	22	7	25	30	29	8	18	58
21	23	50	14	52	19	4	22	40	22	4	25	35	29	10	18	54
26	23	48	14	59	19	3	22	44	22	1	25	40	29	13	18	51
31	23	47	15	5	19	3	22	49	21	59	25	44	29	15	18	48
APR 5	23	47	15	11	19	3D	22	54	21	56	25	48	29	18	18	45
10	23	47D	15	17	19	3	22	59	21	54	25	53	29	21	18	42
15	23	47	15	22	19	4	23	4	21	53	25	57	29	25	18	39
20	23	49	15	27	19	5	23	9	21	51	26	1	29	28	18	37
25	23	51	15	32	19	7	23	14	21	50	26	5	29	32	18	34
30	23	53	15	37	19	9	23	19	21	50	26	8	29	36	18	32
MAY 5	23	56	15	41	19	11	23	24	21	49	26	12	29	40	18	30
10	24	0	15	45	19	14	23	29	21	49D	26	15	29	44	18	29
15	24	4	15	48	19	17	23	33	21	50	26	17	29	48	18	27
20	24	9	15	51	19	21	23	38	21	50	26	20	29	52	18	26
25	24	14	15	53	19	25	23	42	21	51	26	22	29	57	18	26
30	24	20	15	55	19	29	23	46	21	53	26	24	0♊	1	18	25
JUN 4	24	26	15	57	19	33	23	50	21	55	26	26	0	5	18	25
9	24	32	15	58	19	38	23	53	21	57	26	27	0	9	18	25D
14	24	39	15	58	19	42	23	56	21	59	26	28	0	13	18	25
19	24	46	15	58R	19	47	23	59	22	2	26	29	0	17	18	26
24	24	53	15	58	19	53	24	1	22	5	26	29	0	21	18	27
29	25	1	15	57	19	58	24	4	22	8	26	29R	0	24	18	29
JUL 4	25	9	15	56	20	3	24	5	22	11	26	29	0	27	18	30
9	25	17	15	54	20	9	24	7	22	15	26	28	0	31	18	32
14	25	25	15	52	20	14	24	8	22	19	26	27	0	34	18	34
19	25	33	15	49	20	20	24	8	22	23	26	26	0	36	18	37
24	25	41	15	46	20	25	24	9	22	27	26	24	0	39	18	39
29	25	49	15	42	20	30	24	9R	22	32	26	22	0	41	18	42
AUG 3	25	56	15	39	20	36	24	8	22	36	26	20	0	43	18	45
8	26	4	15	35	20	41	24	7	22	41	26	18	0	45	18	49
13	26	12	15	30	20	46	24	6	22	45	26	15	0	46	18	52
18	26	19	15	26	20	51	24	5	22	50	26	12	0	47	18	56
23	26	26	15	21	20	55	24	3	22	55	26	9	0	48	18	59
28	26	33	15	16	21	0	24	0	22	59	26	6	0	48	19	3
SEP 2	26	40	15	11	21	4	23	58	23	4	26	2	0	48R	19	7
7	26	46	15	6	21	7	23	55	23	8	25	59	0	48	19	11
12	26	51	15	1	21	11	23	52	23	13	25	55	0	47	19	15
17	26	57	14	56	21	14	23	49	23	17	25	52	0	46	19	19
22	27	1	14	51	21	17	23	45	23	21	25	48	0	45	19	23
27	27	5	14	46	21	19	23	42	23	25	25	44	0	44	19	27
OCT 2	27	9	14	42	21	21	23	38	23	28	25	41	0	42	19	31
7	27	12	14	37	21	23	23	34	23	31	25	37	0	40	19	35
12	27	15	14	33	21	24	23	30	23	35	25	34	0	37	19	38
17	27	17	14	29	21	24	23	26	23	37	25	31	0	35	19	42
22	27	18	14	25	21	25	23	22	23	40	25	27	0	32	19	45
27	27	19	14	22	21	24R	23	18	23	42	25	25	0	29	19	48
NOV 1	27	19R	14	19	21	24	23	14	23	44	25	22	0	26	19	51
6	27	18	14	17	21	23	23	10	23	45	25	19	0	23	19	54
11	27	17	14	15	21	21	23	6	23	46	25	17	0	19	19	56
16	27	15	14	13	21	20	23	3	23	47	25	15	0	16	19	58
21	27	13	14	12	21	18	22	59	23	47	25	14	0	13	20	0
26	27	10	14	12	21	15	22	56	23	47R	25	13	0	9	20	2
DEC 1	27	6	14	12D	21	12	22	53	23	47	25	12	0	6	20	3
6	27	2	14	12	21	9	22	51	23	46	25	11	0	2	20	4
11	26	58	14	13	21	5	22	48	23	45	25	11	29♉	59	20	5
16	26	53	14	15	21	1	22	46	23	44	25	11D	29	56	20	5
21	26	48	14	17	20	57	22	45	23	42	25	12	29	52	20	5R
26	26	42	14	19	20	53	22	44	23	40	25	12	29	50	20	5
31	26♋	36	14♓	22	20♋	49	22♈	43	23♌	38	25♓	14	29♉	47	20♍	4
STATIONS	APR	6	JUN	16	APR	3	JAN	6	MAY	7	JUN	26	FEB	12	JUN	4
	OCT	29	NOV	28	OCT	22	JUL	25	NOV	23	DEC	11	AUG	31	DEC	19

	♃		♄		☌		♀		♅		♆		⚷		X	
JAN 5	26♋	30R	14♓	25	20♋	44R	22♈	43R	23♌	35R	25♓	15	29♉	44R	20♏	4R
10	26	24	14	29	20	40	22	43D	23	32	25	17	29	42	20	2
15	26	18	14	34	20	35	22	43	23	29	25	19	29	40	20	1
20	26	11	14	38	20	31	22	44	23	25	25	22	29	38	19	59
25	26	5	14	43	20	27	22	45	23	22	25	25	29	37	19	57
30	25	59	14	49	20	22	22	47	23	18	25	28	29	36	19	55
FEB 4	25	53	14	54	20	18	22	49	23	15	25	31	29	35	19	52
9	25	47	15	0	20	14	22	51	23	11	25	35	29	34	19	49
14	25	41	15	6	20	10	22	54	23	7	25	39	29	34D	19	47
19	25	36	15	13	20	7	22	57	23	3	25	43	29	34	19	44
24	25	31	15	19	20	4	23	0	22	59	25	47	29	35	19	40
29	25	27	15	26	20	1	23	4	22	56	25	51	29	36	19	37
MAR 5	25	23	15	32	19	58	23	8	22	52	25	56	29	37	19	34
10	25	19	15	39	19	56	23	12	22	49	26	0	29	38	19	31
15	25	16	15	45	19	54	23	16	22	45	26	5	29	40	19	27
20	25	13	15	52	19	53	23	21	22	42	26	9	29	42	19	24
25	25	12	15	58	19	52	23	26	22	39	26	14	29	45	19	21
30	25	10	16	4	19	51	23	30	22	37	26	18	29	47	19	17
APR 4	25	10	16	10	19	51D	23	35	22	34	26	23	29	50	19	14
9	25	9D	16	16	19	51	23	40	22	32	26	27	29	54	19	12
14	25	10	16	22	19	52	23	45	22	31	26	31	29	57	19	9
19	25	11	16	27	19	53	23	50	22	29	26	35	0♊	0	19	6
24	25	13	16	32	19	55	23	56	22	28	26	39	0	4	19	4
29	25	15	16	37	19	57	24	0	22	27	26	43	0	8	19	2
MAY 4	25	18	16	41	19	59	24	5	22	27	26	46	0	12	19	0
9	25	22	16	45	20	2	24	10	22	27D	26	49	0	16	18	58
14	25	26	16	48	20	5	24	15	22	27	26	52	0	20	18	57
19	25	30	16	51	20	8	24	19	22	28	26	55	0	24	18	56
24	25	35	16	54	20	12	24	23	22	29	26	57	0	29	18	55
29	25	41	16	56	20	16	24	27	22	30	26	59	0	33	18	54
JUN 3	25	47	16	57	20	20	24	31	22	32	27	1	0	37	18	54
8	25	53	16	59	20	25	24	34	22	34	27	2	0	41	18	54D
13	25	59	16	59	20	30	24	38	22	36	27	3	0	45	18	54
18	26	6	16	59R	20	35	24	40	22	39	27	4	0	49	18	55
23	26	14	16	59	20	40	24	43	22	42	27	4	0	53	18	56
28	26	21	16	59	20	45	24	45	22	45	27	4R	0	56	18	57
JUL 3	26	29	16	57	20	50	24	47	22	48	27	4	1	0	18	59
8	26	37	16	55	20	56	24	49	22	52	27	3	1	3	19	1
13	26	45	16	53	21	1	24	50	22	56	27	3	1	6	19	3
18	26	53	16	51	21	7	24	50	23	0	27	1	1	9	19	5
23	27	1	16	48	21	12	24	51	23	4	27	0	1	11	19	8
28	27	9	16	44	21	17	24	51R	23	9	26	58	1	13	19	11
AUG 2	27	17	16	41	21	23	24	50	23	13	26	56	1	15	19	14
7	27	24	16	37	21	28	24	50	23	18	26	53	1	17	19	17
12	27	32	16	32	21	33	24	48	23	22	26	51	1	18	19	21
17	27	40	16	28	21	38	24	47	23	27	26	48	1	19	19	24
22	27	47	16	23	21	42	24	45	23	31	26	45	1	20	19	28
27	27	54	16	18	21	47	24	43	23	36	26	41	1	21	19	32
SEP 1	28	0	16	14	21	51	24	40	23	41	26	38	1	21R	19	36
6	28	6	16	8	21	55	24	38	23	45	26	35	1	21	19	40
11	28	12	16	3	21	58	24	35	23	49	26	31	1	20	19	44
16	28	18	15	58	22	2	24	31	23	54	26	27	1	19	19	48
21	28	23	15	53	22	4	24	28	23	58	26	24	1	18	19	51
26	28	27	15	49	22	7	24	24	24	1	26	20	1	17	19	55
OCT 1	28	31	15	44	22	9	24	21	24	5	26	16	1	15	19	59
6	28	34	15	39	22	10	24	17	24	8	26	13	1	13	20	3
11	28	37	15	35	22	12	24	13	24	12	26	10	1	10	20	7
16	28	39	15	31	22	12	24	9	24	14	26	6	1	8	20	10
21	28	40	15	27	22	13	24	5	24	17	26	3	1	5	20	14
26	28	41	15	24	22	13R	24	0	24	19	26	0	1	2	20	17
31	28	42R	15	21	22	12	23	56	24	21	25	57	0	59	20	20
NOV 5	28	41	15	18	22	11	23	53	24	23	25	55	0	56	20	23
10	28	40	15	16	22	10	23	49	24	24	25	53	0	53	20	25
15	28	39	15	15	22	8	23	45	24	25	25	51	0	49	20	27
20	28	36	15	13	22	6	23	42	24	25	25	49	0	46	20	29
25	28	34	15	13	22	4	23	39	24	25R	25	48	0	42	20	31
30	28	30	15	13D	22	1	23	36	24	25	25	47	0	39	20	32
DEC 5	28	27	15	13	21	58	23	33	24	24	25	46	0	35	20	33
10	28	22	15	14	21	54	23	31	24	23	25	46	0	32	20	34
15	28	18	15	15	21	50	23	29	24	22	25	46D	0	29	20	34
20	28	12	15	17	21	46	23	27	24	20	25	47	0	26	20	35R
25	28	7	15	19	21	42	23	26	24	18	25	47	0	23	20	34
30	28♋	1	15♓	22	21♋	38	23♈	25	24♌	16	25♓	49	0♊	20	20♏	34
TATIONS	APR 7		JUN 17		APR 3		JAN 7		MAY 7		JUN 26		FEB 13		JUN 4	
	OCT 30		NOV 29		OCT 22		JUL 25		NOV 23		DEC 11		AUG 31		DEC 18	

1909

	♃	⚳	♄	⚴	⚵	♆	☊	⚷
JAN 4	27♋55R	15♓26	21♋34R	23♈25R	24♌13R	25♓50	0♊17R	20♍33R
9	27 49	15 29	21 29	23 25D	24 10	25 52	0 15	20 32
14	27 43	15 34	21 25	23 25	24 7	25 54	0 13	20 30
19	27 36	15 38	21 20	23 26	24 4	25 57	0 11	20 28
24	27 30	15 43	21 16	23 27	24 0	25 59	0 10	20 26
29	27 24	15 48	21 11	23 28	23 57	26 3	0 8	20 24
FEB 3	27 18	15 54	21 7	23 30	23 53	26 6	0 8	20 22
8	27 12	16 0	21 3	23 33	23 49	26 10	0 7	20 19
13	27 6	16 6	20 59	23 35	23 45	26 13	0 7	20 16
18	27 1	16 12	20 56	23 38	23 41	26 17	0 7D	20 13
23	26 56	16 18	20 53	23 42	23 38	26 21	0 7	20 10
28	26 51	16 25	20 50	23 45	23 34	26 26	0 8	20 7
MAR 5	26 47	16 32	20 47	23 49	23 30	26 30	0 9	20 3
10	26 43	16 38	20 45	23 53	23 27	26 35	0 11	20 0
15	26 40	16 45	20 43	23 58	23 23	26 39	0 13	19 57
20	26 37	16 51	20 41	24 2	23 20	26 44	0 15	19 53
25	26 35	16 58	20 40	24 7	23 17	26 48	0 17	19 50
30	26 33	17 4	20 40	24 12	23 15	26 53	0 20	19 47
APR 4	26 33	17 10	20 39	24 17	23 12	26 57	0 23	19 44
9	26 32D	17 16	20 39D	24 22	23 10	27 1	0 26	19 41
14	26 33	17 21	20 40	24 27	23 8	27 6	0 29	19 38
19	26 33	17 27	20 41	24 32	23 7	27 10	0 33	19 36
24	26 35	17 32	20 43	24 37	23 6	27 13	0 36	19 33
29	26 37	17 37	20 44	24 42	23 5	27 17	0 40	19 31
MAY 4	26 40	17 41	20 47	24 46	23 4	27 21	0 44	19 29
9	26 43	17 45	20 49	24 51	23 4D	27 24	0 48	19 27
14	26 47	17 48	20 52	24 56	23 5	27 27	0 52	19 26
19	26 51	17 52	20 56	25 0	23 5	27 29	0 56	19 25
24	26 56	17 54	20 59	25 5	23 6	27 32	1 1	19 24
29	27 2	17 56	21 3	25 9	23 7	27 34	1 5	19 23
JUN 3	27 7	17 58	21 8	25 12	23 9	27 36	1 9	19 23
8	27 14	17 59	21 12	25 16	23 11	27 37	1 13	19 23D
13	27 20	18 0	21 17	25 19	23 13	27 38	1 17	19 23
18	27 27	18 0	21 22	25 22	23 16	27 39	1 21	19 24
23	27 34	18 0R	21 27	25 25	23 19	27 39	1 25	19 25
28	27 42	18 0	21 32	25 27	23 22	27 39R	1 28	19 26
JUL 3	27 49	17 58	21 37	25 29	23 25	27 39	1 32	19 28
8	27 57	17 57	21 43	25 30	23 29	27 39	1 35	19 30
13	28 5	17 55	21 48	25 32	23 33	27 38	1 38	19 32
18	28 13	17 52	21 54	25 32	23 37	27 37	1 41	19 34
23	28 21	17 50	21 59	25 33	23 41	27 35	1 43	19 37
28	28 29	17 46	22 5	25 33R	23 45	27 33	1 46	19 40
AUG 2	28 37	17 43	22 10	25 32	23 50	27 31	1 48	19 43
7	28 45	17 39	22 15	25 32	23 54	27 29	1 50	19 46
12	28 52	17 35	22 20	25 31	23 59	27 26	1 51	19 49
17	29 0	17 30	22 25	25 29	24 4	27 23	1 52	19 53
22	29 7	17 26	22 30	25 28	24 8	27 20	1 53	19 56
27	29 14	17 21	22 34	25 25	24 13	27 17	1 53	20 0
SEP 1	29 21	17 16	22 38	25 23	24 17	27 14	1 53R	20 4
6	29 27	17 11	22 42	25 20	24 22	27 10	1 53	20 8
11	29 33	17 6	22 46	25 17	24 26	27 7	1 53	20 12
16	29 39	17 1	22 49	25 14	24 30	27 3	1 52	20 16
21	29 44	16 56	22 52	25 11	24 34	26 59	1 51	20 20
26	29 48	16 51	22 54	25 7	24 38	26 56	1 49	20 24
OCT 1	29 52	16 46	22 57	25 3	24 42	26 52	1 48	20 28
6	29 56	16 41	22 58	24 59	24 45	26 49	1 46	20 32
11	29 59	16 37	22 58	24 55	24 49	26 45	1 44	20 35
16	0♌1	16 33	23 1	24 51	24 51	26 42	1 41	20 39
21	0 3	16 29	23 1	24 47	24 54	26 39	1 38	20 42
26	0 4	16 26	23 1R	24 43	24 56	26 36	1 36	20 45
31	0 4	16 23	23 1	24 39	24 58	26 33	1 32	20 48
NOV 5	0 4R	16 20	23 0	24 35	25 0	26 30	1 29	20 51
10	0 3	16 18	22 58	24 32	25 1	26 28	1 26	20 54
15	0 2	16 16	22 57	24 28	25 2	26 26	1 23	20 56
20	0 0	16 15	22 55	24 25	25 2	26 24	1 19	20 58
25	29♋57	16 14	22 52	24 21	25 3R	26 23	1 16	21 0
30	29 54	16 14	22 50	24 18	25 2	26 22	1 12	21 1
DEC 5	29 51	16 14D	22 46	24 16	25 2	26 21	1 9	21 2
10	29 47	16 15	22 43	24 13	25 1	26 21	1 5	21 3
15	29 42	16 16	22 39	24 11	24 59	26 21D	1 2	21 3
20	29 37	16 18	22 35	24 10	24 58	26 22	0 59	21 4R
25	29 32	16 20	22 31	24 8	24 56	26 22	0 56	21 3
30	29♋26	16♓23	22♋27	24♈7	24♌53	26♓23	0♊53	21♍3
STATIONS	APR 8 / NOV 1	JUN 18 / NOV 30	APR 4 / OCT 23	JAN 7 / JUL 26	MAY 8 / NOV 24	JUN 26 / DEC 12	FEB 13 / AUG 31	JUN 4 / DEC 19

	♃	☽	♄	♈	♃	♆	⚸	♓
JAN 4	29♋20R	16♓26	22♋23R	24♈7R	24♌51R	26♓25	0♊50R	21♍2R
9	29 14	16 29	22 18	24 7D	24 48	26 27	0 48	21 1
14	29 8	16 33	22 14	24 7	24 45	26 29	0 46	20 59
19	29 1	16 38	22 9	24 8	24 42	26 31	0 44	20 58
24	28 55	16 43	22 5	24 9	24 38	26 34	0 43	20 56
29	28 49	16 48	22 1	24 10	24 35	26 37	0 41	20 54
FEB 3	28 42	16 54	21 56	24 12	24 31	26 40	0 40	20 51
8	28 36	16 59	21 52	24 14	24 27	26 44	0 40	20 48
13	28 31	17 5	21 48	24 17	24 23	26 48	0 40	20 46
18	28 25	17 12	21 45	24 20	24 20	26 52	0 40D	20 43
23	28 20	17 18	21 41	24 23	24 16	26 56	0 40	20 40
28	28 15	17 24	21 38	24 27	24 12	27 0	0 41	20 36
MAR 5	28 11	17 31	21 36	24 30	24 8	27 4	0 42	20 33
10	28 7	17 37	21 33	24 34	24 5	27 9	0 43	20 30
15	28 4	17 44	21 31	24 39	24 2	27 13	0 45	20 26
20	28 1	17 51	21 30	24 43	23 58	27 18	0 47	20 23
25	27 58	17 57	21 29	24 48	23 55	27 22	0 49	20 20
30	27 57	18 3	21 28	24 53	23 53	27 27	0 52	20 17
APR 4	27 56	18 9	21 28	24 58	23 50	27 31	0 55	20 14
9	27 55	18 15	21 28D	25 3	23 48	27 36	0 58	20 11
14	27 55D	18 21	21 28	25 8	23 46	27 40	1 1	20 8
19	27 56	18 27	21 29	25 13	23 45	27 44	1 5	20 5
24	27 57	18 32	21 30	25 18	23 43	27 48	1 8	20 3
29	27 59	18 36	21 32	25 23	23 43	27 52	1 12	20 0
MAY 4	28 2	18 41	21 34	25 28	23 42	27 55	1 16	19 58
9	28 5	18 45	21 37	25 32	23 42D	27 58	1 20	19 57
14	28 8	18 49	21 40	25 37	23 42	28 1	1 24	19 55
19	28 13	18 52	21 43	25 41	23 43	28 4	1 28	19 54
24	28 17	18 55	21 47	25 46	23 43	28 6	1 33	19 53
29	28 23	18 57	21 51	25 50	23 45	28 9	1 37	19 53
JUN 3	28 28	18 59	21 55	25 54	23 46	28 10	1 41	19 52
8	28 34	19 0	21 59	25 57	23 48	28 12	1 45	19 52D
13	28 41	19 1	22 4	26 1	23 50	28 13	1 49	19 53
18	28 47	19 1	22 9	26 4	23 53	28 14	1 53	19 53
23	28 54	19 1R	22 14	26 6	23 56	28 14	1 57	19 54
28	29 2	19 1	22 19	26 9	23 59	28 15R	2 0	19 55
JUL 3	29 9	19 0	22 24	26 10	24 2	28 14	2 4	19 57
8	29 17	18 58	22 30	26 12	24 6	28 14	2 7	19 59
13	29 25	18 56	22 35	26 13	24 10	28 13	2 10	20 1
18	29 33	18 54	22 41	26 14	24 14	28 12	2 13	20 3
23	29 41	18 51	22 46	26 15	24 18	28 10	2 16	20 5
28	29 49	18 48	22 52	26 15R	24 22	28 9	2 18	20 8
AUG 2	29 57	18 45	22 57	26 15	24 27	28 7	2 20	20 11
7	0♌5	18 41	23 2	26 14	24 31	28 4	2 22	20 14
12	0 13	18 37	23 7	26 13	24 36	28 2	2 23	20 18
17	0 20	18 32	23 12	26 12	24 40	27 59	2 25	20 21
22	0 28	18 28	23 17	26 10	24 45	27 56	2 25	20 25
27	0 35	18 23	23 21	26 8	24 50	27 53	2 26	20 29
SEP 1	0 42	18 18	23 26	26 6	24 54	27 49	2 26	20 33
6	0 48	18 13	23 30	26 3	24 59	27 46	2 26R	20 37
11	0 54	18 8	23 33	26 0	25 3	27 42	2 26	20 41
16	1 0	18 3	23 37	25 57	25 7	27 39	2 25	20 45
21	1 5	17 58	23 40	25 53	25 11	27 35	2 24	20 49
26	1 10	17 53	23 42	25 50	25 15	27 31	2 22	20 52
OCT 1	1 14	17 48	23 44	25 46	25 19	27 28	2 21	20 56
6	1 18	17 44	23 46	25 42	25 22	27 24	2 19	21 0
11	1 21	17 39	23 48	25 38	25 26	27 21	2 17	21 4
16	1 23	17 35	23 49	25 34	25 29	27 17	2 14	21 7
21	1 25	17 31	23 49	25 30	25 31	27 14	2 12	21 11
26	1 26	17 28	23 49R	25 25	25 34	27 11	2 9	21 14
31	1 27	17 24	23 49	25 22	25 36	27 8	2 6	21 17
NOV 5	1 27R	17 22	23 48	25 18	25 37	27 6	2 2	21 20
10	1 27	17 19	23 47	25 14	25 38	27 4	1 59	21 23
15	1 25	17 17	23 45	25 11	25 39	27 2	1 56	21 25
20	1 24	17 16	23 43	25 7	25 40	27 0	1 52	21 27
25	1 21	17 15	23 41	25 4	25 40	26 58	1 49	21 29
30	1 18	17 15	23 38	25 1	25 40R	26 57	1 45	21 30
DEC 5	1 15	17 15D	23 35	24 58	25 39	26 57	1 42	21 31
10	1 11	17 15	23 32	24 56	25 39	26 56	1 38	21 32
15	1 6	17 17	23 28	24 54	25 37	26 56D	1 35	21 33
20	1 1	17 18	23 24	24 52	25 36	26 56	1 32	21 33
25	0 56	17 20	23 20	24 50	25 34	26 56	1 29	21 33R
30	0♌51	17♓23	23♋16	24♈50	25♌31	26♓58	1♊26	21♍32
STATIONS	APR 10	JUN 19	APR 5	JAN 8	MAY 8	JUN 27	FEB 14	JUN 5
	NOV 2	DEC 1	OCT 24	JUL 27	NOV 25	DEC 12	SEP 1	DEC 20

1911

Date	♃		G		⚷		♈		♅		♆		↟		⚸	
JAN 4	0Ω	45R	17)(	26	23♋	12R	24♈	49R	25Ω	29R	27)(	0	1♊	24R	21♍	31R
9	0	39	17	30	23	7	24	49	25	26	27	1	1	21	21	30
14	0	32	17	33	23	3	24	49D	25	23	27	4	1	19	21	29
19	0	26	17	38	22	58	24	49	25	20	27	6	1	17	21	27
24	0	20	17	43	22	54	24	50	25	16	27	9	1	15	21	25
29	0	13	17	48	22	50	24	52	25	13	27	12	1	14	21	23
FEB 3	0	7	17	53	22	45	24	54	25	9	27	15	1	13	21	21
8	0	1	17	59	22	41	24	56	25	5	27	18	1	13	21	18
13	29♋	55	18	5	22	37	24	58	25	2	27	22	1	12	21	15
18	29	50	18	11	22	34	25	1	24	58	27	26	1	12D	21	12
23	29	44	18	17	22	30	25	4	24	54	27	30	1	13	21	9
28	29	39	18	24	22	27	25	8	24	50	27	34	1	13	21	6
MAR 5	29	35	18	30	22	24	25	12	24	47	27	39	1	14	21	3
10	29	31	18	37	22	22	25	16	24	43	27	43	1	16	20	59
15	29	27	18	43	22	20	25	20	24	40	27	48	1	17	20	56
20	29	24	18	50	22	18	25	24	24	36	27	52	1	19	20	53
25	29	22	18	56	22	17	25	29	24	33	27	57	1	22	20	49
30	29	20	19	3	22	16	25	34	24	31	28	1	1	24	20	46
APR 4	29	19	19	9	22	16	25	39	24	28	28	6	1	27	20	43
9	29	18	19	15	22	16D	25	44	24	26	28	10	1	30	20	40
14	29	18D	19	21	22	16	25	49	24	24	28	14	1	33	20	37
19	29	18	19	26	22	17	25	54	24	22	28	18	1	37	20	35
24	29	20	19	31	22	18	25	59	24	21	28	22	1	40	20	32
29	29	21	19	36	22	20	26	4	24	20	28	26	1	44	20	30
MAY 4	29	24	19	41	22	22	26	9	24	20	28	30	1	48	20	28
9	29	27	19	45	22	25	26	13	24	19	28	33	1	52	20	26
14	29	30	19	49	22	27	26	18	24	20D	28	36	1	56	20	25
19	29	34	19	52	22	31	26	23	24	20	28	39	2	0	20	23
24	29	39	19	55	22	34	26	27	24	21	28	41	2	5	20	22
29	29	44	19	57	22	38	26	31	24	22	28	43	2	9	20	22
JUN 3	29	49	19	59	22	42	26	35	24	24	28	45	2	13	20	21
8	29	55	20	1	22	46	26	39	24	25	28	47	2	17	20	21D
13	0Ω	1	20	2	22	51	26	42	24	28	28	48	2	21	20	22
18	0	8	20	2	22	56	26	45	24	30	28	49	2	25	20	22
23	0	15	20	3R	23	1	26	48	24	33	28	49	2	29	20	23
28	0	22	20	2	23	6	26	50	24	36	28	50	2	33	20	24
JUL 3	0	30	20	1	23	11	26	52	24	39	28	50R	2	36	20	26
8	0	37	20	0	23	17	26	54	24	43	28	49	2	39	20	27
13	0	45	19	58	23	22	26	55	24	47	28	48	2	43	20	29
18	0	53	19	56	23	28	26	56	24	50	28	47	2	45	20	32
23	1	1	19	53	23	33	26	57	24	55	28	46	2	48	20	34
28	1	9	19	50	23	39	26	57	24	59	28	44	2	50	20	37
AUG 2	1	17	19	47	23	44	26	57R	25	3	28	42	2	53	20	40
7	1	25	19	43	23	49	26	56	25	8	28	40	2	54	20	43
12	1	33	19	39	23	54	26	55	25	12	28	37	2	56	20	46
17	1	41	19	35	23	59	26	54	25	17	28	34	2	57	20	50
22	1	48	19	30	24	4	26	52	25	22	28	31	2	58	20	54
27	1	55	19	25	24	9	26	50	25	26	28	28	2	59	20	57
SEP 1	2	2	19	20	24	13	26	48	25	31	28	25	2	59	21	1
6	2	9	19	16	24	17	26	46	25	35	28	22	2	59R	21	5
11	2	15	19	10	24	21	26	43	25	40	28	18	2	58	21	9
16	2	21	19	5	24	24	26	40	25	44	28	14	2	58	21	13
21	2	26	19	0	24	27	26	36	25	48	28	11	2	57	21	17
26	2	31	18	55	24	30	26	33	25	52	28	7	2	55	21	21
OCT 1	2	35	18	51	24	32	26	29	25	56	28	3	2	54	21	25
6	2	39	18	46	24	34	26	25	25	59	28	0	2	52	21	29
11	2	43	18	41	24	36	26	21	26	3	27	56	2	50	21	32
16	2	45	18	37	24	37	26	17	26	6	27	53	2	47	21	36
21	2	47	18	33	24	37	26	13	26	8	27	50	2	45	21	39
26	2	49	18	30	24	37R	26	9	26	11	27	47	2	42	21	43
31	2	50	18	26	24	37	26	5	26	13	27	44	2	39	21	46
NOV 5	2	50R	18	23	24	37	26	1	26	14	27	41	2	36	21	49
10	2	50	18	21	24	35	25	57	26	16	27	39	2	32	21	51
15	2	49	18	19	24	34	25	53	26	17	27	37	2	29	21	54
20	2	47	18	17	24	32	25	50	26	17	27	35	2	26	21	56
25	2	45	18	16	24	30	25	47	26	18	27	34	2	22	21	57
30	2	42	18	16	24	27	25	44	26	18R	27	33	2	19	21	59
DEC 5	2	39	18	16D	24	24	25	41	26	17	27	32	2	15	22	0
10	2	35	18	16	24	21	25	38	26	16	27	32	2	12	22	1
15	2	31	18	17	24	17	25	36	26	15	27	31D	2	8	22	2
20	2	26	18	19	24	14	25	34	26	14	27	31	2	5	22	2
25	2	21	18	21	24	9	25	33	26	12	27	32	2	2	22	2R
30	2Ω	15	18)(	23	24♋	5	25♈	32	26Ω	9	27)(	33	1♊	59	22♍	1
STATIONS	APR 12		JUN 21		APR 6		JAN 9		MAY 9		JUN 28		FEB 15		JUN 6	
	NOV 4		DEC 2		OCT 25		JUL 28		NOV 25		DEC 13		SEP 2		DEC 20	

1912

	♃	♄	♅	♆	⚷	♇	⚸	⚴
JAN 4	2♌ 9R	18♓ 26	24♋ 1R	25♈ 31R	26♌ 7R	27♓ 34	1♊ 57R	22♏ 1R
9	2 3	18 30	23 57	25 31	26 4	27 36	1 54	21 59
14	1 57	18 33	23 52	25 31D	26 1	27 38	1 52	21 58
19	1 51	18 38	23 48	25 31	25 58	27 41	1 50	21 56
24	1 45	18 42	23 43	25 32	25 55	27 43	1 48	21 55
29	1 38	18 47	23 39	25 34	25 51	27 46	1 47	21 52
FEB 3	1 32	18 53	23 34	25 35	25 47	27 49	1 46	21 50
8	1 26	18 58	23 30	25 37	25 44	27 53	1 45	21 47
13	1 20	19 4	23 26	25 40	25 40	27 57	1 45	21 45
18	1 14	19 10	23 23	25 43	25 36	28 1	1 45D	21 42
23	1 9	19 17	23 19	25 46	25 32	28 5	1 45	21 39
28	1 4	19 23	23 16	25 49	25 28	28 9	1 46	21 35
MAR 4	0 59	19 30	23 13	25 53	25 25	28 13	1 47	21 32
9	0 55	19 36	23 11	25 57	25 21	28 18	1 48	21 29
14	0 51	19 43	23 9	26 1	25 18	28 22	1 50	21 26
19	0 48	19 49	23 7	26 6	25 15	28 27	1 52	21 22
24	0 45	19 56	23 6	26 10	25 12	28 31	1 54	21 19
29	0 43	20 2	23 5	26 15	25 9	28 36	1 57	21 16
APR 3	0 42	20 8	23 4	26 20	25 6	28 40	1 59	21 13
8	0 41	20 14	23 4D	26 25	25 4	28 44	2 2	21 10
13	0 41D	20 20	23 4	26 30	25 2	28 49	2 6	21 7
18	0 41	20 26	23 5	26 35	25 0	28 53	2 9	21 4
23	0 42	20 31	23 6	26 40	24 59	28 57	2 13	21 2
28	0 43	20 36	23 8	26 45	24 58	29 1	2 16	20 59
MAY 3	0 46	20 41	23 10	26 50	24 57	29 4	2 20	20 57
8	0 48	20 45	23 12	26 55	24 57	29 7	2 24	20 55
13	0 52	20 49	23 15	26 59	24 57D	29 11	2 28	20 54
18	0 55	20 52	23 18	27 4	24 57	29 13	2 33	20 53
23	1 0	20 55	23 22	27 8	24 58	29 16	2 37	20 52
28	1 5	20 58	23 25	27 12	24 59	29 18	2 41	20 51
JUN 2	1 10	21 0	23 29	27 16	25 1	29 20	2 45	20 50
7	1 16	21 2	23 34	27 20	25 3	29 22	2 49	20 50D
12	1 22	21 3	23 38	27 23	25 5	29 23	2 53	20 51
17	1 29	21 3	23 43	27 27	25 7	29 24	2 57	20 51
22	1 35	21 4R	23 48	27 29	25 10	29 24	3 1	20 52
27	1 43	21 3	23 53	27 32	25 13	29 25	3 5	20 53
JUL 2	1 50	21 3	23 59	27 34	25 16	29 25R	3 8	20 54
7	1 58	21 1	24 4	27 36	25 20	29 24	3 12	20 56
12	2 5	21 0	24 9	27 37	25 23	29 24	3 15	20 58
17	2 13	20 57	24 15	27 38	25 27	29 22	3 18	21 0
22	2 21	20 55	24 20	27 39	25 31	29 21	3 20	21 3
27	2 29	20 52	24 26	27 39	25 36	29 19	3 23	21 6
AUG 1	2 37	20 49	24 31	27 39R	25 40	29 17	3 25	21 8
6	2 45	20 45	24 36	27 38	25 45	29 15	3 27	21 12
11	2 53	20 41	24 42	27 38	25 49	29 13	3 28	21 15
16	3 1	20 37	24 47	27 36	25 54	29 10	3 30	21 18
21	3 8	20 32	24 51	27 35	25 58	29 7	3 31	21 22
26	3 16	20 28	24 56	27 33	26 3	29 4	3 31	21 26
31	3 23	20 23	25 0	27 31	26 8	29 1	3 32	21 30
SEP 5	3 29	20 18	25 4	27 28	26 12	28 57	3 32R	21 34
10	3 36	20 13	25 8	27 25	26 17	28 54	3 31	21 38
15	3 42	20 8	25 12	27 22	26 21	28 50	3 31	21 42
20	3 47	20 3	25 15	27 19	26 25	28 46	3 30	21 46
25	3 52	19 58	25 18	27 15	26 29	28 43	3 28	21 49
30	3 57	19 53	25 20	27 12	26 33	28 39	3 27	21 53
OCT 5	4 1	19 48	25 22	27 8	26 36	28 36	3 25	21 57
10	4 4	19 44	25 23	27 4	26 40	28 32	3 23	22 1
15	4 7	19 39	25 25	27 0	26 43	28 29	3 20	22 5
20	4 10	19 35	25 25	26 56	26 45	28 25	3 18	22 8
25	4 11	19 32	25 26	26 52	26 48	28 22	3 15	22 11
30	4 12	19 28	25 25R	26 48	26 50	28 20	3 12	22 14
NOV 4	4 13	19 25	25 25	26 44	26 52	28 17	3 9	22 17
9	4 13R	19 23	25 24	26 40	26 53	28 14	3 6	22 20
14	4 12	19 20	25 23	26 36	26 54	28 12	3 2	22 22
19	4 10	19 19	25 21	26 33	26 55	28 11	2 59	22 24
24	4 8	19 18	25 18	26 29	26 55	28 9	2 55	22 26
29	4 6	19 17	25 16	26 26	26 55R	28 8	2 52	22 28
DEC 4	4 3	19 17D	25 13	26 23	26 55	28 7	2 48	22 29
9	3 59	19 17	25 10	26 21	26 54	28 6	2 45	22 30
14	3 55	19 18	25 6	26 19	26 53	28 6D	2 42	22 31
19	3 50	19 19	25 3	26 17	26 51	28 7	2 38	22 31
24	3 45	19 21	24 59	26 15	26 50	28 7	2 35	22 31R
29	3♌ 40	19♓ 24	24♋ 54	26♈ 14	26♌ 47	28♓ 8	2♊ 32	22♏ 30
STATIONS	APR 12	JUN 21	APR 6	JAN 10	MAY 9	JUN 28	FEB 15	JUN 6
	NOV 5	DEC 3	OCT 25	JUL 28	NOV 25	DEC 13	SEP 2	DEC 20

1913

	♃	ℭ	⚷	⚶	♅	⚵	⚴	♓
JAN 3	3♌ 34R	19♓ 26	24♋ 50R	26♈ 13R	26♌ 45R	28♒ 9	2♊ 30R	22♐ 30R
8	3 28	19 30	24 46	26 13	26 42	28 11	2 27	22 29
13	3 22	19 34	24 41	26 13D	26 39	28 13	2 25	22 27
18	3 16	19 38	24 37	26 13	26 36	28 15	2 23	22 26
23	3 9	19 42	24 32	26 14	26 33	28 18	2 21	22 24
28	3 3	19 47	24 28	26 15	26 29	28 21	2 20	22 22
FEB 2	2 57	19 53	24 24	26 17	26 26	28 24	2 19	22 20
7	2 51	19 58	24 19	26 19	26 22	28 27	2 18	22 17
12	2 45	20 4	24 15	26 21	26 18	28 31	2 18	22 14
17	2 39	20 10	24 12	26 24	26 14	28 35	2 18D	22 11
22	2 33	20 16	24 8	26 27	26 10	28 39	2 18	22 8
27	2 28	20 23	24 5	26 31	26 7	28 43	2 19	22 5
MAR 4	2 23	20 29	24 2	26 34	26 3	28 48	2 19	22 2
9	2 19	20 36	23 59	26 38	25 59	28 52	2 21	21 58
14	2 15	20 42	23 57	26 42	25 56	28 56	2 22	21 55
19	2 12	20 49	23 55	26 47	25 53	29 1	2 24	21 52
24	2 9	20 55	23 54	26 51	25 50	29 5	2 26	21 49
29	2 7	21 2	23 53	26 56	25 47	29 10	2 29	21 45
APR 3	2 5	21 8	23 52	27 1	25 44	29 14	2 32	21 42
8	2 4	21 14	23 52D	27 6	25 42	29 19	2 35	21 39
13	2 4	21 20	23 52	27 11	25 40	29 23	2 38	21 36
18	2 4D	21 26	23 53	27 16	25 38	29 27	2 41	21 34
23	2 4	21 31	23 54	27 21	25 37	29 31	2 45	21 31
28	2 6	21 36	23 56	27 26	25 36	29 35	2 48	21 29
MAY 3	2 8	21 41	23 58	27 31	25 35	29 39	2 52	21 27
8	2 10	21 45	24 0	27 36	25 35	29 42	2 56	21 25
13	2 13	21 49	24 3	27 40	25 35D	29 45	3 0	21 23
18	2 17	21 53	24 6	27 45	25 35	29 48	3 5	21 22
23	2 21	21 56	24 9	27 49	25 36	29 51	3 9	21 21
28	2 26	21 58	24 13	27 54	25 37	29 53	3 13	21 20
JUN 2	2 31	22 1	24 17	27 58	25 38	29 55	3 17	21 20
7	2 37	22 2	24 21	28 1	25 40	29 56	3 21	21 19D
12	2 43	22 4	24 26	28 5	25 42	29 58	3 25	21 20
17	2 49	22 4	24 30	28 8	25 44	29 59	3 29	21 20
22	2 56	22 5	24 35	28 11	25 47	29 59	3 33	21 21
27	3 3	22 5R	24 40	28 13	25 50	0♈ 0	3 37	21 22
JUL 2	3 10	22 4	24 46	28 16	25 53	0 0R	3 40	21 23
7	3 18	22 3	24 51	28 17	25 57	29♓ 59	3 44	21 25
12	3 26	22 1	24 56	28 19	26 0	29 59	3 47	21 27
17	3 33	21 59	25 2	28 20	26 4	29 58	3 50	21 29
22	3 41	21 57	25 7	28 21	26 8	29 56	3 53	21 32
27	3 49	21 54	25 13	28 21	26 12	29 55	3 55	21 34
AUG 1	3 57	21 51	25 18	28 21R	26 17	29 53	3 57	21 37
6	4 5	21 47	25 23	28 21	26 21	29 51	3 59	21 40
11	4 13	21 43	25 28	28 20	26 26	29 48	4 1	21 44
16	4 21	21 39	25 34	28 19	26 31	29 46	4 2	21 47
21	4 29	21 35	25 39	28 17	26 35	29 43	4 3	21 51
26	4 36	21 30	25 43	28 15	26 40	29 40	4 4	21 54
31	4 43	21 25	25 48	28 13	26 44	29 36	4 4	21 58
SEP 5	4 50	21 20	25 52	28 11	26 49	29 33	4 4R	22 2
10	4 57	21 15	25 56	28 8	26 53	29 29	4 4	22 6
15	5 3	21 10	25 59	28 5	26 58	29 26	4 3	22 10
20	5 8	21 5	26 2	28 2	27 2	29 22	4 2	22 14
25	5 13	21 0	26 5	27 58	27 6	29 19	4 1	22 18
30	5 18	20 55	26 8	27 54	27 10	29 15	4 0	22 22
OCT 5	5 22	20 50	26 10	27 51	27 13	29 11	3 58	22 26
10	5 26	20 46	26 11	27 47	27 17	29 8	3 56	22 30
15	5 29	20 41	26 13	27 43	27 20	29 4	3 53	22 33
20	5 32	20 37	26 13	27 39	27 23	29 1	3 51	22 37
25	5 34	20 33	26 14	27 35	27 25	28 58	3 48	22 40
30	5 35	20 30	26 14R	27 31	27 27	28 55	3 45	22 43
NOV 4	5 36	20 27	26 13	27 27	27 29	28 52	3 42	22 46
9	5 36R	20 24	26 12	27 23	27 31	28 50	3 39	22 49
14	5 35	20 22	26 11	27 19	27 32	28 48	3 35	22 51
19	5 34	20 20	26 9	27 15	27 32	28 46	3 32	22 53
24	5 32	20 19	26 7	27 12	27 33	28 44	3 29	22 55
29	5 30	20 18	26 5	27 9	27 33R	28 43	3 25	22 57
DEC 4	5 27	20 18	26 2	27 6	27 32	28 42	3 22	22 58
9	5 23	20 18D	25 59	27 3	27 32	28 42	3 18	22 59
14	5 19	20 19	25 55	27 1	27 31	28 41	3 15	23 0
19	5 15	20 20	25 52	26 59	27 29	28 42D	3 12	23 0
24	5 10	20 22	25 48	26 57	27 27	28 42	3 8	23 0R
29	5♌ 4	20♓ 24	25♋ 43	26♈ 56	27♌ 25	28♒ 43	3♊ 6	23♐ 0
STATIONS	APR 14 NOV 6	JUN 22 DEC 4	APR 7 OCT 26	JAN 10 JUL 29	MAY 10 NOV 26	JUN 29 DEC 14	FEB 15 SEP 3	JUN 6 DEC 21

1914

	♃		⚷		⚸		♈		♃		♆		♌		♓	
JAN 3	4♌59R		20♓27		25♋39R		26♈55R		27♌23R		28♓44		3♊3R		22♍59R	
8	4 53		20 30		25 35		26 55		27 20		28 46		3 0		22 58	
13	4 47		20 34		25 30		26 55D		27 17		28 48		2 58		22 57	
18	4 41		20 38		25 26		26 55		27 14		28 50		2 56		22 55	
23	4 34		20 42		25 21		26 56		27 11		28 53		2 54		22 53	
28	4 28		20 47		25 17		26 57		27 7		28 55		2 53		22 51	
FEB 2	4 22		20 52		25 13		26 59		27 4		28 59		2 52		22 49	
7	4 15		20 58		25 8		27 1		27 0		29 2		2 51		22 46	
12	4 9		21 3		25 4		27 3		26 56		29 6		2 50		22 44	
17	4 4		21 9		25 1		27 6		26 52		29 9		2 50D		22 41	
22	3 58		21 16		24 57		27 9		26 49		29 13		2 51		22 38	
27	3 53		21 22		24 54		27 12		26 45		29 18		2 51		22 35	
MAR 4	3 48		21 28		24 51		27 16		26 41		29 22		2 52		22 31	
9	3 43		21 35		24 48		27 20		26 38		29 26		2 53		22 28	
14	3 39		21 42		24 46		27 24		26 34		29 31		2 55		22 25	
19	3 36		21 48		24 44		27 28		26 31		29 35		2 57		22 21	
24	3 33		21 55		24 42		27 33		26 28		29 40		2 59		22 18	
29	3 30		22 1		24 41		27 37		26 25		29 44		3 1		22 15	
APR 3	3 28		22 7		24 41		27 42		26 22		29 49		3 4		22 12	
8	3 27		22 14		24 40		27 47		26 20		29 53		3 7		22 9	
13	3 26		22 19		24 41D		27 52		26 18		29 57		3 10		22 6	
18	3 26D		22 25		24 41		27 57		26 16		0♈2		3 13		22 3	
23	3 27		22 31		24 42		28 2		26 14		0 6		3 17		22 0	
28	3 28		22 36		24 43		28 7		26 13		0 9		3 21		21 58	
MAY 3	3 30		22 41		24 45		28 12		26 13		0 13		3 24		21 56	
8	3 32		22 45		24 48		28 17		26 12		0 17		3 28		21 54	
13	3 35		22 49		24 50		28 22		26 12D		0 20		3 32		21 52	
18	3 38		22 53		24 53		28 26		26 12		0 23		3 37		21 51	
23	3 42		22 56		24 56		28 31		26 13		0 25		3 41		21 50	
28	3 47		22 59		25 0		28 35		26 14		0 28		3 45		21 49	
JUN 2	3 52		23 1		25 4		28 39		26 15		0 30		3 49		21 49	
7	3 58		23 3		25 8		28 43		26 17		0 31		3 53		21 49	
12	4 3		23 4		25 13		28 46		26 19		0 33		3 57		21 49D	
17	4 10		23 5		25 17		28 49		26 21		0 34		4 1		21 49	
22	4 16		23 6		25 22		28 52		26 24		0 34		4 5		21 50	
27	4 23		23 6R		25 27		28 55		26 27		0 35		4 9		21 51	
JUL 2	4 31		23 5		25 33		28 57		26 30		0 35R		4 13		21 52	
7	4 38		23 4		25 38		28 59		26 33		0 35		4 16		21 54	
12	4 46		23 3		25 43		29 1		26 37		0 34		4 19		21 56	
17	4 54		23 1		25 49		29 2		26 41		0 33		4 22		21 58	
22	5 2		22 58		25 54		29 3		26 45		0 32		4 25		22 0	
27	5 10		22 56		26 0		29 3		26 49		0 30		4 27		22 3	
AUG 1	5 18		22 53		26 5		29 3R		26 54		0 28		4 30		22 6	
6	5 26		22 49		26 11		29 3		26 58		0 26		4 32		22 9	
11	5 34		22 45		26 16		29 2		27 3		0 24		4 33		22 12	
16	5 41		22 41		26 21		29 1		27 7		0 21		4 35		22 16	
21	5 49		22 37		26 26		29 0		27 12		0 18		4 36		22 19	
26	5 57		22 32		26 30		28 58		27 16		0 15		4 36		22 23	
31	6 4		22 27		26 35		28 56		27 21		0 12		4 37		22 27	
SEP 5	6 11		22 23		26 39		28 53		27 26		0 9		4 37R		22 31	
10	6 17		22 18		26 43		28 50		27 30		0 5		4 37		22 35	
15	6 23		22 12		26 47		28 48		27 34		0 1		4 36		22 39	
20	6 29		22 7		26 50		28 44		27 39		29♓58		4 35		22 43	
25	6 35		22 2		26 53		28 41		27 43		29 54		4 34		22 47	
30	6 40		21 57		26 55		28 37		27 47		29 51		4 33		22 50	
OCT 5	6 44		21 53		26 58		28 33		27 50		29 47		4 31		22 54	
10	6 48		21 48		26 59		28 30		27 54		29 43		4 29		22 58	
15	6 51		21 44		27 1		28 26		27 57		29 40		4 27		23 2	
20	6 54		21 39		27 2		28 21		28 0		29 37		4 24		23 5	
25	6 56		21 35		27 2		28 17		28 2		29 34		4 21		23 9	
30	6 57		21 32		27 2R		28 13		28 4		29 31		4 18		23 12	
NOV 4	6 58		21 29		27 2		28 9		28 6		29 28		4 15		23 15	
9	6 58R		21 26		27 1		28 5		28 8		29 25		4 12		23 17	
14	6 58		21 24		27 0		28 2		28 9		29 23		4 9		23 20	
19	6 57		21 22		26 58		27 58		28 10		29 21		4 5		23 22	
24	6 55		21 20		26 56		27 55		28 10		29 20		4 2		23 24	
29	6 53		21 19		26 53		27 51		28 10R		29 18		3 58		23 26	
DEC 4	6 50		21 19		26 51		27 48		28 10		29 17		3 55		23 27	
9	6 47		21 19D		26 48		27 46		28 9		29 17		3 51		23 28	
14	6 43		21 21		26 44		27 43		28 8		29 16		3 48		23 29	
19	6 39		21 21		26 41		27 41		28 7		29 17D		3 45		23 29	
24	6 34		21 22		26 37		27 40		28 5		29 17		3 42		23 29R	
29	6♌29		21♓24		26♋33		27♈38		28♌3		29♓18		3♊39		23♍29	
STATIONS	APR 16	NOV 8	JUN 23	DEC 5	APR 8	OCT 27	JAN 10	JUL 30	MAY 11	NOV 27	JUN 30	DEC 15	FEB 16	SEP 3	JUN 7	DEC 22

1915

	♃	♄	♅	♆	♃	♆	♄	♓
JAN 3	6♌ 23R	21♓ 27	26♋ 28R	27♈ 38R	28♌ 1R	29♓ 19	3♊ 36R	23♍ 28R
8	6 18	21 30	26 24	27 37	27 58	29 21	3 33	23 27
13	6 12	21 34	26 19	27 37D	27 55	29 22	3 31	23 26
18	6 5	21 38	26 15	27 37	27 52	29 22	3 29	23 25
23	5 59	21 42	26 11	27 38	27 49	29 27	3 27	23 23
28	5 53	21 47	26 6	27 39	27 46	29 30	3 26	23 21
FEB 2	5 46	21 52	26 2	27 40	27 42	29 33	3 25	23 18
7	5 40	21 57	25 58	27 42	27 38	29 36	3 24	23 16
12	5 34	22 3	25 53	27 45	27 34	29 40	3 23	23 13
17	5 28	22 9	25 50	27 47	27 31	29 44	3 23	23 10
22	5 23	22 15	25 46	27 50	27 27	29 48	3 23D	23 7
27	5 17	22 21	25 43	27 53	27 23	29 52	3 24	23 4
MAR 4	5 12	22 28	25 40	27 57	27 19	29 56	3 25	23 1
9	5 8	22 34	25 37	28 1	27 16	0♈ 1	3 26	22 58
14	5 3	22 41	25 35	28 5	27 12	0 5	3 27	22 54
19	5 0	22 48	25 33	28 9	27 9	0 10	3 29	22 51
24	4 56	22 54	25 31	28 14	27 6	0 14	3 31	22 48
29	4 54	23 1	25 30	28 18	27 3	0 19	3 33	22 44
APR 3	4 52	23 7	25 29	28 23	27 0	0 23	3 36	22 41
8	4 50	23 13	25 29	28 28	26 58	0 28	3 39	22 35
13	4 49	23 19	25 29D	28 33	26 56	0 32	3 42	22 35
18	4 49D	23 25	25 29	28 38	26 54	0 36	3 45	22 33
23	4 49	23 30	25 30	28 43	26 52	0 40	3 49	22 30
28	4 50	23 35	25 31	28 48	26 51	0 44	3 53	22 28
MAY 3	4 52	23 40	25 33	28 53	26 50	0 48	3 56	22 25
8	4 54	23 45	25 35	28 58	26 50	0 51	4 0	22 23
13	4 57	23 49	25 38	29 3	26 50D	0 54	4 4	22 22
18	5 0	23 53	25 41	29 7	26 50	0 57	4 9	22 20
23	5 4	23 56	25 44	29 12	26 50	1 0	4 13	22 19
28	5 8	23 59	25 47	29 16	26 51	1 2	4 17	22 18
JUN 2	5 13	24 2	25 51	29 20	26 53	1 4	4 21	22 18
7	5 18	24 4	25 56	29 24	26 54	1 6	4 25	22 18
12	5 24	24 5	26 0	29 28	26 56	1 8	4 29	22 18D
17	5 30	24 6	26 5	29 31	26 58	1 9	4 33	22 18
22	5 37	24 7	26 10	29 34	27 1	1 9	4 37	22 19
27	5 44	24 7R	26 15	29 37	27 4	1 10	4 41	22 20
JUL 2	5 51	24 6	26 20	29 39	27 7	1 10R	4 45	22 21
7	5 58	24 5	26 25	29 41	27 10	1 10	4 48	22 23
12	6 6	24 4	26 30	29 42	27 14	1 9	4 51	22 25
17	6 14	24 2	26 36	29 44	27 18	1 8	4 54	22 27
22	6 22	24 0	26 41	29 45	27 22	1 7	4 57	22 29
27	6 30	23 57	26 47	29 45	27 26	1 6	5 0	22 32
AUG 1	6 38	23 54	26 52	29 45R	27 30	1 4	5 2	22 34
6	6 46	23 51	26 58	29 45	27 35	1 2	5 4	22 38
11	6 54	23 47	27 3	29 44	27 39	0 59	5 6	22 41
16	7 2	23 43	27 8	29 43	27 44	0 57	5 7	22 44
21	7 9	23 39	27 13	29 42	27 49	0 54	5 8	22 48
26	7 17	23 34	27 18	29 40	27 53	0 51	5 9	22 51
31	7 24	23 30	27 22	29 38	27 58	0 48	5 10	22 55
SEP 5	7 31	23 25	27 26	29 36	28 2	0 44	5 10R	22 59
10	7 38	23 20	27 30	29 33	28 7	0 41	5 9	23 3
15	7 44	23 15	27 34	29 30	28 11	0 37	5 9	23 7
20	7 50	23 10	27 37	29 27	28 15	0 34	5 8	23 11
25	7 56	23 5	27 40	29 24	28 20	0 30	5 7	23 15
30	8 1	23 0	27 43	29 20	28 23	0 26	5 6	23 19
OCT 5	8 5	22 55	27 45	29 16	28 27	0 23	5 4	23 23
10	8 9	22 50	27 47	29 12	28 31	0 19	5 2	23 27
15	8 13	22 46	27 49	29 8	28 34	0 16	5 0	23 30
20	8 16	22 41	27 50	29 4	28 37	0 12	4 57	23 34
25	8 18	22 37	27 50	29 0	28 39	0 9	4 54	23 37
30	8 20	22 34	27 50R	28 56	28 42	0 6	4 52	23 40
NOV 4	8 21	22 31	27 50	28 52	28 44	0 3	4 48	23 43
9	8 21	22 28	27 49	28 48	28 45	0 1	4 45	23 46
14	8 21R	22 25	27 48	28 44	28 46	29♓ 59	4 42	23 48
19	8 20	22 23	27 46	28 41	28 47	29 57	4 39	23 51
24	8 19	22 22	27 45	28 37	28 48	29 55	4 35	23 53
29	8 17	22 21	27 42	28 34	28 48R	29 54	4 32	23 55
DEC 4	8 14	22 20	27 39	28 31	28 48	29 53	4 28	23 56
9	8 11	22 20D	27 36	28 28	28 47	29 52	4 25	23 57
14	8 7	22 20	27 33	28 26	28 46	29 52	4 21	23 58
19	8 3	22 21	27 30	28 24	28 45	29 52D	4 18	23 58
24	7 58	22 23	27 26	28 22	28 43	29 52	4 15	23 58R
29	7♌ 53	22♓ 25	27♋ 22	28♈ 21	28♌ 41	29♓ 53	4♊ 12	23♍ 58
STATIONS	APR 17	JUN 25	APR 9	JAN 11	MAY 12	JUN 30	FEB 17	JUN 8
	NOV 9	DEC 7	OCT 28	JUL 30	NOV 28	DEC 15	SEP 4	DEC 22

	♃	♄	⚷	♅	♆	⚳	⚴	♓
JAN 3	7♌48R	22♓27	27♋17R	28♈20R	28♌39R	29♓54	4♊9R	23♏57R
8	7 42	22 30	27 13	28 19	28 36	29 55	4 6	23 57
13	7 36	22 34	27 9	28 19D	28 34	29 57	4 4	23 55
18	7 30	22 38	27 4	28 19	28 30	29 59	4 2	23 54
23	7 24	22 42	27 0	28 20	28 27	0♈2	4 0	23 52
28	7 18	22 47	26 55	28 21	28 24	0 5	3 59	23 50
FEB 2	7 11	22 52	26 51	28 22	28 20	0 8	3 57	23 48
7	7 5	22 57	26 47	28 24	28 16	0 11	3 57	23 45
12	6 59	23 3	26 42	28 26	28 13	0 15	3 56	23 43
17	6 53	23 9	26 39	28 29	28 9	0 18	3 56	23 40
22	6 47	23 15	26 35	28 32	28 5	0 22	3 56D	23 37
27	6 42	23 21	26 32	28 35	28 1	0 26	3 56	23 34
MAR 3	6 37	23 27	26 28	28 38	27 58	0 31	3 57	23 30
8	6 32	23 34	26 26	28 42	27 54	0 35	3 58	23 27
13	6 27	23 40	26 23	28 46	27 50	0 39	4 0	23 24
18	6 24	23 47	26 21	28 50	27 47	0 44	4 1	23 21
23	6 20	23 53	26 19	28 55	27 44	0 48	4 3	23 17
28	6 17	24 0	26 18	29 0	27 41	0 53	4 6	23 14
APR 2	6 15	24 6	26 17	29 4	27 38	0 57	4 8	23 11
7	6 14	24 13	26 17	29 9	27 36	1 2	4 11	23 8
12	6 12	24 19	26 17D	29 14	27 34	1 6	4 14	23 5
17	6 12	24 24	26 17	29 19	27 32	1 10	4 18	23 2
22	6 12D	24 30	26 18	29 24	27 30	1 14	4 21	22 59
27	6 13	24 35	26 19	29 29	27 29	1 18	4 25	22 57
MAY 2	6 14	24 40	26 21	29 34	27 28	1 22	4 29	22 55
7	6 16	24 45	26 23	29 39	27 27	1 26	4 32	22 53
12	6 19	24 49	26 25	29 44	27 27	1 29	4 37	22 51
17	6 22	24 53	26 28	29 49	27 27D	1 32	4 41	22 50
22	6 25	24 56	26 31	29 53	27 28	1 35	4 45	22 49
27	6 30	24 59	26 35	29 57	27 29	1 37	4 49	22 48
JUN 1	6 34	25 2	26 39	0♉2	27 30	1 39	4 53	22 47
6	6 39	25 4	26 43	0 5	27 32	1 41	4 57	22 47
11	6 45	25 6	26 47	0 9	27 33	1 42	5 1	22 47D
16	6 51	25 7	26 52	0 12	27 36	1 44	5 5	22 47
21	6 58	25 8	26 57	0 15	27 38	1 44	5 9	22 48
26	7 4	25 8R	27 2	0 18	27 41	1 45	5 13	22 49
JUL 1	7 11	25 8	27 7	0 20	27 44	1 45R	5 17	22 50
6	7 19	25 7	27 12	0 23	27 47	1 45	5 20	22 52
11	7 26	25 6	27 18	0 24	27 51	1 44	5 24	22 53
16	7 34	25 4	27 23	0 26	27 55	1 44	5 27	22 55
21	7 42	25 2	27 28	0 26	27 59	1 42	5 29	22 58
26	7 50	24 59	27 34	0 27	28 3	1 41	5 32	23 0
31	7 58	24 56	27 39	0 27R	28 7	1 39	5 34	23 3
AUG 5	8 6	24 53	27 45	0 27	28 12	1 37	5 36	23 6
10	8 14	24 49	27 50	0 26	28 16	1 35	5 38	23 9
15	8 22	24 45	27 55	0 26	28 21	1 32	5 40	23 13
20	8 30	24 41	28 0	0 24	28 25	1 29	5 41	23 16
25	8 37	24 37	28 5	0 23	28 30	1 26	5 42	23 20
30	8 45	24 32	28 9	0 21	28 35	1 23	5 42	23 24
SEP 4	8 52	24 27	28 14	0 18	28 39	1 20	5 42	23 28
9	8 59	24 22	28 18	0 16	28 44	1 16	5 42R	23 32
14	9 5	24 17	28 22	0 13	28 48	1 13	5 42	23 36
19	9 11	24 12	28 25	0 10	28 52	1 9	5 41	23 40
24	9 17	24 7	28 28	0 6	28 56	1 6	5 40	23 44
29	9 22	24 2	28 31	0 3	29 0	1 2	5 39	23 48
OCT 4	9 27	23 57	28 33	29♈59	29 4	0 58	5 37	23 51
9	9 31	23 52	28 35	29 55	29 8	0 55	5 35	23 55
14	9 35	23 48	28 37	29 51	29 11	0 51	5 33	23 59
19	9 38	23 44	28 38	29 47	29 14	0 48	5 30	24 2
24	9 40	23 39	28 38	29 43	29 16	0 45	5 28	24 6
29	9 42	23 36	28 38	29 39	29 19	0 42	5 25	24 9
NOV 3	9 43	23 32	28 38R	29 35	29 21	0 39	5 22	24 12
8	9 44	23 29	28 38	29 31	29 22	0 36	5 18	24 15
13	9 44R	23 27	28 37	29 27	29 24	0 34	5 15	24 17
18	9 43	23 25	28 35	29 23	29 25	0 32	5 12	24 20
23	9 42	23 23	28 33	29 20	29 25	0 30	5 8	24 22
28	9 40	23 22	28 31	29 17	29 25	0 29	5 5	24 23
DEC 3	9 38	23 21	28 28	29 14	29 25R	0 28	5 1	24 25
8	9 35	23 21D	28 25	29 11	29 25	0 27	4 58	24 26
13	9 31	23 21	28 22	29 8	29 24	0 27	4 54	24 27
18	9 27	23 22	28 19	29 6	29 23	0 27D	4 51	24 27
23	9 23	23 24	28 17	29 4	29 21	0 27	4 48	24 27R
28	9♌18	23♓25	28♋11	29♈3	29♌19	0♈28	4♊45	24♏27
STATIONS	APR 18	JUN 25	APR 9	JAN 12	MAY 12	JUN 30	FEB 18	JUN 8
	NOV 10	DEC 7	OCT 29	JUL 30	NOV 28	DEC 15	SEP 4	DEC 22

1917

	♃		♄		♅		♆		⚷		♇		☊		⚸	
JAN 2	9♌	13R	23♓	28	28♋	7R	29♈	2R	29♌	17R	0♈	29	4♊	42R	24♏	27R
7	9	7	23	31	28	2	29	1	29	14	0	30	4	40	24	26
12	9	1	23	34	27	58	29	1	29	12	0	32	4	37	24	25
17	8	55	23	38	27	53	29	1D	29	9	0	34	4	35	24	23
22	8	49	23	42	27	49	29	2	29	5	0	36	4	33	24	21
27	8	43	23	46	27	44	29	3	29	2	0	39	4	32	24	20
FEB 1	8	36	23	51	27	40	29	4	28	58	0	42	4	30	24	17
6	8	30	23	57	27	36	29	6	28	55	0	45	4	30	24	15
11	8	24	24	2	27	32	29	8	28	51	0	49	4	29	24	12
16	8	18	24	8	27	28	29	10	28	47	0	53	4	28	24	9
21	8	12	24	14	27	24	29	13	28	43	0	57	4	29D	24	6
26	8	6	24	20	27	20	29	16	28	39	1	1	4	29	24	3
MAR 3	8	1	24	27	27	17	29	20	28	36	1	5	4	30	24	0
8	7	56	24	33	27	14	29	23	28	32	1	9	4	31	23	57
13	7	52	24	40	27	12	29	27	28	29	1	14	4	32	23	53
18	7	48	24	46	27	10	29	32	28	25	1	18	4	34	23	50
23	7	44	24	53	27	8	29	36	28	22	1	23	4	36	23	47
28	7	41	24	59	27	7	29	41	28	19	1	27	4	38	23	44
APR 2	7	39	25	6	27	6	29	45	28	16	1	32	4	41	23	40
7	7	37	25	12	27	5	29	50	28	14	1	36	4	43	23	37
12	7	36	25	18	27	5D	29	55	28	11	1	41	4	46	23	34
17	7	35	25	24	27	5	0♉	0	28	9	1	45	4	50	23	31
22	7	35D	25	30	27	6	0	5	28	8	1	49	4	53	23	29
27	7	35	25	35	27	7	0	10	28	7	1	53	4	57	23	26
MAY 2	7	36	25	40	27	9	0	15	28	6	1	57	5	1	23	24
7	7	38	25	45	27	11	0	20	28	5	2	0	5	5	23	22
12	7	41	25	49	27	13	0	25	28	5	2	3	5	9	23	20
17	7	43	25	53	27	16	0	30	28	5D	2	6	5	13	23	19
22	7	47	25	57	27	19	0	34	28	5	2	9	5	17	23	18
27	7	51	26	0	27	22	0	39	28	6	2	12	5	21	23	17
JUN 1	7	55	26	2	27	26	0	43	28	7	2	14	5	25	23	16
6	8	1	26	5	27	30	0	47	28	9	2	16	5	29	23	16
11	8	6	26	6	27	34	0	50	28	11	2	17	5	33	23	16D
16	8	12	26	8	27	39	0	54	28	13	2	19	5	37	23	16
21	8	18	26	9	27	44	0	57	28	15	2	19	5	41	23	17
26	8	25	26	9	27	49	1	0	28	18	2	20	5	45	23	18
JUL 1	8	32	26	9R	27	54	1	2	28	21	2	20	5	49	23	19
6	8	39	26	8	27	59	1	4	28	24	2	20R	5	52	23	20
11	8	47	26	7	28	5	1	6	28	28	2	20	5	56	23	22
16	8	54	26	5	28	10	1	7	28	32	2	19	5	59	23	24
21	9	2	26	3	28	15	1	8	28	36	2	18	6	2	23	26
26	9	10	26	1	28	21	1	9	28	40	2	16	6	4	23	29
31	9	18	25	58	28	26	1	9	28	44	2	15	6	7	23	32
AUG 5	9	26	25	55	28	32	1	9R	28	48	2	13	6	9	23	35
10	9	34	25	51	28	37	1	9	28	53	2	10	6	11	23	38
15	9	42	25	47	28	42	1	8	28	57	2	8	6	12	23	41
20	9	50	25	43	28	47	1	7	29	2	2	5	6	13	23	45
25	9	58	25	39	28	52	1	5	29	7	2	2	6	14	23	49
30	10	5	25	34	28	57	1	3	29	11	1	59	6	15	23	52
SEP 4	10	12	25	29	29	1	1	1	29	16	1	56	6	15	23	56
9	10	19	25	25	29	5	0	58	29	20	1	52	6	15R	24	0
14	10	26	25	19	29	9	0	55	29	25	1	49	6	15	24	4
19	10	32	25	14	29	12	0	52	29	29	1	45	6	14	24	8
24	10	38	25	9	29	16	0	49	29	33	1	41	6	13	24	12
29	10	43	25	4	29	18	0	45	29	37	1	38	6	11	24	16
OCT 4	10	48	24	59	29	21	0	42	29	41	1	34	6	10	24	20
9	10	52	24	55	29	23	0	38	29	45	1	30	6	8	24	24
14	10	56	24	50	29	24	0	34	29	48	1	27	6	6	24	27
19	11	0	24	46	29	26	0	30	29	51	1	24	6	3	24	31
24	11	2	24	42	29	26	0	26	29	54	1	20	6	1	24	34
29	11	4	24	38	29	27	0	22	29	56	1	17	5	58	24	38
NOV 3	11	6	24	34	29	27R	0	18	29	58	1	14	5	55	24	41
8	11	7	24	31	29	26	0	14	0♍	0	1	12	5	52	24	44
13	11	7R	24	28	29	25	0	10	0	1	1	9	5	48	24	46
18	11	6	24	26	29	24	0	6	0	2	1	7	5	45	24	48
23	11	5	24	24	29	22	0	3	0	3	1	6	5	42	24	51
28	11	4	24	23	29	20	29♈	59	0	3	1	4	5	38	24	52
DEC 3	11	2	24	22	29	17	29	56	0	3R	1	3	5	35	24	54
8	10	59	24	22	29	14	29	53	0	2	1	2	5	31	24	55
13	10	55	24	22D	29	11	29	51	0	2	1	2	5	28	24	56
18	10	51	24	23	29	7	29	49	0	0	1	2D	5	24	24	56
23	10	47	24	24	29	4	29	47	29♌	59	1	2	5	21	24	56
28	10♌	42	24♓	26	29♋	0	29♈	45	29♌	57	1♈	3	5♊	18	24♏	56R
STATIONS	APR	20	JUN	26	APR	10	JAN	12	MAY	13	JUL	1	FEB	17	JUN	8
	NOV	12	DEC	8	OCT	30	JUL	31	NOV	29	DEC	16	SEP	5	DEC	23

	♃		♄		♅		♆		♇		♀		⚷		♓	
JAN 2	10♌	37R	24♓	28	28♋	56R	29♈	44R	29♌	55R	1♈	4	5♊	15R	24♍	56R
7	10	32	24	31	28	51	29	43	29	52	1	5	5	13	24	55
12	10	26	24	34	28	47	29	43	29	50	1	7	5	10	24	54
17	10	20	24	38	28	42	29	43D	29	47	1	9	5	8	24	53
22	10	14	24	42	28	38	29	44	29	43	1	11	5	6	24	51
27	10	7	24	46	28	33	29	44	29	40	1	14	5	5	24	49
FEB 1	10	1	24	51	28	29	29	46	29	37	1	17	5	3	24	47
6	9	55	24	56	28	25	29	47	29	33	1	20	5	2	24	44
11	9	48	25	2	28	21	29	49	29	29	1	23	5	2	24	42
16	9	42	25	8	28	17	29	52	29	25	1	27	5	1	24	39
21	9	36	25	14	28	13	29	55	29	21	1	31	5	1D	24	36
26	9	31	25	20	28	9	29	58	29	18	1	35	5	2	24	33
MAR 3	9	25	25	26	28	6	0♉	1	29	14	1	39	5	2	24	30
8	9	20	25	33	28	3	0	5	29	10	1	44	5	3	24	26
13	9	16	25	39	28	1	0	9	29	7	1	48	5	5	24	23
18	9	12	25	46	27	58	0	13	29	3	1	53	5	6	24	20
23	9	8	25	52	27	57	0	17	29	0	1	57	5	8	24	16
28	9	5	25	59	27	55	0	22	28	57	2	2	5	10	24	13
APR 2	9	2	26	5	27	54	0	27	28	54	2	6	5	13	24	10
7	9	0	26	11	27	53	0	31	28	52	2	11	5	16	24	7
12	8	59	26	18	27	53D	0	36	28	49	2	15	5	19	24	4
17	8	58	26	24	27	53	0	41	28	47	2	19	5	22	24	1
22	8	58D	26	29	27	54	0	46	28	46	2	23	5	25	23	58
27	8	58	26	35	27	55	0	51	28	44	2	27	5	29	23	56
MAY 2	8	59	26	40	27	57	0	56	28	43	2	31	5	33	23	54
7	9	0	26	45	27	58	1	1	28	48	2	35	5	37	23	52
12	9	3	26	49	28	1	1	6	28	42	2	38	5	41	23	50
17	9	5	26	53	28	3	1	11	28	42D	2	41	5	45	23	48
22	9	9	26	57	28	6	1	16	28	43	2	44	5	49	23	47
27	9	12	27	0	28	10	1	20	28	44	2	46	5	53	23	46
JUN 1	9	17	27	3	28	13	1	24	28	45	2	49	5	57	23	45
6	9	22	27	5	28	17	1	28	28	46	2	51	6	1	23	45
11	9	27	27	7	28	22	1	32	28	48	2	52	6	6	23	45D
16	9	33	27	9	28	26	1	35	28	50	2	53	6	10	23	45
21	9	39	27	9	28	31	1	38	28	52	2	54	6	14	23	46
26	9	45	27	10	28	36	1	41	28	55	2	55	6	17	23	47
JUL 1	9	52	27	10R	28	41	1	44	28	58	2	55	6	21	23	48
6	9	59	27	9	28	46	1	46	29	1	2	55R	6	25	23	49
11	10	7	27	8	28	52	1	48	29	5	2	55	6	28	23	51
16	10	14	27	7	28	57	1	49	29	8	2	54	6	31	23	53
21	10	22	27	5	29	3	1	50	29	12	2	53	6	34	23	55
26	10	30	27	3	29	8	1	51	29	17	2	52	6	37	23	58
31	10	38	27	0	29	13	1	51	29	21	2	50	6	39	24	0
AUG 5	10	46	26	57	29	19	1	51R	29	25	2	48	6	41	24	3
10	10	54	26	53	29	24	1	51	29	30	2	46	6	43	24	7
15	11	2	26	50	29	29	1	50	29	34	2	43	6	45	24	10
20	11	10	26	45	29	34	1	49	29	39	2	41	6	46	24	13
25	11	18	26	41	29	39	1	47	29	43	2	38	6	47	24	17
30	11	25	26	37	29	44	1	45	29	48	2	34	6	47	24	21
SEP 4	11	33	26	32	29	48	1	43	29	53	2	31	6	48	24	25
9	11	40	26	27	29	53	1	41	29	57	2	28	6	48R	24	29
14	11	46	26	22	29	56	1	38	0♍	2	2	24	6	47	24	33
19	11	53	26	17	0♌	0	1	35	0	6	2	21	6	47	24	37
24	11	59	26	12	0	3	1	32	0	10	2	17	6	46	24	41
29	12	4	26	7	0	6	1	28	0	14	2	13	6	44	24	45
OCT 4	12	9	26	2	0	9	1	25	0	18	2	10	6	43	24	48
9	12	14	25	57	0	11	1	21	0	21	2	6	6	41	24	52
14	12	18	25	52	0	12	1	17	0	25	2	3	6	39	24	56
19	12	21	25	48	0	14	1	13	0	28	1	59	6	36	25	0
24	12	24	25	44	0	14	1	9	0	31	1	56	6	34	25	3
29	12	26	25	40	0	15	1	5	0	33	1	53	6	31	25	6
NOV 3	12	28	25	36	0	15R	1	1	0	35	1	50	6	28	25	9
8	12	29	25	33	0	14	0	57	0	37	1	47	6	25	25	12
13	12	30	25	30	0	13	0	53	0	38	1	45	6	22	25	15
18	12	29R	25	28	0	12	0	49	0	40	1	43	6	18	25	17
23	12	29	25	26	0	10	0	45	0	40	1	41	6	15	25	19
28	12	27	25	24	0	8	0	42	0	41	1	39	6	11	25	21
DEC 3	12	25	25	24	0	6	0	39	0	41R	1	38	6	8	25	23
8	12	22	25	23	0	3	0	36	0	40	1	37	6	4	25	24
13	12	19	25	23D	0	0	0	33	0	39	1	37	6	1	25	25
18	12	16	25	24	29♋	56	0	31	0	38	1	37D	5	58	25	25
23	12	11	25	25	29	53	0	29	0	37	1	37	5	54	25	25
28	12♌	7	25♓	26	29♋	49	0♉	28	0♍	35	1♈	38	5♊	51	25♍	25R
STATIONS	APR 21		JUN 28		APR 11		JAN 13		MAY 14		JUL 2		FEB 18		JUN 9	
	NOV 13		DEC 9		OCT 31		AUG 1		NOV 30		DEC 17		SEP 6		DEC 24	

1919

	♃	♄	⚷	↑	♆	Ψ	↥	X
JAN 2	12♌ 2R	25♓ 29	29♋ 45R	0♉ 26R	0♏ 33R	1♈ 39	5♊ 48R	25♏ 25R
7	11 56	25 31	29 40	0 26	0 30	1 40	5 46	25 24
12	11 51	25 34	29 36	0 25	0 28	1 41	5 43	25 23
17	11 45	25 38	29 32	0 25D	0 25	1 43	5 41	25 22
22	11 39	25 42	29 27	0 26	0 22	1 46	5 39	25 20
27	11 32	25 46	29 23	0 26	0 18	1 48	5 37	25 18
FEB 1	11 26	25 51	29 18	0 28	0 15	1 51	5 36	25 16
6	11 20	25 56	29 14	0 29	0 11	1 55	5 35	25 14
11	11 13	26 1	29 10	0 31	0 7	1 58	5 34	25 11
16	11 7	26 7	29 6	0 33	0 4	2 2	5 34	25 8
21	11 1	26 13	29 2	0 36	0 0	2 5	5 34D	25 5
26	10 55	26 19	28 58	0 39	29♌ 56	2 10	5 34	25 2
MAR 3	10 50	26 26	28 55	0 42	29 52	2 14	5 35	24 59
8	10 45	26 32	28 52	0 46	29 48	2 18	5 36	24 56
13	10 40	26 38	28 49	0 50	29 45	2 22	5 37	24 53
18	10 36	26 45	28 47	0 54	29 41	2 27	5 39	24 49
23	10 32	26 52	28 45	0 58	29 38	2 31	5 40	24 46
28	10 29	26 58	28 44	1 3	29 35	2 36	5 43	24 43
APR 2	10 26	27 5	28 42	1 8	29 32	2 40	5 45	24 39
7	10 24	27 11	28 42	1 13	29 30	2 45	5 48	24 36
12	10 22	27 17	28 41	1 17	29 27	2 49	5 51	24 33
17	10 21	27 23	28 42D	1 22	29 25	2 54	5 54	24 31
22	10 20	27 29	28 42	1 28	29 24	2 58	5 57	24 28
27	10 21D	27 34	28 43	1 33	29 22	3 2	6 1	24 25
MAY 2	10 21	27 40	28 44	1 38	29 21	3 5	6 5	24 23
7	10 23	27 44	28 46	1 42	29 20	3 9	6 9	24 21
12	10 25	27 49	28 48	1 47	29 20	3 12	6 13	24 19
17	10 27	27 53	28 51	1 52	29 20D	3 16	6 17	24 18
22	10 30	27 57	28 54	1 57	29 20	3 18	6 21	24 16
27	10 34	28 0	28 57	2 1	29 21	3 21	6 25	24 15
JUN 1	10 38	28 3	29 1	2 5	29 22	3 23	6 29	24 15
6	10 43	28 6	29 5	2 9	29 23	3 25	6 33	24 14
11	10 48	28 8	29 9	2 13	29 25	3 27	6 38	24 14D
16	10 54	28 9	29 13	2 17	29 27	3 28	6 42	24 14
21	11 0	28 10	29 18	2 20	29 29	3 29	6 46	24 15
26	11 6	28 11	29 23	2 23	29 32	3 30	6 49	24 16
JUL 1	11 13	28 11R	29 28	2 25	29 35	3 30	6 53	24 17
6	11 20	28 11	29 33	2 28	29 38	3 30R	6 57	24 18
11	11 27	28 10	29 39	2 29	29 42	3 30	7 0	24 20
16	11 35	28 8	29 44	2 31	29 45	3 29	7 3	24 22
21	11 42	28 7	29 50	2 32	29 49	3 28	7 6	24 24
26	11 50	28 4	29 55	2 33	29 53	3 27	7 9	24 26
31	11 58	28 2	0♌ 0	2 33	29 58	3 25	7 11	24 29
AUG 5	12 6	27 59	0 6	2 33R	0♍ 2	3 23	7 14	24 32
10	12 14	27 55	0 11	2 33	0 6	3 21	7 15	24 35
15	12 22	27 52	0 16	2 32	0 11	3 19	7 17	24 39
20	12 30	27 48	0 22	2 31	0 16	3 16	7 18	24 42
25	12 38	27 43	0 26	2 30	0 20	3 13	7 19	24 46
30	12 46	27 39	0 31	2 28	0 25	3 10	7 20	24 49
SEP 4	12 53	27 34	0 36	2 26	0 29	3 7	7 20	24 53
9	13 0	27 29	0 40	2 23	0 34	3 3	7 20R	24 57
14	13 7	27 24	0 44	2 21	0 38	3 0	7 20	25 1
19	13 14	27 19	0 47	2 18	0 43	2 56	7 19	25 5
24	13 20	27 14	0 51	2 14	0 47	2 53	7 19	25 9
29	13 25	27 9	0 54	2 11	0 51	2 49	7 17	25 13
OCT 4	13 30	27 4	0 56	2 7	0 55	2 45	7 16	25 17
9	13 35	26 59	0 58	2 4	0 58	2 42	7 14	25 21
14	13 39	26 54	1 0	2 0	1 2	2 38	7 12	25 25
19	13 43	26 50	1 2	1 56	1 5	2 35	7 10	25 28
24	13 46	26 46	1 2	1 52	1 8	2 32	7 7	25 32
29	13 49	26 42	1 3	1 47	1 10	2 28	7 4	25 35
NOV 3	13 51	26 38	1 3R	1 43	1 12	2 26	7 1	25 38
8	13 52	26 35	1 3	1 39	1 14	2 23	6 58	25 41
13	13 52	26 32	1 2	1 35	1 16	2 20	6 55	25 44
18	13 52R	26 29	1 1	1 32	1 17	2 18	6 51	25 46
23	13 52	26 27	0 59	1 28	1 18	2 16	6 48	25 48
28	13 51	26 26	0 57	1 25	1 18	2 15	6 45	25 50
DEC 3	13 49	26 25	0 55	1 21	1 18R	2 14	6 41	25 52
8	13 46	26 24	0 52	1 19	1 18	2 13	6 38	25 53
13	13 43	26 24D	0 49	1 16	1 17	2 12	6 34	25 54
18	13 40	26 25	0 45	1 14	1 16	2 12	6 31	25 54
23	13 36	26 26	0 42	1 12	1 15	2 12D	6 28	25 55
28	13♌ 31	26♓ 27	0♌ 38	1♉ 10	1♍ 13	2♈ 13	6♊ 24	25♏ 55R
STATIONS	APR 23	JUN 29	APR 13	JAN 14	MAY 14	JUL 3	FEB 19	JUN 10
	NOV 15	DEC 11	NOV 1	AUG 2	NOV 30	DEC 18	SEP 6	DEC 24

	♃	♄	♃	♈	♃	♆	↑	♓
JAN 2	13♌26R	26♓29	0♌34R	1♉9R	1♍11R	2♈13	6♊22R	25♋54R
7	13 21	26 32	0 30	1 8	1 8	2 15	6 19	25 53
12	13 15	26 35	0 25	1 7	1 6	2 16	6 16	25 52
17	13 9	26 38	0 21	1 7D	1 3	2 18	6 14	25 51
22	13 3	26 42	0 16	1 8	1 0	2 20	6 12	25 50
27	12 57	26 46	0 12	1 8	0 56	2 23	6 10	25 48
FEB 1	12 51	26 51	0 7	1 9	0 53	2 26	6 9	25 46
6	12 44	26 56	0 3	1 11	0 49	2 29	6 8	25 43
11	12 38	27 1	29♋59	1 13	0 46	2 32	6 7	25 41
16	12 32	27 7	29 55	1 15	0 42	2 36	6 7	25 38
21	12 26	27 13	29 51	1 18	0 38	2 40	6 7D	25 35
26	12 20	27 19	29 47	1 21	0 34	2 44	6 7	25 32
MAR 2	12 15	27 25	29 44	1 24	0 30	2 48	6 7	25 29
7	12 9	27 31	29 41	1 27	0 27	2 52	6 8	25 26
12	12 4	27 38	29 38	1 31	0 23	2 57	6 9	25 22
17	12 0	27 44	29 36	1 35	0 20	3 1	6 11	25 19
22	11 56	27 51	29 34	1 40	0 16	3 6	6 13	25 16
27	11 52	27 58	29 32	1 44	0 13	3 10	6 15	25 12
APR 1	11 50	28 4	29 31	1 49	0 10	3 15	6 17	25 9
6	11 47	28 10	29 30	1 54	0 8	3 19	6 20	25 6
11	11 45	28 17	29 30	1 59	0 5	3 24	6 23	25 3
16	11 44	28 23	29 30D	2 4	0 3	3 28	6 26	25 0
21	11 43	28 28	29 30	2 9	0 1	3 32	6 30	24 57
26	11 43D	28 34	29 31	2 14	0 0	3 36	6 33	24 55
MAY 1	11 44	28 39	29 32	2 19	29♌59	3 40	6 37	24 52
6	11 45	28 44	29 34	2 24	29 58	3 44	6 41	24 50
11	11 47	28 49	29 36	2 28	29 58	3 47	6 45	24 48
16	11 49	28 53	29 39	2 33	29 57D	3 50	6 49	24 47
21	11 52	28 57	29 41	2 38	29 58	3 53	6 53	24 46
26	11 55	29 1	29 45	2 42	29 58	3 56	6 57	24 45
31	11 59	29 4	29 48	2 47	29 59	3 58	7 1	24 44
JUN 5	12 4	29 6	29 52	2 51	0♍1	4 0	7 5	24 43
10	12 9	29 8	29 56	2 54	0 2	4 2	7 10	24 43D
15	12 14	29 10	0♌1	2 58	0 4	4 3	7 14	24 43
20	12 20	29 11	0 5	3 1	0 7	4 4	7 18	24 44
25	12 27	29 12	0 10	3 4	0 9	4 5	7 22	24 45
30	12 33	29 12R	0 15	3 7	0 12	4 5	7 25	24 46
JUL 5	12 40	29 12	0 20	3 9	0 15	4 5R	7 29	24 47
10	12 48	29 11	0 26	3 11	0 19	4 5	7 32	24 49
15	12 55	29 10	0 31	3 13	0 22	4 4	7 35	24 51
20	13 3	29 8	0 37	3 14	0 26	4 4	7 38	24 53
25	13 11	29 6	0 42	3 15	0 30	4 2	7 41	24 55
30	13 18	29 4	0 48	3 15	0 34	4 1	7 44	24 58
AUG 4	13 27	29 1	0 53	3 15R	0 39	3 59	7 46	25 1
9	13 35	28 57	0 58	3 15	0 43	3 57	7 48	25 4
14	13 43	28 54	1 4	3 14	0 48	3 54	7 50	25 7
19	13 51	28 50	1 9	3 13	0 52	3 52	7 51	25 11
24	13 58	28 45	1 14	3 12	0 57	3 49	7 52	25 14
29	14 6	28 41	1 18	3 10	1 2	3 46	7 53	25 18
SEP 3	14 13	28 36	1 23	3 8	1 6	3 42	7 53	25 22
8	14 21	28 31	1 27	3 6	1 11	3 39	7 53R	25 26
13	14 28	28 27	1 31	3 3	1 15	3 36	7 53	25 30
18	14 34	28 21	1 35	3 0	1 20	3 32	7 52	25 34
23	14 40	28 16	1 38	2 57	1 24	3 28	7 51	25 38
28	14 46	28 11	1 41	2 54	1 28	3 25	7 50	25 42
OCT 3	14 52	28 6	1 44	2 50	1 32	3 21	7 49	25 46
8	14 57	28 1	1 46	2 46	1 35	3 17	7 47	25 49
13	15 1	27 57	1 48	2 42	1 39	3 14	7 45	25 53
18	15 5	27 52	1 50	2 38	1 42	3 10	7 43	25 57
23	15 8	27 48	1 51	2 34	1 45	3 7	7 40	26 0
28	15 11	27 44	1 51	2 30	1 47	3 4	7 37	26 4
NOV 2	15 13	27 40	1 51R	2 26	1 50	3 1	7 34	26 7
7	15 14	27 37	1 51	2 22	1 52	2 58	7 31	26 10
12	15 15	27 34	1 50	2 18	1 53	2 56	7 28	26 12
17	15 15R	27 31	1 49	2 14	1 54	2 54	7 25	26 15
22	15 15	27 29	1 48	2 11	1 55	2 52	7 21	26 17
27	15 14	27 27	1 46	2 7	1 56	2 50	7 18	26 19
DEC 2	15 12	27 26	1 43	2 4	1 56R	2 49	7 14	26 20
7	15 10	27 25	1 41	2 1	1 55	2 48	7 11	26 22
12	15 7	27 25D	1 38	1 58	1 55	2 47	7 7	26 23
17	15 4	27 26	1 34	1 56	1 54	2 47	7 4	26 23
22	15 0	27 26	1 31	1 54	1 52	2 47D	7 1	26 24
27	14♌55	27♓28	1♌27	1♉52	1♍51	2♈48	6♊58	26♋24R
STATIONS	APR 24	JUN 29	APR 13	JAN 15	MAY 14	JUL 3	FEB 20	JUN 9
	NOV 16	DEC 11	NOV 1	AUG 2	NOV 30	DEC 18	SEP 6	DEC 24

1921

	♃	♄	⚵	⚷	⚴	♆	⚶	⚸
JAN 1	14Ω 51R	27H 30	1Ω 23R	1♉ 51R	1♍ 49R	2♈ 48	6♊ 55R	26♏ 23R
6	14 45	27 32	1 19	1 50	1 46	2 50	6 52	26 23
11	14 40	27 35	1 14	1 49	1 44	2 51	6 49	26 22
16	14 34	27 38	1 10	1 49D	1 41	2 53	6 47	26 20
21	14 28	27 42	1 5	1 49	1 38	2 55	6 45	26 19
26	14 22	27 46	1 1	1 50	1 35	2 58	6 43	26 17
31	14 16	27 51	0 56	1 51	1 31	3 0	6 42	26 15
FEB 5	14 9	27 56	0 52	1 53	1 27	3 4	6 41	26 13
10	14 3	28 1	0 48	1 54	1 24	3 7	6 40	26 10
15	13 57	28 6	0 44	1 57	1 20	3 11	6 39	26 7
20	13 51	28 12	0 40	1 59	1 16	3 14	6 39D	26 5
25	13 45	28 18	0 36	2 2	1 12	3 18	6 39	26 1
MAR 2	13 39	28 24	0 33	2 5	1 9	3 22	6 40	25 58
7	13 34	28 31	0 30	2 9	1 5	3 27	6 41	25 55
12	13 29	28 37	0 27	2 13	1 1	3 31	6 42	25 52
17	13 24	28 44	0 24	2 17	0 58	3 36	6 43	25 48
22	13 20	28 50	0 22	2 21	0 54	3 40	6 45	25 45
27	13 16	28 57	0 21	2 25	0 51	3 45	6 47	25 42
APR 1	13 13	29 3	0 19	2 30	0 48	3 49	6 50	25 39
6	13 11	29 10	0 18	2 35	0 46	3 54	6 52	25 35
11	13 9	29 16	0 18	2 40	0 43	3 58	6 55	25 32
16	13 7	29 22	0 18D	2 45	0 41	4 2	6 58	25 30
21	13 6	29 28	0 18	2 50	0 39	4 7	7 2	25 27
26	13 6D	29 34	0 19	2 55	0 38	4 11	7 5	25 24
MAY 1	13 6	29 39	0 20	3 0	0 36	4 14	7 9	25 22
6	13 7	29 44	0 22	3 5	0 36	4 18	7 13	25 20
11	13 9	29 49	0 24	3 10	0 35	4 22	7 17	25 18
16	13 11	29 53	0 26	3 14	0 35D	4 25	7 21	25 16
21	13 14	29 57	0 29	3 19	0 35	4 28	7 25	25 15
26	13 17	0♈ 1	0 32	3 24	0 36	4 30	7 29	25 14
31	13 21	0 4	0 36	3 28	0 37	4 33	7 33	25 13
JUN 5	13 25	0 7	0 39	3 32	0 38	4 35	7 37	25 12
10	13 30	0 9	0 44	3 36	0 39	4 37	7 42	25 12
15	13 35	0 11	0 48	3 39	0 41	4 38	7 46	25 12D
20	13 41	0 12	0 53	3 43	0 44	4 39	7 50	25 13
25	13 47	0 13	0 57	3 46	0 46	4 40	7 54	25 14
30	13 54	0 13	1 2	3 48	0 49	4 40	7 57	25 15
JUL 5	14 1	0 13R	1 8	3 51	0 52	4 41R	8 1	25 16
10	14 8	0 12	1 13	3 53	0 56	4 40	8 4	25 17
15	14 15	0 11	1 18	3 55	0 59	4 40	8 8	25 19
20	14 23	0 10	1 24	3 56	1 3	4 39	8 11	25 21
25	14 31	0 8	1 29	3 57	1 7	4 38	8 13	25 24
30	14 39	0 5	1 35	3 57	1 11	4 36	8 16	25 26
AUG 4	14 47	0 2	1 40	3 57R	1 15	4 34	8 18	25 29
9	14 55	29H 59	1 45	3 57	1 20	4 32	8 20	25 32
14	15 3	29 56	1 51	3 57	1 24	4 30	8 22	25 36
19	15 11	29 52	1 56	3 56	1 29	4 27	8 23	25 39
24	15 19	29 48	2 1	3 54	1 34	4 24	8 25	25 43
29	15 26	29 43	2 6	3 53	1 38	4 21	8 25	25 46
SEP 3	15 34	29 39	2 10	3 51	1 43	4 18	8 26	25 50
8	15 41	29 34	2 15	3 48	1 47	4 15	8 26R	25 54
13	15 48	29 29	2 19	3 46	1 52	4 11	8 26	25 58
18	15 55	29 24	2 22	3 43	1 56	4 8	8 25	26 2
23	16 1	29 19	2 26	3 40	2 1	4 4	8 24	26 6
28	16 7	29 14	2 29	3 36	2 5	4 0	8 23	26 10
OCT 3	16 13	29 9	2 32	3 33	2 9	3 57	8 22	26 14
8	16 18	29 4	2 34	3 29	2 12	3 53	8 20	26 18
13	16 22	28 59	2 36	3 25	2 16	3 50	8 18	26 22
18	16 26	28 54	2 37	3 21	2 19	3 46	8 16	26 25
23	16 30	28 50	2 39	3 17	2 22	3 43	8 13	26 29
28	16 33	28 46	2 39	3 13	2 24	3 40	8 10	26 32
NOV 2	16 35	28 42	2 39	3 9	2 27	3 37	8 8	26 35
7	16 37	28 38	2 39R	3 5	2 29	3 34	8 5	26 38
12	16 38	28 35	2 39	3 1	2 30	3 31	8 1	26 41
17	16 38	28 33	2 38	2 57	2 32	3 29	7 58	26 44
22	16 38R	28 30	2 36	2 54	2 33	3 27	7 55	26 46
27	16 37	28 29	2 34	2 50	2 33	3 25	7 51	26 48
DEC 2	16 36	28 27	2 32	2 47	2 33R	3 24	7 48	26 49
7	16 33	28 27	2 29	2 44	2 33	3 23	7 44	26 51
12	16 31	28 26	2 27	2 41	2 32	3 22	7 41	26 52
17	16 28	28 26D	2 23	2 39	2 32	3 22	7 37	26 52
22	16 24	28 27	2 20	2 36	2 30	3 22D	7 34	26 53
27	16Ω 20	28H 28	2Ω 16	2♉ 35	2♍ 29	3♈ 23	7♊ 31	26♏ 53R
STATIONS	APR 25	JUL 1	APR 14	JAN 15	MAY 15	JUL 4	FEB 19	JUN 10
	NOV 17	DEC 12	NOV 2	AUG 3	DEC 1	DEC 18	SEP 7	DEC 25

1922

	⯓		⯔		⯕		⯖		⯗		⯘		⯙		⯚	
JAN 1	16♌	15R	28♓	30	2♌	12R	2♉	33R	2♍	27R	3♈	23	7♊	28R	26♍	52R
6	16	10	28	32	2	8	2	32	2	24	3	24	7	25	26	52
11	16	5	28	35	2	3	2	32	2	22	3	26	7	23	26	51
16	15	59	28	38	1	59	2	31	2	19	3	28	7	20	26	50
21	15	53	28	42	1	55	2	31D	2	16	3	30	7	18	26	48
26	15	47	28	46	1	50	2	32	2	13	3	32	7	16	26	46
31	15	41	28	50	1	46	2	33	2	9	3	35	7	15	26	44
FEB 5	15	34	28	55	1	41	2	34	2	6	3	38	7	14	26	42
10	15	28	29	0	1	37	2	36	2	2	3	41	7	13	26	40
15	15	22	29	6	1	33	2	38	1	58	3	45	7	12	26	37
20	15	15	29	12	1	29	2	41	1	54	3	49	7	12	26	34
25	15	9	29	18	1	25	2	44	1	51	3	53	7	12D	26	31
MAR 2	15	4	29	24	1	22	2	47	1	47	3	57	7	13	26	28
7	14	58	29	30	1	18	2	50	1	43	4	1	7	13	26	25
12	14	53	29	37	1	16	2	54	1	39	4	6	7	14	26	21
17	14	48	29	43	1	13	2	58	1	36	4	10	7	16	26	18
22	14	44	29	50	1	11	3	2	1	32	4	14	7	18	26	15
27	14	40	29	56	1	9	3	7	1	29	4	19	7	20	26	11
APR 1	14	37	0♈	3	1	8	3	11	1	26	4	23	7	22	26	8
6	14	34	0	9	1	7	3	16	1	24	4	28	7	25	26	5
11	14	32	0	16	1	6	3	21	1	21	4	32	7	27	26	2
16	14	30	0	22	1	6D	3	26	1	19	4	37	7	31	25	59
21	14	29	0	28	1	6	3	31	1	17	4	41	7	34	25	56
26	14	29	0	33	1	7	3	36	1	15	4	45	7	37	25	54
MAY 1	14	29D	0	39	1	8	3	41	1	14	4	49	7	41	25	51
6	14	30	0	44	1	10	3	46	1	13	4	53	7	45	25	49
11	14	31	0	49	1	12	3	51	1	13	4	56	7	49	25	47
16	14	33	0	53	1	14	3	56	1	13	4	59	7	53	25	46
21	14	36	0	57	1	17	4	0	1	13D	5	2	7	57	25	44
26	14	39	1	1	1	20	4	5	1	13	5	5	8	1	25	43
31	14	42	1	4	1	23	4	9	1	14	5	7	8	5	25	42
JUN 5	14	47	1	7	1	27	4	13	1	15	5	10	8	10	25	42
10	14	51	1	9	1	31	4	17	1	17	5	11	8	14	25	41
15	14	56	1	11	1	35	4	21	1	19	5	13	8	18	25	41D
20	15	2	1	13	1	40	4	24	1	21	5	14	8	22	25	42
25	15	8	1	14	1	45	4	27	1	23	5	15	8	26	25	42
30	15	14	1	14	1	49	4	30	1	26	5	15	8	29	25	43
JUL 5	15	21	1	14R	1	55	4	32	1	29	5	16R	8	33	25	45
10	15	28	1	14	2	0	4	35	1	32	5	15	8	37	25	46
15	15	36	1	13	2	5	4	36	1	36	5	15	8	40	25	48
20	15	43	1	11	2	11	4	38	1	40	5	14	8	43	25	50
25	15	51	1	9	2	16	4	39	1	44	5	13	8	46	25	53
30	15	59	1	7	2	22	4	39	1	48	5	11	8	48	25	55
AUG 4	16	7	1	4	2	27	4	40	1	52	5	10	8	51	25	58
9	16	15	1	1	2	32	4	39R	1	57	5	8	8	53	26	1
14	16	23	0	58	2	38	4	39	2	1	5	5	8	54	26	4
19	16	31	0	54	2	43	4	38	2	6	5	3	8	56	26	8
24	16	39	0	50	2	48	4	37	2	10	5	0	8	57	26	11
29	16	47	0	45	2	53	4	35	2	15	4	57	8	58	26	15
SEP 3	16	54	0	41	2	57	4	33	2	20	4	54	8	58	26	19
8	17	2	0	36	3	2	4	31	2	24	4	50	8	59	26	23
13	17	9	0	31	3	6	4	28	2	29	4	47	8	58R	26	27
18	17	16	0	26	3	10	4	26	2	33	4	43	8	58	26	31
23	17	22	0	21	3	13	4	22	2	37	4	40	8	57	26	35
28	17	28	0	16	3	17	4	19	2	42	4	36	8	56	26	39
OCT 3	17	34	0	11	3	19	4	16	2	45	4	32	8	55	26	43
8	17	39	0	6	3	22	4	12	2	49	4	29	8	53	26	46
13	17	44	0	1	3	24	4	8	2	53	4	25	8	51	26	50
18	17	48	29♓	56	3	25	4	4	2	56	4	22	8	49	26	54
23	17	52	29	52	3	27	4	0	2	59	4	18	8	46	26	57
28	17	55	29	48	3	27	3	56	3	2	4	15	8	44	27	1
NOV 2	17	57	29	44	3	28	3	52	3	4	4	12	8	41	27	4
7	17	59	29	40	3	28R	3	48	3	6	4	9	8	38	27	7
12	18	0	29	37	3	27	3	44	3	8	4	7	8	34	27	10
17	18	1	29	34	3	26	3	40	3	9	4	5	8	31	27	12
22	18	1R	29	32	3	25	3	36	3	10	4	2	8	28	27	15
27	18	0	29	30	3	23	3	33	3	11	4	1	8	24	27	17
DEC 2	17	59	29	29	3	21	3	29	3	11	3	59	8	21	27	18
7	17	57	29	28	3	18	3	26	3	11R	3	58	8	17	27	20
12	17	55	29	27	3	15	3	24	3	10	3	58	8	14	27	21
17	17	52	29	27D	3	12	3	21	3	9	3	57	8	10	27	21
22	17	48	29	28	3	9	3	19	3	8	3	57D	8	7	27	22
27	17♌	44	29♓	29	3♌	5	3♉	17	3♍	6	3♈	57	8♊	4	27♍	22R
STATIONS	APR	27	JUL	2	APR	15	JAN	16	MAY	16	JUL	4	FEB	20	JUN	11
	NOV	19	DEC	13	NOV	3	AUG	4	DEC	2	DEC	19	SEP	8	DEC	25

1923

Date	♃		�		⚸		⚵		⚴		♆		⚶		⚷	
JAN 1	17♌	39R	29♓	31	3♌	1R	3♉	15R	3♍	5R	3♈	58	8♊	1R	27♍	22R
6	17	34	29	33	2	57	3	14	3	2	3	59	7	58	27	21
11	17	29	29	35	2	53	3	14	3	0	4	1	7	56	27	20
16	17	24	29	38	2	48	3	13	2	57	4	2	7	53	27	19
21	17	18	29	42	2	44	3	13D	2	54	4	5	7	51	27	18
26	17	12	29	46	2	39	3	14	2	51	4	7	7	49	27	16
31	17	5	29	50	2	35	3	15	2	47	4	10	7	48	27	14
FEB 5	16	59	29	55	2	30	3	16	2	44	4	13	7	46	27	12
10	16	53	0♈	0	2	26	3	18	2	40	4	16	7	46	27	9
15	16	46	0	6	2	22	3	20	2	36	4	19	7	45	27	6
20	16	40	0	11	2	18	3	22	2	33	4	23	7	45	27	4
25	16	34	0	17	2	14	3	25	2	29	4	27	7	45D	27	1
MAR 2	16	28	0	23	2	11	3	28	2	25	4	31	7	45	26	57
7	16	23	0	30	2	7	3	32	2	21	4	35	7	46	26	54
12	16	18	0	36	2	4	3	35	2	18	4	40	7	47	26	51
17	16	13	0	43	2	2	3	39	2	14	4	44	7	48	26	48
22	16	8	0	49	2	0	3	43	2	11	4	49	7	50	26	44
27	16	4	0	56	1	58	3	48	2	7	4	53	7	52	26	41
APR 1	16	1	1	2	1	56	3	52	2	4	4	58	7	54	26	38
6	15	58	1	9	1	55	3	57	2	2	5	2	7	57	26	35
11	15	55	1	15	1	54	4	2	1	59	5	7	8	0	26	32
16	15	54	1	21	1	54	4	7	1	57	5	11	8	3	26	29
21	15	52	1	27	1	54D	4	12	1	55	5	15	8	6	26	26
26	15	52	1	33	1	55	4	17	1	53	5	19	8	10	26	23
MAY 1	15	52D	1	38	1	56	4	22	1	52	5	23	8	13	26	21
6	15	52	1	44	1	58	4	27	1	51	5	27	8	17	26	19
11	15	53	1	49	1	59	4	32	1	50	5	31	8	21	26	17
16	15	55	1	53	2	2	4	37	1	50	5	34	8	25	26	15
21	15	57	1	57	2	4	4	41	1	50D	5	37	8	29	26	13
26	16	0	2	1	2	7	4	46	1	51	5	40	8	33	26	12
31	16	4	2	4	2	11	4	50	1	51	5	42	8	37	26	11
JUN 5	16	8	2	7	2	14	4	55	1	53	5	44	8	42	26	11
10	16	12	2	10	2	18	4	58	1	54	5	46	8	46	26	10
15	16	17	2	12	2	22	5	2	1	56	5	48	8	50	26	11D
20	16	23	2	13	2	27	5	6	1	58	5	49	8	54	26	11
25	16	29	2	15	2	32	5	9	2	0	5	50	8	58	26	11
30	16	35	2	15	2	37	5	12	2	3	5	50	9	2	26	12
JUL 5	16	42	2	15R	2	42	5	14	2	6	5	51	9	5	26	14
10	16	49	2	15	2	47	5	16	2	9	5	51R	9	9	26	15
15	16	56	2	14	2	52	5	18	2	13	5	50	9	12	26	17
20	17	3	2	13	2	58	5	19	2	17	5	49	9	15	26	19
25	17	11	2	11	3	3	5	21	2	21	5	48	9	18	26	21
30	17	19	2	9	3	9	5	21	2	25	5	47	9	21	26	24
AUG 4	17	27	2	6	3	14	5	22	2	29	5	45	9	23	26	27
9	17	35	2	3	3	20	5	22R	2	33	5	43	9	25	26	30
14	17	43	2	0	3	25	5	21	2	38	5	41	9	27	26	33
19	17	51	1	56	3	30	5	20	2	43	5	38	9	28	26	36
24	17	59	1	52	3	35	5	19	2	47	5	35	9	30	26	40
29	18	7	1	48	3	40	5	18	2	52	5	33	9	30	26	44
SEP 3	18	15	1	43	3	45	5	16	2	56	5	29	9	31	26	47
8	18	22	1	38	3	49	5	13	3	1	5	26	9	31	26	51
13	18	29	1	33	3	53	5	11	3	6	5	23	9	31R	26	55
18	18	36	1	28	3	57	5	8	3	10	5	19	9	31	26	59
23	18	43	1	23	4	1	5	5	3	14	5	15	9	30	27	3
28	18	49	1	18	4	4	5	2	3	18	5	12	9	29	27	7
OCT 3	18	55	1	13	4	7	4	58	3	22	5	8	9	28	27	11
8	19	0	1	8	4	9	4	55	3	26	5	5	9	26	27	15
13	19	5	1	3	4	12	4	51	3	30	5	1	9	24	27	19
18	19	9	0	59	4	13	4	47	3	33	4	57	9	22	27	22
23	19	13	0	54	4	14	4	43	3	36	4	54	9	19	27	26
28	19	17	0	50	4	15	4	39	3	39	4	51	9	17	27	29
NOV 2	19	19	0	46	4	16	4	35	3	41	4	48	9	14	27	33
7	19	21	0	42	4	16R	4	31	3	43	4	45	9	11	27	36
12	19	23	0	39	4	15	4	27	3	45	4	42	9	8	27	38
17	19	24	0	36	4	15	4	23	3	46	4	40	9	4	27	41
22	19	24R	0	34	4	13	4	19	3	47	4	38	9	1	27	43
27	19	23	0	32	4	12	4	15	3	48	4	36	8	58	27	45
DEC 2	19	22	0	30	4	9	4	12	3	48	4	35	8	54	27	47
7	19	21	0	29	4	7	4	9	3	48R	4	34	8	51	27	48
12	19	18	0	28	4	4	4	6	3	48	4	33	8	47	27	50
17	19	15	0	28D	4	1	4	4	3	47	4	32	8	44	27	50
22	19	12	0	29	3	58	4	1	3	46	4	32D	8	40	27	51
27	19♌	8	0♈	30	3♌	54	3♉	59	3♍	44	4♈	32	8♊	37	27♍	51R
STATIONS	APR 28		JUL 3		APR 16		JAN 17		MAY 17		JUL 5		FEB 21		JUN 12	
	NOV 20		DEC 15		NOV 4		AUG 5		DEC 3		DEC 20		SEP 9		DEC 26	

	♃	☖	⚷	♀	♃	♆	♁	♓
JAN 1	19♌ 4R	0♈ 31	3♌ 50R	3♍ 58R	3♍ 42R	4♈ 33	8♊ 34R	27♍ 51R
6	18 59	0 33	3 46	3 57	3 40	4 34	8 31	27 50
11	18 54	0 36	3 42	3 56	3 38	4 36	8 29	27 49
16	18 48	0 39	3 37	3 55	3 35	4 37	8 26	27 48
21	18 42	0 42	3 33	3 55D	3 32	4 39	8 24	27 47
26	18 36	0 46	3 28	3 56	3 29	4 42	8 22	27 45
31	18 30	0 50	3 24	3 57	3 26	4 44	8 21	27 43
FEB 5	18 24	0 55	3 19	3 58	3 22	4 47	8 19	27 41
10	18 18	1 0	3 15	3 59	3 18	4 50	8 18	27 39
15	18 11	1 5	3 11	4 1	3 15	4 54	8 18	27 36
20	18 5	1 11	3 7	4 4	3 11	4 58	8 17	27 33
25	17 59	1 17	3 3	4 7	3 7	5 2	8 17D	27 30
MAR 1	17 53	1 23	2 59	4 10	3 3	5 6	8 18	27 27
6	17 47	1 29	2 56	4 13	2 59	5 10	8 18	27 24
11	17 42	1 35	2 53	4 17	2 56	5 14	8 19	27 21
16	17 37	1 42	2 50	4 20	2 52	5 19	8 21	27 17
21	17 33	1 49	2 48	4 25	2 49	5 23	8 22	27 14
26	17 28	1 55	2 46	4 29	2 46	5 28	8 24	27 11
31	17 25	2 2	2 45	4 34	2 42	5 32	8 27	27 7
APR 5	17 22	2 8	2 44	4 38	2 40	5 37	8 29	27 4
10	17 19	2 14	2 43	4 43	2 37	5 41	8 32	27 1
15	17 17	2 21	2 42	4 48	2 35	5 45	8 35	26 58
20	17 16	2 27	2 43D	4 53	2 33	5 50	8 38	26 55
25	17 15	2 33	2 43	4 58	2 31	5 54	8 42	26 53
30	17 14D	2 38	2 44	5 3	2 30	5 58	8 45	26 50
MAY 5	17 15	2 43	2 45	5 8	2 29	6 1	8 49	26 48
10	17 16	2 48	2 47	5 13	2 28	6 5	8 53	26 46
15	17 17	2 53	2 49	5 18	2 28	6 8	8 57	26 44
20	17 19	2 57	2 52	5 23	2 28D	6 11	9 1	26 43
25	17 22	3 1	2 55	5 27	2 28	6 14	9 5	26 42
30	17 25	3 5	2 58	5 32	2 29	6 17	9 9	26 41
JUN 4	17 29	3 8	3 2	5 36	2 30	6 19	9 14	26 40
9	17 34	3 10	3 6	5 40	2 31	6 21	9 18	26 40
14	17 39	3 12	3 10	5 44	2 33	6 23	9 22	26 40D
19	17 44	3 14	3 14	5 47	2 35	6 24	9 26	26 40
24	17 50	3 15	3 19	5 50	2 37	6 25	9 30	26 40
29	17 56	3 16	3 24	5 53	2 40	6 25	9 34	26 41
JUL 4	18 2	3 16R	3 29	5 56	2 43	6 26	9 37	26 43
9	18 9	3 16	3 34	5 58	2 46	6 26R	9 41	26 44
14	18 16	3 15	3 39	6 0	2 50	6 25	9 44	26 46
19	18 24	3 14	3 45	6 1	2 54	6 25	9 47	26 48
24	18 31	3 12	3 50	6 2	2 57	6 23	9 50	26 50
29	18 39	3 10	3 56	6 3	3 2	6 22	9 53	26 53
AUG 3	18 47	3 8	4 1	6 4	3 6	6 20	9 55	26 55
8	18 55	3 5	4 7	6 4R	3 10	6 18	9 57	26 58
13	19 3	3 2	4 12	6 3	3 15	6 16	9 59	27 2
18	19 11	2 58	4 17	6 2	3 19	6 14	10 1	27 5
23	19 19	2 54	4 22	6 1	3 24	6 11	10 2	27 8
28	19 27	2 50	4 27	6 0	3 29	6 8	10 3	27 12
SEP 2	19 35	2 45	4 32	5 58	3 33	6 5	10 4	27 16
7	19 42	2 41	4 36	5 56	3 38	6 2	10 4	27 20
12	19 50	2 36	4 41	5 54	3 42	5 58	10 4R	27 24
17	19 57	2 31	4 45	5 51	3 47	5 55	10 4	27 28
22	20 3	2 26	4 48	5 48	3 51	5 51	10 3	27 32
27	20 10	2 21	4 52	5 45	3 55	5 48	10 2	27 36
OCT 2	20 16	2 16	4 55	5 41	3 59	5 44	10 1	27 40
7	20 21	2 11	4 57	5 37	4 3	5 40	9 59	27 44
12	20 26	2 6	4 59	5 34	4 7	5 37	9 57	27 47
17	20 31	2 1	5 1	5 30	4 10	5 33	9 55	27 51
22	20 35	1 56	5 3	5 26	4 13	5 30	9 53	27 55
27	20 38	1 52	5 3	5 22	4 16	5 26	9 50	27 58
NOV 1	20 41	1 48	5 4	5 17	4 18	5 23	9 47	28 1
6	20 43	1 44	5 4R	5 13	4 20	5 20	9 44	28 4
11	20 45	1 41	5 4	5 9	4 22	5 18	9 41	28 7
16	20 46	1 38	5 3	5 6	4 24	5 15	9 38	28 10
21	20 47	1 35	5 2	5 2	4 25	5 13	9 34	28 12
26	20 46R	1 33	5 0	4 58	4 26	5 11	9 31	28 14
DEC 1	20 45	1 31	4 58	4 55	4 26	5 10	9 27	28 16
6	20 44	1 30	4 56	4 52	4 26R	5 9	9 24	28 17
11	20 42	1 30	4 53	4 49	4 25	5 8	9 20	28 19
16	20 39	1 29D	4 50	4 46	4 25	5 7	9 17	28 19
21	20 36	1 30	4 47	4 44	4 24	5 7D	9 14	28 20
26	20 32	1 31	4 43	4 42	4 22	5 7	9 10	28 20
31	20♌28	1♈32	4♌39	4♉40	4♍20	5♈8	9♊7	28♍20R
STATIONS	APR 29	JUL 3	APR 16	JAN 18	MAY 17	JUL 5	FEB 22	JUN 11
	NOV 21	DEC 15	NOV 4	AUG 5	DEC 3	DEC 20	SEP 8	DEC 26

1925

	♃	♀	♄	⚷	♅	♆	☊	♇
JAN 5	20♌ 23R	1♈ 34	4♌ 35R	4♉ 39R	4♍ 18R	5♈ 9	9♊ 4R	28♍ 19R
10	20 18	1 36	4 31	4 38	4 16	5 10	9 2	28 19
15	20 13	1 39	4 26	4 38	4 13	5 12	8 59	28 18
20	20 7	1 42	4 22	4 37D	4 10	5 14	8 57	28 16
25	20 1	1 46	4 17	4 38	4 7	5 16	8 55	28 15
30	19 55	1 50	4 13	4 39	4 4	5 19	8 54	28 13
FEB 4	19 49	1 55	4 9	4 40	4 0	5 22	8 52	28 10
9	19 42	2 0	4 4	4 41	3 57	5 25	8 51	28 8
14	19 36	2 5	4 0	4 43	3 53	5 28	8 50	28 5
19	19 30	2 10	3 56	4 45	3 49	5 32	8 50	28 3
24	19 24	2 16	3 52	4 48	3 45	5 36	8 50D	28 0
MAR 1	19 18	2 22	3 48	4 51	3 41	5 40	8 50	27 57
6	19 12	2 29	3 45	4 54	3 38	5 44	8 51	27 53
11	19 7	2 35	3 42	4 58	3 34	5 49	8 52	27 50
16	19 2	2 41	3 39	5 2	3 30	5 53	8 53	27 47
21	18 57	2 48	3 37	5 6	3 27	5 57	8 55	27 43
26	18 53	2 54	3 35	5 10	3 24	6 2	8 57	27 40
31	18 49	3 1	3 33	5 15	3 21	6 6	8 59	27 37
APR 5	18 45	3 7	3 32	5 19	3 18	6 11	9 1	27 34
10	18 43	3 14	3 31	5 24	3 15	6 15	9 4	27 31
15	18 40	3 20	3 31	5 29	3 13	6 20	9 7	27 28
20	18 39	3 26	3 31D	5 34	3 11	6 24	9 10	27 25
25	18 38	3 32	3 31	5 39	3 9	6 28	9 14	27 22
30	18 37	3 38	3 32	5 44	3 8	6 32	9 17	27 20
MAY 5	18 37D	3 43	3 33	5 49	3 6	6 36	9 21	27 17
10	18 38	3 48	3 35	5 54	3 6	6 40	9 25	27 15
15	18 40	3 53	3 37	5 59	3 5	6 43	9 29	27 14
20	18 41	3 57	3 39	6 4	3 5D	6 46	9 33	27 12
25	18 44	4 1	3 42	6 8	3 6	6 49	9 37	27 11
30	18 47	4 5	3 46	6 13	3 6	6 51	9 41	27 10
JUN 4	18 51	4 8	3 49	6 17	3 7	6 54	9 46	27 9
9	18 55	4 11	3 53	6 21	3 9	6 56	9 50	27 9
14	19 0	4 13	3 57	6 25	3 10	6 57	9 54	27 9D
19	19 5	4 15	4 1	6 28	3 12	6 59	9 58	27 9
24	19 10	4 16	4 6	6 32	3 15	7 0	10 2	27 9
29	19 16	4 17	4 11	6 35	3 17	7 0	10 6	27 10
JUL 4	19 23	4 17	4 16	6 37	3 20	7 1	10 9	27 11
9	19 30	4 17R	4 21	6 40	3 23	7 1R	10 13	27 13
14	19 37	4 17	4 26	6 41	3 27	7 0	10 16	27 15
19	19 44	4 15	4 32	6 43	3 30	7 0	10 20	27 17
24	19 52	4 14	4 37	6 44	3 34	6 59	10 23	27 19
29	19 59	4 12	4 43	6 45	3 38	6 57	10 25	27 21
AUG 3	20 7	4 10	4 48	6 46	3 43	6 56	10 28	27 24
8	20 15	4 7	4 54	6 46R	3 47	6 54	10 30	27 27
13	20 23	4 4	4 59	6 45	3 51	6 52	10 32	27 30
18	20 31	4 0	5 4	6 45	3 56	6 49	10 33	27 33
23	20 39	3 56	5 9	6 44	4 1	6 47	10 35	27 37
28	20 47	3 52	5 14	6 42	4 5	6 44	10 36	27 41
SEP 2	20 55	3 48	5 19	6 41	4 10	6 41	10 36	27 44
7	21 3	3 43	5 24	6 38	4 14	6 37	10 37	27 48
12	21 10	3 38	5 28	6 36	4 19	6 34	10 37R	27 52
17	21 17	3 33	5 32	6 33	4 23	6 30	10 36	27 56
22	21 24	3 28	5 36	6 30	4 28	6 27	10 36	28 0
27	21 31	3 23	5 39	6 27	4 32	6 23	10 35	28 4
OCT 2	21 37	3 18	5 42	6 24	4 36	6 20	10 33	28 8
7	21 43	3 13	5 45	6 20	4 40	6 16	10 32	28 12
12	21 48	3 8	5 47	6 16	4 44	6 12	10 30	28 16
17	21 52	3 3	5 49	6 12	4 47	6 9	10 28	28 20
22	21 56	2 59	5 51	6 8	4 50	6 5	10 26	28 23
27	22 0	2 54	5 52	6 4	4 53	6 2	10 23	28 27
NOV 1	22 3	2 50	5 52	6 0	4 55	5 59	10 20	28 30
6	22 6	2 46	5 52R	5 56	4 58	5 56	10 17	28 33
11	22 7	2 43	5 52	5 52	5 0	5 53	10 14	28 36
16	22 9	2 40	5 51	5 48	5 1	5 51	10 11	28 39
21	22 9	2 37	5 50	5 44	5 2	5 49	10 7	28 41
26	22 9R	2 35	5 49	5 41	5 3	5 47	10 4	28 43
DEC 1	22 9	2 33	5 47	5 37	5 3	5 45	10 1	28 45
6	22 7	2 32	5 44	5 34	5 3R	5 44	9 57	28 46
11	22 5	2 31	5 42	5 31	5 3	5 43	9 54	28 47
16	22 3	2 30	5 39	5 29	5 2	5 43	9 50	28 48
21	22 0	2 31D	5 36	5 26	5 1	5 42	9 47	28 49
26	21 56	2 31	5 32	5 24	5 0	5 43D	9 44	28 49
31	21♌ 52	2♈ 33	5♌ 28	5♉ 22	4♍ 58	5♈ 43	9♊ 41	28♍ 49R
STATIONS	MAY 1	JUL 5	APR 17	JAN 18	MAY 18	JUL 6	FEB 22	JUN 12
	NOV 23	DEC 16	NOV 5	AUG 6	DEC 4	DEC 21	SEP 9	DEC 27

1926

	Cupido	Hades	Zeus	Kronos	Apollon	Admetos	Vulkanus	Poseidon
JAN 5	21♌ 48R	2♈ 34	5♌ 24R	5♉ 21R	4♍ 56R	5♈ 44	9♊ 38R	28♍ 49R
10	21 43	2 37	5 20	5 20	4 54	5 45	9 35	28 48
15	21 37	2 39	5 16	5 20	4 51	5 47	9 32	28 47
20	21 32	2 42	5 11	5 19D	4 48	5 49	9 30	28 46
25	21 26	2 46	5 7	5 20	4 45	5 51	9 28	28 44
30	21 20	2 50	5 2	5 20	4 42	5 54	9 26	28 42
FEB 4	21 14	2 55	4 58	5 21	4 38	5 56	9 25	28 40
9	21 7	2 59	4 53	5 23	4 35	6 0	9 24	28 38
14	21 1	3 5	4 49	5 25	4 31	6 3	9 23	28 35
19	20 55	3 10	4 45	5 27	4 27	6 7	9 23	28 32
24	20 49	3 16	4 41	5 30	4 23	6 10	9 23D	28 29
MAR 1	20 42	3 22	4 37	5 32	4 20	6 14	9 23	28 26
6	20 37	3 28	4 34	5 36	4 16	6 19	9 24	28 23
11	20 31	3 34	4 31	5 39	4 12	6 23	9 24	28 20
16	20 26	3 41	4 28	5 43	4 9	6 27	9 26	28 16
21	20 21	3 47	4 26	5 47	4 5	6 32	9 27	28 13
26	20 17	3 54	4 23	5 51	4 2	6 36	9 29	28 10
31	20 13	4 0	4 22	5 56	3 59	6 41	9 31	28 6
APR 5	20 9	4 7	4 20	6 1	3 56	6 45	9 34	28 3
10	20 6	4 13	4 19	6 5	3 53	6 50	9 36	28 0
15	20 4	4 20	4 19	6 10	3 51	6 54	9 39	27 57
20	20 2	4 26	4 19D	6 15	3 49	6 58	9 43	27 54
25	20 1	4 32	4 19	6 20	3 47	7 3	9 46	27 52
30	20 0	4 37	4 20	6 25	3 45	7 7	9 50	27 49
MAY 5	20 0D	4 43	4 21	6 30	3 44	7 10	9 53	27 47
10	20 1	4 48	4 23	6 35	3 43	7 14	9 57	27 45
15	20 2	4 53	4 25	6 40	3 43	7 17	10 1	27 43
20	20 4	4 57	4 27	6 45	3 43D	7 21	10 5	27 41
25	20 6	5 1	4 30	6 49	3 43	7 24	10 9	27 40
30	20 9	5 5	4 33	6 54	3 44	7 26	10 13	27 39
JUN 4	20 12	5 8	4 36	6 58	3 45	7 28	10 18	27 38
9	20 16	5 11	4 40	7 2	3 46	7 31	10 22	27 38
14	20 21	5 14	4 44	7 6	3 47	7 32	10 26	27 38D
19	20 26	5 15	4 49	7 10	3 49	7 34	10 30	27 38
24	20 31	5 17	4 53	7 13	3 52	7 35	10 34	27 38
29	20 37	5 18	4 58	7 16	3 54	7 35	10 38	27 39
JUL 4	20 44	5 18	5 3	7 19	3 57	7 36	10 42	27 40
9	20 50	5 18R	5 8	7 21	4 0	7 36R	10 45	27 42
14	20 57	5 18	5 13	7 23	4 4	7 36	10 49	27 43
19	21 4	5 17	5 19	7 25	4 7	7 35	10 52	27 45
24	21 12	5 15	5 24	7 26	4 11	7 34	10 55	27 48
29	21 20	5 14	5 30	7 27	4 15	7 33	10 57	27 50
AUG 3	21 27	5 11	5 35	7 28	4 19	7 31	11 0	27 53
8	21 35	5 9	5 41	7 28R	4 24	7 29	11 2	27 56
13	21 43	5 5	5 46	7 28	4 28	7 27	11 4	27 59
18	21 52	5 2	5 51	7 27	4 33	7 25	11 6	28 2
23	22 0	4 58	5 57	7 26	4 37	7 22	11 7	28 6
28	22 7	4 54	6 2	7 25	4 42	7 19	11 8	28 9
SEP 2	22 15	4 50	6 6	7 23	4 47	7 16	11 9	28 13
7	22 23	4 45	6 11	7 21	4 51	7 13	11 9	28 17
12	22 31	4 40	6 15	7 19	4 56	7 10	11 9R	28 21
17	22 38	4 35	6 19	7 16	5 0	7 6	11 9	28 25
22	22 45	4 30	6 23	7 13	5 5	7 3	11 8	28 29
27	22 51	4 25	6 27	7 10	5 9	6 59	11 8	28 33
OCT 2	22 58	4 20	6 30	7 6	5 13	6 55	11 6	28 37
7	23 3	4 15	6 33	7 3	5 17	6 52	11 5	28 41
12	23 9	4 10	6 35	6 59	5 21	6 48	11 3	28 44
17	23 14	4 5	6 37	6 55	5 24	6 44	11 1	28 48
22	23 18	4 1	6 38	6 51	5 27	6 41	10 59	28 52
27	23 22	3 56	6 40	6 47	5 30	6 38	10 56	28 55
NOV 1	23 25	3 52	6 40	6 43	5 33	6 35	10 53	28 59
6	23 28	3 48	6 41	6 39	5 35	6 32	10 50	29 2
11	23 30	3 45	6 40R	6 35	5 37	6 29	10 47	29 5
16	23 31	3 41	6 40	6 31	5 38	6 26	10 44	29 7
21	23 32	3 39	6 39	6 27	5 40	6 24	10 41	29 10
26	23 32R	3 36	6 37	6 24	5 40	6 22	10 37	29 12
DEC 1	23 32	3 34	6 35	6 20	5 41	6 21	10 34	29 14
6	23 31	3 33	6 33	6 17	5 41R	6 19	10 30	29 15
11	23 29	3 32	6 31	6 14	5 41	6 18	10 27	29 16
16	23 27	3 31	6 28	6 11	5 40	6 18	10 23	29 17
21	23 24	3 32D	6 24	6 9	5 39	6 17	10 20	29 18
26	23 20	3 32	6 21	6 7	5 38	6 18D	10 17	29 18
31	23♌ 16	3♈ 33	6♌ 17	6♉ 5	5♍ 36	6♈ 18	10♊ 14	29♍ 18R
STATIONS	MAY 2	JUL 6	APR 18	JAN 19	MAY 19	JUL 7	FEB 22	JUN 13
	NOV 24	DEC 17	NOV 6	AUG 7	DEC 4	DEC 22	SEP 10	DEC 27

1927

	♃	♄	⚷	⚳	♃	♆	⚴	⚸
JAN 5	23♌ 12R	3♈ 35	6♌ 13R	6♉ 3R	5♍ 34R	6♈ 19	10♊ 11R	29♍ 18R
10	23 7	3 37	6 9	6 2	5 32	6 20	10 8	29 17
15	23 2	3 40	6 5	6 2	5 29	6 22	10 5	29 16
20	22 56	3 43	6 0	6 2	5 26	6 23	10 3	29 15
25	22 51	3 46	5 56	6 2D	5 23	6 26	10 1	29 13
30	22 45	3 50	5 51	6 2	5 20	6 28	9 59	29 11
FEB 4	22 38	3 54	5 47	6 3	5 17	6 31	9 58	29 9
9	22 32	3 59	5 42	6 5	5 13	6 34	9 57	29 7
14	22 26	4 4	5 38	6 6	5 9	6 37	9 56	29 4
19	22 20	4 10	5 34	6 9	5 5	6 41	9 56	29 2
24	22 13	4 15	5 30	6 11	5 2	6 45	9 55D	28 59
MAR 1	22 7	4 21	5 26	6 14	4 58	6 49	9 56	28 56
6	22 1	4 27	5 23	6 17	4 54	6 53	9 56	28 53
11	21 56	4 34	5 20	6 21	4 50	6 57	9 57	28 49
16	21 50	4 40	5 17	6 24	4 47	7 2	9 58	28 46
21	21 45	4 47	5 14	6 28	4 43	7 6	10 0	28 43
26	21 41	4 53	5 12	6 33	4 40	7 11	10 2	28 39
31	21 37	5 0	5 10	6 37	4 37	7 15	10 4	28 36
APR 5	21 33	5 6	5 9	6 42	4 34	7 20	10 6	28 33
10	21 30	5 13	5 8	6 46	4 31	7 24	10 9	28 30
15	21 27	5 19	5 7	6 51	4 29	7 28	10 12	28 27
20	21 24	5 25	5 7D	6 56	4 26	7 33	10 15	28 24
25	21 24	5 31	5 7	7 1	4 25	7 37	10 18	28 21
30	21 23	5 37	5 8	7 6	4 23	7 41	10 22	28 19
MAY 5	21 23D	5 42	5 9	7 11	4 22	7 45	10 25	28 16
10	21 23	5 48	5 11	7 16	4 21	7 49	10 29	28 14
15	21 24	5 53	5 13	7 21	4 20	7 52	10 33	28 12
20	21 26	5 57	5 15	7 26	4 20D	7 55	10 37	28 11
25	21 28	6 1	5 17	7 31	4 20	7 58	10 41	28 9
30	21 31	6 5	5 21	7 35	4 21	8 1	10 45	28 8
JUN 4	21 34	6 9	5 24	7 40	4 22	8 3	10 50	28 7
9	21 38	6 11	5 28	7 44	4 23	8 5	10 54	28 7
14	21 42	6 14	5 32	7 48	4 25	8 7	10 58	28 7
19	21 47	6 16	5 36	7 51	4 27	8 9	11 2	28 7D
24	21 52	6 18	5 40	7 55	4 29	8 10	11 6	28 7
29	21 58	6 19	5 45	7 58	4 31	8 10	11 10	28 8
JUL 4	22 4	6 19	5 50	8 0	4 34	8 11	11 14	28 9
9	22 11	6 19R	5 55	8 3	4 37	8 11R	11 17	28 11
14	22 18	6 19	6 1	8 5	4 41	8 11	11 21	28 12
19	22 25	6 18	6 6	8 7	4 44	8 10	11 24	28 14
24	22 32	6 17	6 11	8 8	4 48	8 9	11 27	28 16
29	22 40	6 15	6 17	8 9	4 52	8 8	11 30	28 19
AUG 3	22 48	6 13	6 22	8 10	4 56	8 7	11 32	28 21
8	22 56	6 10	6 28	8 10	5 1	8 5	11 35	28 24
13	23 4	6 7	6 33	8 10R	5 5	8 3	11 37	28 27
18	23 12	6 4	6 38	8 9	5 9	8 0	11 38	28 31
23	23 20	6 0	6 44	8 8	5 14	7 58	11 40	28 34
28	23 28	5 56	6 49	8 7	5 19	7 55	11 41	28 38
SEP 2	23 36	5 52	6 54	8 5	5 23	7 52	11 41	28 41
7	23 43	5 47	6 58	8 3	5 28	7 49	11 42	28 45
12	23 51	5 43	7 3	8 1	5 33	7 45	11 42R	28 49
17	23 58	5 38	7 7	7 59	5 37	7 42	11 42	28 53
22	24 5	5 33	7 11	7 56	5 41	7 38	11 41	28 57
27	24 12	5 28	7 14	7 53	5 46	7 35	11 40	29 1
OCT 2	24 18	5 23	7 17	7 49	5 50	7 31	11 39	29 5
7	24 24	5 18	7 20	7 46	5 54	7 27	11 38	29 9
12	24 30	5 13	7 23	7 42	5 57	7 24	11 36	29 13
17	24 35	5 8	7 25	7 38	6 1	7 20	11 34	29 17
22	24 39	5 3	7 26	7 34	6 4	7 17	11 32	29 20
27	24 43	4 58	7 28	7 30	6 7	7 13	11 29	29 24
NOV 1	24 47	4 54	7 28	7 26	6 10	7 10	11 27	29 27
6	24 50	4 50	7 29	7 22	6 12	7 7	11 24	29 30
11	24 52	4 47	7 29R	7 18	6 14	7 4	11 21	29 33
16	24 54	4 43	7 28	7 14	6 16	7 2	11 17	29 36
21	24 55	4 40	7 27	7 10	6 17	7 0	11 14	29 38
26	24 55	4 38	7 26	7 6	6 18	6 58	11 11	29 41
DEC 1	24 55R	4 36	7 24	7 3	6 18	6 56	11 7	29 42
6	24 54	4 34	7 22	6 59	6 18	6 55	11 4	29 44
11	24 52	4 33	7 19	6 56	6 18	6 54	11 0	29 45
16	24 50	4 33	7 17	6 54	6 18	6 53	10 57	29 46
21	24 48	4 33D	7 13	6 51	6 17	6 53	10 53	29 47
26	24 44	4 33	7 10	6 49	6 16	6 53D	10 50	29 47
31	24♌ 41	4♈ 34	7♌ 6	6♉ 47	6♍ 14	6♈ 53	10♊ 47	29♍ 47R
STATIONS	MAY 4	JUL 7	APR 19	JAN 20	MAY 19	JUL 8	FEB 23	JUN 14
	NOV 26	DEC 19	NOV 7	AUG 8	DEC 5	DEC 22	SEP 11	DEC 28

	♃	♄	⚷	⚴	♅	♆	♇	♓
JAN 5	24Ω 36R	4♈ 35	7Ω 2R	6♉ 46R	6♏ 12R	6♍ 54	10Ⅱ 44R	29♋ 47R
10	24 32	4 37	6 58	6 45	6 10	6 55	10 41	29 46
15	24 27	4 40	6 54	6 44	6 7	6 56	10 39	29 45
20	24 21	4 43	6 49	6 44	6 4	7 0	10 36	29 44
25	24 15	4 46	6 45	6 44D	6 1	7 0	10 34	29 43
30	24 9	4 50	6 40	6 44	5 58	7 3	10 32	29 41
FEB 4	24 3	4 54	6 36	6 45	5 55	7 6	10 31	29 39
9	23 57	4 59	6 32	6 46	5 51	7 9	10 30	29 36
14	23 51	5 4	6 27	6 48	5 47	7 12	10 29	29 34
19	23 44	5 9	6 23	6 50	5 44	7 16	10 28	29 31
24	23 38	5 15	6 19	6 53	5 40	7 19	10 28	29 28
29	23 32	5 21	6 15	6 55	5 36	7 23	10 28D	29 25
MAR 5	23 26	5 27	6 12	6 59	5 32	7 27	10 29	29 22
10	23 20	5 33	6 8	7 2	5 29	7 32	10 30	29 19
15	23 15	5 40	6 6	7 6	5 25	7 36	10 31	29 16
20	23 10	5 46	6 3	7 10	5 21	7 40	10 32	29 12
25	23 5	5 53	6 1	7 14	5 18	7 45	10 34	29 9
30	23 1	5 59	5 59	7 18	5 15	7 49	10 36	29 6
APR 4	22 57	6 6	5 57	7 23	5 12	7 54	10 38	29 2
9	22 54	6 12	5 56	7 28	5 9	7 58	10 41	28 59
14	22 51	6 18	5 56	7 32	5 7	8 3	10 44	28 56
19	22 49	6 25	5 55	7 37	5 4	8 7	10 47	28 53
24	22 47	6 31	5 55D	7 42	5 2	8 11	10 50	28 51
29	22 46	6 37	5 56	7 47	5 1	8 15	10 54	28 48
MAY 4	22 46	6 42	5 57	7 52	5 0	8 19	10 57	28 46
9	22 46D	6 47	5 58	7 57	4 59	8 23	11 1	28 43
14	22 47	6 52	6 0	8 2	4 58	8 26	11 5	28 42
19	22 48	6 57	6 3	8 7	4 58	8 30	11 9	28 40
24	22 50	7 1	6 5	8 12	4 58D	8 33	11 13	28 39
29	22 52	7 5	6 8	8 16	4 58	8 35	11 17	28 37
JUN 3	22 56	7 9	6 11	8 21	4 59	8 38	11 22	28 37
8	22 59	7 12	6 15	8 25	5 0	8 40	11 26	28 36
13	23 3	7 14	6 19	8 29	5 2	8 42	11 30	28 36
18	23 8	7 17	6 23	8 33	5 4	8 43	11 34	28 36D
23	23 13	7 18	6 28	8 36	5 6	8 45	11 38	28 36
28	23 19	7 19	6 32	8 39	5 8	8 45	11 42	28 37
JUL 3	23 25	7 20	6 37	8 42	5 11	8 46	11 46	28 38
8	23 31	7 20	6 42	8 44	5 14	8 46R	11 49	28 39
13	23 38	7 20R	6 48	8 47	5 18	8 46	11 53	28 41
18	23 45	7 20	6 53	8 48	5 21	8 45	11 56	28 43
23	23 53	7 18	6 58	8 50	5 25	8 45	11 59	28 45
28	24 0	7 17	7 4	8 51	5 29	8 43	12 2	28 47
AUG 2	24 8	7 15	7 9	8 52	5 33	8 42	12 5	28 50
7	24 16	7 12	7 15	8 52	5 37	8 40	12 7	28 53
12	24 24	7 9	7 20	8 52R	5 42	8 38	12 9	28 56
17	24 32	7 6	7 26	8 51	5 46	8 36	12 11	28 59
22	24 40	7 2	7 31	8 50	5 51	8 33	12 12	29 3
27	24 48	6 58	7 36	8 48	5 55	8 30	12 13	29 6
SEP 1	24 56	6 54	7 41	8 48	6 0	8 27	12 14	29 10
6	25 4	6 50	7 45	8 46	6 5	8 24	12 15	29 14
11	25 11	6 45	7 50	8 44	6 9	8 21	12 15	29 18
16	25 19	6 40	7 54	8 41	6 14	8 17	12 15R	29 22
21	25 26	6 35	7 58	8 38	6 18	8 14	12 14	29 26
26	25 33	6 30	8 2	8 35	6 23	8 10	12 13	29 30
OCT 1	25 39	6 25	8 5	8 32	6 27	8 7	12 12	29 34
5	25 45	6 20	8 8	8 28	6 31	8 3	12 11	29 38
11	25 51	6 15	8 10	8 25	6 34	7 59	12 9	29 42
16	25 56	6 10	8 13	8 21	6 38	7 56	12 7	29 45
21	26 1	6 5	8 14	8 17	6 41	7 52	12 5	29 49
26	26 5	6 1	8 16	8 13	6 44	7 49	12 2	29 52
31	26 9	5 56	8 16	8 9	6 47	7 46	12 0	29 56
NOV 5	26 12	5 52	8 17	8 5	6 49	7 43	11 57	29 59
10	26 14	5 48	8 17R	8 1	6 51	7 40	11 54	0♎ 2
15	26 16	5 45	8 16	7 57	6 53	7 37	11 51	0 5
20	26 17	5 42	8 16	7 53	6 54	7 35	11 47	0 7
25	26 18	5 39	8 14	7 49	6 55	7 33	11 44	0 9
30	26 18R	5 37	8 13	7 45	6 56	7 31	11 40	0 11
DEC 5	26 17	5 36	8 11	7 42	6 56	7 30	11 37	0 13
10	26 16	5 34	8 8	7 39	6 56R	7 29	11 33	0 14
15	26 14	5 34	8 5	7 36	6 55	7 28	11 30	0 15
20	26 11	5 34D	8 2	7 34	6 55	7 28	11 26	0 16
25	26 8	5 34	7 59	7 31	6 53	7 28D	11 23	0 16
30	26Ω 5	5♈ 35	7Ω 55	7♉ 29	6♍ 52	7♈ 28	11Ⅱ 20	0♎ 16R
STATIONS	MAY 5	JUL 8	APR 19	JAN 21	MAY 19	JUL 7	FEB 24	JUN 13
	NOV 27	DEC 19	NOV 7	AUG 8	DEC 5	DEC 22	SEP 11	DEC 28

1929

Date	Cupido	Hades	Zeus	Kronos	Apollon	Admetos	Vulkanus	Poseidon
JAN 4	26♌ 1R	5♈ 36	7♌ 51R	7♉ 28R	6♍ 50R	7♈ 29	11♊ 17R	0♎ 16R
9	25 56	5 38	7 47	7 27	6 48	7 30	11 14	0 16
14	25 51	5 40	7 43	7 26	6 45	7 31	11 12	0 15
19	25 46	5 43	7 38	7 26	6 42	7 33	11 9	0 13
24	25 40	5 46	7 34	7 26D	6 39	7 35	11 7	0 12
29	25 34	5 50	7 30	7 26	6 36	7 37	11 5	0 10
FEB 3	25 28	5 54	7 25	7 27	6 33	7 40	11 4	0 8
8	25 22	5 59	7 21	7 28	6 29	7 43	11 3	0 6
13	25 16	6 4	7 16	7 30	6 26	7 46	11 2	0 3
18	25 9	6 9	7 12	7 32	6 22	7 50	11 1	0 1
23	25 3	6 15	7 8	7 34	6 18	7 54	11 1	29♍ 58
28	24 57	6 20	7 4	7 37	6 14	7 58	11 1D	29 55
MAR 5	24 51	6 26	7 1	7 40	6 10	8 2	11 1	29 52
10	24 45	6 33	6 57	7 43	6 7	8 6	11 2	29 48
15	24 40	6 39	6 54	7 47	6 3	8 10	11 3	29 45
20	24 34	6 45	6 52	7 51	6 0	8 15	11 5	29 42
25	24 29	6 52	6 49	7 55	5 56	8 19	11 6	29 39
30	24 25	6 59	6 47	7 59	5 53	8 24	11 8	29 35
APR 4	24 21	7 5	6 46	8 4	5 50	8 28	11 11	29 32
9	24 18	7 12	6 45	8 9	5 47	8 33	11 13	29 29
14	24 15	7 18	6 44	8 14	5 45	8 37	11 16	29 26
19	24 12	7 24	6 43	8 18	5 42	8 42	11 19	29 23
24	24 10	7 30	6 44D	8 23	5 40	8 46	11 22	29 20
29	24 9	7 36	6 44	8 28	5 39	8 50	11 26	29 17
MAY 4	24 9	7 42	6 45	8 33	5 37	8 54	11 30	29 15
9	24 9D	7 47	6 46	8 38	5 36	8 57	11 33	29 13
14	24 9	7 52	6 48	8 43	5 36	9 1	11 37	29 11
19	24 10	7 57	6 50	8 48	5 36	9 4	11 41	29 9
24	24 12	8 1	6 53	8 53	5 35D	9 7	11 45	29 8
29	24 14	8 5	6 56	8 58	5 36	9 10	11 50	29 7
JUN 3	24 17	8 9	6 59	9 2	5 37	9 13	11 54	29 6
8	24 21	8 12	7 2	9 6	5 38	9 15	11 58	29 5
13	24 25	8 15	7 6	9 10	5 39	9 17	12 2	29 5
18	24 29	8 17	7 10	9 14	5 41	9 18	12 6	29 5D
23	24 34	8 19	7 15	9 17	5 43	9 19	12 10	29 5
28	24 40	8 20	7 20	9 21	5 46	9 20	12 14	29 6
JUL 3	24 46	8 21	7 24	9 23	5 48	9 21	12 18	29 7
8	24 52	8 21	7 29	9 26	5 51	9 21	12 22	29 8
13	24 59	8 21R	7 35	9 28	5 55	9 21R	12 25	29 10
18	25 6	8 21	7 40	9 30	5 58	9 21	12 28	29 12
23	25 13	8 20	7 45	9 32	6 2	9 20	12 31	29 14
28	25 20	8 18	7 51	9 33	6 6	9 19	12 34	29 16
AUG 2	25 28	8 16	7 56	9 33	6 10	9 17	12 37	29 19
7	25 36	8 14	8 2	9 34	6 14	9 16	12 39	29 22
12	25 44	8 11	8 7	9 34R	6 18	9 14	12 41	29 25
17	25 52	8 8	8 13	9 33	6 23	9 11	12 43	29 28
22	26 0	8 4	8 18	9 33	6 28	9 9	12 45	29 31
27	26 8	8 0	8 23	9 32	6 32	9 6	12 46	29 35
SEP 1	26 16	7 56	8 28	9 30	6 37	9 3	12 47	29 39
6	26 24	7 52	8 33	9 28	6 41	9 0	12 47	29 42
11	26 32	7 47	8 37	9 26	6 46	8 57	12 47	29 46
16	26 39	7 42	8 41	9 24	6 51	8 53	12 47R	29 50
21	26 46	7 37	8 45	9 21	6 55	8 50	12 47	29 54
26	26 53	7 32	8 49	9 18	6 59	8 46	12 46	29 58
OCT 1	27 0	7 27	8 52	9 15	7 3	8 42	12 45	0♎ 2
6	27 6	7 22	8 55	9 11	7 7	8 39	12 44	0 6
11	27 12	7 17	8 58	9 7	7 11	8 35	12 42	0 10
16	27 17	7 12	9 0	9 4	7 15	8 31	12 40	0 14
21	27 22	7 7	9 2	9 0	7 18	8 28	12 38	0 18
26	27 26	7 3	9 4	8 56	7 21	8 25	12 35	0 21
31	27 30	6 58	9 4	8 52	7 24	8 21	12 33	0 24
NOV 5	27 34	6 54	9 5	8 48	7 26	8 18	12 30	0 28
10	27 36	6 50	9 5R	8 43	7 28	8 15	12 27	0 31
15	27 38	6 47	9 5	8 39	7 30	8 13	12 24	0 33
20	27 40	6 44	9 4	8 36	7 32	8 10	12 20	0 36
25	27 40	6 41	9 3	8 32	7 33	8 8	12 17	0 38
30	27 41R	6 39	9 1	8 28	7 33	8 7	12 14	0 40
DEC 5	27 40	6 37	8 59	8 25	7 34	8 5	12 10	0 42
10	27 39	6 36	8 57	8 22	7 34R	8 4	12 7	0 43
15	27 37	6 35	8 54	8 19	7 33	8 3	12 3	0 44
20	27 35	6 35	8 51	8 16	7 32	8 3	12 0	0 45
25	27 32	6 35D	8 48	8 14	7 31	8 3D	11 56	0 45
30	27♌ 29	6♈ 35	8♌ 44	8♉ 12	7♍ 30	8♈ 3	11♊ 53	0♎ 46R
STATIONS	MAY 6	JUL 9	APR 20	JAN 21	MAY 20	JUL 8	FEB 24	JUN 14
	NOV 28	DEC 20	NOV 8	AUG 9	DEC 6	DEC 23	SEP 11	DEC 28

	♃	⚷	⚴	⚵	♇	♆	⚳	⚶
JAN 4	27♌ 25R	6♈ 37	8♋ 40R	8♉ 10R	7♏ 28R	8♈ 4	11♊ 50R	0♎ 45R
9	27 20	6 38	8 36	8 9	7 26	8 5	11 47	0 45
14	27 15	6 41	8 32	8 8	7 23	8 6	11 45	0 44
19	27 10	6 43	8 28	8 8	7 21	8 8	11 42	0 43
24	27 5	6 47	8 23	8 8D	7 18	8 10	11 40	0 41
29	26 59	6 50	8 19	8 8	7 14	8 12	11 38	0 40
FEB 3	26 53	6 54	8 14	8 9	7 11	8 15	11 37	0 38
8	26 47	6 59	8 10	8 10	7 7	8 18	11 35	0 35
13	26 40	7 4	8 5	8 12	7 4	8 21	11 34	0 33
18	26 34	7 9	8 1	8 13	7 0	8 24	11 34	0 30
23	26 28	7 14	7 57	8 16	6 56	8 28	11 34	0 27
28	26 22	7 20	7 53	8 18	6 52	8 32	11 34D	0 24
MAR 5	26 16	7 26	7 50	8 21	6 49	8 36	11 34	0 21
10	26 10	7 32	7 46	8 25	6 45	8 40	11 35	0 18
15	26 4	7 38	7 43	8 28	6 41	8 45	11 36	0 15
20	25 59	7 45	7 40	8 32	6 38	8 49	11 37	0 11
25	25 54	7 51	7 38	8 36	6 34	8 54	11 39	0 8
30	25 49	7 58	7 36	8 41	6 31	8 58	11 41	0 5
APR 4	25 45	8 4	7 34	8 45	6 28	9 3	11 43	0 2
9	25 42	8 11	7 33	8 50	6 25	9 7	11 45	29♍ 58
14	25 38	8 17	7 32	8 55	6 23	9 12	11 48	29 55
19	25 36	8 24	7 32	9 0	6 20	9 16	11 51	29 52
24	25 34	8 30	7 32D	9 5	6 18	9 20	11 55	29 50
29	25 32	8 36	7 32	9 10	6 17	9 24	11 58	29 47
MAY 4	25 32	8 41	7 33	9 15	6 15	9 28	12 2	29 45
9	25 31D	8 47	7 34	9 20	6 14	9 32	12 5	29 42
14	25 32	8 52	7 36	9 25	6 13	9 35	12 9	29 40
19	25 33	8 57	7 38	9 29	6 13	9 39	12 13	29 39
24	25 34	9 1	7 40	9 34	6 13D	9 42	12 17	29 37
29	25 36	9 5	7 43	9 39	6 13	9 45	12 22	29 36
JUN 3	25 39	9 9	7 46	9 43	6 14	9 47	12 26	29 35
8	25 42	9 12	7 50	9 47	6 15	9 50	12 30	29 34
13	25 46	9 15	7 54	9 51	6 17	9 51	12 34	29 34
18	25 51	9 18	7 58	9 55	6 18	9 53	12 38	29 34D
23	25 55	9 20	8 2	9 59	6 20	9 54	12 42	29 35
28	26 1	9 21	8 7	10 2	6 23	9 55	12 46	29 35
JUL 3	26 7	9 22	8 12	10 5	6 25	9 56	12 50	29 36
8	26 13	9 22	8 17	10 8	6 28	9 56	12 54	29 37
13	26 19	9 22R	8 22	10 10	6 31	9 56R	12 57	29 39
18	26 26	9 22	8 27	10 12	6 35	9 56	13 1	29 41
23	26 33	9 21	8 32	10 13	6 39	9 55	13 4	29 43
28	26 41	9 20	8 38	10 15	6 43	9 54	13 7	29 45
AUG 2	26 48	9 18	8 43	10 15	6 47	9 53	13 9	29 47
7	26 56	9 16	8 49	10 16	6 51	9 51	13 12	29 50
12	27 4	9 13	8 54	10 16R	6 55	9 49	13 14	29 53
17	27 12	9 10	9 0	10 16	7 0	9 47	13 16	29 57
22	27 20	9 6	9 5	10 15	7 4	9 44	13 17	0♎ 0
27	27 28	9 3	9 10	10 14	7 9	9 42	13 18	0 3
SEP 1	27 36	8 58	9 15	10 12	7 14	9 39	13 19	0 7
6	27 44	8 54	9 20	10 11	7 18	9 35	13 20	0 11
11	27 52	8 49	9 24	10 9	7 23	9 32	13 20	0 15
16	27 59	8 45	9 29	10 6	7 27	9 29	13 20R	0 19
21	28 7	8 40	9 33	10 3	7 32	9 25	13 20	0 23
26	28 14	8 35	9 37	10 1	7 36	9 22	13 19	0 27
OCT 1	28 20	8 30	9 40	9 57	7 40	9 18	13 18	0 31
6	28 27	8 25	9 43	9 54	7 44	9 14	13 17	0 35
11	28 33	8 20	9 46	9 50	7 48	9 11	13 15	0 39
16	28 38	8 15	9 48	9 46	7 52	9 7	13 13	0 42
21	28 43	8 10	9 50	9 43	7 55	9 4	13 11	0 46
26	28 48	8 5	9 51	9 38	7 58	9 0	13 9	0 50
31	28 52	8 1	9 53	9 34	8 1	8 57	13 6	0 53
NOV 5	28 55	7 56	9 53	9 30	8 4	8 54	13 3	0 56
10	28 58	7 52	9 53R	9 26	8 6	8 51	13 0	0 59
15	29 0	7 49	9 53	9 22	8 8	8 48	12 57	1 2
20	29 2	7 46	9 52	9 18	8 9	8 46	12 54	1 5
25	29 3	7 43	9 51	9 15	8 10	8 44	12 50	1 7
30	29 3	7 40	9 50	9 11	8 11	8 42	12 47	1 9
DEC 5	29 3R	7 38	9 48	9 7	8 11	8 40	12 43	1 11
10	29 2	7 37	9 46	9 4	8 11R	8 39	12 40	1 12
15	29 1	7 36	9 43	9 1	8 11	8 38	12 36	1 13
20	28 59	7 36	9 40	8 59	8 10	8 38	12 33	1 14
25	28 56	7 36D	9 37	8 56	8 9	8 38D	12 30	1 15
30	28♌ 53	7♈ 36	9♌ 33	8♉ 54	8♏ 8	8♈ 38	12♊ 26	1♎ 15R
STATIONS	MAY 8 NOV 30	JUL 10 DEC 21	APR 21 NOV 9	JAN 22 AUG 10	MAY 21 DEC 7	JUL 9 DEC 24	FEB 25 SEP 12	JUN 15 DEC 29

1931

	♃	⚸	⚵	⚶	⚴	♆	⚷	⚹
JAN 4	28♌49R	7♈37	9♌29R	8♉53R	8♍6R	8♈39	12♊23R	1♎14R
9	28 45	7 39	9 25	8 51	8 4	8 40	12 20	1 14
14	28 40	7 41	9 21	8 50	8 1	8 41	12 18	1 13
19	28 35	7 44	9 17	8 50	7 59	8 42	12 15	1 12
24	28 29	7 47	9 12	8 50D	7 56	8 44	12 13	1 11
29	28 24	7 50	9 8	8 50	7 53	8 47	12 11	1 9
FEB 3	28 18	7 54	9 3	8 51	7 49	8 49	12 10	1 7
8	28 12	7 59	8 59	8 52	7 46	8 52	12 8	1 5
13	28 5	8 3	8 55	8 53	7 42	8 56	12 7	1 2
18	27 59	8 8	8 50	8 55	7 38	8 59	12 7	1 0
23	27 53	8 14	8 46	8 57	7 35	9 3	12 6	0 57
28	27 46	8 20	8 42	9 0	7 31	9 6	12 6D	0 54
MAR 5	27 40	8 25	8 39	9 3	7 27	9 11	12 7	0 51
10	27 34	8 32	8 35	9 6	7 23	9 15	12 7	0 48
15	27 29	8 38	8 32	9 10	7 19	9 19	12 8	0 44
20	27 23	8 44	8 29	9 13	7 16	9 23	12 9	0 41
25	27 18	8 51	8 27	9 18	7 12	9 28	12 11	0 38
30	27 14	8 57	8 25	9 22	7 9	9 32	12 13	0 34
APR 4	27 9	9 4	8 23	9 26	7 6	9 37	12 15	0 31
9	27 6	9 10	8 21	9 31	7 3	9 41	12 18	0 28
14	27 2	9 17	8 21	9 36	7 1	9 46	12 20	0 25
19	26 59	9 23	8 20	9 41	6 58	9 50	12 23	0 22
24	26 57	9 29	8 20D	9 46	6 56	9 55	12 27	0 19
29	26 56	9 35	8 20	9 51	6 54	9 59	12 30	0 16
MAY 4	26 55	9 41	8 21	9 56	6 53	10 3	12 34	0 14
9	26 54	9 47	8 22	10 1	6 52	10 6	12 37	0 12
14	26 54D	9 52	8 24	10 6	6 51	10 10	12 41	0 10
19	26 55	9 57	8 26	10 11	6 51	10 13	12 45	0 8
24	26 56	10 1	8 28	10 15	6 51D	10 16	12 49	0 6
29	26 58	10 5	8 31	10 20	6 51	10 19	12 54	0 5
JUN 3	27 1	10 9	8 34	10 24	6 51	10 22	12 58	0 4
8	27 4	10 13	8 37	10 29	6 52	10 24	13 2	0 4
13	27 8	10 16	8 41	10 33	6 54	10 26	13 6	0 3
18	27 12	10 18	8 45	10 37	6 55	10 28	13 10	0 3D
23	27 17	10 20	8 49	10 40	6 57	10 29	13 14	0 4
28	27 22	10 22	8 54	10 43	7 0	10 30	13 18	0 4
JUL 3	27 27	10 23	8 59	10 46	7 2	10 31	13 22	0 5
8	27 33	10 23	9 4	10 49	7 5	10 31	13 26	0 6
13	27 40	10 24R	9 9	10 52	7 8	10 31R	13 29	0 8
18	27 47	10 23	9 14	10 54	7 12	10 31	13 33	0 9
23	27 54	10 22	9 20	10 55	7 16	10 30	13 36	0 11
28	28 1	10 21	9 25	10 56	7 19	10 29	13 39	0 14
AUG 2	28 9	10 19	9 30	10 57	7 23	10 28	13 41	0 16
7	28 16	10 17	9 36	10 58	7 28	10 26	13 44	0 19
12	28 24	10 15	9 41	10 58R	7 32	10 24	13 46	0 22
17	28 32	10 12	9 47	10 58	7 37	10 22	13 48	0 25
22	28 40	10 8	9 52	10 57	7 41	10 20	13 50	0 28
27	28 48	10 5	9 57	10 56	7 46	10 17	13 51	0 32
SEP 1	28 56	10 1	10 2	10 55	7 50	10 14	13 52	0 36
6	29 4	9 56	10 7	10 53	7 55	10 11	13 52	0 39
11	29 12	9 52	10 12	10 51	8 0	10 8	13 53	0 43
16	29 20	9 47	10 16	10 49	8 4	10 4	13 53R	0 47
21	29 27	9 42	10 20	10 46	8 9	10 1	13 52	0 51
26	29 34	9 37	10 24	10 43	8 13	9 57	13 52	0 55
OCT 1	29 41	9 32	10 28	10 40	8 17	9 54	13 51	0 59
6	29 48	9 27	10 31	10 37	8 21	9 50	13 50	1 3
11	29 54	9 22	10 33	10 33	8 25	9 46	13 48	1 7
16	29 59	9 17	10 36	10 29	8 29	9 43	13 46	1 11
21	0♍5	9 12	10 38	10 25	8 32	9 39	13 44	1 15
26	0 9	9 7	10 39	10 21	8 35	9 36	13 42	1 18
31	0 13	9 3	10 41	10 17	8 38	9 33	13 39	1 22
NOV 5	0 17	8 58	10 41	10 13	8 41	9 29	13 36	1 25
10	0 20	8 54	10 42	10 9	8 43	9 27	13 33	1 28
15	0 23	8 51	10 41R	10 5	8 45	9 24	13 30	1 31
20	0 24	8 47	10 41	10 1	8 46	9 21	13 27	1 33
25	0 26	8 45	10 40	9 57	8 47	9 19	13 23	1 36
30	0 26	8 42	10 38	9 54	8 48	9 17	13 20	1 38
DEC 5	0 26R	8 40	10 37	9 50	8 49	9 16	13 17	1 40
10	0 25	8 38	10 34	9 47	8 49R	9 14	13 13	1 41
15	0 24	8 37	10 32	9 44	8 48	9 14	13 10	1 42
20	0 22	8 37	10 29	9 41	8 48	9 13	13 6	1 43
25	0 20	8 37D	10 26	9 39	8 47	9 13	13 3	1 44
30	0♍17	8♈37	10♌22	9♉37	8 45	9♈13D	13♊0	1♎44
STATIONS	MAY 10	JUL 11	APR 22	JAN 23	MAY 22	JUL 10	FEB 25	JUN 16
	DEC 1	DEC 23	NOV 10	AUG 11	DEC 8	DEC 25	SEP 13	DEC 9

	♃	♄	♅	♆	♇	⚷	⚸	⚵
JAN 4	0♍13R	8♉38	10♌18R	9♉35R	8♋44R	9♈14	12♊57R	1♎44R
9	0 9	8 40	10 14	9 34	8 42	9 14	12 54	1 43
14	0 4	8 42	10 10	9 33	8 39	9 16	12 51	1 42
19	29♌59	8 44	10 6	9 32	8 37	9 17	12 48	1 41
24	29 54	8 47	10 1	9 32D	8 34	9 19	12 46	1 40
29	29 48	8 50	9 57	9 32	8 31	9 21	12 44	1 38
FEB 3	29 42	8 54	9 52	9 33	8 27	9 24	12 43	1 36
8	29 36	8 59	9 48	9 34	8 24	9 27	12 41	1 34
13	29 30	9 3	9 44	9 35	8 20	9 30	12 40	1 32
18	29 24	9 8	9 39	9 37	8 17	9 33	12 39	1 29
23	29 18	9 14	9 35	9 39	8 13	9 37	12 39	1 26
28	29 11	9 19	9 31	9 41	8 9	9 41	12 39D	1 23
MAR 4	29 5	9 25	9 28	9 44	8 5	9 45	12 39	1 20
9	28 59	9 31	9 24	9 48	8 1	9 49	12 40	1 17
14	28 53	9 37	9 21	9 51	7 58	9 53	12 41	1 14
19	28 48	9 44	9 18	9 55	7 54	9 58	12 42	1 11
24	28 43	9 50	9 15	9 59	7 51	10 2	12 44	1 7
29	28 38	9 57	9 13	10 3	7 47	10 7	12 45	1 4
APR 3	28 33	10 3	9 11	10 8	7 44	10 11	12 48	1 1
8	28 30	10 10	9 10	10 12	7 41	10 16	12 50	0 57
13	28 26	10 16	9 9	10 17	7 39	10 20	12 53	0 54
18	28 23	10 23	9 8	10 22	7 36	10 25	12 56	0 51
23	28 21	10 29	9 8D	10 27	7 34	10 29	12 59	0 49
28	28 19	10 35	9 8	10 32	7 32	10 33	13 2	0 46
MAY 3	28 18	10 41	9 9	10 37	7 31	10 37	13 6	0 43
8	28 17	10 46	9 10	10 42	7 30	10 41	13 10	0 41
13	28 17D	10 51	9 12	10 47	7 29	10 44	13 13	0 39
18	28 18	10 56	9 13	10 52	7 28	10 48	13 17	0 37
23	28 19	11 1	9 16	10 56	7 28D	10 51	13 21	0 36
28	28 21	11 5	9 18	11 1	7 28	10 54	13 26	0 34
JUN 2	28 23	11 9	9 21	11 6	7 29	10 57	13 30	0 34
7	28 26	11 13	9 25	11 10	7 30	10 59	13 34	0 33
12	28 29	11 16	9 28	11 14	7 31	11 1	13 38	0 32
17	28 33	11 19	9 32	11 18	7 33	11 3	13 42	0 32D
22	28 38	11 21	9 37	11 22	7 35	11 4	13 46	0 33
27	28 43	11 22	9 41	11 25	7 37	11 5	13 50	0 33
JUL 2	28 48	11 24	9 46	11 28	7 39	11 6	13 54	0 34
7	28 54	11 24	9 51	11 31	7 42	11 6	13 58	0 35
12	29 0	11 25	9 56	11 33	7 45	11 6R	14 1	0 36
17	29 7	11 24R	10 1	11 35	7 49	11 6	14 5	0 38
22	29 14	11 24	10 7	11 37	7 52	11 5	14 8	0 40
27	29 21	11 23	10 12	11 38	7 56	11 5	14 11	0 42
AUG 1	29 29	11 21	10 17	11 39	8 0	11 3	14 14	0 45
6	29 37	11 19	10 23	11 40	8 4	11 2	14 16	0 48
11	29 44	11 16	10 28	11 40	8 9	11 0	14 18	0 51
16	29 52	11 13	10 34	11 40R	8 13	10 58	14 20	0 54
21	0♍0	11 10	10 39	11 39	8 18	10 55	14 22	0 57
26	0 9	11 7	10 44	11 38	8 22	10 53	14 23	1 1
31	0 17	11 3	10 49	11 37	8 27	10 50	14 24	1 4
SEP 5	0 25	10 58	10 54	11 36	8 32	10 47	14 25	1 8
10	0 32	10 54	10 59	11 34	8 36	10 43	14 25	1 12
15	0 40	10 49	11 3	11 31	8 41	10 40	14 26R	1 16
20	0 48	10 44	11 8	11 29	8 45	10 37	14 25	1 20
25	0 55	10 39	11 11	11 26	8 50	10 33	14 25	1 24
30	1 2	10 34	11 15	11 23	8 54	10 29	14 24	1 28
OCT 5	1 8	10 29	11 18	11 19	8 58	10 26	14 23	1 32
10	1 15	10 24	11 21	11 16	9 2	10 22	14 21	1 36
15	1 20	10 19	11 24	11 12	9 6	10 18	14 19	1 39
20	1 26	10 14	11 26	11 8	9 9	10 15	14 17	1 43
25	1 31	10 9	11 27	11 4	9 12	10 11	14 15	1 47
30	1 35	10 5	11 29	11 0	9 15	10 8	14 12	1 50
NOV 4	1 39	10 0	11 29	10 56	9 18	10 5	14 9	1 54
9	1 42	9 56	11 30	10 52	9 20	10 2	14 6	1 57
14	1 45	9 53	11 30R	10 48	9 22	9 59	14 3	2 0
19	1 47	9 49	11 29	10 44	9 24	9 57	14 0	2 2
24	1 48	9 46	11 28	10 40	9 25	9 55	13 57	2 5
29	1 49	9 44	11 27	10 36	9 26	9 53	13 53	2 7
DEC 4	1 49R	9 41	11 25	10 33	9 26	9 51	13 50	2 8
9	1 49	9 40	11 23	10 30	9 26R	9 50	13 46	2 10
14	1 47	9 39	11 21	10 26	9 26	9 49	13 43	2 11
19	1 46	9 38D	11 18	10 24	9 25	9 48	13 39	2 12
24	1 48	9 38	11 15	10 21	9 25	9 48	13 36	2 13
29	1♍40	9♈38	11♌11	10♉19	9♍23	9♈48D	13♊33	2♎13
STATIONS	MAY 10	JUL 12	APR 22	JAN 23	MAY 22	JUL 10	FEB 26	DEC 30
	DEC 2	DEC 23	NOV 10	AUG 11	DEC 8	DEC 25	SEP 13	JUN 15

1933

	♃		♄		♇		♅		♆		⚷		⚵		⚸	
JAN 3	1♍ 37R		9♈ 39		11♌ 7R		10♉ 17R		9♍ 22R		9♈ 48		13♊ 30R		2♎ 13R	
8	1 33		9 40		11 3		10 16		9 20		9 49		13 27		2 12	
13	1 29		9 42		10 59		10 15		9 17		9 51		13 24		2 12	
18	1 24		9 44		10 55		10 14		9 15		9 52		13 22		2 11	
23	1 19		9 47		10 51		10 14		9 12		9 54		13 19		2 9	
28	1 13		9 51		10 46		10 14D		9 9		9 56		13 17		2 8	
FEB 2	1 7		9 54		10 42		10 14		9 5		9 59		13 16		2 6	
7	1 1		9 58		10 37		10 15		9 2		10 2		13 14		2 4	
12	0 55		10 3		10 33		10 17		8 58		10 5		13 13		2 1	
17	0 49		10 8		10 28		10 18		8 55		10 8		13 12		1 59	
22	0 42		10 13		10 24		10 21		8 51		10 12		13 12		1 56	
27	0 36		10 19		10 20		10 23		8 47		10 15		13 12D		1 53	
MAR 4	0 30		10 25		10 16		10 26		8 43		10 19		13 12		1 50	
9	0 24		10 31		10 13		10 29		8 40		10 23		13 12		1 47	
14	0 18		10 37		10 10		10 32		8 36		10 28		13 13		1 43	
19	0 12		10 43		10 7		10 36		8 32		10 32		13 14		1 40	
24	0 7		10 50		10 4		10 40		8 29		10 37		13 16		1 37	
29	0 2		10 56		10 2		10 44		8 25		10 41		13 18		1 34	
APR 3	29♌ 58		11 3		10 0		10 49		8 22		10 46		13 20		1 30	
8	29 54		11 9		9 58		10 53		8 19		10 50		13 22		1 27	
13	29 50		11 16		9 57		10 58		8 17		10 55		13 25		1 24	
18	29 47		11 22		9 57		11 3		8 14		10 59		13 28		1 21	
23	29 44		11 28		9 56		11 8		8 12		11 3		13 31		1 18	
28	29 42		11 34		9 56D		11 13		8 10		11 7		13 34		1 15	
MAY 3	29 41		11 40		9 57		11 18		8 9		11 11		13 38		1 13	
8	29 40		11 46		9 58		11 23		8 7		11 15		13 42		1 11	
13	29 40D		11 51		9 59		11 28		8 6		11 19		13 46		1 8	
18	29 40		11 56		10 1		11 33		8 6		11 22		13 49		1 7	
23	29 41		12 1		10 3		11 38		8 6		11 26		13 54		1 5	
28	29 43		12 5		10 6		11 42		8 6D		11 29		13 58		1 4	
JUN 2	29 45		12 9		10 9		11 47		8 6		11 31		14 2		1 3	
7	29 48		12 13		10 12		11 51		8 7		11 34		14 6		1 2	
12	29 51		12 16		10 16		11 55		8 8		11 36		14 10		1 2	
17	29 55		12 19		10 20		11 59		8 10		11 38		14 14		1 1D	
22	29 59		12 21		10 24		12 3		8 12		11 39		14 18		1 2	
27	0♍ 4		12 23		10 28		12 6		8 14		11 40		14 22		1 2	
JUL 2	0 9		12 24		10 33		12 9		8 17		11 41		14 26		1 3	
7	0 15		12 25		10 38		12 12		8 19		11 41		14 30		1 4	
12	0 21		12 26		10 43		12 15		8 22		11 41R		14 34		1 5	
17	0 28		12 26R		10 48		12 17		8 26		11 41		14 37		1 7	
22	0 35		12 25		10 54		12 19		8 29		11 41		14 40		1 9	
27	0 42		12 24		10 59		12 20		8 33		11 40		14 43		1 11	
AUG 1	0 49		12 22		11 4		12 21		8 37		11 39		14 46		1 14	
6	0 57		12 20		11 10		12 22		8 41		11 37		14 49		1 16	
11	1 5		12 18		11 15		12 22		8 46		11 35		14 51		1 19	
16	1 13		12 15		11 21		12 22R		8 50		11 33		14 53		1 22	
21	1 21		12 12		11 26		12 22		8 55		11 31		14 54		1 26	
26	1 29		12 9		11 31		12 21		8 59		11 28		14 56		1 29	
31	1 37		12 5		11 37		12 19		9 4		11 25		14 57		1 33	
SEP 5	1 45		12 1		11 41		12 18		9 8		11 22		14 58		1 37	
10	1 53		11 56		11 46		12 16		9 13		11 19		14 58		1 40	
15	2 0		11 52		11 51		12 14		9 18		11 16		14 58R		1 44	
20	2 8		11 47		11 55		12 11		9 22		11 12		14 58		1 48	
25	2 15		11 42		11 59		12 8		9 27		11 9		14 57		1 52	
30	2 22		11 37		12 3		12 5		9 31		11 5		14 57		1 56	
OCT 5	2 29		11 32		12 6		12 2		9 35		11 1		14 55		2 0	
10	2 35		11 27		12 9		11 58		9 39		10 58		14 54		2 4	
15	2 41		11 21		12 11		11 55		9 43		10 54		14 52		2 8	
20	2 47		11 16		12 13		11 51		9 46		10 51		14 50		2 12	
25	2 52		11 12		12 15		11 47		9 49		10 47		14 48		2 15	
30	2 56		11 7		12 17		11 43		9 52		10 44		14 45		2 19	
NOV 4	3 0		11 3		12 17		11 39		9 55		10 41		14 43		2 22	
9	3 4		10 58		12 18		11 35		9 57		10 38		14 40		2 25	
14	3 7		10 55		12 18R		11 31		9 59		10 35		14 37		2 28	
19	3 9		10 51		12 18		11 27		10 1		10 32		14 33		2 31	
24	3 11		10 48		12 17		11 23		10 2		10 30		14 30		2 33	
29	3 11		10 45		12 15		11 19		10 3		10 28		14 27		2 35	
DEC 4	3 12		10 43		12 14		11 16		10 4		10 26		14 23		2 37	
9	3 12R		10 41		12 12		11 12		10 4		10 25		14 20		2 39	
14	3 11		10 40		12 9		11 9		10 4R		10 24		14 16		2 40	
19	3 9		10 39		12 7		11 6		10 3		10 23		14 13		2 41	
24	3 7		10 39		12 3		11 4		10 2		10 23		14 9		2 42	
29	3♍ 4		10♈ 39D		12♌ 0		11♉ 2		10♍ 1		10♈ 23D		14♊ 6		2♎ 42	
STATIONS	MAY 12	DEC 4	JUL 13	DEC 24	APR 23	NOV 11	JAN 23	AUG 12	MAY 23	DEC 9	JUL 11	DEC 25	FEB 26	SEP 14	DEC 30	JUN 16

1934

	♃		♇		♂		♀		♇		♆		☊		⚷	
JAN 3	3♍	1R	10♈	40	11♌	56R	11♉	0R	9♍	59R	10♈	23	14♊	3R	2♎	42R
8	2	57	10	41	11	52	10	58	9	57	10	24	14	0	2	42
13	2	53	10	43	11	48	10	57	9	55	10	25	13	57	2	41
18	2	48	10	45	11	44	10	56	9	53	10	27	13	55	2	40
23	2	43	10	48	11	40	10	56	9	50	10	29	13	52	2	39
28	2	38	10	51	11	35	10	56D	9	47	10	31	13	50	2	37
FEB 2	2	32	10	54	11	31	10	56	9	44	10	33	13	48	2	35
7	2	26	10	58	11	26	10	57	9	40	10	36	13	47	2	33
12	2	20	11	3	11	22	10	59	9	37	10	39	13	46	2	31
17	2	14	11	8	11	18	11	0	9	33	10	42	13	45	2	28
22	2	7	11	13	11	13	11	2	9	29	10	46	13	44	2	25
27	2	1	11	18	11	9	11	5	9	25	10	50	13	44	2	22
MAR 4	1	55	11	24	11	5	11	7	9	22	10	54	13	44D	2	19
9	1	49	11	30	11	2	11	10	9	18	10	58	13	45	2	16
14	1	43	11	36	10	59	11	14	9	14	11	2	13	46	2	13
19	1	37	11	42	10	56	11	17	9	10	11	6	13	47	2	10
24	1	32	11	49	10	53	11	21	9	7	11	11	13	48	2	6
29	1	27	11	55	10	50	11	26	9	3	11	15	13	50	2	3
APR 3	1	22	12	2	10	48	11	30	9	0	11	20	13	52	2	0
8	1	18	12	8	10	47	11	34	8	57	11	24	13	55	1	57
13	1	14	12	15	10	46	11	39	8	55	11	29	13	57	1	53
18	1	11	12	21	10	45	11	44	8	52	11	33	14	0	1	50
23	1	8	12	28	10	45	11	49	8	50	11	38	14	3	1	48
28	1	6	12	34	10	45D	11	54	8	48	11	42	14	7	1	45
MAY 3	1	4	12	40	10	45	11	59	8	46	11	46	14	10	1	42
8	1	3	12	45	10	46	12	4	8	45	11	50	14	14	1	40
13	1	3	12	51	10	47	12	9	8	44	11	53	14	18	1	38
18	1	3D	12	56	10	49	12	14	8	43	11	57	14	22	1	36
23	1	4	13	1	10	51	12	19	8	43	12	0	14	26	1	34
28	1	5	13	5	10	54	12	23	8	43D	12	3	14	30	1	33
JUN 2	1	7	13	9	10	56	12	28	8	44	12	6	14	34	1	32
7	1	9	13	13	11	0	12	32	8	45	12	8	14	38	1	31
12	1	13	13	16	11	3	12	37	8	46	12	11	14	42	1	31
17	1	16	13	19	11	7	12	41	8	47	12	12	14	46	1	31
22	1	20	13	22	11	11	12	44	8	49	12	14	14	50	1	31D
27	1	25	13	24	11	16	12	48	8	51	12	15	14	54	1	31
JUL 2	1	30	13	25	11	20	12	51	8	54	12	16	14	58	1	32
7	1	36	13	26	11	25	12	54	8	56	12	16	15	2	1	33
12	1	42	13	27	11	30	12	56	8	59	12	17	15	6	1	34
17	1	48	13	27R	11	35	12	59	9	3	12	16R	15	9	1	36
22	1	55	13	26	11	41	13	0	9	6	12	16	15	12	1	38
27	2	2	13	25	11	46	13	2	9	10	12	15	15	15	1	40
AUG 1	2	10	13	24	11	52	13	3	9	14	12	14	15	18	1	42
6	2	17	13	22	11	57	13	4	9	18	12	12	15	21	1	45
11	2	25	13	20	12	3	13	4	9	22	12	11	15	23	1	48
16	2	33	13	17	12	8	13	4R	9	27	12	9	15	25	1	51
21	2	41	13	14	12	13	13	4	9	31	12	6	15	27	1	54
26	2	49	13	11	12	19	13	3	9	36	12	4	15	28	1	58
31	2	57	13	7	12	24	13	2	9	41	12	1	15	29	2	1
SEP 5	3	5	13	3	12	29	13	0	9	45	11	58	15	30	2	5
10	3	13	12	58	12	33	12	58	9	50	11	55	15	31	2	9
15	3	21	12	54	12	38	12	56	9	54	11	51	15	31R	2	13
20	3	28	12	49	12	42	12	54	9	59	11	48	15	31	2	17
25	3	36	12	44	12	46	12	51	10	3	11	44	15	30	2	21
30	3	43	12	39	12	50	12	48	10	8	11	41	15	29	2	25
OCT 5	3	50	12	34	12	53	12	45	10	12	11	37	15	28	2	29
10	3	56	12	29	12	56	12	41	10	16	11	33	15	27	2	33
15	4	2	12	24	12	59	12	38	10	20	11	30	15	25	2	37
20	4	8	12	19	13	1	12	34	10	23	11	26	15	23	2	40
25	4	13	12	14	13	3	12	30	10	26	11	23	15	21	2	44
30	4	18	12	9	13	5	12	26	10	29	11	19	15	18	2	47
NOV 4	4	22	12	5	13	5	12	22	10	32	11	16	15	16	2	51
9	4	26	12	1	13	6	12	18	10	34	11	13	15	13	2	54
14	4	29	11	57	13	6R	12	13	10	36	11	10	15	10	2	57
19	4	31	11	53	13	6	12	9	10	38	11	8	15	7	3	0
24	4	33	11	50	13	5	12	6	10	40	11	5	15	3	3	2
29	4	34	11	47	13	4	12	2	10	41	11	3	15	0	3	4
DEC 4	4	35	11	45	13	2	11	58	10	41	11	2	14	56	3	6
9	4	35R	11	43	13	0	11	55	10	41	11	0	14	53	3	8
14	4	34	11	41	12	58	11	52	10	41R	10	59	14	49	3	9
19	4	32	11	40	12	55	11	49	10	41	10	59	14	45	3	10
24	4	31	11	40	12	52	11	46	10	40	10	58	14	42	3	11
29	4♍	28	11♈	40D	12♌	49	11♉	44	10♍	39	10♈	58D	14♊	39	3♎	11
STATIONS	MAY 14		JUL 14		APR 24		JAN 24		MAY 24		JUL 12		FEB 27		DEC 30	
	DEC 5		DEC 25		NOV 12		AUG 13		DEC 9		DEC 26		SEP 14		JUN 17	

1935

	♃	♄	⚴	⚸	♃	♀	⚷	♓
JAN 3	4♏ 25R	11♈ 40	12♌ 45R	11♉ 42R	10♏ 37R	10♈ 58	14♊ 36R	3♎ 11R
8	4 21	11 42	12 41	11 40	10 35	10 59	14 33	3 11
13	4 17	11 43	12 37	11 39	10 33	11 0	14 30	3 10
18	4 13	11 45	12 33	11 38	10 31	11 2	14 28	3 9
23	4 8	11 48	12 29	11 38	10 28	11 3	14 25	3 8
28	4 2	11 51	12 24	11 38D	10 25	11 6	14 23	3 6
FEB 2	3 57	11 54	12 20	11 38	10 22	11 8	14 21	3 5
7	3 51	11 58	12 15	11 39	10 18	11 11	14 20	3 2
12	3 45	12 3	12 11	11 40	10 15	11 14	14 19	3 0
17	3 38	12 7	12 7	11 42	10 11	11 17	14 18	2 58
22	3 32	12 13	12 2	11 44	10 7	11 20	14 17	2 55
27	3 26	12 18	11 58	11 46	10 4	11 24	14 17	2 52
MAR 4	3 20	12 24	11 54	11 49	10 0	11 28	14 17D	2 49
9	3 13	12 30	11 51	11 52	9 56	11 32	14 18	2 46
14	3 7	12 36	11 47	11 55	9 52	11 36	14 18	2 43
19	3 2	12 42	11 44	11 59	9 49	11 41	14 19	2 39
24	2 56	12 48	11 42	12 3	9 45	11 45	14 21	2 36
29	2 51	12 55	11 39	12 7	9 42	11 50	14 23	2 33
APR 3	2 46	13 1	11 37	12 11	9 38	11 54	14 25	2 29
8	2 42	13 8	11 35	12 16	9 35	11 59	14 27	2 26
13	2 38	13 14	11 34	12 20	9 33	12 3	14 30	2 23
18	2 34	13 21	11 33	12 25	9 30	12 8	14 32	2 20
23	2 32	13 27	11 33	12 30	9 28	12 12	14 35	2 17
28	2 29	13 33	11 33D	12 35	9 26	12 16	14 39	2 14
MAY 3	2 27	13 39	11 33	12 40	9 24	12 20	14 42	2 12
8	2 26	13 45	11 34	12 45	9 23	12 24	14 46	2 9
13	2 26	13 51	11 35	12 50	9 22	12 28	14 50	2 7
18	2 25D	13 56	11 37	12 55	9 21	12 31	14 54	2 5
23	2 26	14 1	11 39	13 0	9 21	12 35	14 58	2 4
28	2 27	14 5	11 41	13 5	9 21D	12 38	15 2	2 2
JUN 2	2 29	14 9	11 44	13 9	9 21	12 41	15 6	2 1
7	2 31	14 13	11 47	13 14	9 22	12 43	15 10	2 0
12	2 34	14 17	11 51	13 18	9 23	12 45	15 14	2 0
17	2 38	14 20	11 54	13 22	9 24	12 47	15 18	2 0
22	2 42	14 22	11 59	13 26	9 26	12 49	15 22	2 OD
27	2 46	14 24	12 3	13 29	9 28	12 50	15 26	2 0
JUL 2	2 51	14 26	12 7	13 32	9 31	12 51	15 30	2 1
7	2 57	14 27	12 12	13 35	9 33	12 51	15 34	2 2
12	3 3	14 28	12 17	13 38	9 36	12 52	15 38	2 3
17	3 9	14 28R	12 22	13 40	9 40	12 52R	15 41	2 5
22	3 16	14 27	12 28	13 42	9 43	12 51	15 45	2 7
27	3 23	14 27	12 33	13 44	9 47	12 50	15 48	2 9
AUG 1	3 30	14 25	12 39	13 45	9 51	12 49	15 51	2 11
6	3 37	14 24	12 44	13 46	9 55	12 48	15 53	2 14
11	3 45	14 21	12 50	13 46	9 59	12 46	15 56	2 17
16	3 53	14 19	12 55	13 46R	10 4	12 44	15 58	2 20
21	4 1	14 16	13 0	13 46	10 8	12 42	15 59	2 23
26	4 9	14 13	13 6	13 45	10 13	12 39	16 1	2 26
31	4 17	14 9	13 11	13 44	10 17	12 37	16 2	2 30
SEP 5	4 25	14 5	13 16	13 43	10 22	12 34	16 3	2 34
10	4 33	14 1	13 21	13 41	10 27	12 30	16 3	2 37
15	4 41	13 56	13 25	13 39	10 31	12 27	16 4	2 41
20	4 49	13 51	13 30	13 36	10 36	12 24	16 4R	2 45
25	4 56	13 46	13 34	13 34	10 40	12 20	16 3	2 49
30	5 3	13 41	13 37	13 31	10 44	12 16	16 2	2 53
OCT 5	5 10	13 36	13 41	13 27	10 49	12 13	16 1	2 57
10	5 17	13 31	13 44	13 24	10 53	12 9	16 0	3 1
15	5 23	13 26	13 47	13 20	10 56	12 5	15 58	3 5
20	5 29	13 21	13 49	13 16	11 0	12 2	15 56	3 9
25	5 34	13 16	13 51	13 13	11 3	11 58	15 54	3 13
30	5 39	13 11	13 52	13 9	11 6	11 55	15 52	3 16
NOV 4	5 44	13 7	13 54	13 4	11 9	11 52	15 49	3 19
9	5 47	13 3	13 54	13 0	11 12	11 49	15 46	3 23
14	5 51	12 59	13 54R	12 56	11 14	11 46	15 43	3 26
19	5 53	12 55	13 54	12 52	11 15	11 43	15 40	3 28
24	5 55	12 52	13 54	12 48	11 17	11 41	15 36	3 31
29	5 57	12 49	13 52	12 45	11 18	11 39	15 33	3 33
DEC 4	5 57	12 46	13 51	12 41	11 19	11 37	15 30	3 35
9	5 57R	12 44	13 49	12 38	11 19	11 36	15 26	3 37
14	5 57	12 43	13 47	12 34	11 19R	11 34	15 23	3 38
19	5 56	12 42	13 44	12 31	11 19	11 34	15 19	3 39
24	5 54	12 41	13 41	12 29	11 18	11 33	15 16	3 40
29	5♏ 52	12♈ 41D	13♌ 38	12♉ 26	11♏ 17	11♈ 33D	15♊ 12	3♎ 40
STATIONS	MAY 15 DEC 7	JUL 16 DEC 27	APR 25 NOV 13	JAN 25 AUG 14	MAY 25 DEC 10	JUL 12 DEC 27	FEB 27 SEP 15	DEC 31 JUN 18

	♃	♄	♅	♆	♃	♆	♄	♓
JAN 3	5♏ 49R	12♈ 51	13♌ 34R	12♉ 24R	11♍ 15R	11♈ 33	15♊ 9R	3♎ 40R
8	5 45	12 42	13 30	12 23	11 13	11 34	15 6	3 40
13	5 41	12 44	13 26	12 21	11 11	11 35	15 3	3 39
18	5 37	12 46	13 22	12 21	11 9	11 36	15 1	3 38
23	5 32	12 48	13 18	12 20	11 6	11 38	14 58	3 37
28	5 27	12 51	13 14	12 20D	11 3	11 40	14 56	3 36
FEB 2	5 21	12 55	13 9	12 20	11 0	11 43	14 54	3 34
7	5 16	12 58	13 5	12 21	10 56	11 45	14 53	3 32
12	5 9	13 3	13 0	12 22	10 53	11 48	14 52	3 30
17	5 3	13 7	12 56	12 24	10 49	11 52	14 51	3 27
22	4 57	13 12	12 52	12 25	10 46	11 55	14 50	3 24
27	4 51	13 18	12 47	12 28	10 42	11 59	14 50	3 22
MAR 3	4 44	13 23	12 43	12 30	10 38	12 3	14 50D	3 19
8	4 38	13 29	12 40	12 33	10 34	12 7	14 50	3 15
13	4 32	13 35	12 36	12 37	10 30	12 11	14 51	3 12
18	4 26	13 41	12 33	12 40	10 27	12 15	14 52	3 9
23	4 21	13 48	12 30	12 44	10 23	12 20	14 53	3 6
28	4 16	13 54	12 28	12 48	10 20	12 24	14 55	3 2
APR 2	4 11	14 1	12 26	12 52	10 17	12 29	14 57	2 59
7	4 6	14 7	12 24	12 57	10 13	12 33	14 59	2 56
12	4 2	14 14	12 23	13 1	10 11	12 38	15 2	2 53
17	3 58	14 20	12 22	13 6	10 8	12 42	15 5	2 50
22	3 55	14 27	12 21	13 11	10 6	12 46	15 8	2 47
27	3 53	14 33	12 21D	13 16	10 4	12 51	15 11	2 44
MAY 2	3 51	14 39	12 21	13 21	10 2	12 55	15 14	2 41
7	3 49	14 45	12 22	13 26	10 1	12 59	15 18	2 39
12	3 48	14 50	12 23	13 31	9 59	13 2	15 22	2 37
17	3 48D	14 56	12 25	13 36	9 59	13 6	15 26	2 35
22	3 49	15 1	12 27	13 41	9 58	13 9	15 30	2 33
27	3 50	15 5	12 29	13 46	9 58D	13 12	15 34	2 32
JUN 1	3 51	15 9	12 32	13 50	9 59	13 15	15 38	2 30
6	3 53	15 13	12 35	13 55	9 59	13 18	15 42	2 30
11	3 56	15 17	12 38	13 59	10 0	13 20	15 46	2 29
16	3 59	15 20	12 42	14 3	10 2	13 22	15 50	2 29
21	4 3	15 23	12 46	14 7	10 3	13 24	15 55	2 29D
26	4 8	15 25	12 50	14 11	10 5	13 25	15 59	2 29
JUL 1	4 12	15 27	12 55	14 14	10 8	13 26	16 2	2 30
6	4 18	15 28	12 59	14 17	10 10	13 26	16 6	2 31
11	4 23	15 29	13 4	14 20	10 13	13 27	16 10	2 32
16	4 30	15 29	13 10	14 22	10 17	13 27R	16 13	2 34
21	4 36	15 29R	13 15	14 24	10 20	13 26	16 17	2 35
26	4 43	15 28	13 20	14 25	10 24	13 26	16 20	2 37
31	4 50	15 27	13 26	14 27	10 28	13 25	16 23	2 40
AUG 5	4 58	15 25	13 31	14 28	10 32	13 23	16 25	2 42
10	5 5	15 23	13 37	14 28	10 36	13 21	16 28	2 45
15	5 13	15 21	13 42	14 28R	10 40	13 20	16 30	2 48
20	5 21	15 18	13 47	14 28	10 45	13 17	16 32	2 51
25	5 29	15 14	13 53	14 27	10 49	13 15	16 33	2 55
30	5 37	15 11	13 58	14 26	10 54	13 12	16 35	2 58
SEP 4	5 45	15 7	14 3	14 25	10 59	13 9	16 35	3 2
9	5 53	15 3	14 8	14 23	11 3	13 6	16 36	3 6
14	6 1	14 58	14 12	14 21	11 8	13 3	16 36	3 10
19	6 9	14 54	14 17	14 19	11 12	12 59	16 36R	3 14
24	6 16	14 49	14 21	14 16	11 17	12 56	16 36	3 18
29	6 24	14 44	14 25	14 13	11 21	12 52	16 35	3 22
OCT 4	6 31	14 39	14 28	14 10	11 25	12 48	16 34	3 26
9	6 38	14 34	14 32	14 7	11 29	12 45	16 33	3 30
14	6 44	14 28	14 34	14 3	11 33	12 41	16 31	3 34
19	6 50	14 23	14 37	13 59	11 37	12 38	16 29	3 37
24	6 55	14 18	14 39	13 55	11 40	12 34	16 27	3 41
29	7 0	14 14	14 40	13 51	11 43	12 31	16 25	3 45
NOV 3	7 5	14 9	14 42	13 47	11 46	12 27	16 22	3 48
8	7 9	14 5	14 42	13 43	11 49	12 24	16 19	3 51
13	7 12	14 1	14 43	13 39	11 51	12 21	16 16	3 54
18	7 15	13 57	14 42R	13 35	11 53	12 19	16 13	3 57
23	7 17	13 53	14 42	13 31	11 54	12 16	16 10	4 0
28	7 19	13 50	14 41	13 27	11 55	12 14	16 6	4 2
DEC 3	7 20	13 48	14 40	13 24	11 56	12 12	16 3	4 4
8	7 20	13 46	14 38	13 20	11 57	12 11	15 59	4 6
13	7 20R	13 44	14 35	13 17	11 57R	12 10	15 56	4 7
18	7 19	13 43	14 33	13 14	11 56	12 9	15 52	4 8
23	7 17	13 42	14 30	13 11	11 55	12 8	15 49	4 9
28	7♏ 15	13♈ 42D	14 27	13♉ 9	11♍ 54	12♈ 8D	15♊ 46	4♎ 9
TATIONS	MAY 16	JUL 16	APR 26	JAN 26	MAY 24	JUL 12	FEB 28	JAN 1
	DEC 8	DEC 27	NOV 14	AUG 14	DEC 10	DEC 27	SEP 15	JUN 17

1937

	⯠	⯡	⯢	⯣	⯤	⯥	⯦	⯧
JAN 2	7♍ 13R	13♈ 42	14♌ 23R	13♉ 7R	11♍ 53R	12♈ 8	15♊ 42R	4♎ 9R
7	7 9	13 43	14 20	13 5	11 51	12 9	15 39	4 9
12	7 6	13 44	14 16	13 4	11 49	12 10	15 37	4 8
17	7 1	13 46	14 11	13 3	11 47	12 11	15 34	4 8
22	6 57	13 49	14 7	13 2	11 44	12 13	15 31	4 6
27	6 51	13 51	14 3	13 2D	11 41	12 15	15 29	4 5
FEB 1	6 46	13 55	13 58	13 2	11 38	12 17	15 27	4 3
6	6 40	13 58	13 54	13 3	11 35	12 20	15 26	4 1
11	6 34	14 3	13 49	13 4	11 31	12 23	15 24	3 59
16	6 28	14 7	13 45	13 5	11 28	12 26	15 23	3 57
21	6 22	14 12	13 41	13 7	11 24	12 29	15 23	3 54
26	6 16	14 17	13 36	13 9	11 20	12 33	15 22	3 51
MAR 3	6 9	14 23	13 32	13 12	11 16	12 37	15 22D	3 48
8	6 3	14 29	13 29	13 15	11 12	12 41	15 23	3 45
13	5 57	14 35	13 25	13 18	11 9	12 45	15 23	3 42
18	5 51	14 41	13 22	13 21	11 5	12 50	15 24	3 39
23	5 45	14 47	13 19	13 25	11 1	12 54	15 26	3 35
28	5 40	14 54	13 17	13 29	10 58	12 58	15 27	3 32
APR 2	5 35	15 0	13 14	13 34	10 55	13 3	15 29	3 29
7	5 30	15 7	13 12	13 38	10 52	13 7	15 32	3 25
12	5 26	15 13	13 11	13 43	10 49	13 12	15 34	3 22
17	5 22	15 20	13 10	13 47	10 46	13 16	15 37	3 19
22	5 19	15 26	13 9	13 52	10 44	18 21	15 40	3 16
27	5 16	15 32	13 9	13 57	10 42	13 25	15 43	3 13
MAY 2	5 14	15 38	13 9D	14 2	10 40	13 29	15 46	3 11
7	5 13	15 44	13 10	14 7	10 38	13 33	15 50	3 8
12	5 12	15 50	13 11	14 12	10 37	13 37	15 54	3 6
17	5 11	15 55	13 12	14 17	10 36	13 40	15 58	3 4
22	5 11D	16 0	13 14	14 22	10 36	13 44	16 2	3 2
27	5 12	16 5	13 17	14 27	10 36D	13 47	16 6	3 1
JUN 1	5 13	16 9	13 19	14 32	10 36	13 50	16 10	3 0
6	5 15	16 13	13 22	14 36	10 37	13 52	16 14	2 59
11	5 18	16 17	13 26	14 40	10 38	13 55	16 18	2 58
16	5 21	16 20	13 29	14 44	10 39	13 57	16 22	2 58
21	5 25	16 23	13 33	14 48	10 41	13 58	16 27	2 58D
26	5 29	16 25	13 37	14 52	10 43	14 0	16 31	2 58
JUL 1	5 34	16 27	13 42	14 55	10 45	14 1	16 35	2 59
6	5 39	16 29	13 47	14 58	10 48	14 1	16 38	3 0
11	5 44	16 29	13 52	15 1	10 50	14 2	16 42	3 1
16	5 50	16 30	13 57	15 3	10 54	14 2R	16 46	3 2
21	5 57	16 30R	14 2	15 6	10 57	14 1	16 49	3 4
26	6 4	16 29	14 7	15 7	11 1	14 1	16 52	3 6
31	6 11	16 28	14 13	15 9	11 5	14 0	16 55	3 9
AUG 5	6 18	16 27	14 18	15 10	11 9	13 58	16 58	3 11
10	6 26	16 25	14 24	15 10	11 13	13 57	17 0	3 14
15	6 33	16 22	14 29	15 10	11 17	13 55	17 2	3 17
20	6 41	16 20	14 35	15 10R	11 22	13 53	17 4	3 20
25	6 49	16 16	14 40	15 10	11 26	13 50	17 6	3 23
30	6 57	16 13	14 45	15 9	11 31	13 48	17 7	3 27
SEP 4	7 5	16 9	14 50	15 7	11 35	13 45	17 8	3 31
9	7 13	16 5	14 55	15 6	11 40	13 42	17 9	3 34
14	7 21	16 0	15 0	15 4	11 45	13 38	17 9	3 38
19	7 29	15 56	15 4	15 1	11 49	13 35	17 9R	3 42
24	7 37	15 51	15 8	14 59	11 54	13 31	17 9	3 46
29	7 44	15 46	15 12	14 56	11 58	13 28	17 8	3 50
OCT 4	7 51	15 41	15 16	14 53	12 2	13 24	17 7	3 54
9	7 58	15 36	15 19	14 49	12 6	13 21	17 6	3 58
14	8 5	15 31	15 22	14 46	12 10	13 17	17 4	4 2
19	8 11	15 26	15 24	14 42	12 14	13 13	17 2	4 6
24	8 16	15 21	15 27	14 38	12 17	13 10	17 0	4 10
29	8 22	15 16	15 28	14 34	12 20	13 6	16 58	4 13
NOV 3	8 26	15 11	15 30	14 30	12 23	13 3	16 55	4 17
8	8 31	15 7	15 30	14 26	12 26	13 0	16 52	4 20
13	8 34	15 3	15 31	14 22	12 28	12 57	16 49	4 23
18	8 37	14 59	15 31R	14 18	12 30	12 54	16 46	4 26
23	8 40	14 55	15 30	14 14	12 32	12 52	16 43	4 28
28	8 41	14 52	15 29	14 10	12 33	12 50	16 39	4 31
DEC 3	8 43	14 49	15 28	14 6	12 34	12 48	16 36	4 33
8	8 43	14 47	15 26	14 3	12 34	12 46	16 33	4 34
13	8 43R	14 45	15 24	14 0	12 34R	12 45	16 29	4 36
18	8 42	14 44	15 22	13 57	12 34	12 44	16 26	4 37
23	8 41	14 43	15 19	13 54	12 33	12 44	16 22	4 38
28	8♍ 39	14♈ 43	15♌ 16	13♉ 51	12♍ 32	12♈ 43	16♊ 19	4♎ 38
STATIONS	MAY 18 DEC 9	JUL 17 DEC 0	APR 27 NOV 15	JAN 26 AUG 15	MAY 25 DEC 11	JUL 13 DEC 0	FEB 28 SEP 16	JAN 1 JUN 18

1938

	♃	♄	♅	♇	⚸	♆	⚷	✶
JAN 2	8♐ 35R	14♈ 43D	15♌ 12R	13♉ 49R	12♈ 31R	12♈ 43D	16♊ 16R	4♎ 38R
7	8 33	14 44	15 9	13 47	12 29	12 44	16 13	4 38
12	8 30	14 45	15 5	13 46	12 27	12 45	16 10	4 38
17	8 25	14 47	15 0	13 45	12 25	12 46	16 7	4 37
22	8 21	14 49	14 56	13 44	12 22	12 48	16 4	4 36
27	8 16	14 52	14 52	13 44	12 19	12 50	16 2	4 34
FEB 1	8 11	14 55	14 47	13 44D	12 16	12 52	16 0	4 33
6	8 5	14 58	14 43	13 45	12 13	12 55	15 59	4 31
11	7 59	15 3	14 38	13 46	12 9	12 57	15 57	4 28
16	7 53	15 7	14 34	13 47	12 6	13 1	15 56	4 26
21	7 47	15 12	14 30	13 49	12 2	13 4	15 56	4 23
26	7 40	15 17	14 26	13 51	11 58	13 8	15 55	4 21
MAR 3	7 34	15 22	14 22	13 53	11 54	13 11	15 55D	4 18
8	7 28	15 28	14 18	13 56	11 51	13 15	15 55	4 15
13	7 22	15 34	14 14	13 59	11 47	13 20	15 56	4 11
18	7 16	15 40	14 11	14 3	11 43	13 24	15 57	4 8
23	7 10	15 47	14 8	14 7	11 40	13 28	15 58	4 5
28	7 5	15 53	14 5	14 11	11 36	13 33	16 0	4 1
APR 2	6 59	15 59	14 3	14 15	11 33	13 37	16 2	3 58
7	6 55	16 6	14 1	14 19	11 30	13 42	16 4	3 55
12	6 50	16 13	14 0	14 24	11 27	13 46	16 6	3 52
17	6 46	16 19	13 58	14 29	11 24	13 51	16 9	3 49
22	6 43	16 25	13 58	14 33	11 22	13 55	16 12	3 46
27	6 40	16 32	13 57	14 38	11 19	13 59	16 15	3 43
MAY 2	6 38	16 38	13 57D	14 43	11 18	14 3	16 19	3 40
7	6 36	16 44	13 58	14 48	11 16	14 7	16 22	3 38
12	6 35	16 49	13 59	14 53	11 15	14 11	16 26	3 35
17	6 34	16 55	14 0	14 58	11 14	14 15	16 30	3 33
22	6 34D	17 0	14 2	15 3	11 14	14 18	16 34	3 32
27	6 35	17 5	14 4	15 8	11 13D	14 22	16 38	3 30
JUN 1	6 36	17 9	14 7	15 13	11 14	14 24	16 42	3 29
6	6 37	17 14	14 10	15 17	11 14	14 27	16 46	3 28
11	6 40	17 17	14 13	15 22	11 15	14 29	16 50	3 27
16	6 43	17 21	14 17	15 26	11 16	14 31	16 54	3 27
21	6 46	17 23	14 21	15 30	11 18	14 33	16 59	3 27D
26	6 50	17 26	14 25	15 33	11 20	14 35	17 3	3 27
JUL 1	6 55	17 28	14 29	15 37	11 22	14 36	17 7	3 28
6	7 0	17 29	14 34	15 40	11 25	14 36	17 10	3 29
11	7 5	17 30	14 39	15 43	11 27	14 37	17 14	3 30
16	7 11	17 31	14 44	15 45	11 31	14 37R	17 18	3 31
21	7 17	17 31R	14 49	15 47	11 34	14 37	17 21	3 33
26	7 24	17 30	14 54	15 49	11 38	14 36	17 24	3 35
31	7 31	17 30	15 0	15 50	11 41	14 35	17 27	3 37
AUG 5	7 38	17 28	15 5	15 51	11 45	14 34	17 30	3 40
10	7 46	17 26	15 11	15 52	11 50	14 32	17 33	3 43
15	7 54	17 24	15 16	15 52	11 54	14 30	17 35	3 46
20	8 1	17 21	15 22	15 52R	11 58	14 28	17 37	3 49
25	8 9	17 18	15 27	15 52	12 3	14 26	17 38	3 52
30	8 17	17 15	15 32	15 51	12 7	14 23	17 40	3 56
SEP 4	8 26	17 11	15 37	15 50	12 12	14 20	17 41	3 59
9	8 34	17 7	15 42	15 48	12 17	14 17	17 41	4 3
14	8 42	17 3	15 47	15 46	12 21	14 14	17 42	4 7
19	8 49	16 58	15 51	15 44	12 26	14 11	17 42R	4 11
24	8 57	16 53	15 56	15 41	12 30	14 7	17 41	4 15
29	9 5	16 48	16 0	15 39	12 35	14 4	17 41	4 19
OCT 4	9 12	16 43	16 3	15 35	12 39	14 0	17 40	4 23
9	9 19	16 38	16 7	15 32	12 43	13 56	17 39	4 27
14	9 25	16 33	16 10	15 29	12 47	13 53	17 37	4 31
19	9 32	16 28	16 12	15 25	12 51	13 49	17 35	4 35
24	9 38	16 23	16 14	15 21	12 54	13 45	17 33	4 38
29	9 43	16 18	16 16	15 17	12 57	13 42	17 31	4 42
NOV 3	9 48	16 13	16 18	15 13	13 0	13 39	17 28	4 45
8	9 52	16 9	16 18	15 9	13 3	13 35	17 25	4 49
13	9 56	16 5	16 19	15 5	13 5	13 33	17 22	4 52
18	9 59	16 1	16 19R	15 1	13 7	13 30	17 19	4 54
23	10 2	15 57	16 19	14 57	13 9	13 27	17 16	4 57
28	10 4	15 54	16 18	14 53	13 10	13 25	17 13	4 59
DEC 3	10 5	15 51	16 17	14 49	13 11	13 23	17 9	5 1
8	10 6	15 49	16 15	14 46	13 12	13 22	17 6	5 3
13	10 6R	15 47	16 13	14 42	13 12R	13 20	17 2	5 5
18	10 5	15 45	16 10	14 39	13 11	13 19	16 59	5 6
23	10 4	15 44	16 8	14 36	13 11	13 19	16 55	5 7
28	10♈ 2	15♈ 44	16♌ 5	14♉ 34	13♈ 10	13♈ 18	16♊ 52	5♎ 7
STATIONS	MAY 19	DEC 28	APR 28	JAN 27	MAY 26	DEC 28	MAR 1	JAN 1
	DEC 11	JUL 18	NOV 16	AUG 16	DEC 12	JUL 14	SEP 17	JUN 19

1939

	♃	♄	♅	♆	♇	(a)	(b)	(c)
	10♍ 0R	15♈ 44D	16♌ 1R	14♉ 32R	13♏ 9R	13♈ 19D	16♊ 49R	5♎ 7
JAN 2	10♍ 0R	15♈ 44D	16♌ 1R	14♉ 32R	13♏ 9R	13♈ 19D	16♊ 49R	5♎ 7
7	9 57	15 45	15 58	14 30	13 7	13 19	16 46	5 7R
12	9 54	15 46	15 54	14 28	13 5	13 20	16 43	5 7
17	9 50	15 47	15 50	14 27	13 3	13 21	16 40	5 6
22	9 45	15 49	15 45	14 26	13 0	13 23	16 38	5 5
27	9 40	15 52	15 41	14 26	12 57	13 24	16 35	5 4
FEB 1	9 35	15 55	15 37	14 26D	12 54	13 27	16 33	5 2
6	9 30	15 59	15 32	14 27	12 51	13 29	16 32	5 0
11	9 24	16 3	15 28	14 28	12 47	13 32	16 30	4 58
16	9 18	16 7	15 23	14 29	12 44	13 35	16 29	4 56
21	9 12	16 12	15 19	14 31	12 40	13 38	16 28	4 53
26	9 5	16 17	15 15	14 33	12 36	13 42	16 28	4 50
MAR 3	8 59	16 22	15 11	14 35	12 33	13 46	16 28D	4 47
8	8 53	16 28	15 7	14 38	12 29	13 50	16 28	4 44
13	8 47	16 34	15 3	14 41	12 25	13 54	16 29	4 41
18	8 41	16 40	15 0	14 44	12 21	13 58	16 29	4 38
23	8 35	16 46	14 57	14 48	12 18	14 3	16 31	4 34
28	8 29	16 52	14 54	14 52	12 14	14 7	16 32	4 31
APR 2	8 24	16 59	14 52	14 56	12 11	14 12	16 34	4 28
7	8 19	17 5	14 50	15 0	12 8	14 16	16 36	4 24
12	8 14	17 12	14 48	15 5	12 5	14 21	16 39	4 21
17	8 10	17 18	14 47	15 10	12 2	14 25	16 41	4 18
22	8 7	17 25	14 46	15 14	12 0	14 29	16 44	4 15
27	8 4	17 31	14 46	15 19	11 57	14 34	16 47	4 12
MAY 2	8 1	17 37	14 46D	15 24	11 55	14 38	16 51	4 10
7	7 59	17 43	14 46	15 29	11 54	14 42	16 54	4 7
12	7 58	17 49	14 47	15 34	11 53	14 46	16 58	4 5
17	7 57	17 55	14 48	15 39	11 52	14 49	17 2	4 3
22	7 57D	18 0	14 50	15 44	11 51	14 53	17 6	4 1
27	7 57	18 5	14 52	15 49	11 51	14 56	17 10	4 0
JUN 1	7 58	18 9	14 54	15 54	11 51D	14 59	17 14	3 58
6	8 0	18 14	14 57	15 58	11 52	15 2	17 18	3 57
11	8 2	18 17	15 0	16 3	11 52	15 4	17 22	3 57
16	8 5	18 21	15 4	16 7	11 54	15 6	17 26	3 56
21	8 8	18 24	15 8	16 11	11 55	15 8	17 31	3 56D
26	8 12	18 26	15 12	16 15	11 57	15 9	17 35	3 56
JUL 1	8 16	18 28	15 16	16 18	11 59	15 11	17 39	3 57
6	8 21	18 30	15 21	16 21	12 2	15 11	17 43	3 58
11	8 26	18 31	15 26	16 24	12 4	15 12	17 46	3 59
16	8 32	18 32	15 31	16 27	12 8	15 12R	17 50	4 0
21	8 38	18 32R	15 36	16 29	12 11	15 12	17 53	4 2
26	8 45	18 32	15 41	16 31	12 14	15 11	17 57	4 4
31	8 52	18 31	15 47	16 32	12 18	15 10	18 0	4 6
AUG 5	8 59	18 30	15 52	16 33	12 22	15 9	18 2	4 9
10	9 6	18 28	15 58	16 34	12 26	15 8	18 5	4 11
15	9 14	18 26	16 3	16 34	12 31	15 6	18 7	4 14
20	9 22	18 23	16 9	16 34R	12 35	15 4	18 9	4 17
25	9 30	18 20	16 14	16 34	12 40	15 1	18 11	4 21
30	9 38	18 17	16 19	16 33	12 44	14 59	18 12	4 24
SEP 4	9 46	18 13	16 24	16 32	12 49	14 56	18 13	4 28
9	9 54	18 9	16 29	16 30	12 53	14 53	18 14	4 32
14	10 2	18 5	16 34	16 29	12 58	14 50	18 14	4 35
19	10 10	18 0	16 39	16 26	13 3	14 46	18 14R	4 39
24	10 17	17 56	16 43	16 24	13 7	14 43	18 14	4 43
29	10 25	17 51	16 47	16 21	13 12	14 39	18 14	4 47
OCT 4	10 32	17 46	16 51	16 18	13 16	14 36	18 13	4 51
9	10 39	17 41	16 54	16 15	13 20	14 32	18 12	4 55
14	10 46	17 35	16 57	16 11	13 24	14 28	18 10	4 59
19	10 53	17 30	17 0	16 8	13 28	14 25	18 8	5 3
24	10 58	17 25	17 2	16 4	13 31	14 21	18 6	5 7
29	11 4	17 20	17 4	16 0	13 34	14 18	18 4	5 10
NOV 3	11 9	17 16	17 5	15 56	13 37	14 14	18 1	5 14
8	11 14	17 11	17 6	15 52	13 40	14 11	17 59	5 17
13	11 18	17 7	17 7	15 48	13 42	14 8	17 56	5 20
18	11 21	17 3	17 7R	15 44	13 45	14 5	17 53	5 23
23	11 24	16 59	17 7	15 40	13 46	14 3	17 49	5 26
28	11 26	16 56	17 6	15 36	13 48	14 0	17 46	5 28
DEC 3	11 27	16 53	17 5	15 32	13 48	13 59	17 43	5 30
8	11 28	16 50	17 4	15 28	13 49	13 57	17 39	5 32
13	11 29R	16 48	17 2	15 25	13 49	13 55	17 36	5 34
18	11 28	16 47	16 59	15 22	13 49R	13 54	17 32	5 35
23	11 27	16 46	16 57	15 19	13 49	13 54	17 29	5 36
28	11♍ 26	16♈ 45	16♌ 53	15♉ 53	13♏ 48	13♈ 53	17♊ 25	5♎ 36
STATIONS	MAY 21 DEC 12	DEC 29 JUL 20	APR 29 NOV 17	JAN 28 AUG 17	MAY 27 DEC 13	DEC 28 JUL 15	MAR 2 SEP 17	JAN 2 JUN 20

1940

	♃	♄	♅	♆	♇	⚵	⚶	⚷
JAN 2	11♏24R	16♈45D	16♌50R	15♉14R	13♏46R	13♈54D	17♊22R	5♎37
7	11 21	16 45	16 47	15 12	13 45	13 54	17 19	5 36R
12	11 18	16 46	16 43	15 11	13 43	13 55	17 16	5 36
17	11 14	16 48	16 39	15 9	13 41	13 56	17 13	5 35
22	11 10	16 50	16 34	15 9	13 38	13 57	17 11	5 34
27	11 5	16 52	16 30	15 8	13 35	13 59	17 8	5 33
FEB 1	11 0	16 55	16 26	15 8D	13 32	14 1	17 6	5 31
6	10 54	16 59	16 21	15 9	13 29	14 4	17 5	5 29
11	10 49	17 3	16 17	15 9	13 26	14 7	17 3	5 27
16	10 43	17 7	16 12	15 11	13 22	14 10	17 2	5 25
21	10 36	17 11	16 8	15 12	13 18	14 13	17 1	5 22
26	10 30	17 16	16 4	15 14	13 15	14 17	17 1	5 20
MAR 2	10 24	17 22	16 0	15 17	13 11	14 20	17 0D	5 17
7	10 18	17 27	15 56	15 19	13 7	14 24	17 1	5 14
12	10 11	17 33	15 52	15 22	13 3	14 28	17 1	5 10
17	10 5	17 39	15 49	15 26	13 0	14 33	17 2	5 7
22	9 59	17 45	15 46	15 29	12 56	14 37	17 3	5 4
27	9 54	17 52	15 43	15 33	12 52	14 41	17 5	5 1
APR 1	9 48	17 58	15 40	15 37	12 49	14 46	17 6	4 57
6	9 43	18 5	15 38	15 42	12 46	14 50	17 9	4 54
11	9 39	18 11	15 37	15 46	12 43	14 55	17 11	4 51
16	9 35	18 18	15 35	15 51	12 40	14 59	17 14	4 48
21	9 31	18 24	15 34	15 56	12 38	15 4	17 16	4 45
26	9 28	18 31	15 34	16 0	12 35	15 8	17 20	4 42
MAY 1	9 25	18 37	15 34D	16 5	12 33	15 12	17 23	4 39
6	9 23	18 43	15 34	16 10	12 32	15 16	17 26	4 37
11	9 21	18 49	15 35	16 15	12 30	15 20	17 30	4 34
16	9 20	18 54	15 36	16 20	12 29	15 24	17 34	4 32
21	9 20	19 0	15 38	16 25	12 29	15 27	17 38	4 30
26	9 20D	19 5	15 40	16 30	12 29	15 31	17 42	4 29
31	9 20	19 9	15 42	16 35	12 29D	15 34	17 46	4 28
JUN 5	9 22	19 14	15 45	16 40	12 29	15 36	17 50	4 26
10	9 24	19 17	15 48	16 44	12 30	15 39	17 54	4 26
15	9 26	19 21	15 51	16 48	12 31	15 41	17 59	4 25
20	9 29	19 24	15 55	16 52	12 32	15 43	18 3	4 25D
25	9 33	19 27	15 59	16 56	12 34	15 44	18 7	4 25
30	9 37	19 29	16 4	17 0	12 36	15 46	18 11	4 26
JUL 5	9 42	19 31	16 8	17 3	12 39	15 46	18 15	4 27
10	9 47	19 32	16 13	17 6	12 42	15 47	18 18	4 28
15	9 53	19 33	16 18	17 8	12 45	15 47	18 22	4 29
20	9 59	19 33	16 23	17 11	12 48	15 47R	18 25	4 31
25	10 5	19 33R	16 28	17 12	12 51	15 46	18 29	4 33
30	10 12	19 32	16 34	17 14	12 55	15 46	18 32	4 35
AUG 4	10 19	19 31	16 39	17 15	12 59	15 44	18 35	4 37
9	10 27	19 29	16 45	17 16	13 3	15 43	18 37	4 40
14	10 34	19 27	16 50	17 16	13 7	15 41	18 39	4 43
19	10 42	19 25	16 56	17 16R	13 12	15 39	18 41	4 46
24	10 50	19 22	17 1	17 16	13 16	15 37	18 43	4 49
29	10 58	19 19	17 6	17 15	13 21	15 34	18 45	4 53
SEP 3	11 6	19 15	17 12	17 14	13 26	15 31	18 46	4 56
8	11 14	19 11	17 17	17 13	13 30	15 28	18 47	5 0
13	11 22	19 7	17 21	17 11	13 35	15 25	18 47	5 4
18	11 30	19 3	17 26	17 9	13 39	15 22	18 47R	5 8
23	11 38	18 58	17 30	17 6	13 44	15 18	18 47	5 12
28	11 45	18 53	17 34	17 4	13 48	15 15	18 46	5 16
OCT 3	11 53	18 48	17 38	17 1	13 53	15 11	18 46	5 20
8	12 0	18 43	17 42	16 57	13 57	15 8	18 44	5 24
13	12 7	18 38	17 45	16 54	14 1	15 4	18 43	5 28
18	12 13	18 33	17 48	16 50	14 5	15 0	18 41	5 32
23	12 19	18 28	17 50	16 47	14 8	14 57	18 39	5 35
28	12 25	18 23	17 52	16 43	14 12	14 53	18 37	5 39
NOV 2	12 30	18 18	17 53	16 39	14 15	14 50	18 34	5 43
7	12 35	18 13	17 55	16 34	14 17	14 47	18 32	5 46
12	12 39	18 9	17 55	16 30	14 20	14 44	18 29	5 49
17	12 43	18 5	17 55	16 26	14 22	14 41	18 26	5 52
22	12 46	18 1	17 55R	16 22	14 23	14 38	18 23	5 55
27	12 48	17 58	17 55	16 18	14 25	14 36	18 19	5 57
DEC 2	12 50	17 55	17 54	16 15	14 26	14 34	18 16	5 59
7	12 51	17 52	17 52	16 11	14 27	14 32	18 12	6 1
12	12 52	17 50	17 50	16 8	14 27	14 31	18 9	6 3
17	12 51R	17 48	17 48	16 4	14 27R	14 30	18 5	6 4
22	12 51	17 47	17 45	16 1	14 26	14 29	18 2	6 5
27	12♏49	17♈46	17♌42	15♉59	14♏25	14♈29	17♊58	6♎5
STATIONS	MAY 22	DEC 31	APR 29	JAN 29	MAY 27	DEC 29	MAR 1	JAN 3
	DEC 13	JUL 20	NOV 17	AUG 17	DEC 13	JUL 15	SEP 17	JUN 19

1941

	♃	⚵	⚷	♈	♃	♆	⚶	♓
JAN 1	12♏47R	17♈46D	17♌39R	15♉57R	14♍24R	14♈29D	17♊55R	6♎6
6	12 45	17 46	17 36	15 55	14 23	14 29	17 52	6 6R
11	12 42	17 47	17 32	15 53	14 21	14 30	17 49	6 5
16	12 38	17 49	17 28	15 52	14 19	14 31	17 46	6 5
21	12 34	17 50	17 24	15 51	14 16	14 32	17 44	6 4
26	12 29	17 53	17 19	15 50	14 13	14 34	17 41	6 2
31	12 24	17 56	17 15	15 50D	14 10	14 36	17 39	6 1
FEB 5	12 19	17 59	17 10	15 51	14 7	14 38	17 38	5 59
10	12 13	18 3	17 6	15 51	14 4	14 41	17 36	5 57
15	12 7	18 7	17 1	15 52	14 0	14 44	17 35	5 54
20	12 1	18 11	16 57	15 54	13 57	14 47	17 34	5 52
25	11 55	18 16	16 53	15 56	13 53	14 51	17 33	5 49
MAR 2	11 49	18 21	16 49	15 58	13 49	14 55	17 33	5 46
7	11 43	18 27	16 45	16 1	13 45	14 59	17 33D	5 43
12	11 36	18 33	16 41	16 4	13 41	15 3	17 34	5 40
17	11 30	18 39	16 38	16 7	13 38	15 7	17 35	5 37
22	11 24	18 45	16 34	16 11	13 34	15 11	17 36	5 34
27	11 18	18 51	16 32	16 14	13 31	15 16	17 37	5 30
APR 1	11 13	18 58	16 29	16 18	13 27	15 20	17 39	5 27
6	11 8	19 4	16 27	16 23	13 24	15 25	17 41	5 24
11	11 3	19 11	16 25	16 27	13 21	15 29	17 43	5 20
16	10 59	19 17	16 24	16 32	13 18	15 34	17 46	5 17
21	10 55	19 24	16 23	16 37	13 16	15 38	17 49	5 14
26	10 51	19 30	16 22	16 42	13 13	15 42	17 52	5 11
MAY 1	10 48	19 36	16 22D	16 47	13 11	15 47	17 55	5 9
6	10 46	19 42	16 22	16 52	13 10	15 51	17 59	5 6
11	10 44	19 48	16 23	16 57	13 8	15 55	18 2	5 4
16	10 43	19 54	16 24	17 2	13 7	15 58	18 6	5 2
21	10 42	19 59	16 26	17 7	13 6	16 2	18 10	5 0
26	10 42D	20 4	16 27	17 11	13 6	16 5	18 14	4 58
31	10 43	20 9	16 30	17 16	13 6D	16 8	18 18	4 57
JUN 5	10 44	20 13	16 32	17 21	13 7	16 11	18 22	4 56
10	10 46	20 18	16 36	17 25	13 7	16 14	18 26	4 55
15	10 48	20 21	16 39	17 30	13 8	16 16	18 31	4 54
20	10 51	20 24	16 43	17 34	13 10	16 18	18 35	4 54
25	10 55	20 27	16 47	17 37	13 11	16 19	18 39	4 54D
30	10 59	20 29	16 51	17 41	13 14	16 20	18 43	4 55
JUL 5	11 3	20 31	16 55	17 44	13 16	16 21	18 47	4 56
10	11 8	20 33	17 0	17 47	13 19	16 22	18 51	4 57
15	11 14	20 34	17 5	17 50	13 22	16 22	18 54	4 58
20	11 20	20 34	17 10	17 52	13 25	16 22R	18 58	4 59
25	11 26	20 34R	17 15	17 54	13 28	16 22	19 1	5 1
30	11 33	20 33	17 21	17 56	13 32	16 21	19 4	5 4
AUG 4	11 40	20 32	17 26	17 57	13 36	16 20	19 7	5 6
9	11 47	20 31	17 32	17 58	13 40	16 18	19 9	5 9
14	11 54	20 29	17 37	17 58	13 44	16 17	19 12	5 11
19	12 2	20 27	17 43	17 59R	13 49	16 15	19 14	5 15
24	12 10	20 24	17 48	17 58	13 53	16 12	19 16	5 18
29	12 18	20 21	17 53	17 58	13 58	16 10	19 17	5 21
SEP 3	12 26	20 17	17 59	17 57	14 2	16 7	19 18	5 25
8	12 34	20 13	18 4	17 55	14 7	16 4	19 19	5 29
13	12 42	20 9	18 9	17 53	14 12	16 1	19 20	5 32
18	12 50	20 5	18 13	17 51	14 16	15 58	19 20	5 36
23	12 58	20 0	18 18	17 49	14 21	15 54	19 20R	5 40
28	13 6	19 55	18 22	17 46	14 25	15 51	19 19	5 44
OCT 3	13 13	19 50	18 26	17 43	14 30	15 47	19 18	5 48
8	13 20	19 45	18 29	17 40	14 34	15 43	19 17	5 52
13	13 27	19 40	18 32	17 37	14 38	15 40	19 16	5 56
18	13 34	19 35	18 35	17 33	14 42	15 36	19 14	6 0
23	13 40	19 30	18 38	17 29	14 45	15 32	19 12	6 4
28	13 46	19 25	18 40	17 25	14 49	15 29	19 10	6 8
NOV 2	13 51	19 20	18 41	17 21	14 52	15 25	19 8	6 11
7	13 56	19 15	18 43	17 17	14 54	15 22	19 5	6 14
12	14 1	19 11	18 43	17 13	14 57	15 19	19 2	6 18
17	14 4	19 7	18 44	17 9	14 59	15 16	18 59	6 21
22	14 8	19 3	18 44R	17 5	15 1	15 14	18 56	6 23
27	14 10	19 0	18 43	17 1	15 2	15 11	18 52	6 26
DEC 2	14 12	18 56	18 42	16 57	15 3	15 9	18 49	6 28
7	14 14	18 54	18 41	16 54	15 4	15 8	18 46	6 30
12	14 14	18 51	18 39	16 50	15 4	15 6	18 42	6 31
17	14 14R	18 50	18 37	16 47	15 4R	15 5	18 39	6 33
22	14 14	18 48	18 35	16 44	15 4	15 4	18 36	6 34
27	14♏13	18♈47	18♌31	16♉41	15♍3	15♈4	18♊32	6♎34
STATIONS	MAY 23	DEC 31	APR 30	JAN 29	MAY 28	DEC 29	MAR 2	JAN 2
	DEC 15	JUL 21	NOV 18	AUG 17	DEC 13	JUL 15	SEP 18	JUN 20

1942

	♃	♄	☿	♈	♅	♆	⚷	♓
JAN 1	14♏ 11R	18♈ 47R	18♌ 28R	16♉ 39R	15♏ 2R	15♈ 4D	18♊ 28R	6♎ 35
6	14 8	18 47D	18 24	16 37	15 0	15 4	18 25	6 35R
11	14 6	18 48	18 21	16 35	14 59	15 5	18 22	6 34
16	14 2	18 49	18 17	16 34	14 57	15 6	18 19	6 34
21	13 58	18 51	18 13	16 33	14 54	15 7	18 17	6 33
26	13 54	18 53	18 8	16 32	14 51	15 9	18 14	6 32
31	13 49	18 56	18 4	16 32D	14 48	15 11	18 12	6 30
FEB 5	13 43	18 59	17 59	16 33	14 45	15 13	18 10	6 28
10	13 38	19 3	17 55	16 33	14 42	15 16	18 9	6 26
15	13 32	19 7	17 51	16 34	14 38	15 19	18 8	6 24
20	13 26	19 11	17 46	16 36	14 35	15 22	18 7	6 21
25	13 20	19 16	17 42	16 38	14 31	15 25	18 6	6 19
MAR 2	13 14	19 21	17 38	16 40	14 27	15 29	18 6	6 16
7	13 7	19 27	17 34	16 42	14 24	15 33	18 6D	6 13
12	13 1	19 32	17 30	16 45	14 20	15 37	18 6	6 10
17	12 55	19 38	17 26	16 48	14 16	15 41	18 7	6 6
22	12 49	19 44	17 23	16 52	14 12	15 46	18 8	6 3
27	12 43	19 51	17 20	16 56	14 9	15 50	18 10	6 0
APR 1	12 38	19 57	17 18	17 0	14 5	15 55	18 11	5 56
6	12 32	20 4	17 15	17 4	14 2	15 59	18 13	5 53
11	12 27	20 10	17 14	17 8	13 59	16 4	18 16	5 50
16	12 23	20 17	17 12	17 13	13 56	16 8	18 18	5 47
21	12 19	20 23	17 11	17 18	13 54	16 12	18 21	5 44
26	12 15	20 29	17 10	17 23	13 51	16 17	18 24	5 41
MAY 1	12 12	20 36	17 10	17 28	13 49	16 21	18 27	5 38
6	12 10	20 42	17 10D	17 33	13 47	16 25	18 31	5 36
11	12 8	20 48	17 11	17 38	13 46	16 29	18 34	5 33
16	12 6	20 53	17 12	17 43	13 45	16 33	18 38	5 31
21	12 5	20 59	17 13	17 48	13 44	16 36	18 42	5 29
26	12 5D	21 4	17 15	17 53	13 44	16 40	18 46	5 27
31	12 6	21 9	17 17	17 57	13 44D	16 43	18 50	5 26
JUN 5	12 7	21 13	17 20	18 2	13 44	16 46	18 54	5 25
10	12 8	21 18	17 23	18 6	13 45	16 48	18 58	5 24
15	12 10	21 21	17 26	18 11	13 46	16 50	19 3	5 24
20	12 13	21 25	17 30	18 15	13 47	16 52	19 7	5 23
25	12 16	21 28	17 34	18 19	13 49	16 54	19 11	5 23D
30	12 20	21 30	17 38	18 22	13 51	16 55	19 15	5 24
JUL 5	12 24	21 32	17 43	18 26	13 53	16 56	19 19	5 24
10	12 29	21 33	17 47	18 29	13 56	16 57	19 23	5 25
15	12 35	21 34	17 52	18 31	13 59	16 57	19 26	5 27
20	12 40	21 35	17 57	18 34	14 2	16 57R	19 30	5 28
25	12 47	21 35R	18 3	18 36	14 5	16 57	19 33	5 30
30	12 53	21 35	18 8	18 38	14 9	16 56	19 36	5 32
AUG 4	13 0	21 34	18 13	18 39	14 13	16 55	19 39	5 35
9	13 7	21 32	18 19	18 40	14 17	16 54	19 42	5 37
14	13 15	21 31	18 24	18 40	14 21	16 52	19 44	5 40
19	13 22	21 28	18 30	18 41R	14 25	16 50	19 46	5 43
24	13 30	21 26	18 35	18 40	14 30	16 48	19 48	5 46
29	13 38	21 23	18 41	18 40	14 34	16 45	19 50	5 50
SEP 3	13 46	21 19	18 46	18 39	14 39	16 43	19 51	5 53
8	13 54	21 15	18 51	18 38	14 44	16 40	19 52	5 57
13	14 2	21 11	18 56	18 36	14 48	16 37	19 52	6 1
18	14 10	21 7	19 1	18 34	14 53	16 33	19 53	6 5
23	14 18	21 2	19 5	18 32	14 58	16 30	19 52R	6 9
28	14 26	20 58	19 9	18 29	15 2	16 26	19 52	6 13
OCT 3	14 34	20 53	19 13	18 26	15 6	16 23	19 51	6 17
8	14 41	20 48	19 17	18 23	15 11	16 19	19 50	6 21
13	14 48	20 42	19 20	18 19	15 15	16 15	19 49	6 25
18	14 55	20 37	19 23	18 16	15 18	16 12	19 47	6 29
23	15 1	20 32	19 25	18 12	15 22	16 8	19 45	6 32
28	15 7	20 27	19 28	18 8	15 25	16 5	19 43	6 36
NOV 2	15 13	20 22	19 29	18 4	15 29	16 1	19 41	6 40
7	15 18	20 18	19 31	18 0	15 31	15 58	19 38	6 43
12	15 22	20 13	19 31	17 56	15 34	15 55	19 35	6 46
17	15 26	20 9	19 32	17 52	15 36	15 52	19 32	6 49
22	15 29	20 5	19 32R	17 48	15 38	15 49	19 29	6 52
27	15 32	20 1	19 31	17 44	15 40	15 47	19 26	6 54
DEC 2	15 34	19 58	19 30	17 40	15 41	15 45	19 22	6 57
7	15 36	19 55	19 29	17 36	15 41	15 43	19 19	6 59
12	15 37	19 53	19 27	17 33	15 42	15 41	19 15	7 0
17	15 37R	19 51	19 25	17 30	15 42R	15 40	19 12	7 2
22	15 37	19 50	19 23	17 27	15 42	15 39	19 8	7 3
27	15♏ 36	19♈ 49	19♌ 20	17♉ 24	15♏ 41	15♈ 39	19♊ 5	7♎ 3
STATIONS	MAY 25	JAN 1	MAY 1	JAN 30	MAY 29	DEC 30	MAR 3	JAN 3
	DEC 16	JUL 23	NOV 19	AUG 18	DEC 14	JUL 16	SEP 19	JUN 21

1943

	♃	¢	✶	♈	♃	♆	♄	♓
JAN 1	15♍ 34R	19♈ 48R	19♌ 17R	17♉ 21R	15♏ 40R	15 39D	19♊ 2R	7♎ 4
6	15 32	19 48D	19 13	17 19	15 38	15 39	18 58	7 4R
11	15 29	19 49	19 10	17 18	15 37	15 40	18 55	7 4
16	15 26	19 50	19 6	17 16	15 34	15 41	18 53	7 3
21	15 22	19 51	19 2	17 15	15 32	15 42	18 50	7 2
26	15 18	19 54	18 57	17 15	15 29	15 43	18 47	7 1
31	15 13	19 56	18 53	17 14	15 27	15 45	18 45	6 59
FEB 5	15 8	19 59	18 49	17 14D	15 23	15 48	18 43	6 58
10	15 3	20 3	18 44	17 15	15 20	15 50	18 42	6 56
15	14 57	20 7	18 40	17 16	15 17	15 53	18 41	6 53
20	14 51	20 11	18 35	17 17	15 13	15 57	18 40	6 51
25	14 45	20 16	18 31	17 19	15 9	16 0	18 39	6 48
MAR 2	14 39	20 21	18 27	17 21	15 6	16 4	18 39	6 45
7	14 32	20 26	18 23	17 24	15 2	16 7	18 39D	6 42
12	14 26	20 32	18 19	17 27	14 58	16 12	18 39	6 39
17	14 20	20 38	18 15	17 30	14 54	16 16	18 40	6 36
22	14 14	20 44	18 12	17 33	14 50	16 20	18 41	6 33
27	14 8	20 50	18 9	17 37	14 47	16 24	18 42	6 29
APR 1	14 2	20 56	18 6	17 41	14 43	16 29	18 44	6 26
6	13 57	21 3	18 4	17 45	14 40	16 33	18 46	6 23
11	13 52	21 9	18 2	17 50	14 37	16 38	18 48	6 20
16	13 47	21 16	18 1	17 54	14 34	16 42	18 50	6 16
21	13 43	21 22	17 59	17 59	14 31	16 47	18 53	6 13
26	13 39	21 29	17 59	18 4	14 29	16 51	18 56	6 10
MAY 1	13 36	21 35	17 58	18 9	14 27	16 55	18 59	6 8
6	13 33	21 41	17 59D	18 14	14 25	17 0	19 3	6 5
11	13 31	21 47	17 59	18 19	14 24	17 4	19 6	6 3
16	13 29	21 53	18 0	18 24	14 23	17 7	19 10	6 0
21	13 28	21 59	18 1	18 29	14 22	17 11	19 14	5 58
26	13 28	22 4	18 3	18 34	14 21	17 14	19 18	5 57
31	13 28D	22 9	18 5	18 38	14 21D	17 17	19 22	5 55
JUN 5	13 29	22 13	18 8	18 43	14 21	17 20	19 26	5 54
10	13 30	22 18	18 11	18 48	14 22	17 23	19 30	5 53
15	13 32	22 21	18 14	18 52	14 23	17 25	19 35	5 53
20	13 35	22 25	18 17	18 56	14 24	17 27	19 39	5 52
25	13 38	22 28	18 21	19 0	14 26	17 29	19 43	5 53D
30	13 42	22 30	18 25	19 4	14 28	17 30	19 47	5 53
JUL 5	13 46	22 33	18 30	19 7	14 30	17 31	19 51	5 53
10	13 51	22 34	18 35	19 10	14 33	17 32	19 55	5 54
15	13 56	22 35	18 39	19 13	14 36	17 32	19 58	5 56
20	14 1	22 36	18 44	19 15	14 39	17 32R	20 2	5 57
25	14 7	22 36R	18 50	19 18	14 42	17 32	20 5	5 59
30	14 14	22 36	18 55	19 19	14 46	17 31	20 8	6 1
AUG 4	14 21	22 35	19 0	19 21	14 50	17 30	20 11	6 3
9	14 28	22 34	19 6	19 22	14 54	17 29	20 14	6 6
14	14 35	22 32	19 11	19 22	14 58	17 27	20 16	6 9
19	14 43	22 30	19 17	19 23	15 2	17 25	20 19	6 12
24	14 50	22 27	19 22	19 22R	15 7	17 23	20 20	6 15
29	14 58	22 24	19 28	19 22	15 11	17 21	20 22	6 18
SEP 3	15 6	22 21	19 33	19 21	15 16	17 18	20 23	6 22
8	15 14	22 17	19 38	19 20	15 20	17 15	20 24	6 26
13	15 22	22 13	19 43	19 18	15 25	17 12	20 25	6 30
18	15 31	22 9	19 48	19 16	15 30	17 9	20 25	6 33
23	15 39	22 5	19 52	19 14	15 34	17 5	20 25R	6 37
28	15 46	22 0	19 57	19 11	15 39	17 2	20 25	6 41
OCT 3	15 54	21 55	20 1	19 9	15 43	16 58	20 24	6 45
8	16 1	21 50	20 4	19 6	15 47	16 55	20 23	6 49
13	16 9	21 45	20 8	19 2	15 51	16 51	20 22	6 53
18	16 15	21 40	20 11	18 59	15 55	16 47	20 20	6 57
23	16 22	21 35	20 13	18 55	15 59	16 44	20 18	7 1
28	16 28	21 30	20 15	18 51	16 2	16 40	20 16	7 5
NOV 2	16 34	21 25	20 17	18 47	16 6	16 37	20 14	7 8
7	16 39	21 20	20 19	18 43	16 9	16 33	20 11	7 12
12	16 44	21 15	20 19	18 39	16 11	16 30	20 8	7 15
17	16 48	21 11	20 20	18 35	16 13	16 27	20 5	7 18
22	16 51	21 7	20 20R	18 31	16 15	16 25	20 2	7 21
27	16 54	21 3	20 20	18 27	16 17	16 22	19 59	7 23
DEC 2	16 57	21 0	20 19	18 23	16 18	16 20	19 55	7 25
7	16 58	20 57	20 18	18 19	16 19	16 18	19 52	7 27
12	17 0	20 55	20 16	18 16	16 19	16 17	19 49	7 29
17	17 0	20 52	20 14	18 12	16 19	16 15R	19 45	7 31
22	17 0R	20 51	20 12	18 9	16 19	16 15	19 42	7 32
27	16♍ 59	20♈ 50	20♌ 9	18♉ 6	16♏ 19	16♈ 14	19♊ 38	7♎ 32
STATIONS	MAY 27	JAN 2	MAY 2	JAN 31	MAY 30	DEC 31	MAR 4	JAN 4
	DEC 18	JUL 24	NOV 20	AUG 19	DEC 15	JUL 17	SEP 20	JUN 22

	⯠	⯡	⯢	⯣	⯤	⯥	⯦	⯧
JAN 1	16♋58R	20♈49R	20♌6R	18♉4R	16♋18R	16♈14R	19♊35R	7♎33
6	16 56	20 49D	20 2	18 2	16 16	16 14D	19 32	7 33R
11	16 53	20 50	19 59	18 0	16 14	16 15	19 29	7 33
16	16 50	20 51	19 55	17 58	16 12	16 15	19 26	7 32
21	16 46	20 52	19 51	17 57	16 10	16 17	19 23	7 31
26	16 42	20 54	19 47	17 57	16 7	16 18	19 21	7 30
31	16 38	20 56	19 42	17 56	16 5	16 20	19 18	7 29
FEB 5	16 33	20 59	19 38	17 56D	16 2	16 22	19 16	7 27
10	16 27	21 3	19 33	17 57	15 58	16 25	19 15	7 25
15	16 22	21 7	19 29	17 58	15 55	16 28	19 13	7 23
20	16 16	21 11	19 24	17 59	15 51	16 31	19 12	7 20
25	16 10	21 16	19 20	18 1	15 48	16 34	19 12	7 18
MAR 1	16 3	21 21	19 16	18 3	15 44	16 38	19 11	7 15
6	15 57	21 26	19 12	18 5	15 40	16 42	19 11D	7 12
11	15 51	21 31	19 8	18 8	15 36	16 46	19 12	7 9
16	15 45	21 37	19 4	18 11	15 32	16 50	19 12	7 6
21	15 38	21 43	19 1	18 15	15 29	16 54	19 13	7 2
26	15 33	21 49	18 58	18 18	15 25	16 59	19 14	6 59
31	15 27	21 56	18 55	18 22	15 22	17 3	19 16	6 56
APR 5	15 21	22 2	18 53	18 26	15 18	17 8	19 18	6 52
10	15 16	22 9	18 51	18 31	15 15	17 12	19 20	6 49
15	15 11	22 15	18 49	18 35	15 12	17 17	19 23	6 46
20	15 7	22 22	18 48	18 40	15 10	17 21	19 25	6 43
25	15 3	22 28	18 47	18 45	15 7	17 26	19 28	6 40
30	15 0	22 35	18 47	18 50	15 5	17 30	19 32	6 37
MAY 5	14 57	22 41	18 47D	18 55	15 3	17 34	19 35	6 34
10	14 55	22 47	18 47	19 0	15 2	17 38	19 39	6 32
15	14 53	22 53	18 48	19 5	15 0	17 42	19 42	6 30
20	14 52	22 58	18 49	19 10	14 59	17 45	19 46	6 28
25	14 51	23 4	18 51	19 15	14 59	17 49	19 50	6 26
30	14 51D	23 9	18 53	19 20	14 59D	17 52	19 54	6 25
JUN 4	14 51	23 13	18 55	19 24	14 59	17 55	19 58	6 23
9	14 53	23 18	18 58	19 29	14 59	17 58	20 2	6 23
14	14 54	23 22	19 1	19 33	15 0	18 0	20 7	6 22
19	14 57	23 25	19 5	19 37	15 2	18 2	20 11	6 22
24	15 0	23 28	19 9	19 41	15 3	18 4	20 15	6 22D
29	15 3	23 31	19 13	19 45	15 3	18 5	20 19	6 22
JUL 4	15 7	23 33	19 17	19 49	15 7	18 6	20 23	6 22
9	15 12	23 35	19 22	19 52	15 10	18 7	20 27	6 23
14	15 17	23 36	19 27	19 55	15 13	18 7	20 31	6 25
19	15 22	23 37	19 32	19 57	15 16	18 7R	20 34	6 26
24	15 28	23 37	19 37	19 59	15 19	18 7	20 37	6 28
29	15 34	23 37R	19 42	20 1	15 23	18 6	20 41	6 30
AUG 3	15 41	23 36	19 47	20 2	15 26	18 6	20 44	6 32
8	15 48	23 35	19 53	20 4	15 30	18 4	20 46	6 35
13	15 55	23 34	19 58	20 4	15 35	18 3	20 49	6 37
18	16 3	23 32	20 4	20 5	15 39	18 1	20 51	6 40
23	16 11	23 29	20 9	20 5R	15 43	17 59	20 53	6 44
28	16 19	23 26	20 15	20 4	15 48	17 56	20 55	6 47
SEP 2	16 26	23 23	20 20	20 3	15 53	17 54	20 56	6 51
7	16 35	23 19	20 25	20 2	15 57	17 51	20 57	6 54
12	16 43	23 15	20 30	20 1	16 2	17 48	20 58	6 58
17	16 51	23 11	20 35	19 59	16 6	17 44	20 58	7 2
22	16 59	23 7	20 40	19 57	16 11	17 41	20 58R	7 6
27	17 7	23 2	20 44	19 54	16 16	17 38	20 58	7 10
OCT 2	17 14	22 57	20 48	19 51	16 20	17 34	20 57	7 14
7	17 22	22 52	20 52	19 48	16 24	17 30	20 56	7 18
12	17 29	22 47	20 55	19 45	16 28	17 27	20 55	7 22
17	17 36	22 42	20 58	19 41	16 32	17 23	20 53	7 26
22	17 43	22 37	21 1	19 38	16 36	17 19	20 51	7 30
27	17 49	22 32	21 3	19 34	16 39	17 16	20 49	7 33
NOV 1	17 55	22 27	21 5	19 30	16 43	17 12	20 47	7 37
6	18 0	22 22	21 6	19 26	16 46	17 9	20 44	7 40
11	18 5	22 17	21 8	19 22	16 48	17 6	20 41	7 44
16	18 9	22 13	21 8	19 18	16 51	17 3	20 39	7 47
21	18 13	22 9	21 8R	19 14	16 53	17 0	20 35	7 49
26	18 16	22 5	21 8	19 10	16 54	16 58	20 32	7 52
DEC 1	18 19	22 2	21 7	19 6	16 55	16 56	20 29	7 54
6	18 21	21 59	21 6	19 2	16 56	16 54	20 25	7 56
11	18 22	21 56	21 5	18 58	16 57	16 52	20 22	7 58
16	18 23	21 54	21 3	18 55	16 57R	16 51	20 18	7 59
21	18 23R	21 52	21 0	18 52	16 57	16 50	20 15	8 1
26	18 22	21 51	20 58	18 49	16 56	16 49	20 11	8 1
31	18♋21	21♈50	20♌55	18♉46	16♋55	16♈49	20♊8	8♎2
STATIONS	MAY 27	JAN 4	MAY 2	FEB 1	MAY 29	JAN 1	MAR 4	JAN 5
	DEC 19	JUL 24	NOV 20	AUG 19	DEC 15	JUL 17	SEP 19	JUN 21

1944

1945

	♃	♄	♅	♆	♇			
JAN 5	18♍ 19R	21♋ 50D	20♊ 51R	18♎ 44R	16♌ 54R	16♈ 49D	20♊ 5R	8♎ 2R
10	18 17	21 50	20 48	18 42	16 52	16 49	20 2	8 2
15	18 14	21 51	20 44	18 41	16 50	16 50	19 59	8 1
20	18 10	21 53	20 40	18 40	16 48	16 51	19 56	8 1
25	18 6	21 54	20 36	18 39	16 46	16 53	19 54	7 59
30	18 2	21 57	20 31	18 38	16 43	16 55	19 51	7 58
FEB 4	17 57	22 0	20 27	18 38D	16 40	16 57	19 49	7 56
9	17 52	22 3	20 22	18 39	16 36	17 0	19 48	7 54
14	17 46	22 7	20 18	18 40	16 33	17 2	19 46	7 52
19	17 40	22 11	20 14	18 41	16 29	17 6	19 45	7 50
24	17 34	22 15	20 9	18 43	16 26	17 9	19 44	7 47
MAR 1	17 28	22 20	20 5	18 45	16 22	17 13	19 44	7 44
6	17 22	22 25	20 1	18 47	16 18	17 16	19 44D	7 41
11	17 16	22 31	19 57	18 50	16 14	17 20	19 44	7 38
16	17 9	22 37	19 53	18 53	16 11	17 24	19 45	7 35
21	17 3	22 43	19 50	18 56	16 7	17 29	19 46	7 32
26	16 57	22 49	19 47	19 0	16 3	17 33	19 47	7 29
31	16 51	22 55	19 44	19 4	16 0	17 38	19 48	7 25
APR 5	16 46	23 2	19 42	19 8	15 56	17 42	19 50	7 22
10	16 41	23 8	19 39	19 12	15 53	17 47	19 52	7 19
15	16 36	23 15	19 38	19 17	15 50	17 51	19 55	7 15
20	16 31	23 21	19 36	19 21	15 48	17 55	19 58	7 12
25	16 27	23 28	19 35	19 26	15 45	18 0	20 1	7 9
30	16 24	23 34	19 35	19 31	15 43	18 4	20 4	7 7
MAY 5	16 21	23 40	19 35D	19 36	15 41	18 8	20 7	7 4
10	16 18	23 46	19 35	19 41	15 39	18 12	20 11	7 1
15	16 16	23 52	19 36	19 46	15 38	18 16	20 14	6 59
20	16 15	23 58	19 37	19 51	15 37	18 20	20 18	6 57
25	16 14	24 3	19 39	19 56	15 37	18 23	20 22	6 55
30	16 14D	24 8	19 41	20 1	15 36	18 27	20 26	6 54
JUN 4	16 14	24 13	19 43	20 5	15 36D	18 29	20 30	6 53
9	16 15	24 18	19 46	20 10	15 37	18 32	20 34	6 52
14	16 17	24 22	19 49	20 14	15 38	18 35	20 39	6 51
19	16 19	24 25	19 52	20 19	15 39	18 37	20 43	6 51
24	16 21	24 28	19 56	20 23	15 40	18 38	20 47	6 51D
29	16 25	24 31	20 0	20 26	15 42	18 40	20 51	6 51
JUL 4	16 29	24 34	20 4	20 30	15 44	18 41	20 55	6 51
9	16 33	24 35	20 9	20 33	15 47	18 42	20 59	6 52
14	16 38	24 37	20 14	20 36	15 50	18 42	21 3	6 53
19	16 43	24 38	20 19	20 39	15 53	18 42R	21 6	6 55
24	16 49	24 38	20 24	20 41	15 56	18 42	21 10	6 57
29	16 55	24 38R	20 29	20 43	16 0	18 42	21 13	6 59
AUG 3	17 2	24 38	20 34	20 44	16 3	18 41	21 16	7 1
8	17 9	24 37	20 40	20 45	16 7	18 40	21 19	7 3
13	17 16	24 35	20 45	20 46	16 11	18 38	21 21	7 6
18	17 23	24 33	20 51	20 47	16 16	18 36	21 23	7 9
23	17 31	24 31	20 56	20 47R	16 20	18 34	21 25	7 12
28	17 39	24 28	21 2	20 46	16 25	18 32	21 27	7 16
SEP 2	17 47	24 25	21 7	20 46	16 29	18 29	21 28	7 19
7	17 55	24 21	21 12	20 44	16 34	18 26	21 29	7 23
12	18 3	24 18	21 17	20 43	16 39	18 23	21 30	7 27
17	18 11	24 13	21 22	20 41	16 43	18 20	21 31	7 30
22	18 19	24 9	21 27	20 39	16 48	18 17	21 31R	7 34
27	18 27	24 4	21 31	20 37	16 52	18 13	21 30	7 38
OCT 2	18 35	24 0	21 35	20 34	16 57	18 10	21 30	7 42
7	18 42	23 55	21 39	20 31	17 1	18 6	21 29	7 46
12	18 50	23 49	21 43	20 28	17 5	18 2	21 28	7 50
17	18 57	23 44	21 46	20 24	17 9	17 59	21 26	7 54
22	19 3	23 39	21 48	20 20	17 13	17 55	21 24	7 58
27	19 10	23 34	21 51	20 17	17 16	17 52	21 22	8 2
NOV 1	19 16	23 29	21 53	20 13	17 20	17 48	21 20	8 5
6	19 21	23 24	21 54	20 9	17 23	17 45	21 17	8 9
11	19 26	23 20	21 56	20 5	17 25	17 42	21 15	8 12
16	19 31	23 15	21 56	20 0	17 28	17 39	21 12	8 15
21	19 35	23 11	21 56	19 56	17 30	17 36	21 9	8 18
26	19 38	23 7	21 56R	19 52	17 31	17 33	21 5	8 21
DEC 1	19 41	23 4	21 56	19 48	17 33	17 31	21 2	8 23
6	19 43	23 1	21 55	19 45	17 34	17 29	20 58	8 25
11	19 44	22 58	21 53	19 41	17 34	17 27	20 55	8 27
16	19 45	22 56	21 51	19 38	17 35	17 26	20 52	8 28
21	19 46R	22 54	21 49	19 34	17 34	17 25	20 48	8 30
26	19 45	22 52	21 46	19 32	17 34	17 24	20 45	8 30
31	19♍ 44	22♋ 52	21♊ 44	19♎ 29	17♌ 29	17♈ 33	20♊ 41	8♎ 31
STATIONS	MAY 29	JAN 4	MAY 3	FEB 1	MAY 30	DEC 31	MAR 4	JAN 4
	DEC 20	JUL 25	NOV 21	AUG 20	DEC 16	JUL 18	SEP 20	JUN 22

1946	Cupido	Hades	Zeus	Kronos	Apollon	Admetos	Vulkanus	Poseidon
JAN 5	19♍ 43R	22♈ 51R	21♌ 40R	19♉ 27R	17♍ 32R	17♈ 24D	20♊ 38R	8♎ 31
10	19 40	22 51D	21 37	19 25	17 30	17 24	20 35	8 31R
15	19 38	22 52	21 33	19 23	17 28	17 25	20 32	8 31
20	19 34	22 53	21 29	19 22	17 26	17 26	20 29	8 30
25	19 31	22 55	21 25	19 21	17 24	17 28	20 27	8 29
30	19 26	22 57	21 20	19 21	17 21	17 30	20 24	8 27
FEB 4	19 22	23 0	21 16	19 20D	17 18	17 32	20 22	8 26
9	19 16	23 3	21 12	19 21	17 15	17 34	20 21	8 24
14	19 11	23 7	21 7	19 22	17 11	17 37	20 19	8 22
19	19 5	23 11	21 3	19 23	17 8	17 40	20 18	8 19
24	18 59	23 15	20 58	19 24	17 4	17 43	20 17	8 17
MAR 1	18 53	23 20	20 54	19 26	17 0	17 47	20 17	8 14
6	18 47	23 25	20 50	19 28	16 56	17 51	20 17D	8 11
11	18 41	23 31	20 46	19 31	16 53	17 55	20 17	8 8
16	18 34	23 36	20 42	19 34	16 49	17 59	20 17	8 5
21	18 28	23 42	20 39	19 37	16 45	18 3	20 18	8 1
26	18 22	23 48	20 36	19 41	16 41	18 7	20 19	7 58
31	18 16	23 55	20 33	19 45	16 38	18 12	20 21	7 55
APR 5	18 11	24 1	20 30	19 49	16 35	18 16	20 23	7 52
10	18 5	24 8	20 28	19 53	16 31	18 21	20 25	7 48
15	18 0	24 14	20 26	19 58	16 28	18 25	20 27	7 45
20	17 56	24 21	20 25	20 2	16 26	18 30	20 30	7 42
25	17 51	24 27	20 24	20 7	16 23	18 34	20 33	7 39
30	17 48	24 33	20 23	20 12	16 21	18 39	20 36	7 36
MAY 5	17 44	24 40	20 23D	20 17	16 19	18 43	20 39	7 33
10	17 42	24 46	20 23	20 22	16 17	18 47	20 43	7 31
15	17 40	24 52	20 24	20 27	16 16	18 51	20 46	7 29
20	17 38	24 57	20 25	20 32	16 15	18 54	20 50	7 27
25	17 37	25 3	20 26	20 37	16 14	18 58	20 54	7 25
30	17 37	25 8	20 28	20 42	16 14	19 1	20 58	7 23
JUN 4	17 37D	25 13	20 31	20 47	16 14D	19 4	21 2	7 22
9	17 37	25 17	20 33	20 51	16 14	19 7	21 7	7 21
14	17 39	25 22	20 36	20 56	16 15	19 9	21 11	7 20
19	17 41	25 25	20 40	21 0	16 16	19 11	21 15	7 20
24	17 43	25 29	20 43	21 4	16 18	19 13	21 19	7 20D
29	17 46	25 32	20 47	21 8	16 19	19 15	21 23	7 20
JUL 4	17 50	25 34	20 52	21 11	16 22	19 16	21 27	7 20
9	17 54	25 36	20 56	21 15	16 24	19 17	21 31	7 21
14	17 59	25 38	21 1	21 18	16 27	19 17	21 35	7 22
19	18 4	25 39	21 6	21 20	16 30	19 18	21 38	7 24
24	18 10	25 39	21 11	21 23	16 33	19 17R	21 42	7 25
29	18 16	25 39R	21 16	21 24	16 36	19 17	21 45	7 27
AUG 3	18 22	25 39	21 22	21 26	16 40	19 16	21 48	7 30
8	18 29	25 38	21 27	21 27	16 44	19 15	21 51	7 32
13	18 36	25 37	21 32	21 28	16 48	19 13	21 53	7 35
18	18 44	25 35	21 38	21 29	16 53	19 12	21 56	7 38
23	18 51	25 33	21 43	21 29R	16 57	19 10	21 58	7 41
28	18 59	25 30	21 49	21 28	17 1	19 7	21 59	7 44
SEP 2	19 7	25 27	21 54	21 28	17 6	19 5	22 1	7 48
7	19 15	25 23	21 59	21 27	17 11	19 2	22 2	7 51
12	19 23	25 20	22 4	21 25	17 15	18 59	22 3	7 55
17	19 31	25 16	22 9	21 24	17 20	18 56	22 3	7 59
22	19 39	25 11	22 14	21 22	17 25	18 52	22 3R	8 3
27	19 47	25 7	22 18	21 19	17 29	18 49	22 3	8 7
OCT 2	19 55	25 2	22 23	21 16	17 34	18 45	22 3	8 11
7	20 3	24 57	22 27	21 13	17 38	18 42	22 2	8 15
12	20 10	24 52	22 30	21 10	17 42	18 38	22 1	8 19
17	20 17	24 47	22 33	21 7	17 46	18 34	21 59	8 23
22	20 24	24 42	22 36	21 3	17 50	18 31	21 57	8 27
27	20 30	24 37	22 39	20 59	17 53	18 27	21 55	8 30
NOV 1	20 37	24 31	22 41	20 55	17 57	18 24	21 53	8 34
6	20 42	24 27	22 42	20 51	18 0	18 20	21 51	8 38
11	20 47	24 22	22 44	20 47	18 2	18 17	21 48	8 41
16	20 52	24 17	22 44	20 43	18 5	18 14	21 45	8 44
21	20 56	24 13	22 45	20 39	18 7	18 11	21 42	8 47
26	21 0	24 9	22 45R	20 35	18 9	18 9	21 39	8 49
DEC 1	21 3	24 6	22 44	20 31	18 10	18 6	21 35	8 52
6	21 5	24 2	22 43	20 27	18 11	18 4	21 32	8 54
11	21 7	24 0	22 42	20 24	18 12	18 3	21 28	8 56
16	21 8	23 57	22 40	20 20	18 12	18 1	21 25	8 57
21	21 8	23 55	22 38	20 17	18 12R	18 0	21 21	8 59
26	21 8R	23 54	22 35	20 14	18 12	17 59	21 18	8 59
31	21♍ 8	23♈ 53	22♌ 32	20♉ 11	18♍ 11	17♈ 59	21♊ 14	9♎ 0
STATIONS	MAY 31 DEC 22	JAN 5 JUL 27	MAY 4 NOV 22	FEB 2 AUG 21	MAY 31 DEC 17	JAN 1 JUL 19	MAR 5 SEP 21	JAN 5 JUN 23

1947

	♃	♄	♇	♅	♃	♆	♅	♓
JAN 5	21♏ 6R	23♈ 52R	22♌ 29R	20♉ 9R	18♍ 10R	17♈ 59D	21♊ 11R	9♎ 0
10	21 4	23 52D	22 26	20 7	18 8	17 59	21 8	9 0R
15	21 2	23 53	22 22	20 5	18 6	18 0	21 5	9 0
20	20 58	23 54	22 18	20 4	18 4	18 1	21 2	8 59
25	20 55	23 56	22 14	20 3	18 2	18 3	21 0	8 58
30	20 51	23 58	22 10	20 3	17 59	18 4	20 57	8 57
FEB 4	20 46	24 0	22 6	20 3D	17 56	18 7	20 55	8 55
9	20 41	24 3	22 1	20 3	17 53	18 9	20 54	8 53
14	20 36	24 7	21 56	20 3	17 49	18 12	20 52	8 51
19	20 30	24 11	21 52	20 5	17 46	18 15	20 51	8 49
24	20 24	24 15	21 47	20 6	17 42	18 18	20 50	8 46
MAR 1	20 18	24 20	21 43	20 8	17 38	18 21	20 50	8 43
6	20 12	24 25	21 39	20 10	17 35	18 25	20 49	8 40
11	20 5	24 30	21 35	20 13	17 31	18 29	20 50D	8 37
16	19 59	24 36	21 31	20 16	17 27	18 33	20 50	8 34
21	19 53	24 42	21 28	20 19	17 23	18 37	20 51	8 31
26	19 47	24 48	21 24	20 22	17 20	18 42	20 52	8 28
31	19 41	24 54	21 22	20 26	17 16	18 46	20 53	8 24
APR 5	19 35	25 0	21 19	20 30	17 13	18 51	20 55	8 21
10	19 30	25 7	21 17	20 34	17 9	18 55	20 57	8 18
15	19 25	25 13	21 15	20 39	17 6	19 0	21 0	8 15
20	19 20	25 20	21 13	20 44	17 4	19 4	21 2	8 12
25	19 16	25 26	21 12	20 48	17 1	19 9	21 5	8 8
30	19 12	25 33	21 12	20 53	16 59	19 13	21 8	8 6
MAY 5	19 8	25 39	21 11	20 58	16 57	19 17	21 11	8 3
10	19 5	25 45	21 11D	21 3	16 55	19 21	21 15	8 0
15	19 3	25 51	21 12	21 8	16 54	19 25	21 19	7 58
20	19 1	25 57	21 13	21 13	16 53	19 29	21 22	7 56
25	19 0	26 3	21 14	21 18	16 52	19 32	21 26	7 54
30	18 59	26 8	21 16	21 23	16 51	19 36	21 30	7 53
JUN 4	18 59D	26 13	21 18	21 28	16 51D	19 39	21 34	7 51
9	19 0	26 17	21 21	21 32	16 52	19 41	21 39	7 50
14	19 1	26 22	21 24	21 37	16 53	19 44	21 43	7 49
19	19 3	26 25	21 27	21 41	16 54	19 46	21 47	7 49
24	19 5	26 29	21 31	21 45	16 55	19 48	21 51	7 49D
29	19 8	26 32	21 35	21 49	16 57	19 50	21 55	7 49
JUL 4	19 12	26 34	21 39	21 53	16 59	19 51	21 59	7 49
9	19 16	26 37	21 43	21 56	17 1	19 52	22 3	7 50
14	19 20	26 38	21 48	21 59	17 4	19 52	22 7	7 51
19	19 25	26 39	21 53	22 2	17 7	19 53	22 10	7 53
24	19 31	26 40	21 58	22 4	17 10	19 53R	22 14	7 54
29	19 37	26 40R	22 3	22 6	17 13	19 52	22 17	7 56
AUG 3	19 43	26 40	22 9	22 8	17 17	19 51	22 20	7 58
8	19 50	26 39	22 14	22 9	17 21	19 50	22 23	8 1
13	19 57	26 38	22 19	22 10	17 25	19 49	22 26	8 4
18	20 4	26 36	22 25	22 11	17 29	19 47	22 28	8 6
23	20 11	26 34	22 30	22 11R	17 34	19 45	22 30	8 10
28	20 19	26 32	22 36	22 11	17 38	19 43	22 32	8 13
SEP 2	20 27	26 29	22 41	22 10	17 43	19 40	22 33	8 16
7	20 35	26 25	22 47	22 9	17 47	19 38	22 34	8 20
12	20 43	26 22	22 52	22 8	17 52	19 35	22 35	8 24
17	20 51	26 18	22 57	22 6	17 57	19 31	22 36	8 27
22	20 59	26 13	23 1	22 4	18 1	19 28	22 36	8 31
27	21 7	26 9	23 6	22 2	18 6	19 25	22 36R	8 35
OCT 2	21 15	26 4	23 10	21 59	18 10	19 21	22 35	8 39
7	21 23	25 59	23 14	21 56	18 15	19 17	22 35	8 43
12	21 30	25 54	23 18	21 53	18 19	19 14	22 33	8 47
17	21 38	25 49	23 21	21 50	18 23	19 10	22 32	8 51
22	21 45	25 44	23 24	21 46	18 27	19 6	22 30	8 55
27	21 51	25 39	23 26	21 42	18 30	19 3	22 28	8 59
NOV 1	21 57	25 34	23 28	21 38	18 34	18 59	22 26	9 3
6	22 3	25 29	23 30	21 34	18 37	18 56	22 24	9 6
11	22 9	25 24	23 32	21 30	18 40	18 53	22 21	9 9
16	22 13	25 20	23 32	21 26	18 42	18 50	22 18	9 13
21	22 18	25 15	23 33	21 22	18 44	18 47	22 15	9 15
26	22 22	25 11	23 33R	21 18	18 46	18 44	22 12	9 18
DEC 1	22 25	25 7	23 32	21 14	18 47	18 42	22 8	9 21
6	22 27	25 4	23 32	21 10	18 49	18 40	22 5	9 23
11	22 29	25 1	23 30	21 6	18 49	18 38	22 1	9 25
16	22 31	24 59	23 29	21 3	18 50	18 37	21 58	9 26
21	22 31	24 57	23 26	21 0	18 50R	18 35	21 55	9 27
26	22 31R	24 55	23 24	20 57	18 49	18 35	21 51	9 28
31	22♏31	24♈54	23♌21	20♉54	18♍48	18♈34	21♊48	9♎29
STATIONS	JUN 1	JAN 7	MAY 5	FEB 3	JUN 1	JAN 2	MAR 6	JAN 6
	DEC 23	JUL 28	NOV 23	AUG 22	DEC 18	JUL 20	SEP 22	JUN 23

	♃	♄	⚷	⚳	♅	♆	⚴	⚶
JAN 5	22♐ 29R	24♈ 53R	23♌ 18R	20♉ 52R	18♎ 47R	18♈ 34D	21♊ 44R	9♎ 29
10	22 28	24 53D	23 15	20 49	18 46	18 34	21 41	9 29R
15	22 25	24 54	23 11	20 48	18 44	18 35	21 38	9 29
20	22 22	24 55	23 7	20 46	18 42	18 36	21 35	9 28
25	22 19	24 56	23 3	20 45	18 40	18 37	21 33	9 27
30	22 15	24 58	22 59	20 45	18 37	18 39	21 30	9 26
FEB 4	22 10	25 1	22 54	20 45	18 34	18 41	21 28	9 24
9	22 5	25 4	22 50	20 45D	18 31	18 44	21 27	9 23
14	22 0	25 7	22 45	20 45	18 27	18 46	21 25	9 21
19	21 55	25 11	22 41	20 46	18 24	18 49	21 24	9 18
24	21 49	25 15	22 37	20 48	18 20	18 52	21 23	9 16
29	21 43	25 20	22 32	20 50	18 17	18 56	21 22	9 13
MAR 5	21 37	25 25	22 28	20 52	18 13	19 0	21 22	9 10
10	21 30	25 30	22 24	20 54	18 9	19 4	21 22D	9 7
15	21 24	25 35	22 20	20 57	18 5	19 8	21 23	9 4
20	21 18	25 41	22 17	21 0	18 1	19 12	21 23	9 1
25	21 12	25 47	22 13	21 4	17 58	19 16	21 24	8 57
30	21 6	25 54	22 10	21 7	17 54	19 21	21 26	8 54
APR 4	21 0	26 0	22 8	21 11	17 51	19 25	21 28	8 51
9	20 54	26 6	22 5	21 16	17 48	19 30	21 30	8 47
14	20 49	26 13	22 3	21 20	17 44	19 34	21 32	8 44
19	20 44	26 19	22 2	21 25	17 42	19 38	21 34	8 41
24	20 40	26 26	22 1	21 29	17 39	19 43	21 37	8 38
29	20 36	26 32	22 0	21 34	17 37	19 47	21 40	8 35
MAY 4	20 32	26 39	21 59	21 39	17 35	19 51	21 44	8 32
9	20 29	26 45	22 0D	21 44	17 33	19 56	21 47	8 30
14	20 27	26 51	22 0	21 49	17 31	20 0	21 51	8 28
19	20 25	26 57	22 1	21 54	17 30	20 3	21 54	8 25
24	20 23	27 2	22 2	21 59	17 30	20 7	21 58	8 24
29	20 22	27 8	22 4	22 4	17 29	20 10	22 2	8 22
JUN 3	20 22D	27 13	22 6	22 9	17 29D	20 13	22 6	8 21
8	20 23	27 17	22 9	22 14	17 29	20 16	22 11	8 19
13	20 24	27 22	22 11	22 18	17 30	20 19	22 15	8 19
18	20 25	27 26	22 15	22 22	17 31	20 21	22 19	8 18
23	20 27	27 29	22 18	22 27	17 32	20 23	22 23	8 18
28	20 30	27 32	22 22	22 30	17 34	20 24	22 27	8 18D
JUL 3	20 33	27 35	22 26	22 34	17 36	20 26	22 31	8 18
8	20 37	27 37	22 31	22 37	17 38	20 27	22 35	8 19
13	20 41	27 39	22 35	22 41	17 41	20 27	22 39	8 20
18	20 46	27 40	22 40	22 43	17 44	20 28	22 43	8 22
23	20 52	27 41	22 45	22 46	17 47	20 28R	22 46	8 23
28	20 57	27 41	22 50	22 48	17 50	20 27	22 49	8 25
AUG 2	21 4	27 41R	22 56	22 50	17 54	20 27	22 53	8 27
7	21 10	27 41	23 1	22 51	17 58	20 26	22 55	8 30
12	21 17	27 39	23 7	22 52	18 2	20 24	22 58	8 32
17	21 24	27 38	23 12	22 53	18 6	20 22	23 0	8 35
22	21 32	27 36	23 18	22 53	18 10	20 21	23 3	8 38
27	21 39	27 33	23 23	22 53R	18 15	20 18	23 4	8 41
SEP 1	21 47	27 31	23 28	22 52	18 20	20 16	23 6	8 45
6	21 55	27 27	23 34	22 51	18 24	20 13	23 7	8 48
11	22 3	27 24	23 39	22 50	18 29	20 10	23 8	8 52
16	22 11	27 20	23 44	22 48	18 33	20 7	23 8	8 56
21	22 19	27 16	23 49	22 46	18 38	20 4	23 9	9 0
26	22 28	27 11	23 53	22 44	18 43	20 0	23 9R	9 4
OCT 1	22 35	27 6	23 57	22 42	18 47	19 57	23 8	9 8
6	22 43	27 1	24 1	22 39	18 51	19 53	23 7	9 12
11	22 51	26 56	24 5	22 36	18 56	19 49	23 6	9 16
16	22 58	26 51	24 8	22 32	19 0	19 46	23 5	9 20
21	23 5	26 46	24 11	22 29	19 4	19 42	23 3	9 24
26	23 12	26 41	24 14	22 25	19 7	19 39	23 1	9 28
31	23 18	26 36	24 16	22 21	19 11	19 35	22 59	9 31
NOV 5	23 24	26 31	24 18	22 17	19 14	19 32	22 57	9 35
10	23 30	26 26	24 19	22 13	19 17	19 28	22 54	9 38
15	23 35	26 22	24 20	22 9	19 19	19 25	22 51	9 41
20	23 39	26 17	24 21	22 5	19 21	19 22	22 48	9 44
25	23 43	26 13	24 21R	22 1	19 23	19 20	22 45	9 47
30	23 47	26 9	24 21	21 57	19 25	19 17	22 42	9 49
DEC 5	23 49	26 6	24 20	21 53	19 26	19 15	22 38	9 52
10	23 51	26 3	24 19	21 49	19 27	19 13	22 35	9 53
15	23 53	26 0	24 17	21 46	19 27	19 12	22 31	9 55
20	23 53	25 58	24 15	21 42	19 27R	19 11	22 28	9 56
25	23 54R	25 56	24 13	21 39	19 27	19 10	22 24	9 57
30	23 54	25♈ 55	24♌ 10	21♉ 37	19♎ 26	19♈ 9	22♊ 21	9♎ 58
STATIONS	JUN 2	JAN 8	MAY 5	FEB 4	JUN 1	JAN 3	MAR 6	JAN 7
	DEC 24	JUL 28	NOV 23	AUG 22	DEC 18	JUL 19	SEP 22	JUN 23

1949

	♃	♄	♁	⚡	♆	⯓	♇	⯔
JAN 4	23♐53R	25♈55R	24♌7R	21♉34R	19♐25R	19♈9D	22♊18R	9♎58
9	23 51	25 54D	24 4	21 32	19 24	19 9	22 14	9 58R
14	23 49	25 55	24 0	21 30	19 22	19 10	22 11	9 58
19	23 46	25 55	23 56	21 29	19 20	19 11	22 9	9 57
24	23 43	25 57	23 52	21 28	19 18	19 12	22 6	9 57
29	23 39	25 59	23 48	21 27	19 15	19 14	22 4	9 55
FEB 3	23 35	26 1	23 43	21 27	19 12	19 16	22 1	9 54
8	23 30	26 4	23 39	21 27D	19 9	19 18	22 0	9 52
13	23 25	26 7	23 35	21 27	19 6	19 21	21 58	9 50
18	23 19	26 11	23 30	21 28	19 2	19 24	21 57	9 48
23	23 14	26 15	23 26	21 30	18 59	19 27	21 56	9 45
28	23 8	26 19	23 21	21 31	18 55	19 30	21 55	9 42
MAR 5	23 1	26 24	23 17	21 33	18 51	19 34	21 55	9 40
10	22 55	26 30	23 13	21 36	18 47	19 38	21 55D	9 37
15	22 49	26 35	23 9	21 39	18 43	19 42	21 55	9 33
20	22 43	26 41	23 6	21 42	18 40	19 46	21 56	9 30
25	22 37	26 47	23 2	21 45	18 36	19 50	21 57	9 27
30	22 30	26 53	22 59	21 49	18 32	19 55	21 58	9 24
APR 4	22 25	26 59	22 56	21 53	18 29	19 59	22 0	9 20
9	22 19	27 6	22 54	21 57	18 26	20 4	22 2	9 17
14	22 14	27 12	22 52	22 1	18 23	20 8	22 4	9 14
19	22 9	27 19	22 50	22 6	18 20	20 13	22 7	9 11
24	22 4	27 25	22 49	22 11	18 17	20 17	22 9	9 8
29	22 0	27 32	22 48	22 15	18 15	20 22	22 12	9 5
MAY 4	21 56	27 38	22 48	22 20	18 12	20 26	22 16	9 2
9	21 53	27 44	22 48D	22 25	18 11	20 30	22 19	8 59
14	21 50	27 50	22 48	22 30	18 9	20 34	22 23	8 57
19	21 48	27 56	22 49	22 35	18 8	20 38	22 26	8 55
24	21 46	28 2	22 50	22 40	18 7	20 41	22 30	8 53
29	21 45	28 7	22 52	22 45	18 7	20 45	22 34	8 51
JUN 3	21 45	28 12	22 54	22 50	18 7D	20 48	22 38	8 50
8	21 45D	28 17	22 56	22 55	18 7	20 51	22 43	8 49
13	21 46	28 22	22 59	22 59	18 7	20 53	22 47	8 48
18	21 47	28 26	23 2	23 4	18 8	20 56	22 51	8 47
23	21 49	28 29	23 6	23 8	18 10	20 58	22 55	8 47
28	21 52	28 33	23 9	23 12	18 11	20 59	22 59	8 47D
JUL 3	21 55	28 35	23 13	23 15	18 13	21 1	23 3	8 47
8	21 59	28 38	23 18	23 19	18 15	21 2	23 7	8 48
13	22 3	28 40	23 22	23 22	18 18	21 2	23 11	8 49
18	22 8	28 41	23 27	23 25	18 21	21 3	23 15	8 50
23	22 13	28 42	23 32	23 27	18 24	21 3R	23 18	8 52
28	22 18	28 42	23 37	23 30	18 27	21 2	23 22	8 54
AUG 2	22 24	28 42R	23 43	23 31	18 31	21 2	23 25	8 56
7	22 31	28 42	23 48	23 33	18 35	21 1	23 28	8 58
12	22 38	28 41	23 54	23 34	18 39	20 59	23 30	9 1
17	22 45	28 39	23 59	23 35	18 43	20 58	23 33	9 4
22	22 52	28 37	24 5	23 35	18 47	20 56	23 35	9 7
27	23 0	28 35	24 10	23 35R	18 52	20 54	23 37	9 10
SEP 1	23 7	28 32	24 15	23 34	18 56	20 51	23 38	9 13
6	23 15	28 29	24 21	23 34	19 1	20 49	23 40	9 17
11	23 23	28 26	24 26	23 32	19 6	20 46	23 40	9 21
16	23 32	28 22	24 31	23 31	19 10	20 43	23 41	9 25
21	23 40	28 18	24 36	23 29	19 15	20 39	23 41	9 28
26	23 48	28 13	24 40	23 27	19 19	20 36	23 41R	9 32
OCT 1	23 56	28 9	24 45	23 24	19 24	20 32	23 41	9 36
6	24 4	28 4	24 49	23 21	19 28	20 29	23 40	9 40
11	24 11	27 59	24 53	23 18	19 33	20 25	23 39	9 44
16	24 19	27 54	24 56	23 15	19 37	20 21	23 38	9 48
21	24 26	27 49	24 59	23 11	19 41	20 18	23 36	9 52
26	24 33	27 43	25 2	23 8	19 44	20 14	23 34	9 56
31	24 39	27 38	25 4	23 4	19 48	20 11	23 32	10 0
NOV 5	24 45	27 33	25 6	23 0	19 51	20 7	23 30	10 3
10	24 51	27 29	25 7	22 56	19 54	20 4	23 27	10 7
15	24 56	27 24	25 9	22 52	19 56	20 1	23 24	10 10
20	25 1	27 19	25 9	22 48	19 59	19 58	23 21	10 13
25	25 5	27 15	25 9R	22 44	20 1	19 55	23 18	10 16
30	25 8	27 11	25 9	22 40	20 2	19 53	23 15	10 18
DEC 5	25 11	27 8	25 8	22 36	20 3	19 51	23 11	10 20
10	25 14	27 5	25 7	22 32	20 4	19 49	23 8	10 22
15	25 15	27 2	25 6	22 28	20 5	19 47	23 4	10 24
20	25 16	27 0	25 4	22 25	20 5R	19 46	23 1	10 25
25	25 17	26 58	25 2	22 22	20 5	19 45	22 58	10 26
30	25♐17R	26♈57	24♌59	22♉19	20♐4	19♈44	22♊54	10♎27
STATIONS	JUN 4	JAN 8	MAY 6	FEB 3	JUN 2	JAN 3	MAR 7	JAN 6
	DEC 26	JUL 30	NOV 24	AUG 23	DEC 18	JUL 20	SEP 22	JUN 24

	♃	♄	☿	♈	♇	Ψ	⚴	♅
JAN 4	25♏15R	26♈56R	24♌56R	22♉17R	20♏3R	19♈44R	22♊51R	10♎27
9	25 15	26 55	24 53	22 14	20 2	19 44D	22 48	10 28R
14	25 13	26 56D	24 49	22 12	20 0	19 45	22 45	10 27
19	25 10	26 56	24 45	22 11	19 58	19 46	22 42	10 27
24	25 7	26 57	24 41	22 10	19 56	19 47	22 39	10 26
29	25 3	26 59	24 37	22 9	19 53	19 49	22 37	10 25
FEB 3	24 59	27 1	24 33	22 9	19 50	19 51	22 34	10 23
8	24 54	27 4	24 28	22 9D	19 47	19 53	22 33	10 21
13	24 49	27 7	24 24	22 9	19 44	19 56	22 31	10 19
18	24 44	27 11	24 19	22 10	19 40	19 58	22 30	10 17
23	24 38	27 15	24 15	22 11	19 37	20 2	22 29	10 15
28	24 32	27 19	24 10	22 13	19 33	20 5	22 28	10 12
MAR 5	24 26	27 24	24 6	22 15	19 29	20 9	22 28	10 9
10	24 20	27 29	24 2	22 17	19 25	20 12	22 27D	10 6
15	24 14	27 35	23 58	22 20	19 22	20 16	22 28	10 3
20	24 8	27 40	23 55	22 23	19 18	20 21	22 28	10 0
25	24 1	27 46	23 51	22 26	19 14	20 25	22 29	9 56
30	23 55	27 52	23 48	22 30	19 11	20 29	22 31	9 53
APR 4	23 49	27 59	23 45	22 34	19 7	20 34	22 32	9 50
9	23 44	28 5	23 43	22 38	19 4	20 38	22 34	9 47
14	23 38	28 12	23 41	22 42	19 1	20 43	22 36	9 43
19	23 33	28 18	23 39	22 47	18 58	20 47	22 39	9 40
24	23 28	28 25	23 37	22 52	18 55	20 52	22 42	9 37
29	23 24	28 31	23 37	22 57	18 53	20 56	22 45	9 34
MAY 4	23 20	28 37	23 36	23 1	18 50	21 0	22 48	9 31
9	23 17	28 44	23 36D	23 6	18 49	21 4	22 51	9 29
14	23 14	28 50	23 36	23 11	18 47	21 8	22 55	9 26
19	23 12	28 56	23 37	23 16	18 46	21 12	22 59	9 24
24	23 10	29 1	23 38	23 21	18 45	21 16	23 2	9 22
29	23 9	29 7	23 40	23 26	18 44	21 19	23 6	9 21
JUN 3	23 8	29 12	23 42	23 31	18 44	21 22	23 11	9 19
8	23 8D	29 17	23 44	23 36	18 44D	21 25	23 15	9 18
13	23 8	29 21	23 47	23 40	18 45	21 28	23 19	9 17
18	23 10	29 26	23 50	23 45	18 46	21 30	23 23	9 16
23	23 11	29 29	23 53	23 49	18 47	21 32	23 27	9 16
28	23 14	29 33	23 57	23 53	18 48	21 34	23 31	9 16D
JUL 3	23 17	29 36	24 1	23 57	18 50	21 36	23 35	9 17
8	23 20	29 38	24 5	24 0	18 52	21 37	23 39	9 17
13	23 24	29 40	24 10	24 3	18 55	21 37	23 43	9 18
18	23 29	29 42	24 14	24 6	18 58	21 38	23 47	9 19
23	23 34	29 43	24 19	24 9	19 1	21 38R	23 50	9 21
28	23 39	29 43	24 25	24 11	19 4	21 38	23 54	9 23
AUG 2	23 45	29 43R	24 30	24 13	19 8	21 37	23 57	9 25
7	23 51	29 43	24 35	24 15	19 12	21 36	24 0	9 27
12	23 58	29 42	24 41	24 16	19 16	21 35	24 3	9 30
17	24 5	29 41	24 46	24 17	19 20	21 33	24 5	9 32
22	24 12	29 39	24 52	24 17	19 24	21 31	24 7	9 35
27	24 20	29 37	24 57	24 17R	19 28	21 29	24 9	9 39
SEP 1	24 28	29 34	25 2	24 17	19 33	21 27	24 11	9 42
6	24 36	29 31	25 8	24 16	19 38	21 24	24 12	9 46
11	24 44	29 28	25 13	24 15	19 42	21 21	24 13	9 49
16	24 52	29 24	25 18	24 13	19 47	21 18	24 14	9 53
21	25 0	29 20	25 23	24 11	19 52	21 15	24 14	9 57
26	25 8	29 15	25 28	24 9	19 56	21 12	24 14R	10 1
OCT 1	25 16	29 11	25 32	24 7	20 1	21 8	24 14	10 5
6	25 24	29 6	25 36	24 4	20 5	21 5	24 13	10 9
11	25 32	29 1	25 40	24 1	20 9	21 1	24 12	10 13
16	25 39	28 56	25 43	23 58	20 13	20 57	24 11	10 17
21	25 46	28 51	25 47	23 54	20 17	20 54	24 9	10 21
26	25 53	28 46	25 49	23 50	20 21	20 50	24 7	10 25
31	26 0	28 41	25 52	23 47	20 25	20 46	24 5	10 28
NOV 5	26 6	28 36	25 54	23 43	20 28	20 43	24 3	10 32
10	26 12	28 31	25 55	23 39	20 31	20 40	24 0	10 35
15	26 17	28 26	25 57	23 35	20 33	20 36	23 58	10 39
20	26 22	28 22	25 57	23 30	20 36	20 33	23 55	10 42
25	26 26	28 17	25 58	23 26	20 38	20 31	23 51	10 44
30	26 30	28 13	25 57R	23 22	20 39	20 28	23 48	10 47
DEC 5	26 33	28 10	25 57	23 18	20 41	20 26	23 45	10 49
10	26 36	28 7	25 56	23 15	20 42	20 24	23 41	10 51
15	26 38	28 4	25 54	23 11	20 42	20 21	23 38	10 53
20	26 39	28 1	25 52	23 8	20 42R	20 20	23 34	10 54
25	26 40	27 59	25 50	23 5	20 42	20 20	23♊31	10 55
30	26♏40R	27♈58	25♌48	23♉2	20♏42	20♈20	23♊27	10♎56
STATIONS	JUN 5	JAN 9	MAY 7	FEB 4	JUN 3	JAN 4	MAR 7	JAN 7
	DEC 27	JUL 31	NOV 25	AUG 24	DEC 19	JUL 21	SEP 23	JUN 25

1951

	♃														
JAN 4	26♐	39R	27♈	57R	25♌	45R	22♉	59R	20♋	41R	20♈	19R	23♊	24R	10♎	57
9	26	38	27	56	25	41	22	57	20	39	20	19D	23	21	10	57R
14	26	36	27	56D	25	38	22	55	20	38	20	20	23	18	10	56
19	26	34	27	57	25	34	22	53	20	36	20	21	23	15	10	56
24	26	31	27	58	25	30	22	52	20	34	20	22	23	12	10	55
29	26	27	28	0	25	26	22	51	20	31	20	24	23	10	10	54
FEB 3	26	23	28	2	25	22	22	51	20	28	20	25	23	7	10	52
8	26	19	28	4	25	17	22	51D	20	25	20	28	23	5	10	51
13	26	14	28	7	25	13	22	51	20	22	20	30	23	4	10	49
18	26	9	28	11	25	8	22	52	20	18	20	33	23	2	10	47
23	26	3	28	15	25	4	22	53	20	15	20	36	23	1	10	44
28	25	57	28	19	25	0	22	55	20	11	20	39	23	1	10	41
MAR 5	25	51	28	24	24	55	22	57	20	7	20	43	23	0	10	39
10	25	45	28	29	24	51	22	59	20	4	20	47	23	0D	10	36
15	25	39	28	34	24	47	23	2	20	0	20	51	23	0	10	33
20	25	32	28	40	24	43	23	5	19	56	20	55	23	1	10	29
25	25	26	28	46	24	40	23	8	19	52	20	59	23	2	10	26
30	25	20	28	52	24	37	23	11	19	49	21	4	23	3	10	23
APR 4	25	14	28	58	24	34	23	15	19	45	21	8	23	5	10	19
9	25	8	29	4	24	31	23	19	19	42	21	12	23	7	10	16
14	25	3	29	11	24	29	23	24	19	39	21	17	23	9	10	13
19	24	58	29	17	24	27	23	28	19	36	21	21	23	11	10	10
24	24	53	29	24	24	26	23	33	19	33	21	26	23	14	10	7
29	24	48	29	30	24	25	23	38	19	31	21	30	23	17	10	4
MAY 4	24	44	29	37	24	24	23	43	19	28	21	35	23	20	10	1
9	24	41	29	43	24	24D	23	47	19	26	21	39	23	23	9	58
14	24	38	29	49	24	24	23	52	19	25	21	43	23	27	9	56
19	24	35	29	55	24	25	23	57	19	24	21	47	23	31	9	54
24	24	33	0♉	1	24	26	24	2	19	23	21	50	23	35	9	52
29	24	32	0	7	24	27	24	7	19	22	21	54	23	38	9	50
JUN 3	24	31	0	12	24	29	24	12	19	22	21	57	23	43	9	48
8	24	31D	0	17	24	32	24	17	19	22D	22	0	23	47	9	47
13	24	31	0	21	24	34	24	22	19	22	22	3	23	51	9	46
18	24	32	0	26	24	37	24	26	19	23	22	5	23	55	9	46
23	24	34	0	30	24	41	24	30	19	24	22	7	23	59	9	45
28	24	36	0	33	24	44	24	34	19	26	22	9	24	3	9	45D
JUL 3	24	38	0	36	24	48	24	38	19	27	22	10	24	7	9	46
8	24	42	0	39	24	52	24	42	19	30	22	12	24	11	9	46
13	24	46	0	41	24	57	24	45	19	32	22	12	24	15	9	47
18	24	50	0	42	25	2	24	48	19	35	22	13	24	19	9	48
23	24	55	0	44	25	7	24	51	19	38	22	13R	24	23	9	50
28	25	0	0	44	25	12	24	53	19	41	22	13	24	26	9	51
AUG 2	25	6	0	44R	25	17	24	55	19	45	22	12	24	29	9	53
7	25	12	0	44	25	22	24	56	19	48	22	11	24	32	9	56
12	25	19	0	43	25	28	24	58	19	52	22	10	24	35	9	58
17	25	26	0	42	25	33	24	58	19	57	22	9	24	37	10	1
22	25	33	0	41	25	39	24	59	20	1	22	7	24	40	10	4
27	25	40	0	38	25	44	24	59R	20	5	22	5	24	42	10	7
SEP 1	25	48	0	36	25	50	24	59	20	10	22	2	24	43	10	11
6	25	56	0	33	25	55	24	58	20	14	22	0	24	45	10	14
11	26	4	0	30	26	0	24	57	20	19	21	57	24	46	10	18
16	26	12	0	26	26	5	24	56	20	24	21	54	24	46	10	22
21	26	20	0	22	26	10	24	54	20	28	21	51	24	47	10	25
26	26	28	0	18	26	15	24	52	20	33	21	47	24	47R	10	29
OCT 1	26	36	0	13	26	19	24	49	20	37	21	44	24	47	10	33
6	26	44	0	8	26	23	24	47	20	42	21	40	24	46	10	37
11	26	52	0	3	26	27	24	44	20	46	21	37	24	45	10	41
16	26	59	29♈	58	26	31	24	40	20	50	21	33	24	44	10	45
21	27	7	29	53	26	34	24	37	20	54	21	29	24	42	10	49
26	27	14	29	48	26	37	24	33	20	58	21	26	24	40	10	53
31	27	21	29	43	26	40	24	29	21	2	21	22	24	38	10	57
NOV 5	27	27	29	38	26	42	24	25	21	5	21	19	24	36	11	0
10	27	33	29	33	26	43	24	21	21	8	21	15	24	33	11	4
15	27	38	29	28	26	45	24	17	21	11	21	12	24	31	11	7
20	27	43	29	24	26	45	24	13	21	13	21	9	24	28	11	10
25	27	48	29	19	26	46	24	9	21	15	21	6	24	25	11	13
30	27	52	29	15	26	46R	24	5	21	17	21	4	24	21	11	16
DEC 5	27	55	29	12	26	45	24	1	21	18	21	1	24	18	11	18
10	27	58	29	8	26	44	23	57	21	19	20	59	24	14	11	20
15	28	0	29	5	26	43	23	54	21	20	20	58	24	11	11	22
20	28	2	29	3	26	41	23	50	21	20	20	56	24	7	11	23
25	28	2	29	1	26	39	23	47	21	20R	20	55	24	4	11	24
30	28♐	3R	28♈	59	26♌	36	23♉	44	21♋	19	20♈	55	24♊	1	11♎	25
STATIONS	JUN	7	JAN	11	MAY	8	FEB	5	JUN	4	JAN	4	MAR	8	JAN	8
	DEC	29	AUG	1	NOV	26	AUG	25	DEC	20	JUL	22	SEP	24	JUN	25

1952

	♃	☾	♄	♅	♆	♇	♇	♓
JAN 4	28♏ 2R	28♈ 58R	26♌ 34R	23♉ 42R	21♏ 18R	20♈ 54R	23♊ 57R	11♎ 26
9	28 1	28 58	26 30	23 39	21 17	20 54D	23 54	11 26R
14	28 0	28 57D	26 27	23 37	21 16	20 55	23 51	11 26
19	27 57	28 58	26 23	23 36	21 14	20 56	23 48	11 25
24	27 54	28 59	26 19	23 34	21 11	20 57	23 45	11 24
29	27 51	29 0	26 15	23 33	21 9	20 58	23 43	11 23
FEB 3	27 47	29 2	26 11	23 33	21 6	21 0	23 40	11 22
8	27 43	29 5	26 6	23 33D	21 3	21 2	23 38	11 20
13	27 38	29 8	26 2	23 33	21 0	21 5	23 37	11 18
18	27 33	29 11	25 57	23 34	20 57	21 8	23 35	11 16
23	27 28	29 15	25 53	23 35	20 53	21 11	23 34	11 14
28	27 22	29 19	25 49	23 36	20 49	21 14	23 33	11 11
MAR 4	27 16	29 24	25 44	23 38	20 46	21 18	23 33	11 8
9	27 10	29 29	25 40	23 40	20 42	21 21	23 33D	11 5
14	27 4	29 34	25 36	23 43	20 38	21 25	23 33	11 2
19	26 57	29 40	25 32	23 46	20 34	21 29	23 34	10 59
24	26 51	29 45	25 29	23 49	20 31	21 34	23 34	10 56
29	26 45	29 51	25 26	23 53	20 27	21 38	23 36	10 52
APR 3	26 39	29 58	25 23	23 57	20 23	21 42	23 37	10 49
8	26 33	0♉ 4	25 20	24 1	20 20	21 47	23 39	10 46
13	26 27	0 10	25 18	24 5	20 17	21 51	23 41	10 42
18	26 22	0 17	25 16	24 9	20 14	21 56	23 44	10 39
23	26 17	0 23	25 14	24 14	20 11	22 0	23 46	10 36
28	26 12	0 30	25 13	24 19	20 8	22 5	23 49	10 33
MAY 3	26 8	0 36	25 13	24 24	20 6	22 9	23 52	10 30
8	26 5	0 43	25 12	24 29	20 4	22 13	23 56	10 28
13	26 1	0 49	25 12D	24 34	20 3	22 17	23 59	10 25
18	25 59	0 55	25 13	24 39	20 1	22 21	24 3	10 23
23	25 57	1 1	25 14	24 44	20 0	22 25	24 7	10 21
28	25 55	1 6	25 15	24 49	20 0	22 28	24 11	10 19
JUN 2	25 54	1 12	25 17	24 53	19 59	22 32	24 15	10 18
7	25 54	1 17	25 19	24 58	19 59D	22 35	24 19	10 16
12	25 54D	1 21	25 22	25 3	20 0	22 37	24 23	10 15
17	25 54	1 26	25 25	25 7	20 0	22 40	24 27	10 15
22	25 56	1 30	25 28	25 12	20 1	22 42	24 31	10 14
27	25 58	1 33	25 32	25 16	20 3	22 44	24 35	10 14D
JUL 2	26 0	1 36	25 35	25 19	20 5	22 45	24 39	10 15
7	26 3	1 39	25 40	25 23	20 7	22 46	24 43	10 15
12	26 7	1 41	25 44	25 26	20 9	22 47	24 47	10 16
17	26 11	1 43	25 49	25 29	20 12	22 48	24 51	10 17
22	26 16	1 44	25 54	25 32	20 15	22 48	24 55	10 19
27	26 21	1 45	25 59	25 34	20 18	22 48R	24 58	10 20
AUG 1	26 27	1 45	26 4	25 36	20 22	22 47	25 1	10 22
6	26 33	1 45R	26 9	25 38	20 25	22 47	25 4	10 24
11	26 39	1 45	26 15	25 39	20 29	22 45	25 7	10 27
16	26 46	1 44	26 20	25 40	20 33	22 44	25 10	10 30
21	26 53	1 42	26 26	25 41	20 38	22 42	25 12	10 33
26	27 1	1 40	26 31	25 41R	20 42	22 40	25 14	10 36
31	27 8	1 38	26 37	25 41	20 47	22 38	25 16	10 39
SEP 5	27 16	1 35	26 42	25 40	20 51	22 35	25 17	10 43
10	27 24	1 32	26 47	25 39	20 56	22 32	25 18	10 46
15	27 32	1 28	26 52	25 38	21 0	22 29	25 19	10 50
20	27 40	1 24	26 57	25 36	21 5	22 26	25 19	10 54
25	27 48	1 20	27 2	25 34	21 10	22 23	25 19R	10 58
30	27 56	1 15	27 7	25 32	21 14	22 19	25 19	11 2
OCT 5	28 4	1 11	27 11	25 29	21 19	22 16	25 19	11 6
10	28 12	1 6	27 15	25 26	21 23	22 12	25 18	11 10
15	28 20	1 1	27 18	25 23	21 27	22 9	25 17	11 14
20	28 27	0 56	27 22	25 20	21 31	22 5	25 15	11 18
25	28 34	0 50	27 25	25 16	21 35	22 1	25 13	11 22
30	28 41	0 45	27 27	25 12	21 39	21 58	25 11	11 25
NOV 4	28 48	0 40	27 29	25 8	21 42	21 54	25 9	11 29
9	28 54	0 35	27 31	25 4	21 45	21 51	25 7	11 33
14	28 59	0 31	27 33	25 0	21 48	21 48	25 4	11 36
19	29 5	0 26	27 33	24 56	21 50	21 45	25 1	11 39
24	29 9	0 21	27 34	24 52	21 52	21 42	24 58	11 42
29	29 13	0 17	27 34R	24 48	21 54	21 39	24 55	11 44
DEC 4	29 17	0 14	27 33	24 44	21 55	21 37	24 51	11 47
9	29 20	0 10	27 33	24 40	21 56	21 35	24 48	11 49
14	29 22	0 7	27 31	24 37	21 57	21 33	24 44	11 51
19	29 24	0 4	27 30	24 33	21 57	21 31	24 41	11 52
24	29 25	0 2	27 28	24 30	21 57R	21 31	24 37	11 53
29	29♏ 25	0♉ 1	27♌ 25	24♉ 27	21♏ 57	21♈ 30	24♊ 34	11♎ 54
STATIONS	JUN 8	JAN 12	MAY 9	FEB 6	JUN 4	JAN 5	MAR 8	JAN 8
	DEC 0	AUG 2	NOV 26	AUG 25	DEC 20	JUL 22	SEP 24	JUN 25

1953	♃	Ⓒ	⚴	♈	Ⓗ	Ψ	♈	✶
JAN 8	29♏ 25R	29♈ 59R	27♌ 22R	24♉ 24R	21♏ 56R	21♈ 30R	24♊ 30R	11♎ 55
8	29 24	29 59	27 19	24 22	21 55	21 30D	24 27	11 55
13	29 23	29 58D	27 16	24 20	21 53	21 30	24 24	11 55R
18	29 21	29 59	27 12	24 18	21 52	21 31	24 21	11 54
23	29 18	0♉ 0	27 8	24 17	21 49	21 32	24 18	11 54
28	29 15	0 1	27 4	24 16	21 47	21 33	24 16	11 52
FEB 2	29 11	0 3	27 0	24 15	21 44	21 35	24 14	11 51
7	29 7	0 5	26 56	24 15D	21 41	21 37	24 11	11 49
12	29 3	0 8	26 51	24 15	21 38	21 39	24 10	11 48
17	28 58	0 11	26 47	24 16	21 35	21 42	24 8	11 45
22	28 52	0 15	26 42	24 17	21 31	21 45	24 7	11 43
27	28 47	0 19	26 38	24 18	21 28	21 48	24 6	11 40
MAR 4	28 41	0 24	26 33	24 20	21 24	21 52	24 6	11 38
9	28 35	0 28	26 29	24 22	21 20	21 56	24 6	11 35
14	28 28	0 34	26 25	24 25	21 16	22 0	24 6D	11 32
19	28 22	0 39	26 21	24 27	21 13	22 4	24 6	11 28
24	28 16	0 45	26 18	24 31	21 9	22 8	24 7	11 25
29	28 10	0 51	26 15	24 34	21 5	22 12	24 8	11 22
APR 3	28 4	0 57	26 12	24 38	21 2	22 17	24 10	11 19
8	27 58	1 3	26 9	24 42	20 58	22 21	24 11	11 15
13	27 52	1 10	26 7	24 46	20 55	22 26	24 13	11 12
18	27 47	1 16	26 5	24 51	20 52	22 30	24 16	11 9
23	27 42	1 23	26 3	24 55	20 49	22 35	24 18	11 6
28	27 37	1 29	26 2	25 0	20 46	22 39	24 21	11 3
MAY 3	27 32	1 36	26 1	25 5	20 44	22 43	24 24	11 0
8	27 29	1 42	26 1	25 10	20 42	22 48	24 28	10 57
13	27 25	1 48	26 1D	25 15	20 40	22 52	24 31	10 55
18	27 22	1 54	26 1	25 20	20 39	22 56	24 35	10 52
23	27 20	2 0	26 2	25 25	20 38	22 59	24 39	10 50
28	27 18	2 6	26 3	25 30	20 37	23 3	24 43	10 49
JUN 2	27 17	2 11	26 5	25 34	20 37	23 6	24 47	10 47
7	27 16	2 16	26 7	25 39	20 37D	23 9	24 51	10 46
12	27 16D	2 21	26 9	25 44	20 37	23 12	24 55	10 45
17	27 17	2 26	26 12	25 48	20 38	23 14	24 59	10 44
22	27 18	2 30	26 15	25 53	20 39	23 17	25 3	10 44
27	27 20	2 33	26 19	25 57	20 40	23 19	25 7	10 43D
JUL 2	27 22	2 37	26 23	26 1	20 42	23 20	25 11	10 44
7	27 25	2 39	26 27	26 4	20 44	23 21	25 15	10 44
12	27 29	2 42	26 31	26 8	20 46	23 22	25 19	10 45
17	27 33	2 44	26 36	26 11	20 49	23 23	25 23	10 46
22	27 37	2 45	26 41	26 14	20 52	23 23	25 27	10 47
27	27 42	2 46	26 46	26 16	20 55	23 23R	25 30	10 49
AUG 1	27 48	2 46	26 51	26 18	20 59	23 23	25 34	10 51
6	27 54	2 46R	26 56	26 20	21 2	23 22	25 37	10 53
11	28 0	2 46	27 2	26 21	21 6	23 21	25 39	10 56
16	28 7	2 45	27 7	26 22	21 10	23 19	25 42	10 58
21	28 14	2 44	27 13	26 23	21 14	23 18	25 44	11 1
26	28 21	2 42	27 18	26 23	21 19	23 16	25 46	11 4
31	28 29	2 39	27 24	26 23R	21 23	23 13	25 48	11 8
SEP 5	28 36	2 37	27 29	26 22	21 28	23 11	25 50	11 11
10	28 44	2 33	27 34	26 22	21 32	23 8	25 51	11 15
15	28 52	2 30	27 39	26 20	21 37	23 5	25 52	11 19
20	29 0	2 26	27 44	26 19	21 42	23 2	25 52	11 23
25	29 8	2 22	27 49	26 17	21 46	22 59	25 52R	11 26
30	29 16	2 17	27 54	26 14	21 51	22 55	25 52	11 30
OCT 5	29 25	2 13	27 58	26 12	21 55	22 52	25 52	11 34
10	29 32	2 8	28 2	26 9	22 0	22 48	25 51	11 38
15	29 40	2 3	28 6	26 6	22 4	22 44	25 50	11 42
20	29 48	1 58	28 9	26 2	22 8	22 41	25 48	11 46
25	29 55	1 53	28 12	25 59	22 12	22 37	25 46	11 50
30	0♎ 2	1 48	28 15	25 55	22 16	22 33	25 44	11 54
NOV 4	0 8	1 43	28 17	25 51	22 19	22 30	25 42	11 58
9	0 15	1 38	28 19	25 47	22 22	22 26	25 40	12 1
14	0 20	1 33	28 20	25 43	22 25	22 23	25 37	12 4
19	0 26	1 28	28 21	25 39	22 27	22 20	25 34	12 8
24	0 31	1 24	28 22	25 35	22 29	22 17	25 31	12 10
29	0 35	1 19	28 22R	25 31	22 31	22 15	25 28	12 13
DEC 4	0 39	1 16	28 22	25 27	22 33	22 12	25 24	12 15
9	0 42	1 12	28 21	25 23	22 34	22 10	25 21	12 18
14	0 44	1 9	28 20	25 19	22 35	22 8	25 17	12 19
19	0 46	1 6	28 18	25 16	22 35	22 7	25 14	12 21
24	0 48	1 4	28 16	25 12	22 35R	22 6	25 10	12 22
29	0♎ 48	1♉ 2	28♌ 14	25♉ 9	22♏ 35	22♈ 5	25♊ 7	12♎ 23
STATIONS	DEC 29 / JUN 9	JAN 12 / AUG 3	MAY 10 / NOV 27	FEB 6 / AUG 26	JUN 4 / DEC 21	JAN 5 / JUL 23	MAR 9 / SEP 24	JAN 8 / JUN 26

1954

	♃	⚷	♄	⚸	♅	♆	⚴	♓
JAN 3	0♎ 48R	1♉ 1R	28♌ 11R	25♉ 7R	22♍ 34R	22♈ 5R	25♊ 4R	12♎ 24
8	0 48	1 0	28 8	25 4	22 33	22 5D	25 0	12 24
13	0 46	0 59	28 5	25 2	22 31	22 5	24 57	12 24R
18	0 44	1 0D	28 1	25 0	22 29	22 6	24 54	12 23
23	0 42	1 0	27 57	24 59	22 27	22 7	24 51	12 23
28	0 39	1 2	27 53	24 58	22 25	22 8	24 49	12 22
FEB 2	0 36	1 3	27 49	24 57	22 22	22 10	24 47	12 20
7	0 31	1 5	27 45	24 57	22 19	22 12	24 44	12 19
12	0 27	1 8	27 40	24 57D	22 16	22 14	24 43	12 17
17	0 22	1 11	27 36	24 58	22 13	22 17	24 41	12 15
22	0 17	1 15	27 31	24 58	22 9	22 20	24 40	12 12
27	0 11	1 19	27 27	25 0	22 6	22 23	24 39	12 10
MAR 4	0 5	1 23	27 23	25 2	22 2	22 26	24 38	12 7
9	29♍ 59	1 28	27 18	25 4	21 58	22 30	24 38	12 4
14	29 53	1 33	27 14	25 6	21 55	22 34	24 38D	12 1
19	29 47	1 39	27 10	25 9	21 51	22 38	24 39	11 58
24	29 41	1 44	27 7	25 12	21 47	22 42	24 40	11 55
29	29 35	1 50	27 3	25 15	21 43	22 47	24 41	11 52
APR 3	29 28	1 56	27 0	25 19	21 40	22 51	24 42	11 48
8	29 23	2 3	26 58	25 23	21 36	22 55	24 44	11 45
13	29 17	2 9	26 55	25 27	21 33	23 0	24 46	11 42
18	29 11	2 16	26 53	25 32	21 30	23 4	24 48	11 38
23	29 6	2 22	26 51	25 36	21 27	23 9	24 51	11 35
28	29 1	2 29	26 50	25 41	21 24	23 13	24 54	11 32
MAY 3	28 57	2 35	26 49	25 46	21 22	23 18	24 57	11 29
8	28 53	2 41	26 49	25 51	21 20	23 22	25 0	11 27
13	28 49	2 48	26 49D	25 56	21 18	23 26	25 3	11 24
18	28 46	2 54	26 49	26 1	21 17	23 30	25 7	11 22
23	28 44	3 0	26 50	26 6	21 16	23 34	25 11	11 20
28	28 42	3 5	26 51	26 11	21 15	23 37	25 15	11 18
JUN 2	28 40	3 11	26 53	26 16	21 14	23 41	25 19	11 16
7	28 39	3 16	26 55	26 20	21 14D	23 44	25 23	11 15
12	28 39D	3 21	26 57	26 25	21 15	23 47	25 27	11 14
17	28 40	3 26	27 0	26 30	21 15	23 49	25 31	11 13
22	28 41	3 30	27 3	26 34	21 16	23 51	25 35	11 13
27	28 42	3 33	27 6	26 38	21 17	23 53	25 39	11 13
JUL 2	28 44	3 37	27 10	26 42	21 19	23 55	25 44	11 13D
7	28 47	3 40	27 14	26 46	21 21	23 56	25 48	11 13
12	28 50	3 42	27 19	26 49	21 23	23 57	25 51	11 14
17	28 54	3 44	27 23	26 52	21 26	23 58	25 55	11 15
22	28 59	3 46	27 28	26 55	21 29	23 58	25 59	11 16
27	29 3	3 47	27 33	26 58	21 32	23 58R	26 2	11 18
AUG 1	29 9	3 47	27 38	27 0	21 35	23 58	26 6	11 20
6	29 14	3 48R	27 43	27 2	21 39	23 57	26 9	11 22
11	29 21	3 47	27 49	27 3	21 43	23 56	26 12	11 24
16	29 27	3 46	27 54	27 4	21 47	23 55	26 14	11 27
21	29 34	3 45	28 0	27 5	21 51	23 53	26 17	11 30
26	29 41	3 43	28 5	27 5	21 56	23 51	26 19	11 33
31	29 49	3 41	28 11	27 5R	22 0	23 49	26 21	11 36
SEP 5	29 57	3 38	28 16	27 5	22 5	23 46	26 22	11 40
10	0♎ 4	3 35	28 21	27 4	22 9	23 44	26 23	11 43
15	0 12	3 32	28 27	27 3	22 14	23 41	26 24	11 47
20	0 20	3 28	28 32	27 1	22 19	23 38	26 25	11 51
25	0 29	3 24	28 36	26 59	22 23	23 34	26 25	11 55
30	0 37	3 20	28 41	26 57	22 28	23 31	26 25R	11 59
OCT 5	0 45	3 15	28 45	26 54	22 32	23 27	26 24	12 3
10	0 53	3 10	28 50	26 51	22 37	23 20	26 22	12 7
15	1 0	3 5	28 53	26 48	22 41	23 16	26 21	12 11
20	1 8	3 0	28 57	26 45	22 45	23 13	26 19	12 15
25	1 15	2 55	29 0	26 41	22 49	23 9	26 17	12 19
30	1 22	2 50	29 3	26 38	22 52	23 5	26 15	12 23
NOV 4	1 29	2 45	29 5	26 34	22 56	23 5	26 15	12 26
9	1 36	2 40	29 7	26 30	22 59	23 2	26 13	12 30
14	1 41	2 35	29 8	26 26	23 2	22 59	26 10	12 33
19	1 47	2 30	29 10	26 22	23 4	22 56	26 7	12 36
24	1 52	2 26	29 10	26 18	23 7	22 53	26 4	12 39
29	1 56	2 21	29 10R	26 14	23 9	22 50	26 1	12 42
DEC 4	2 0	2 18	29 10	26 10	23 10	22 48	25 58	12 44
9	2 4	2 14	29 9	26 6	23 11	22 46	25 54	12 46
14	2 6	2 11	29 8	26 2	23 12	22 44	25 51	12 48
19	2 9	2 8	29 7	25 58	23 13	22 42	25 47	12 50
24	2 10	2 5	29 5	25 55	23 13R	22 41	25 44	12 51
29	2♎ 11	2♉ 3	29♌ 0	25♉ 52	23♍ 12	22♈ 40	25♊ 40	12♎ 52
STATIONS	DEC 31 / JUN 11	JAN 13 / AUG 4	MAY 11 / NOV 28	FEB 7 / AUG 27	JUN 5 / DEC 22	JAN 6 / JUL 23	MAR 9 / SEP 25	JAN 9 / JUN 27

1955

Date	♃	⚷	♄	⚴	♇	Ψ	⚵	⚶
JAN 3	2♎ 11R	2♉ 2R	29♌ 0R	25♉ 49R	23♏ 12R	22♈ 40R	25♊ 37R	12♎ 53
8	2 11	2 1	28 57	25 47	23 11	22 40D	25 34	12 53
13	2 10	2 1	28 54	25 44	23 9	22 40	25 30	12 53R
18	2 8	2 1D	28 50	25 43	23 7	22 41	25 27	12 53
23	2 6	2 1	28 46	25 41	23 5	22 41	25 25	12 52
28	2 3	2 2	28 42	25 40	23 3	22 43	25 22	12 51
FEB 2	2 0	2 4	28 38	25 39	23 0	22 44	25 20	12 50
7	1 56	2 6	28 34	25 39	22 57	22 46	25 17	12 48
12	1 51	2 8	28 29	25 39D	22 54	22 49	25 16	12 46
17	1 47	2 12	28 25	25 39	22 51	22 51	25 14	12 44
22	1 41	2 15	28 20	25 40	22 48	22 54	25 13	12 42
27	1 36	2 19	28 16	25 42	22 44	22 58	25 12	12 39
MAR 4	1 30	2 23	28 12	25 43	22 40	23 1	25 11	12 37
9	1 24	2 28	28 7	25 45	22 37	23 5	25 11	12 34
14	1 18	2 33	28 3	25 48	22 33	23 8	25 11D	12 31
19	1 12	2 38	27 59	25 50	22 29	23 12	25 11	12 28
24	1 6	2 44	27 56	25 53	22 25	23 17	25 12	12 24
29	0 59	2 50	27 52	25 57	22 22	23 21	25 13	12 21
APR 3	0 53	2 56	27 49	26 0	22 18	23 25	25 15	12 18
8	0 47	3 2	27 46	26 4	22 14	23 30	25 16	12 14
13	0 41	3 9	27 44	26 9	22 11	23 34	25 18	12 11
18	0 36	3 15	27 42	26 13	22 8	23 39	25 20	12 8
23	0 31	3 21	27 40	26 17	22 5	23 43	25 23	12 5
28	0 26	3 28	27 39	26 22	22 2	23 48	25 26	12 2
MAY 3	0 21	3 34	27 38	26 27	22 0	23 52	25 29	11 59
8	0 17	3 41	27 37	26 32	21 58	23 56	25 32	11 56
13	0 13	3 47	27 37D	26 37	21 56	24 0	25 35	11 54
18	0 10	3 53	27 37	26 42	21 55	24 4	25 39	11 51
23	0 7	3 59	27 38	26 47	21 53	24 8	25 43	11 49
28	0 5	4 5	27 39	26 52	21 53	24 12	25 47	11 47
JUN 2	0 3	4 11	27 41	26 57	21 52	24 15	25 51	11 46
7	0 2	4 16	27 42	27 2	21 52D	24 18	25 55	11 44
12	0 2	4 21	27 45	27 6	21 52	24 21	25 59	11 43
17	0 2D	4 25	27 47	27 11	21 53	24 24	26 3	11 42
22	0 3	4 30	27 50	27 15	21 54	24 26	26 7	11 42
27	0 4	4 34	27 54	27 19	21 55	24 28	26 11	11 42
JUL 2	0 6	4 37	27 58	27 23	21 56	24 30	26 16	11 42D
7	0 9	4 40	28 2	27 27	21 58	24 31	26 20	11 42
12	0 12	4 43	28 6	27 31	22 1	24 32	26 24	11 43
17	0 16	4 45	28 10	27 34	22 3	24 33	26 27	11 44
22	0 20	4 46	28 15	27 37	22 6	24 33	26 31	11 45
27	0 25	4 48	28 20	27 39	22 9	24 33R	26 35	11 47
AUG 1	0 30	4 48	28 25	27 42	22 12	24 33	26 38	11 49
6	0 35	4 49R	28 30	27 43	22 16	24 32	26 41	11 51
11	0 41	4 48	28 36	27 45	22 20	24 31	26 44	11 53
16	0 48	4 48	28 41	27 46	22 24	24 30	26 47	11 56
21	0 55	4 46	28 47	27 47	22 28	24 28	26 49	11 59
26	1 2	4 45	28 52	27 47	22 32	24 26	26 51	12 2
31	1 9	4 43	28 58	27 47R	22 37	24 24	26 53	12 5
SEP 5	1 17	4 40	29 3	27 47	22 41	24 22	26 55	12 8
10	1 25	4 37	29 9	27 46	22 46	24 19	26 56	12 12
15	1 33	4 34	29 14	27 45	22 51	24 16	26 57	12 16
20	1 41	4 30	29 19	27 43	22 55	24 13	26 57	12 20
25	1 49	4 26	29 24	27 42	23 0	24 10	26 58	12 24
30	1 57	4 22	29 28	27 39	23 4	24 6	26 57R	12 27
OCT 5	2 5	4 17	29 33	27 37	23 9	24 3	26 57	12 31
10	2 13	4 13	29 37	27 34	23 13	23 59	26 56	12 36
15	2 21	4 8	29 41	27 31	23 18	23 56	26 55	12 40
20	2 28	4 3	29 44	27 28	23 22	23 52	26 54	12 43
25	2 36	3 58	29 48	27 24	23 26	23 48	26 52	12 47
30	2 43	3 52	29 50	27 21	23 29	23 45	26 50	12 51
NOV 4	2 50	3 47	29 53	27 17	23 33	23 41	26 48	12 55
9	2 56	3 42	29 55	27 13	23 36	23 38	26 46	12 58
14	3 2	3 37	29 56	27 9	23 39	23 34	26 43	13 2
19	3 8	3 32	29 58	27 5	23 42	23 31	26 40	13 5
24	3 13	3 28	29 58	27 0	23 44	23 28	26 37	13 8
29	3 18	3 24	29 59	26 56	23 46	23 26	26 34	13 11
DEC 4	3 20	3 20	29 58R	26 52	23 47	23 23	26 31	13 13
9	3 25	3 16	29 58	26 48	23 49	23 21	26 27	13 15
14	3 28	3 12	29 57	26 45	23 50	23 19	26 24	13 17
19	3 31	3 10	29 55	26 41	23 50	23 18	26 20	13 19
24	3 32	3 7	29 54	26 38	23 50R	23 16	26 17	13 20
29	3♎ 33	3♉ 5	29♌ 51	26♉ 35	23♏ 50	23♈ 15	26♊ 14	13♎ 21
STATIONS	JAN 2	JAN 15	MAY 12	FEB 8	JUN 6	JAN 7	MAR 10	JAN 10
	JUN 13	AUG 5	NOV 29	AUG 28	DEC 23	JUL 24	SEP 26	JUN 27

1956

	♃	♀	⚷	↑	♃	♆	⚷	♓
JAN 3	3♎ 34	3♉ 3R	29♌ 49R	26♉ 32R	23♍ 49R	23♈ 15R	26♊ 10R	18♎ 22
8	3 34R	3 2	29 46	26 29	23 48	23 15	26 7	13 22
13	3 33	3 2	29 43	26 27	23 47	23 15D	26 4	13 22R
18	3 31	3 2D	29 39	26 25	23 45	23 15	26 1	13 22
23	3 29	3 3	29 35	26 23	23 43	23 16	25 58	13 21
28	3 27	3 3	29 31	26 22	23 41	23 18	25 55	13 20
FEB 2	3 24	3 4	29 27	26 21	23 38	23 19	25 53	13 19
7	3 20	3 6	29 23	26 21	23 36	23 21	25 50	13 18
12	3 16	3 9	29 19	26 21D	23 32	23 23	25 49	13 16
17	3 11	3 12	29 14	26 21	23 29	23 26	25 47	13 14
22	3 6	3 15	29 10	26 22	23 26	23 29	25 46	13 11
27	3 1	3 19	29 5	26 23	23 22	23 32	25 45	13 9
MAR 3	2 55	3 23	29 1	26 25	23 19	23 35	25 44	13 6
8	2 49	3 28	28 57	26 27	23 15	23 39	25 44	13 3
13	2 43	3 33	28 52	26 29	23 11	23 43	25 44D	13 0
18	2 37	3 38	28 48	26 32	23 7	23 47	25 44	12 57
23	2 31	3 44	28 45	26 35	23 3	23 51	25 45	12 54
28	2 24	3 49	28 41	26 38	23 0	23 55	25 46	12 51
APR 2	2 18	3 55	28 38	26 42	22 56	24 0	25 47	12 47
7	2 12	4 2	28 35	26 46	22 53	24 4	25 49	12 44
12	2 6	4 8	28 33	26 50	22 49	24 9	25 51	12 41
17	2 0	4 14	28 30	26 54	22 46	24 13	25 53	12 38
22	1 55	4 21	28 29	26 59	22 43	24 18	25 55	12 34
27	1 50	4 27	28 27	27 3	22 40	24 22	25 58	12 31
MAY 2	1 45	4 34	28 26	27 8	22 38	24 26	26 1	12 28
7	1 41	4 40	28 25	27 13	22 36	24 31	26 4	12 26
12	1 37	4 47	28 25	27 18	22 34	24 35	26 8	12 23
17	1 34	4 53	28 25D	27 23	22 32	24 39	26 11	12 21
22	1 31	4 59	28 26	27 28	22 31	24 43	26 15	12 19
27	1 29	5 5	28 27	27 33	22 30	24 46	26 19	12 17
JUN 1	1 27	5 10	28 28	27 38	22 30	24 50	26 23	12 15
6	1 26	5 16	28 30	27 43	22 29	24 53	26 27	12 14
11	1 25	5 21	28 32	27 47	22 30D	24 56	26 31	12 12
16	1 25D	5 25	28 35	27 52	22 30	24 58	26 35	12 12
21	1 26	5 30	28 38	27 56	22 31	25 1	26 39	12 11
26	1 27	5 34	28 41	28 1	22 32	25 3	26 43	12 11
JUL 1	1 28	5 37	28 45	28 5	22 34	25 5	26 48	12 11D
6	1 31	5 40	28 49	28 8	22 35	25 6	26 52	12 11
11	1 34	5 43	28 53	28 12	22 38	25 7	26 56	12 12
16	1 37	5 45	28 58	28 15	22 40	25 8	26 59	12 13
21	1 41	5 47	29 2	28 18	22 43	25 8R	27 3	12 14
26	1 46	5 48	29 7	28 21	22 46	25 8	27 7	12 16
31	1 51	5 49	29 12	28 23	22 49	25 8	27 10	12 17
AUG 5	1 56	5 50	29 18	28 25	22 53	25 7	27 13	12 20
10	2 2	5 50R	29 23	28 27	22 57	25 7	27 16	12 22
15	2 9	5 49	29 28	28 28	23 1	25 5	27 19	12 24
20	2 15	5 48	29 34	28 29	23 5	25 4	27 21	12 27
25	2 22	5 46	29 39	28 29	23 9	25 2	27 24	12 30
30	2 30	5 44	29 45	28 29R	23 14	25 0	27 25	12 34
SEP 4	2 37	5 42	29 50	28 29	23 18	24 57	27 27	12 37
9	2 45	5 39	29 56	28 28	23 23	24 55	27 28	12 41
14	2 53	5 36	0♍ 1	28 27	23 27	24 52	27 30	12 44
19	3 1	5 32	0 6	28 26	23 32	24 49	27 30	12 48
24	3 9	5 28	0 11	28 24	23 37	24 45	27 30	12 52
29	3 17	5 24	0 16	28 22	23 41	24 42	27 30R	12 56
OCT 4	3 25	5 20	0 20	28 19	23 46	24 39	27 29	13 0
9	3 33	5 15	0 24	28 17	23 50	24 35	27 29	13 4
14	3 41	5 10	0 28	28 14	23 54	24 31	27 28	13 8
19	3 49	5 5	0 32	28 10	23 59	24 28	27 27	13 12
24	3 56	5 0	0 35	28 7	24 3	24 24	27 25	13 16
29	4 4	4 55	0 38	28 3	24 6	24 20	27 24	13 20
NOV 3	4 11	4 50	0 40	27 59	24 10	24 17	27 21	13 23
8	4 17	4 45	0 43	27 56	24 13	24 13	27 19	13 27
13	4 23	4 40	0 44	27 51	24 16	24 10	27 16	13 30
18	4 29	4 35	0 46	27 47	24 19	24 7	27 14	13 34
23	4 34	4 30	0 46	27 43	24 21	24 4	27 11	13 37
28	4 39	4 26	0 47	27 39	24 23	24 1	27 7	13 39
DEC 3	4 44	4 22	0 47R	27 35	24 25	23 59	27 4	13 42
8	4 47	4 18	0 46	27 31	24 26	23 56	27 1	13 44
13	4 50	4 14	0 45	27 27	24 27	23 53	26 57	13 46
18	4 53	4 11	0 44	27 24	24 28	23 53	26 54	13 48
23	4 55	4 9	0 42	27 20	24 28R	23 52	26 50	13 49
28	4♎ 56	4♉ 6	0♍ 40	27♉ 17	24 28	23♈ 51	26♊ 47	13♎ 50
STATIONS	JAN 3	JAN 16	MAY 12	FEB 9	JUN 6	JAN 8	MAR 10	JAN 10
	JUN 13	AUG 6	NOV 29	AUG 28	DEC 22	JUL 24	SEP 26	JUN 27

1957

	♃	♴	⚴	♷	♹	♸	♺	♼
JAN 2	4≏57	4♉5R	0♏38R	27♉14R	24♏27R	23♈50R	26♊43R	13≏51
7	4 57R	4 4	0 35	27 12	24 26	23 50	26 40	13 51
12	4 56	4 3	0 32	27 9	24 25	23 50D	26 37	13 51R
17	4 55	4 3D	0 28	27 7	24 23	23 50	26 34	13 51
22	4 53	4 3	0 24	27 6	24 21	23 51	26 31	13 50
27	4 50	4 4	0 20	27 4	24 19	23 52	26 28	13 50
FEB 1	4 47	4 5	0 16	27 4	24 16	23 54	26 26	13 48
6	4 44	4 7	0 12	27 3	24 14	23 56	26 23	13 47
11	4 40	4 9	0 8	27 3D	24 11	23 58	26 22	13 45
16	4 35	4 12	0 3	27 3	24 7	24 1	26 20	13 43
21	4 30	4 15	29♌59	27 4	24 4	24 3	26 19	13 41
26	4 25	4 19	29 54	27 5	24 0	24 7	26 18	13 38
MAR 3	4 20	4 23	29 50	27 7	23 57	24 10	26 17	13 36
8	4 14	4 28	29 46	27 9	23 53	24 14	26 16	13 33
13	4 8	4 32	29 41	27 11	23 49	24 17	26 16D	13 30
18	4 2	4 38	29 37	27 13	23 45	24 21	26 17	13 27
23	3 55	4 43	29 34	27 16	23 42	24 25	26 17	13 24
28	3 49	4 49	29 30	27 20	23 38	24 30	26 18	13 20
APR 2	3 43	4 55	29 27	27 23	23 34	24 34	26 19	13 17
7	3 37	5 1	29 24	27 27	23 31	24 38	26 21	13 14
12	3 31	5 7	29 21	27 31	23 27	24 43	26 23	13 10
17	3 25	5 14	29 19	27 35	23 24	24 47	26 25	13 7
22	3 20	5 20	29 17	27 40	23 21	24 52	26 28	13 4
27	3 14	5 27	29 16	27 44	23 19	24 56	26 30	13 1
MAY 2	3 10	5 33	29 14	27 49	23 16	25 1	26 33	12 58
7	3 5	5 40	29 14	27 54	23 14	25 5	26 36	12 55
12	3 1	5 46	29 13	27 59	23 12	25 9	26 40	12 53
17	2 58	5 52	29 13D	28 4	23 10	25 13	26 43	12 50
22	2 55	5 58	29 14	28 9	23 9	25 17	26 47	12 48
27	2 52	6 4	29 15	28 14	23 8	25 21	26 51	12 46
JUN 1	2 '50	6 10	29 16	28 19	23 7	25 24	26 55	12 44
6	2 49	6 15	29 18	28 24	23 7	25 27	26 59	12 43
11	2 48	6 20	29 20	28 29	23 7D	25 30	27 3	12 42
16	2 48D	6 25	29 23	28 33	23 8	25 33	27 7	12 41
21	2 48	6 30	29 26	28 38	23 8	25 35	27 11	12 40
26	2 49	6 34	29 29	28 42	23 9	25 38	27 15	12 40
JUL 1	2 51	6 37	29 32	28 46	23 11	25 39	27 20	12 40D
6	2 53	6 41	29 36	28 50	23 13	25 41	27 24	12 40
11	2 56	6 43	29 40	28 53	23 15	25 42	27 28	12 41
16	2 59	6 46	29 45	28 57	23 17	25 43	27 32	12 42
21	3 3	6 48	29 50	29 0	23 20	25 43	27 35	12 43
26	3 7	6 49	29 54	29 2	23 23	25 43R	27 39	12 44
31	3 12	6 50	29 59	29 5	23 26	25 43	27 42	12 46
AUG 5	3 17	6 51	0♏5	29 7	23 30	25 43	27 45	12 48
10	3 23	6 51R	0 10	29 8	23 34	25 42	27 48	12 51
15	3 29	6 50	0 15	29 10	23 37	25 41	27 51	12 53
20	3 36	6 49	0 21	29 11	23 42	25 39	27 54	12 56
25	3 43	6 48	0 26	29 11	23 46	25 37	27 56	12 59
30	3 50	6 46	0 32	29 11R	23 50	25 35	27 58	13 2
SEP 4	3 57	6 44	0 37	29 11	23 55	25 33	27 59	13 6
9	4 5	6 41	0 43	29 10	23 59	25 30	28 1	13 9
14	4 13	6 38	0 48	29 9	24 4	25 27	28 2	13 13
19	4 21	6 34	0 53	29 8	24 9	25 24	28 3	13 17
24	4 29	6 30	0 58	29 6	24 13	25 21	28 3	13 21
29	4 37	6 26	1 3	29 4	24 18	25 18	28 3R	13 25
OCT 4	4 45	6 22	1 7	29 2	24 23	25 14	28 3	13 29
9	4 53	6 17	1 12	28 59	24 27	25 11	28 2	13 33
14	5 1	6 12	1 16	28 56	24 31	25 7	28 1	13 37
19	5 9	6 7	1 19	28 53	24 35	25 3	28 0	13 41
24	5 17	6 2	1 23	28 50	24 39	25 0	27 58	13 44
29	5 24	5 57	1 26	28 46	24 43	24 56	27 57	13 48
NOV 3	5 31	5 52	1 28	28 42	24 47	24 52	27 54	13 52
8	5 38	5 47	1 30	28 38	24 50	24 49	27 52	13 56
13	5 44	5 42	1 32	28 34	24 53	24 46	27 49	13 59
18	5 50	5 37	1 34	28 30	24 56	24 42	27 47	14 2
23	5 56	5 32	1 34	28 26	24 58	24 39	27 44	14 5
28	6 1	5 28	1 35	28 22	25 0	24 37	27 41	14 8
DEC 3	6 5	5 24	1 35R	28 18	25 2	24 34	27 37	14 11
8	6 9	5 20	1 35	28 14	25 3	24 32	27 34	14 13
13	6 12	5 16	1 34	28 10	25 4	24 30	27 30	14 15
18	6 15	5 13	1 32	28 7	25 5	24 28	27 27	14 17
23	6 17	5 10	1 31	28 3	25 5	24 27	27 23	14 18
28	6≏19	5♉8	1♏29	28♉0	25♏5R	24♈26	27♊19	14≏19
STATIONS	JAN 4	JAN 16	MAY 13	FEB 9	JUN 7	JAN 7	MAR 11	JAN 10
	JUN 15	AUG 7	NOV 30	AUG 29	DEC 23	JUL 25	SEP 27	JUN 28

1958

	♃	⚳	⚴	⚵	⚶	♆	⚷	♓
JAN 2	6♎19	5♉6R	1♏26R	27♈57R	25♍5R	24♈25R	27Ⅱ17R	14♎20
7	6 20R	5 5	1 24	27 54	25 4	24 25	27 13	14 20
12	6 19	5 4	1 20	27 52	25 3	24 25D	27 10	14 20R
17	6 18	5 4	1 17	27 50	25 1	24 25	27 7	14 20
22	6 16	5 4D	1 13	27 48	24 59	24 26	27 4	14 20
27	6 14	5 4	1 9	27 47	24 57	24 27	27 1	14 19
FEB 1	6 11	5 6	1 5	27 46	24 54	24 29	26 59	14 18
6	6 8	5 7	1 1	27 45	24 52	24 31	26 57	14 16
11	6 4	5 10	0 57	27 45D	24 49	24 33	26 55	14 14
16	6 0	5 12	0 52	27 45	24 46	24 35	26 53	14 12
21	5 55	5 15	0 48	27 46	24 42	24 38	26 51	14 10
26	5 50	5 19	0 43	27 47	24 39	24 41	26 50	14 8
MAR 3	5 44	5 23	0 39	27 48	24 35	24 44	26 50	14 5
8	5 39	5 27	0 35	27 50	24 31	24 48	26 49	14 2
13	5 33	5 32	0 31	27 52	24 27	24 52	26 49D	13 59
18	5 27	5 37	0 27	27 55	24 24	24 56	26 49	13 56
23	5 20	5 43	0 23	27 58	24 20	25 0	26 50	13 53
28	5 14	5 48	0 19	28 1	24 16	25 4	26 51	13 50
APR 2	5 8	5 54	0 16	28 5	24 12	25 8	26 52	13 47
7	5 2	6 0	0 13	28 8	24 9	25 13	26 53	13 43
12	4 56	6 7	0 10	28 12	24 6	25 17	26 55	13 40
17	4 50	6 13	0 8	28 17	24 2	25 22	26 57	13 37
22	4 44	6 20	0 6	28 21	23 59	25 26	27 0	13 34
27	4 39	6 26	0 4	28 26	23 57	25 31	27 2	13 30
MAY 2	4 34	6 33	0 3	28 30	23 54	25 35	27 5	13 27
7	4 29	6 39	0 2	28 35	23 52	25 39	27 9	13 25
12	4 25	6 45	0 2	28 40	23 50	25 44	27 12	13 22
17	4 22	6 52	0 2D	28 45	23 48	25 48	27 15	13 20
22	4 18	6 58	0 2	28 50	23 47	25 52	27 19	13 17
27	4 16	7 4	0 3	28 55	23 46	25 55	27 23	13 15
JUN 1	4 14	7 9	0 4	29 0	23 45	25 59	27 27	13 14
6	4 12	7 15	0 6	29 5	23 45	26 2	27 31	13 12
11	4 11	7 20	0 8	29 9	23 45D	26 5	27 35	13 11
16	4 11	7 25	0 10	29 14	23 46	26 8	27 39	13 10
21	4 11D	7 30	0 13	29 19	23 46	26 10	27 43	13 9
26	4 12	7 34	0 16	29 23	23 47	26 12	27 48	13 9
JUL 1	4 13	7 37	0 20	29 27	23 48	26 14	27 52	13 9D
6	4 15	7 41	0 24	29 31	23 50	26 16	27 56	13 9
11	4 17	7 44	0 28	29 35	23 52	26 17	28 0	13 10
16	4 21	7 46	0 32	29 38	23 54	26 18	28 4	13 11
21	4 24	7 48	0 37	29 41	23 57	26 18	28 7	13 12
26	4 28	7 50	0 42	29 44	24 0	26 19	28 11	13 13
31	4 33	7 51	0 47	29 46	24 3	26 18R	28 14	13 15
AUG 5	4 38	7 52	0 52	29 48	24 7	26 18	28 18	13 17
10	4 44	7 52R	0 57	29 50	24 10	26 17	28 21	13 19
15	4 50	7 51	1 2	29 52	24 14	26 16	28 23	13 22
20	4 56	7 49	1 8	29 53	24 18	26 14	28 26	13 25
25	5 3	7 47	1 13	29 53	24 23	26 13	28 28	13 28
30	5 10	7 45	1 19	29 53	24 27	26 11	28 30	13 31
SEP 4	5 18	7 45	1 24	29 53R	24 32	26 8	28 32	13 34
9	5 25	7 43	1 30	29 53	24 36	26 6	28 33	13 38
14	5 33	7 40	1 35	29 52	24 41	26 3	28 34	13 41
19	5 41	7 36	1 40	29 50	24 45	26 0	28 35	13 45
24	5 49	7 32	1 45	29 49	24 50	25 57	28 36	13 49
29	5 57	7 28	1 50	29 47	24 55	25 53	28 36R	13 53
OCT 4	6 5	7 24	1 55	29 44	24 59	25 50	28 35	13 57
9	6 14	7 19	1 59	29 42	25 4	25 46	28 35	14 1
14	6 22	7 15	2 3	29 39	25 8	25 43	28 34	14 5
19	6 29	7 10	2 7	29 36	25 12	25 39	28 33	14 9
24	6 37	7 5	2 10	29 32	25 16	25 35	28 31	14 13
29	6 45	6 59	2 13	29 29	25 20	25 32	28 30	14 17
NOV 3	6 52	6 54	2 16	29 25	25 24	25 28	28 27	14 21
8	6 59	6 49	2 18	29 21	25 27	25 25	28 25	14 24
13	7 5	6 44	2 20	29 17	25 30	25 21	28 23	14 28
18	7 11	6 39	2 21	29 13	25 33	25 18	28 20	14 31
23	7 17	6 34	2 22	29 9	25 35	25 15	28 17	14 34
28	7 22	6 30	2 23	29 5	25 38	25 12	28 14	14 37
DEC 3	7 26	6 26	2 23R	29 1	25 39	25 10	28 7	14 39
8	7 31	6 22	2 23	28 57	25 41	25 7	28 4	14 42
13	7 34	6 18	2 22	28 53	25 42	25 5	28 0	14 44
18	7 37	6 15	2 21	28 49	25 42	25 4	27 57	14 45
23	7 39	6 12	2 19	28 46	25 43	25 2	27 53	14 47
28	7♎41	6♉10	2♏17	28♈42	25♍43R	25♈1	27Ⅱ53	14♎48
STATIONS	JAN 6	JAN 17	MAY 14	FEB 10	JUN 8	JAN 8	MAR 12	JAN 11
	JUN 16	AUG 8	DEC 2	AUG 30	DEC 24	JUL 26	SEP 27	JUN 29

1959

	♃	♄	⚷	♇	♅	♆	⚸	♓
JAN 2	7♎42	6♉ 8R	2♍15R	28♉39R	25♍42R	25♈ 0R	27♊50R	14♎49
7	7 42	6 6	2 12	28 37	25 42	25 0	27 46	14 49
12	7 42R	6 5	2 9	28 34	25 40	25 0D	27 43	14 49
17	7 41	6 5	2 6	28 32	25 39	25 0	27 40	14 49R
22	7 40	6 5D	2 2	28 30	25 37	25 1	27 37	14 49
27	7 38	6 5	1 59	28 29	25 35	25 2	27 34	14 48
FEB 1	7 35	6 6	1 54	28 28	25 32	25 4	27 32	14 47
6	7 32	6 8	1 50	28 27	25 30	25 5	27 30	14 45
11	7 28	6 10	1 46	28 27	25 27	25 8	27 28	14 44
16	7 24	6 13	1 42	28 27D	25 24	25 10	27 26	14 42
21	7 19	6 16	1 37	28 28	25 20	25 13	27 24	14 40
26	7 14	6 19	1 33	28 29	25 17	25 16	27 23	14 37
MAR 3	7 9	6 23	1 28	28 30	25 13	25 19	27 22	14 35
8	7 3	6 27	1 24	28 32	25 9	25 22	27 22	14 32
13	6 57	6 32	1 20	28 34	25 6	25 26	27 22D	14 29
18	6 51	6 37	1 16	28 36	25 2	25 30	27 22	14 26
23	6 45	6 42	1 12	28 39	24 58	25 34	27 22	14 23
28	6 39	6 48	1 8	28 42	24 54	25 38	27 23	14 19
APR 2	6 33	6 54	1 5	28 46	24 51	25 43	27 24	14 16
7	6 27	7 0	1 2	28 50	24 47	25 47	27 26	14 13
12	6 21	7 6	0 59	28 54	24 44	25 52	27 28	14 10
17	6 15	7 13	0 56	28 58	24 40	25 56	27 30	14 6
22	6 9	7 19	0 54	29 2	24 37	26 1	27 32	14 3
27	6 4	7 25	0 53	29 7	24 35	26 5	27 35	14 0
MAY 2	5 58	7 32	0 51	29 11	24 32	26 9	27 38	13 57
7	5 54	7 38	0 50	29 16	24 30	26 14	27 41	13 54
12	5 49	7 45	0 50	29 21	24 28	26 18	27 44	13 52
17	5 46	7 51	0 50D	29 26	24 26	26 22	27 48	13 49
22	5 42	7 57	0 50	29 31	24 24	26 26	27 51	13 47
27	5 39	8 3	0 51	29 36	24 23	26 30	27 55	13 45
JUN 1	5 37	8 9	0 52	29 41	24 23	26 33	27 59	13 43
6	5 35	8 15	0 54	29 46	24 22	26 37	28 3	13 41
11	5 34	8 20	0 56	29 51	24 22D	26 40	28 7	13 40
16	5 33	8 25	0 58	29 56	24 22	26 42	28 11	13 39
21	5 33D	8 29	1 1	0♊ 0	24 23	26 45	28 15	13 39
26	5 34	8 34	1 4	0 4	24 24	26 47	28 20	13 38
JUL 1	5 35	8 38	1 7	0 9	24 25	26 49	28 24	13 38D
6	5 37	8 41	1 11	0 13	24 27	26 51	28 28	13 38
11	5 39	8 44	1 15	0 16	24 29	26 52	28 32	13 39
16	5 42	8 47	1 19	0 20	24 31	26 53	28 36	13 40
21	5 46	8 49	1 24	0 23	24 34	26 53	28 39	13 41
26	5 50	8 51	1 29	0 26	24 37	26 54	28 43	13 42
31	5 54	8 52	1 34	0 28	24 40	26 53R	28 47	13 44
AUG 5	5 59	8 53	1 39	0 30	24 44	26 53	28 50	13 46
10	6 5	8 53	1 44	0 32	24 47	26 52	28 53	13 48
15	6 11	8 53R	1 49	0 33	24 51	26 51	28 56	13 51
20	6 17	8 52	1 55	0 34	24 55	26 50	28 58	13 53
25	6 24	8 51	2 0	0 35	24 59	26 48	29 1	13 56
30	6 31	8 49	2 6	0 35	25 4	26 46	29 3	13 59
SEP 4	6 38	8 47	2 11	0 35R	25 8	26 44	29 4	14 3
9	6 46	8 44	2 17	0 35	25 13	26 41	29 6	14 6
14	6 53	8 41	2 22	0 34	25 18	26 39	29 7	14 10
19	7 1	8 38	2 27	0 33	25 22	26 36	29 8	14 14
24	7 9	8 34	2 32	0 31	25 27	26 32	29 8	14 18
29	7 17	8 30	2 37	0 29	25 31	26 29	29 8R	14 22
OCT 4	7 26	8 26	2 42	0 27	25 36	26 26	29 8	14 26
9	7 34	8 22	2 46	0 24	25 41	26 22	29 8	14 30
14	7 42	8 17	2 50	0 22	25 45	26 18	29 7	14 34
19	7 50	8 12	2 54	0 18	25 49	26 15	29 6	14 38
24	7 57	8 7	2 58	0 15	25 53	26 11	29 4	14 41
29	8 5	8 2	3 1	0 12	25 57	26 7	29 3	14 45
NOV 3	8 12	7 57	3 4	0 8	26 1	26 4	29 1	14 49
8	8 19	7 51	3 6	0 4	26 4	26 0	28 58	14 53
13	8 26	7 46	3 8	0 0	26 7	25 57	28 56	14 56
18	8 32	7 41	3 9	29♉56	26 10	25 54	28 53	14 59
23	8 38	7 37	3 11	29 52	26 13	25 51	28 50	15 3
28	8 43	7 32	3 11	29 48	26 15	25 48	28 47	15 5
DEC 3	8 48	7 28	3 11	29 44	26 17	25 45	28 44	15 8
8	8 52	7 24	3 11R	29 40	26 18	25 43	28 40	15 10
13	8 56	7 20	3 11	29 36	26 19	25 41	28 37	15 12
18	8 59	7 17	3 9	29 32	26 20	25 39	28 33	15 14
23	9 1	7 14	3 8	29 28	26 20	25 37	28 30	15 16
28	9♎3	7♉11	3♍6	29♉25	26♍20R	25♈36	28♊26	15♎17
STATIONS	JAN 7	JAN 19	MAY 15	FEB 11	JUN 9	JAN 9	MAR 12	JAN 12
	JUN 18	AUG 19	DEC 3	AUG 31	DEC 25	JUL 27	SEP 28	JUN 29

1960	Cupido	Hades	Zeus	Kronos	Apollon	Admetos	Vulkanus	Poseidon
JAN 2	9♎ 5	7♉ 9R	3♍ 4R	29♉ 22R	26♍ 20R	25♈ 36R	28♊ 23R	15♎ 18
7	9 5	7 8	3 1	29 19	26 19	25 35	28 20	15 18
12	9 5R	7 6	2 58	29 17	26 18	25 35D	28 16	15 19
17	9 5	7 6	2 55	29 15	26 17	25 35	28 13	15 18R
22	9 3	7 6D	2 51	29 13	26 15	25 36	28 10	15 18
27	9 1	7 6	2 48	29 11	26 13	25 37	28 7	15 17
FEB 1	8 59	7 7	2 44	29 10	26 10	25 38	28 5	15 16
6	8 56	7 9	2 39	29 9	26 8	25 40	28 3	15 15
11	8 52	7 11	2 35	29 9	26 5	25 42	28 1	15 13
16	8 48	7 13	2 31	29 9D	26 2	25 45	27 59	15 11
21	8 44	7 16	2 26	29 10	25 58	25 47	27 57	15 9
26	8 39	7 19	2 22	29 11	25 55	25 50	27 56	15 7
MAR 2	8 34	7 23	2 17	29 12	25 51	25 53	27 55	15 4
7	8 28	7 27	2 13	29 14	25 48	25 57	27 55	15 1
12	8 22	7 32	2 9	29 16	25 44	26 1	27 54	14 58
17	8 16	7 37	2 5	29 18	25 40	26 5	27 55D	14 55
22	8 10	7 42	2 1	29 21	25 36	26 9	27 55	14 52
27	8 4	7 48	1 57	29 24	25 33	26 13	27 56	14 49
APR 1	7 58	7 53	1 54	29 27	25 29	26 17	27 57	14 46
6	7 51	7 59	1 50	29 31	25 25	26 21	27 58	14 42
11	7 45	8 6	1 48	29 35	25 22	26 26	28 0	14 39
16	7 39	8 12	1 45	29 39	25 19	26 30	28 2	14 36
21	7 34	8 18	1 43	29 43	25 15	26 35	28 4	14 33
26	7 28	8 25	1 41	29 48	25 13	26 39	28 7	14 30
MAY 1	7 23	8 31	1 40	29 53	25 10	26 44	28 10	14 27
6	7 18	8 38	1 39	29 57	25 8	26 48	28 13	14 24
11	7 14	8 44	1 38	0♊ 2	25 6	26 52	28 16	14 21
16	7 10	8 51	1 38D	0 7	25 4	26 56	28 20	14 19
21	7 6	8 57	1 38	0 12	25 2	27 0	28 23	14 16
26	7 3	9 3	1 39	0 17	25 1	27 4	28 27	14 14
31	7 1	9 9	1 40	0 22	25 0	27 8	28 31	14 12
JUN 5	6 59	9 14	1 41	0 27	25 0	27 11	28 35	14 11
10	6 57	9 20	1 43	0 32	25 0D	27 14	28 39	14 9
15	6 56	9 25	1 46	0 37	25 0	27 17	28 43	14 8
20	6 56D	9 29	1 48	0 41	25 1	27 20	28 47	14 8
25	6 57	9 34	1 51	0 46	25 1	27 22	28 52	14 7
30	6 58	9 38	1 55	0 50	25 3	27 24	28 56	14 7D
JUL 5	6 59	9 41	1 58	0 54	25 4	27 25	29 0	14 7
10	7 1	9 44	2 2	0 58	25 6	27 27	29 4	14 8
15	7 4	9 47	2 7	1 1	25 9	27 28	29 8	14 9
20	7 7	9 49	2 11	1 4	25 11	27 28	29 12	14 10
25	7 11	9 51	2 16	1 7	25 14	27 29	29 15	14 11
30	7 16	9 53	2 21	1 10	25 17	27 29R	29 19	14 13
AUG 4	7 20	9 53	2 26	1 12	25 21	27 28	29 22	14 15
9	7 26	9 54	2 31	1 14	25 24	27 28	29 25	14 17
14	7 32	9 54R	2 37	1 15	25 28	27 26	29 28	14 19
19	7 38	9 53	2 42	1 16	25 32	27 25	29 31	14 22
24	7 44	9 52	2 47	1 17	25 36	27 23	29 33	14 25
29	7 51	9 50	2 53	1 17	25 41	27 22	29 35	14 28
SEP 3	7 58	9 48	2 58	1 17R	25 45	27 19	29 37	14 31
8	8 6	9 46	3 4	1 17	25 50	27 17	29 38	14 35
13	8 14	9 43	3 9	1 16	25 54	27 14	29 39	14 39
18	8 22	9 40	3 14	1 15	25 59	27 11	29 40	14 42
23	8 30	9 36	3 20	1 14	26 4	27 8	29 41	14 46
28	8 38	9 32	3 24	1 12	26 8	27 5	29 41	14 50
OCT 3	8 46	9 28	3 29	1 9	26 13	27 1	29 41R	14 54
8	8 54	9 24	3 34	1 7	26 17	26 58	29 40	14 58
13	9 2	9 19	3 38	1 4	26 22	26 54	29 40	15 2
18	9 10	9 14	3 42	1 1	26 26	26 50	29 39	15 6
23	9 18	9 9	3 45	0 58	26 30	26 47	29 37	15 10
28	9 25	9 4	3 48	0 54	26 34	26 43	29 36	15 14
NOV 2	9 33	8 59	3 51	0 51	26 38	26 39	29 34	15 18
7	9 40	8 54	3 54	0 47	26 41	26 36	29 31	15 21
12	9 46	8 49	3 56	0 43	26 44	26 33	29 29	15 25
17	9 53	8 44	3 57	0 39	26 47	26 29	29 26	15 28
22	9 59	8 39	3 59	0 35	26 50	26 26	29 23	15 31
27	10 4	8 34	3 59	0 30	26 52	26 23	29 20	15 34
DEC 2	10 9	8 30	4 0	0 26	26 54	26 21	29 17	15 37
7	10 14	8 26	3 59R	0 22	26 55	26 18	29 14	15 39
12	10 18	8 22	3 59	0 18	26 57	26 16	29 10	15 41
17	10 21	8 18	3 58	0 15	26 57	26 14	29 7	15 43
22	10 24	8 15	3 57	0 11	26 58	26 13	29 3	15 45
27	10♎ 26	8♉ 13	3♍ 55	0♊ 8	26♍ 58R	26♈ 12	29♊ 0	15♎ 46
TATIONS	JAN 9 JUN 19	JAN 20 AUG 10	MAY 15 DEC 3	FEB 12 AUG 31	JUN 9 DEC 25	JAN 10 JUL 26	MAR 12 SEP 28	JAN 12 JUN 29

1961

	♃	ℭ	⚷	♈	♅	♆	♄	⚸
JAN 1	10♎27	8♉11R	3♍53R	0♊5R	26♏58R	26♈11R	28♊56R	15♎47
6	10 28	8 9	3 50	0 2	26 57	26 10	28 53	15 47
11	10 28R	8 8	3 47	29♉59	26 56	26 10D	28 50	15 48
16	10 28	8 7	3 44	29 57	26 55	26 10	28 46	15 48R
21	10 27	8 7D	3 40	29 55	26 53	26 11	28 43	15 47
26	10 25	8 7	3 37	29 54	26 51	26 12	28 41	15 46
31	10 23	8 8	3 33	29 52	26 48	26 13	28 38	15 45
FEB 5	10 20	8 9	3 28	29 52	26 46	26 15	28 36	15 44
10	10 16	8 11	3 24	29 51	26 43	26 17	28 34	15 43
15	10 12	8 13	3 20	29 51D	26 40	26 19	28 32	15 41
20	10 8	8 16	3 15	29 52	26 37	26 22	28 30	15 39
25	10 3	8 19	3 11	29 52	26 33	26 25	28 29	15 36
MAR 2	9 58	8 23	3 6	29 54	26 30	26 28	28 28	15 34
7	9 53	8 27	3 2	29 55	26 26	26 31	28 27	15 31
12	9 47	8 32	2 58	29 57	26 22	26 35	28 27	15 28
17	9 41	8 37	2 54	0♊0	26 18	26 39	28 27D	15 25
22	9 35	8 42	2 50	0 2	26 15	26 43	28 28	15 22
27	9 29	8 47	2 46	0 5	26 11	26 47	28 28	15 19
APR 1	9 23	8 53	2 42	0 9	26 7	26 51	28 29	15 15
6	9 16	8 59	2 39	0 12	26 3	26 56	28 31	15 12
11	9 10	9 5	2 36	0 16	26 0	27 0	28 32	15 9
16	9 4	9 11	2 34	0 20	25 57	27 5	28 34	15 5
21	8 58	9 18	2 32	0 25	25 54	27 9	28 37	15 2
26	8 53	9 24	2 30	0 29	25 51	27 14	28 39	14 59
MAY 1	8 47	9 31	2 28	0 34	25 48	27 18	28 42	14 56
6	8 43	9 37	2 27	0 39	25 46	27 22	28 45	14 53
11	8 38	9 44	2 26	0 43	25 43	27 27	28 48	14 51
16	8 34	9 50	2 26	0 48	25 42	27 31	28 52	14 48
21	8 30	9 56	2 26D	0 53	25 40	27 35	28 55	14 46
26	8 27	10 2	2 27	0 58	25 39	27 39	28 59	14 44
31	8 24	10 8	2 28	1 3	25 38	27 42	29 3	14 42
JUN 5	8 22	10 14	2 29	1 8	25 37	27 46	29 7	14 40
10	8 20	10 19	2 31	1 13	25 37	27 49	29 11	14 39
15	8 19	10 24	2 33	1 18	25 37D	27 52	29 15	14 38
20	8 19	10 29	2 36	1 22	25 38	27 54	29 19	14 37
25	8 19D	10 34	2 39	1 27	25 39	27 57	29 24	14 36
30	8 20	10 38	2 42	1 31	25 40	27 59	29 28	14 36
JUL 5	8 21	10 41	2 46	1 35	25 42	28 0	29 32	14 36D
10	8 23	10 45	2 50	1 39	25 44	28 2	29 36	14 37
15	8 26	10 48	2 54	1 42	25 46	28 3	29 40	14 38
20	8 29	10 50	2 58	1 46	25 48	28 3	29 44	14 39
25	8 33	10 52	3 3	1 49	25 51	28 4	29 47	14 40
30	8 37	10 53	3 8	1 51	25 54	28 4R	29 51	14 42
AUG 4	8 42	10 54	3 13	1 53	25 57	28 3	29 54	14 43
9	8 47	10 55	3 18	1 55	26 1	28 3	29 57	14 46
14	8 52	10 55R	3 24	1 57	26 5	28 2	0♋0	14 48
19	8 59	10 54	3 29	1 58	26 9	28 0	0 3	14 51
24	9 5	10 53	3 35	1 59	26 13	27 59	0 5	14 54
29	9 12	10 52	3 40	1 59	26 17	27 57	0 7	14 57
SEP 3	9 19	10 50	3 46	1 59R	26 22	27 55	0 9	15 0
8	9 26	10 48	3 51	1 59	26 26	27 52	0 11	15 3
13	9 34	10 45	3 56	1 58	26 31	27 50	0 12	15 7
18	9 42	10 42	4 2	1 57	26 36	27 47	0 13	15 11
23	9 50	10 38	4 7	1 56	26 40	27 44	0 13	15 15
28	9 58	10 35	4 12	1 54	26 45	27 40	0 14	15 19
OCT 3	10 6	10 30	4 16	1 52	26 50	27 37	0 14R	15 23
8	10 14	10 26	4 21	1 50	26 54	27 33	0 13	15 27
13	10 22	10 21	4 25	1 47	26 59	27 30	0 13	15 31
18	10 30	10 16	4 29	1 44	27 3	27 26	0 12	15 35
23	10 38	10 11	4 33	1 40	27 7	27 22	0 10	15 39
28	10 46	10 6	4 36	1 37	27 11	27 19	0 9	15 42
NOV 2	10 53	10 1	4 39	1 33	27 15	27 15	0 7	15 46
7	11 0	9 56	4 41	1 29	27 18	27 12	0 4	15 50
12	11 7	9 51	4 44	1 26	27 21	27 8	0 2	15 53
17	11 14	9 46	4 45	1 21	27 24	27 5	29♊59	15 57
22	11 20	9 41	4 47	1 17	27 27	27 2	29 56	16 0
27	11 25	9 36	4 47	1 13	27 29	26 59	29 53	16 3
DEC 2	11 30	9 32	4 48	1 9	27 31	26 56	29 50	16 5
7	11 35	9 28	4 48R	1 5	27 33	26 54	29 47	16 8
12	11 39	9 24	4 47	1 1	27 34	26 51	29 43	16 10
17	11 43	9 20	4 46	0 57	27 35	26 50	29 40	16 12
22	11 46	9 17	4 45	0 53	27 35	26 50	29 37	16 14
27	11♎48	9♉14	4♍43	0♊50	27♏35R	26♈47	29♊33	16♎15
STATIONS	JAN 9	JAN 20	MAY 16	FEB 12	JUN 10	JAN 10	MAR 13	JAN 12
	JUN 20	AUG 11	DEC 4	SEP 1	DEC 26	JUL 27	SEP 29	JUN 30

	♃	♄	♅	⚷	♅	♆	♇	♓	
JAN 1	11≏50	9ö12R	4♍41R	0Ⅱ47R	27♏35R	26♈46R	29Ⅱ29R	16≏16	**1962**
6	11 51	9 10	4 39	0 44	27 35	26 45	29 26	16 16	
11	11 51	9 9	4 36	0 42	27 34	26 45D	29 23	16 17	
16	11 51R	9 8	4 33	0 39	27 32	26 45	29 20	16 17R	
21	11 50	9 8	4 29	0 37	27 31	26 46	29 17	16 16	
26	11 48	9 8D	4 26	0 36	27 29	26 47	29 14	16 16	
31	11 46	9 9	4 22	0 35	27 26	26 48	29 11	16 15	
FEB 5	11 44	9 10	4 18	0 34	27 24	26 50	29 9	16 13	
10	11 40	9 12	4 13	0 33	27 21	26 52	29 7	16 12	
15	11 37	9 14	4 9	0 33D	27 18	26 54	29 5	16 10	
20	11 32	9 16	4 4	0 34	27 15	26 57	29 3	16 8	
25	11 28	9 20	4 0	0 34	27 11	26 59	29 2	16 6	
MAR 2	11 23	9 23	3 56	0 35	27 8	27 3	29 1	16 3	
7	11 17	9 27	3 51	0 37	27 4	27 6	29 0	16 0	
12	11 12	9 32	3 47	0 39	27 0	27 10	29 0	15 58	
17	11 6	9 36	3 43	0 41	26 57	27 13	29 0D	15 55	
22	11 0	9 41	3 39	0 44	26 53	27 17	29 0	15 51	
27	10 54	9 47	3 35	0 47	26 49	27 22	29 1	15 48	
APR 1	10 47	9 52	3 31	0 50	26 45	27 26	29 2	15 45	
6	10 41	9 58	3 28	0 54	26 42	27 30	29 3	15 42	
11	10 35	10 4	3 25	0 57	26 38	27 35	29 5	15 38	
16	10 29	10 11	3 23	1 1	26 35	27 39	29 7	15 35	
21	10 23	10 17	3 20	1 6	26 32	27 44	29 9	15 32	
26	10 17	10 24	3 18	1 10	26 29	27 48	29 12	15 29	
MAY 1	10 12	10 30	3 17	1 15	26 26	27 52	29 14	15 26	
6	10 7	10 37	3 16	1 20	26 24	27 57	29 17	15 23	
11	10 2	10 43	3 15	1 25	26 21	28 1	29 20	15 20	
16	9 58	10 49	3 14	1 29	26 19	28 5	29 24	15 17	
21	9 54	10 56	3 15D	1 34	26 18	28 9	29 27	15 15	
26	9 51	11 2	3 15	1 39	26 17	28 13	29 31	15 13	
31	9 48	11 8	3 16	1 44	26 16	28 17	29 35	15 11	
JUN 5	9 46	11 13	3 17	1 49	26 15	28 20	29 39	15 9	
10	9 44	11 19	3 19	1 54	26 15	28 23	29 43	15 8	
15	9 43	11 24	3 21	1 59	26 15D	28 26	29 47	15 7	
20	9 42	11 29	3 24	2 4	26 15	28 29	29 51	15 6	
25	9 42D	11 34	3 26	2 8	26 16	28 31	29 56	15 6	
30	9 43	11 38	3 30	2 12	26 17	28 33	0♋0	15 5	
JUL 5	9 44	11 42	3 33	2 16	26 19	28 35	0 4	15 5D	
10	9 46	11 45	3 37	2 20	26 21	28 36	0 8	15 6	
15	9 48	11 48	3 41	2 24	26 23	28 38	0 12	15 7	
20	9 51	11 50	3 46	2 27	26 25	28 38	0 16	15 8	
25	9 54	11 52	3 50	2 30	26 28	28 39	0 19	15 9	
30	9 58	11 54	3 55	2 33	26 31	28 39R	0 23	15 10	
AUG 4	10 3	11 55	4 0	2 35	26 34	28 39	0 26	15 12	
9	10 8	11 56	4 5	2 37	26 38	28 38	0 30	15 14	
14	10 13	11 56R	4 11	2 39	26 42	28 37	0 32	15 17	
19	10 19	11 56	4 16	2 40	26 46	28 36	0 35	15 19	
24	10 26	11 55	4 22	2 41	26 50	28 34	0 38	15 22	
29	10 32	11 53	4 27	2 41	26 54	28 32	0 40	15 25	
SEP 3	10 39	11 52	4 33	2 42R	26 59	28 30	0 42	15 29	
8	10 47	11 49	4 38	2 41	27 3	28 28	0 43	15 32	
13	10 54	11 47	4 43	2 41	27 8	28 25	0 45	15 36	
18	11 2	11 44	4 49	2 40	27 12	28 22	0 45	15 39	
23	11 10	11 40	4 54	2 38	27 17	28 19	0 46	15 43	
28	11 18	11 37	4 59	2 37	27 22	28 16	0 46	15 47	
OCT 3	11 26	11 32	5 4	2 34	27 26	28 13	0 46R	15 51	
8	11 34	11 28	5 8	2 32	27 31	28 9	0 46	15 55	
13	11 42	11 24	5 12	2 29	27 35	28 5	0 45	15 59	
18	11 50	11 19	5 16	2 26	27 40	28 2	0 44	16 3	
23	11 58	11 14	5 20	2 23	27 44	27 58	0 43	16 7	
28	12 6	11 9	5 24	2 20	27 48	27 54	0 41	16 11	
NOV 2	12 14	11 4	5 27	2 16	27 51	27 51	0 40	16 15	
7	12 21	10 58	5 29	2 12	27 55	27 47	0 37	16 18	
12	12 28	10 53	5 31	2 8	27 58	27 44	0 35	16 22	
17	12 34	10 48	5 33	2 4	28 1	27 40	0 32	16 25	
22	12 41	10 43	5 35	2 0	28 4	27 37	0 30	16 28	
27	12 46	10 39	5 35	1 56	28 6	27 34	0 27	16 31	
DEC 2	12 52	10 34	5 36	1 52	28 8	27 32	0 23	16 34	
7	12 56	10 30	5 36R	1 48	28 10	27 29	0 20	16 37	
12	13 1	10 26	5 36	1 44	28 11	27 27	0 17	16 39	
17	13 4	10 22	5 35	1 40	28 12	27 25	0 13	16 41	
22	13 8	10 19	5 34	1 37	28 13	27 23	0 10	16 42	
27	13≏10	10ö16	5♍32	1Ⅱ33	28♏13	27♈22	0♋6	16≏44	
STATIONS	JAN 11	JAN 21	MAY 17	FEB 13	JUN 10	JAN 10	MAR 14	JAN 13	
	JUN 22	AUG 12	DEC 5	SEP 2	DEC 0	JUL 28	SEP 30	JUL 1	

1963

	♃	♄	♅	♆	♇	⚷	⚸	✶
JAN 1	13♎ 12	10♉ 14R	5♍ 30R	1♊ 30R	28♋ 13R	27♈ 21R	0♋ 3R	16♎ 45
6	13 13	10 12	5 28	1 27	28 12	27 21	29♊ 59	16 45
11	13 14	10 10	5 25	1 24	28 11	27 20	29 56	16 46
16	13 14R	10 9	5 22	1 22	28 10	27 20D	29 53	16 46R
21	13 13	10 9	5 18	1 20	28 9	27 21	29 50	16 46
26	13 12	10 9D	5 15	1 18	28 7	27 22	29 47	16 45
31	13 10	10 9	5 11	1 17	28 4	27 23	29 44	16 44
FEB 5	13 7	10 10	5 7	1 16	28 2	27 24	29 42	16 43
10	13 4	10 12	5 2	1 15	27 59	27 26	29 40	16 41
15	13 1	10 14	4 58	1 15D	27 56	27 29	29 38	16 39
20	12 57	10 17	4 54	1 16	27 53	27 31	29 36	16 37
25	12 52	10 20	4 49	1 16	27 49	27 34	29 35	16 35
MAR 2	12 47	10 23	4 45	1 17	27 46	27 37	29 34	16 33
7	12 42	10 27	4 40	1 19	27 42	27 40	29 33	16 30
12	12 36	10 31	4 36	1 21	27 39	27 44	29 33	16 27
17	12 31	10 36	4 32	1 23	27 35	27 48	29 33D	16 24
22	12 25	10 41	4 28	1 25	27 31	27 52	29 33	16 21
27	12 19	10 46	4 24	1 28	27 27	27 56	29 33	16 18
APR 1	12 12	10 52	4 20	1 31	27 23	28 0	29 34	16 14
6	12 6	10 58	4 17	1 35	27 20	28 5	29 36	16 11
11	12 0	11 4	4 14	1 39	27 16	28 9	29 37	16 8
16	11 54	11 10	4 11	1 43	27 13	28 13	29 39	16 5
21	11 48	11 17	4 9	1 47	27 10	28 18	29 41	16 1
26	11 42	11 23	4 7	1 51	27 7	28 22	29 44	15 58
MAY 1	11 37	11 29	4 5	1 56	27 4	28 27	29 47	15 55
6	11 31	11 36	4 4	2 1	27 1	28 31	29 49	15 52
11	11 27	11 42	4 3	2 6	26 59	28 35	29 53	15 49
16	11 22	11 49	4 3	2 11	26 57	28 40	29 56	15 47
21	11 18	11 55	4 3D	2 16	26 56	28 44	0♋ 0	15 45
26	11 15	12 1	4 3	2 21	26 54	28 48	0 3	15 42
31	11 12	12 7	4 4	2 26	26 53	28 51	0 7	15 40
JUN 5	11 9	12 13	4 5	2 30	26 53	28 55	0 11	15 39
10	11 7	12 19	4 7	2 35	26 52	28 58	0 15	15 37
15	11 6	12 24	4 9	2 40	26 52D	29 1	0 19	15 36
20	11 5	12 29	4 11	2 45	26 53	29 4	0 23	15 35
25	11 5D	12 33	4 14	2 49	26 54	29 6	0 28	15 35
30	11 5	12 38	4 17	2 54	26 55	29 8	0 32	15 34
JUL 5	11 6	12 42	4 21	2 58	26 56	29 10	0 36	15 35D
10	11 8	12 45	4 24	3 2	26 58	29 11	0 40	15 35
15	11 10	12 48	4 28	3 5	27 0	29 12	0 44	15 36
20	11 13	12 51	4 33	3 9	27 2	29 13	0 48	15 36
25	11 16	12 53	4 37	3 12	27 5	29 14	0 52	15 38
30	11 20	12 55	4 42	3 14	27 8	29 14R	0 55	15 39
AUG 4	11 24	12 56	4 47	3 17	27 11	29 14	0 59	15 41
9	11 29	12 57	4 52	3 19	27 15	29 13	1 2	15 43
14	11 34	12 57	4 58	3 21	27 19	29 12	1 5	15 45
19	11 40	12 57R	5 3	3 22	27 23	29 11	1 7	15 48
24	11 46	12 56	5 9	3 23	27 27	29 10	1 10	15 51
29	11 53	12 55	5 14	3 23	27 31	29 8	1 12	15 54
SEP 3	12 0	12 53	5 20	3 24	27 35	29 6	1 14	15 57
8	12 7	12 51	5 25	3 23R	27 40	29 3	1 16	16 1
13	12 15	12 49	5 31	3 23	27 45	29 1	1 17	16 4
18	12 22	12 46	5 36	3 22	27 49	28 58	1 18	16 8
23	12 30	12 42	5 41	3 21	27 54	28 55	1 19	16 12
28	12 38	12 39	5 46	3 19	27 58	28 52	1 19	16 16
OCT 3	12 46	12 35	5 51	3 17	28 3	28 48	1 19R	16 20
8	12 54	12 30	5 55	3 15	28 8	28 45	1 19	16 24
13	13 3	12 26	6 0	3 12	28 12	28 41	1 18	16 28
18	13 11	12 21	6 4	3 9	28 16	28 37	1 17	16 32
23	13 19	12 16	6 8	3 6	28 21	28 34	1 16	16 36
28	13 26	12 11	6 11	3 2	28 25	28 30	1 14	16 39
NOV 2	13 34	12 6	6 14	2 59	28 28	28 26	1 13	16 43
7	13 41	12 1	6 17	2 55	28 32	28 23	1 10	16 47
12	13 48	11 56	6 19	2 51	28 35	28 19	1 8	16 51
17	13 55	11 51	6 21	2 47	28 38	28 16	1 6	16 54
22	14 1	11 46	6 22	2 43	28 41	28 13	1 3	16 57
27	14 7	11 41	6 24	2 39	28 43	28 10	1 0	17 0
DEC 2	14 13	11 36	6 24	2 35	28 46	28 7	0 57	17 3
7	14 18	11 32	6 24R	2 31	28 47	28 5	0 53	17 5
12	14 22	11 28	6 24	2 27	28 49	28 2	0 50	17 8
17	14 26	11 24	6 23	2 23	28 50	28 0	0 46	17 10
22	14 29	11 21	6 22	2 19	28 50	27 59	0 43	17 11
27	14♎ 32	11♉ 18	6♍ 21	2♊ 16	28♋ 51	27♈ 57	0♋ 39	17♎ 13
STATIONS	JAN 13	JAN 23	MAY 18	FEB 14	DEC 27	JAN 11	MAR 15	JAN 13
	JUN 24	AUG 14	DEC 6	SEP 3	JUN 11	JUL 29	SEP 30	JUL 1

	♃	♄	♅	♆	♃	♆	♇	✕
JAN 1	14♎ 34	11♉ 15R	6♍ 19R	2♊ 13R	28♈ 50R	27♈ 56R	0♌ 36R	17♎ 14
6	14 36	11 13	6 16	2 10	28 50	27 56	0 33	17 14
11	14 36	11 12	6 14	2 7	28 49	27 55	0 29	17 15
16	14 37R	11 11	6 11	2 4	28 48	27 55D	0 26	17 15R
21	14 36	11 10	6 7	2 2	28 46	27 56	0 23	17 15
26	14 35	11 10D	6 4	2 1	28 45	27 57	0 20	17 14
31	14 33	11 10	6 0	1 59	28 42	27 58	0 17	17 13
FEB 5	14 31	11 11	5 56	1 58	28 40	27 59	0 15	17 12
10	14 28	11 13	5 52	1 58	28 37	28 1	0 13	17 11
15	14 25	11 15	5 47	1 57	28 34	28 3	0 11	17 9
20	14 21	11 17	5 43	1 58D	28 31	28 6	0 9	17 7
25	14 17	11 20	5 38	1 58	28 28	28 9	0 8	17 5
MAR 1	14 12	11 23	5 34	1 59	28 24	28 12	0 6	17 2
6	14 7	11 27	5 29	2 0	28 20	28 15	0 6	16 59
11	14 1	11 31	5 25	2 2	28 17	28 18	0 5	16 57
16	13 55	11 36	5 21	2 4	28 13	28 22	0 5D	16 54
21	13 49	11 41	5 17	2 7	28 9	28 26	0 5	16 51
26	13 43	11 46	5 13	2 10	28 5	28 30	0 6	16 47
31	13 37	11 52	5 9	2 13	28 2	28 35	0 7	16 44
APR 5	13 31	11 57	5 6	2 16	27 58	28 39	0 8	16 41
10	13 25	12 3	5 3	2 20	27 54	28 43	0 10	16 37
15	13 19	12 10	5 0	2 24	27 51	28 48	0 12	16 34
20	13 13	12 16	4 58	2 28	27 48	28 52	0 14	16 31
25	13 7	12 22	4 55	2 33	27 45	28 57	0 16	16 28
30	13 1	12 29	4 54	2 37	27 42	29 1	0 19	16 25
MAY 5	12 56	12 35	4 52	2 42	27 39	29 6	0 22	16 22
10	12 51	12 42	4 51	2 47	27 37	29 10	0 25	16 19
15	12 46	12 48	4 51	2 52	27 35	29 14	0 28	16 16
20	12 42	12 54	4 51D	2 57	27 33	29 18	0 32	16 14
25	12 39	13 1	4 51	3 2	27 32	29 22	0 35	16 12
30	12 35	13 7	4 52	3 7	27 31	29 26	0 39	16 10
JUN 4	12 33	13 13	4 53	3 12	27 30	29 29	0 43	16 8
9	12 31	13 18	4 55	3 16	27 30	29 32	0 47	16 7
14	12 29	13 24	4 57	3 21	27 30D	29 35	0 51	16 5
19	12 28	13 29	4 59	3 26	27 30	29 38	0 56	16 5
24	12 28	13 33	5 2	3 30	27 31	29 41	1 0	16 4
29	12 28D	13 38	5 5	3 35	27 32	29 43	1 4	16 4
JUL 4	12 29	13 42	5 8	3 39	27 33	29 45	1 8	16 4D
9	12 30	13 45	5 12	3 43	27 35	29 46	1 12	16 4
14	12 32	13 48	5 16	3 47	27 37	29 47	1 16	16 4
19	12 34	13 51	5 20	3 50	27 40	29 48	1 20	16 5
24	12 38	13 53	5 25	3 53	27 42	29 49	1 24	16 7
29	12 41	13 55	5 29	3 56	27 45	29 49	1 27	16 8
AUG 3	12 45	13 57	5 34	3 58	27 48	29 49R	1 31	16 10
8	12 50	13 58	5 40	4 0	27 52	29 48	1 34	16 12
13	12 55	13 58	5 45	4 2	27 56	29 48	1 37	16 14
18	13 1	13 58R	5 50	4 4	27 59	29 46	1 40	16 17
23	13 7	13 57	5 56	4 5	28 4	29 45	1 42	16 20
28	13 14	13 56	6 1	4 5	28 8	29 43	1 45	16 23
SEP 2	13 20	13 55	6 7	4 6	28 12	29 41	1 46	16 26
7	13 27	13 53	6 12	4 6R	28 17	29 39	1 48	16 29
12	13 35	13 50	6 18	4 5	28 21	29 36	1 50	16 33
17	13 43	13 47	6 23	4 4	28 26	29 33	1 51	16 36
22	13 50	13 44	6 28	4 3	28 31	29 30	1 51	16 40
27	13 58	13 41	6 33	4 1	28 35	29 27	1 52	16 44
OCT 2	14 6	13 37	6 38	3 59	28 40	29 24	1 52R	16 48
7	14 15	13 32	6 43	3 57	28 44	29 20	1 52	16 52
12	14 23	13 28	6 47	3 55	28 49	29 17	1 51	16 56
17	14 31	13 23	6 51	3 52	28 53	29 13	1 50	17 0
22	14 39	13 18	6 55	3 49	28 57	29 10	1 49	17 4
27	14 47	13 13	6 59	3 45	29 1	29 6	1 47	17 8
NOV 1	14 54	13 8	7 2	3 42	29 5	29 2	1 46	17 12
6	15 2	13 3	7 4	3 38	29 9	28 59	1 44	17 16
11	15 9	12 58	7 7	3 34	29 12	28 55	1 41	17 19
16	15 16	12 53	7 9	3 30	29 15	28 52	1 39	17 23
21	15 22	12 48	7 10	3 26	29 18	28 48	1 36	17 26
26	15 28	12 43	7 12	3 22	29 21	28 45	1 33	17 29
DEC 1	15 34	12 38	7 12	3 18	29 23	28 43	1 30	17 32
6	15 39	12 34	7 12	3 14	29 25	28 40	1 27	17 34
11	15 44	12 30	7 12R	3 10	29 26	28 38	1 23	17 36
16	15 48	12 26	7 12	3 6	29 27	28 36	1 20	17 38
21	15 51	12 23	7 11	3 2	29 28	28 34	1 16	17 40
26	15 54	12 20	7 9	2 58	29 28	28 33	1 13	17 42
31	15♎ 56	12♍ 17	7♍ 7	2♊ 55	29♈ 28R	28♈ 32	1♌ 9	17♎ 43
STATIONS	JAN 14	JAN 24	MAY 18	FEB 15	DEC 28	JAN 12	MAR 14	JAN 14
	JUN 24	AUG 14	DEC 6	SEP 3	DEC 27	JUL 29	SEP 30	JUL 1

1965

	♃		♄		⚷		♀		♃		♆		⚓		⚹	
JAN 5	15♎58		12♉15R		7♍5R		2♊52R		29♍28R		28♈31R		1♋6R		17♎43	
10	15 59		12 13		7 2		2 49		29 27		28 30		1 2		17 44	
15	15 59		12 12		6 59		2 47		29 26		28 30D		0 59		17 44R	
20	15 59R		12 11		6 56		2 45		29 24		28 31		0 56		17 44	
25	15 58		12 11D		6 53		2 43		29 22		28 32		0 53		17 43	
30	15 57		12 11		6 49		2 41		29 20		28 33		0 50		17 42	
FEB 4	15 55		12 12		6 45		2 40		29 18		28 34		0 48		17 41	
9	15 52		12 13		6 41		2 40		29 15		28 36		0 46		17 40	
14	15 49		12 15		6 36		2 39		29 12		28 38		0 44		17 38	
19	15 45		12 17		6 32		2 39D		29 9		28 40		0 42		17 36	
24	15 41		12 20		6 27		2 40		29 6		28 43		0 40		17 34	
MAR 1	15 36		12 23		6 23		2 41		29 2		28 46		0 39		17 32	
6	15 31		12 27		6 19		2 42		28 59		28 49		0 39		17 29	
11	15 26		12 31		6 14		2 44		28 55		28 53		0 38		17 26	
16	15 20		12 36		6 10		2 46		28 51		28 57		0 38D		17 23	
21	15 14		12 41		6 6		2 48		28 47		29 1		0 38		17 20	
26	15 8		12 46		6 2		2 51		28 44		29 5		0 39		17 17	
31	15 2		12 51		5 58		2 54		28 40		29 9		0 39		17 14	
APR 5	14 56		12 57		5 55		2 58		28 36		29 13		0 41		17 10	
10	14 50		13 3		5 52		3 1		28 33		29 18		0 42		17 7	
15	14 43		13 9		5 49		3 5		28 29		29 22		0 44		17 4	
20	14 37		13 15		5 46		3 9		28 26		29 27		0 46		17 1	
25	14 32		13 22		5 44		3 14		28 23		29 31		0 48		16 57	
30	14 26		13 28		5 42		3 18		28 20		29 35		0 51		16 54	
MAY 5	14 21		13 35		5 41		3 23		28 17		29 40		0 54		16 51	
10	14 15		13 41		5 40		3 28		28 15		29 44		0 57		16 48	
15	14 11		13 48		5 39		3 33		28 13		29 48		1 0		16 46	
20	14 6		13 54		5 39D		3 38		28 11		29 52		1 4		16 43	
25	14 3		14 0		5 39		3 43		28 10		29 56		1 8		16 41	
30	13 59		14 6		5 40		3 48		28 9		0♉0		1 11		16 39	
JUN 4	13 56		14 12		5 41		3 53		28 8		0 4		1 15		16 37	
9	13 54		14 18		5 42		3 58		28 8		0 7		1 19		16 36	
14	13 52		14 23		5 44		4 2		28 8D		0 10		1 23		16 35	
19	13 51		14 28		5 47		4 7		28 8		0 13		1 28		16 34	
24	13 51		14 33		5 49		4 12		28 8		0 15		1 32		16 33	
29	13 51D		14 38		5 52		4 16		28 9		0 18		1 36		16 33	
JUL 4	13 51		14 42		5 56		4 20		28 11		0 19		1 40		16 33D	
9	13 52		14 45		5 59		4 24		28 12		0 21		1 44		16 33	
14	13 54		14 49		6 3		4 28		28 14		0 22		1 48		16 33	
19	13 56		14 52		6 7		4 31		28 17		0 23		1 52		16 34	
24	13 59		14 54		6 12		4 35		28 19		0 24		1 56		16 36	
29	14 3		14 56		6 17		4 37		28 22		0 24		1 59		16 37	
AUG 3	14 7		14 57		6 22		4 40		28 25		0 24R		2 3		16 39	
8	14 11		14 58		6 27		4 42		28 29		0 24		2 6		16 41	
13	14 16		14 59		6 32		4 44		28 32		0 23		2 9		16 43	
18	14 22		14 59R		6 37		4 45		28 36		0 22		2 12		16 45	
23	14 28		14 58		6 43		4 47		28 40		0 20		2 15		16 48	
28	14 34		14 58		6 48		4 47		28 45		0 19		2 17		16 51	
SEP 2	14 41		14 56		6 54		4 48		28 49		0 17		2 19		16 54	
7	14 48		14 54		6 59		4 48R		28 53		0 14		2 21		16 58	
12	14 55		14 52		7 5		4 47		28 58		0 12		2 22		17 1	
17	15 3		14 49		7 10		4 46		29 3		0 9		2 23		17 5	
22	15 11		14 46		7 15		4 45		29 7		0 6		2 24		17 9	
27	15 19		14 43		7 20		4 44		29 12		0 3		2 24		17 13	
OCT 2	15 27		14 39		7 25		4 42		29 17		0 0		2 25R		17 17	
7	15 35		14 35		7 30		4 40		29 21		29♈56		2 24		17 21	
12	15 43		14 30		7 34		4 37		29 26		29 53		2 24		17 25	
17	15 51		14 26		7 39		4 34		29 30		29 49		2 23		17 29	
22	15 59		14 21		7 43		4 31		29 34		29 45		2 22		17 33	
27	16 7		14 16		7 46		4 28		29 38		29 42		2 20		17 37	
NOV 1	16 15		14 11		7 49		4 24		29 42		29 38		2 19		17 40	
6	16 22		14 5		7 52		4 21		29 46		29 34		2 17		17 44	
11	16 30		14 0		7 55		4 17		29 49		29 31		2 14		17 48	
16	16 36		13 55		7 57		4 13		29 52		29 27		2 12		17 51	
21	16 43		13 50		7 58		4 9		29 55		29 24		2 9		17 54	
26	16 49		13 45		8 0		4 5		29 58		29 21		2 6		17 57	
DEC 1	16 55		13 41		8 0		4 0		0♎0		29 18		2 3		18 0	
6	17 0		13 36		8 1		3 56		0 2		29 16		2 0		18 3	
11	17 5		13 32		8 1R		3 52		0 3		29 13		1 56		18 5	
16	17 9		13 28		8 0		3 48		0 4		29 11		1 53		18 7	
21	17 13		13 24		7 59		3 45		0 5		29 9		1 49		18 9	
26	17 16		13 21		7 58		3 43		0 6		29 8		1 46		18 11	
31	17♎19		13♉19		7♍56		3♊38		0♎6R		29♈7		1♋42		18♎12	
STATIONS	JAN 15		JAN 24		MAY 19		FEB 15		JUN 12		JAN 12		MAR 15		JAN 14	
	JUN 26		AUG 15		DEC 7		SEP 4		DEC 28		JUL 30		OCT 1		JUL 2	

	♃	♄	⚵	♈	♅	♆	⚴	♓	
JAN 5	17♎20	13♉16R	7♍54R	3♊35R	0♎5R	29♈6R	1♋39R	18♎12	**1**
10	17 22	13 14	7 51	3 32	0 5	29 6	1 36	18 13	**9**
15	17 22	13 13	7 48	3 29	0 4	29 6D	1 32	18 13	**6**
20	17 22R	13 12	7 45	3 27	0 2	29 6	1 29	18 13R	**6**
25	17 21	13 12	7 42	3 25	0 0	29 7	1 26	18 12	
30	17 20	13 12D	7 38	3 24	29♍58	29 8	1 24	18 12	
FEB 4	17 18	13 13	7 34	3 23	29 56	29 9	1 21	18 11	
9	17 16	13 14	7 30	3 22	29 53	29 11	1 19	18 9	
14	17 13	13 16	7 25	3 21	29 50	29 13	1 17	18 8	
19	17 9	13 18	7 21	3 21D	29 47	29 15	1 15	18 6	
24	17 5	13 21	7 17	3 22	29 44	29 18	1 13	18 3	
MAR 1	17 1	13 24	7 12	3 23	29 40	29 21	1 12	18 1	
6	16 56	13 27	7 8	3 24	29 37	29 24	1 11	17 58	
11	16 50	13 31	7 3	3 26	29 33	29 27	1 11	17 56	
16	16 45	13 36	6 59	3 28	29 29	29 31	1 11	17 53	
21	16 39	13 40	6 55	3 30	29 26	29 35	1 11D	17 50	
26	16 33	13 45	6 51	3 33	29 22	29 39	1 11	17 46	
31	16 27	13 51	6 47	3 36	29 18	29 43	1 12	17 43	
APR 5	16 21	13 57	6 44	3 39	29 14	29 48	1 13	17 40	
10	16 15	14 2	6 41	3 43	29 11	29 52	1 15	17 37	
15	16 8	14 8	6 38	3 47	29 7	29 56	1 16	17 33	
20	16 2	14 15	6 35	3 51	29 4	0♉1	1 18	17 30	
25	15 56	14 21	6 33	3 55	29 1	0 5	1 21	17 27	
30	15 51	14 28	6 31	3 59	28 58	0 10	1 23	17 24	
MAY 5	15 45	14 34	6 29	4 4	28 55	0 14	1 26	17 21	
10	15 40	14 40	6 28	4 9	28 53	0 19	1 29	17 18	
15	15 35	14 47	6 28	4 14	28 51	0 23	1 32	17 15	
20	15 31	14 53	6 27	4 19	28 49	0 27	1 36	17 13	
25	15 27	15 0	6 27D	4 24	28 48	0 31	1 40	17 11	
30	15 23	15 6	6 28	4 29	28 47	0 35	1 43	17 9	
JUN 4	15 20	15 12	6 29	4 34	28 46	0 38	1 47	17 7	
9	15 18	15 17	6 30	4 39	28 45	0 41	1 51	17 5	
14	15 16	15 23	6 32	4 44	28 45D	0 45	1 55	17 4	
19	15 14	15 28	6 34	4 48	28 45	0 47	2 0	17 3	
24	15 14	15 33	6 37	4 53	28 46	0 50	2 4	17 2	
29	15 13D	15 38	6 40	4 57	28 47	0 52	2 8	17 2	
JUL 4	15 14	15 42	6 43	5 1	28 48	0 54	2 12	17 2D	
9	15 15	15 46	6 47	5 5	28 50	0 56	2 16	17 2	
14	15 16	15 49	6 50	5 9	28 52	0 57	2 20	17 2	
19	15 18	15 52	6 55	5 13	28 54	0 58	2 24	17 3	
24	15 21	15 54	6 59	5 16	28 56	0 59	2 28	17 4	
29	15 24	15 57	7 4	5 19	28 59	0 59	2 32	17 6	
AUG 3	15 28	15 58	7 9	5 22	29 2	0 59R	2 35	17 8	
8	15 33	15 59	7 14	5 24	29 6	0 59	2 38	17 9	
13	15 38	16 0	7 19	5 26	29 9	0 58	2 41	17 12	
18	15 43	16 0R	7 24	5 27	29 13	0 57	2 44	17 14	
23	15 49	16 0	7 30	5 28	29 17	0 56	2 47	17 17	
28	15 55	15 59	7 35	5 29	29 21	0 54	2 49	17 20	
SEP 2	16 1	15 58	7 41	5 30	29 26	0 52	2 51	17 23	
7	16 8	15 56	7 46	5 30R	29 30	0 50	2 53	17 26	
12	16 16	15 54	7 52	5 29	29 35	0 47	2 55	17 30	
17	16 23	15 51	7 57	5 29	29 39	0 45	2 56	17 34	
22	16 31	15 48	8 2	5 28	29 44	0 42	2 57	17 37	
27	16 39	15 45	8 7	5 26	29 49	0 38	2 57	17 41	
OCT 2	16 47	15 41	8 12	5 24	29 53	0 35	2 57	17 45	
7	16 55	15 37	8 17	5 22	29 58	0 32	2 57R	17 49	
12	17 3	15 32	8 22	5 20	0♎2	0 28	2 57	17 53	
17	17 11	15 28	8 26	5 17	0 7	0 25	2 56	17 57	
22	17 19	15 23	8 30	5 14	0 11	0 21	2 55	18 1	
27	17 27	15 18	8 34	5 11	0 15	0 17	2 53	18 5	
NOV 1	17 35	15 13	8 37	5 7	0 19	0 14	2 52	18 9	
6	17 43	15 8	8 40	5 3	0 23	0 10	2 50	18 13	
11	17 50	15 3	8 42	5 0	0 26	0 6	2 47	18 16	
16	17 57	14 58	8 44	4 56	0 29	0 3	2 45	18 20	
21	18 4	14 52	8 46	4 51	0 32	0 0	2 42	18 23	
26	18 10	14 48	8 48	4 47	0 35	29♈57	2 39	18 26	
DEC 1	18 16	14 43	8 48	4 43	0 37	29 54	2 36	18 29	
6	18 22	14 38	8 49	4 39	0 39	29 51	2 33	18 32	
11	18 26	14 34	8 49R	4 35	0 41	29 49	2 30	18 34	
16	18 31	14 30	8 48	4 31	0 42	29 47	2 26	18 36	
21	18 35	14 26	8 48	4 27	0 43	29 45	2 23	18 38	
26	18 38	14 23	8 46	4 24	0 43	29 43	2 19	18 39	
31	18♎41	14♉20	8♍44	4♊20	0♎43R	29♈42	2♋16	18♎41	
STATIONS	JAN 17	JAN 25	MAY 20	FEB 15	JUN 13	JAN 13	MAR 16	JAN 15	
	JUN 28	AUG 17	DEC 8	SEP 4	DEC 29	JUL 31	OCT 2	JUL 3	

1967

	♃	ℭ	⚷	⚶	⚴	Ψ	⚸	⚓
JAN 5	18♎ 43	14♉ 18R	8♍ 42R	4♊ 17R	0♎ 43R	29♈ 41R	2♋ 12R	18♎ 41
10	18 44	14 16	8 40	4 14	0 42	29 41	2 9	18 42
15	18 45	14 14	8 37	4 12	0 41	29 41D	2 6	18 42
20	18 45R	14 13	8 34	4 10	0 40	29 41	2 2	18 42R
25	18 45	14 13	8 31	4 8	0 38	29 41	1 59	18 42
30	18 43	14 13D	8 27	4 6	0 36	29 42	1 57	18 41
FEB 4	18 42	14 14	8 23	4 5	0 34	29 44	1 54	18 40
9	18 39	14 15	8 19	4 4	0 31	29 45	1 52	18 39
14	18 37	14 16	8 15	4 4	0 28	29 47	1 50	18 37
19	18 33	14 18	8 10	4 3D	0 25	29 50	1 48	18 35
24	18 29	14 21	8 6	4 4	0 22	29 52	1 46	18 33
MAR 1	18 25	14 24	8 1	4 5	0 19	29 55	1 45	18 31
6	18 20	14 27	7 57	4 6	0 15	29 58	1 44	18 28
11	18 15	14 31	7 52	4 7	0 11	0♉ 2	1 44	18 25
16	18 10	14 36	7 48	4 9	0 8	0 6	1 43	18 22
21	18 4	14 40	7 44	4 12	0 4	0 9	1 43D	18 19
26	17 58	14 45	7 40	4 14	0 0	0 13	1 44	18 16
31	17 52	14 50	7 36	4 17	29♍ 56	0 18	1 45	18 13
APR 5	17 46	14 56	7 33	4 20	29 53	0 22	1 46	18 10
10	17 39	15 2	7 29	4 24	29 49	0 26	1 47	18 6
15	17 33	15 8	7 26	4 28	29 46	0 31	1 49	18 3
20	17 27	15 14	7 24	4 32	29 42	0 35	1 51	18 0
25	17 21	15 20	7 21	4 36	29 39	0 40	1 53	17 56
30	17 15	15 27	7 19	4 41	29 36	0 44	1 56	17 53
MAY 5	17 10	15 33	7 18	4 45	29 33	0 49	1 58	17 50
10	17 4	15 40	7 17	4 50	29 31	0 53	2 1	17 48
15	17 0	15 46	7 16	4 55	29 29	0 57	2 5	17 45
20	16 55	15 53	7 16	5 0	29 27	1 1	2 8	17 42
25	16 51	15 59	7 16D	5 5	29 25	1 5	2 12	17 40
30	16 47	16 5	7 16	5 10	29 24	1 9	2 15	17 38
JUN 4	16 44	16 11	7 17	5 15	29 23	1 13	2 19	17 36
9	16 41	16 17	7 18	5 20	29 23	1 16	2 23	17 35
14	16 39	16 23	7 20	5 25	29 23	1 19	2 27	17 33
19	16 38	16 28	7 22	5 29	29 23D	1 22	2 32	17 32
24	16 37	16 33	7 24	5 34	29 24	1 25	2 36	17 31
29	16 36	16 37	7 27	5 38	29 24	1 27	2 40	17 31
JUL 4	16 36D	16 42	7 30	5 43	29 25	1 29	2 44	17 31D
9	16 37	16 46	7 34	5 47	29 27	1 31	2 48	17 31
14	16 38	16 49	7 38	5 51	29 29	1 32	2 52	17 31
19	16 40	16 52	7 42	5 54	29 31	1 33	2 56	17 32
24	16 43	16 55	7 46	5 57	29 33	1 34	3 0	17 33
29	16 46	16 57	7 51	6 0	29 36	1 34	3 4	17 35
AUG 3	16 50	16 59	7 56	6 3	29 39	1 34R	3 7	17 36
8	16 54	17 0	8 1	6 5	29 43	1 34	3 11	17 38
13	16 59	17 1	8 6	6 7	29 46	1 33	3 14	17 40
18	17 4	17 1	8 11	6 9	29 50	1 32	3 17	17 43
23	17 10	17 1R	8 17	6 10	29 54	1 31	3 19	17 46
28	17 16	17 0	8 22	6 11	29 58	1 29	3 22	17 49
SEP 2	17 22	16 59	8 28	6 12	0♎ 3	1 27	3 24	17 52
7	17 29	16 57	8 33	6 12R	0 7	1 25	3 26	17 55
12	17 36	16 55	8 39	6 12	0 12	1 23	3 27	17 58
17	17 44	16 53	8 44	6 11	0 16	1 20	3 28	18 2
22	17 51	16 50	8 49	6 10	0 21	1 17	3 29	18 6
27	17 59	16 46	8 55	6 8	0 25	1 14	3 30	18 10
OCT 2	18 7	16 43	9 0	6 7	0 30	1 11	3 30	18 14
7	18 15	16 39	9 4	6 5	0 35	1 7	3 30R	18 18
12	18 23	16 35	9 9	6 2	0 39	1 4	3 29	18 22
17	18 31	16 30	9 13	5 59	0 44	1 0	3 29	18 26
22	18 40	16 25	9 17	5 56	0 48	0 57	3 28	18 30
27	18 48	16 20	9 21	5 53	0 52	0 53	3 26	18 34
NOV 1	18 55	16 15	9 24	5 50	0 56	0 49	3 25	18 37
6	19 3	16 10	9 27	5 46	1 0	0 46	3 23	18 41
11	19 11	16 5	9 30	5 42	1 3	0 42	3 20	18 45
16	19 18	16 0	9 32	5 38	1 6	0 39	3 18	18 48
21	19 25	15 55	9 34	5 34	1 9	0 35	3 15	18 52
26	19 31	15 50	9 36	5 30	1 12	0 32	3 12	18 55
DEC 1	19 37	15 45	9 36	5 26	1 14	0 29	3 9	18 58
6	19 43	15 40	9 37	5 22	1 16	0 27	3 6	19 0
11	19 48	15 36	9 37R	5 18	1 18	0 24	3 3	19 3
16	19 52	15 32	9 37	5 14	1 19	0 22	2 59	19 5
21	19 56	15 28	9 36	5 10	1 20	0 20	2 56	19 7
26	20 0	15 25	9 35	5 7	1 21	0 20	2 52	19 8
31	20♎ 3	15♉ 22	9♍ 33	5♊ 3	1♎ 21R	0♉ 17	2♋ 49	19♎ 10
STATIONS	JAN 18	JAN 27	MAY 21	FEB 16	JUN 14	JAN 14	MAR 17	JAN 15
	JUN 29	AUG 18	DEC 9	SEP 5	DEC 30	JUL 31	OCT 3	JUL 3

	♃	♄	⚳	⚶	♅	♆	⚴	♇
JAN 5	20♎ 5	15♉ 19R	9♍ 31R	5♊ 0R	1♎ 21R	0♉ 16R	2♋ 45R	19♎ 10
10	20 7	15 17	9 29	4 57	1 20	0 16	2 42	19 11
15	20 8	15 16	9 26	4 54	1 19	0 16D	2 39	19 11
20	20 8	15 15	9 23	4 52	1 18	0 16	2 36	19 11R
25	20 8R	15 14	9 19	4 50	1 16	0 16	2 33	19 11
30	20 7	15 14D	9 16	4 48	1 14	0 17	2 30	19 10
FEB 4	20 5	15 14	9 12	4 47	1 12	0 19	2 27	19 9
9	20 3	15 15	9 8	4 46	1 9	0 20	2 25	19 8
14	20 0	15 17	9 4	4 46	1 7	0 22	2 23	19 6
19	19 57	15 19	8 59	4 46D	1 3	0 24	2 21	19 4
24	19 53	15 21	8 55	4 46	1 0	0 27	2 19	19 2
29	19 49	15 24	8 50	4 46	0 57	0 30	2 18	19 0
MAR 5	19 45	15 27	8 46	4 48	0 53	0 33	2 17	18 57
10	19 40	15 31	8 42	4 49	0 50	0 36	2 16	18 55
15	19 34	15 35	8 37	4 51	0 46	0 40	2 16	18 52
20	19 29	15 40	8 33	4 53	0 42	0 44	2 16D	18 49
25	19 23	15 45	8 29	4 56	0 38	0 48	2 16	18 46
30	19 17	15 50	8 25	4 59	0 35	0 52	2 17	18 42
APR 4	19 11	15 56	8 22	5 2	0 31	0 56	2 18	18 39
9	19 4	16 1	8 18	5 5	0 27	1 1	2 19	18 36
14	18 58	16 7	8 15	5 9	0 24	1 5	2 21	18 32
19	18 52	16 14	8 12	5 13	0 20	1 10	2 23	18 29
24	18 46	16 20	8 10	5 17	0 17	1 14	2 25	18 26
29	18 40	16 26	8 8	5 22	0 14	1 18	2 28	18 23
MAY 4	18 34	16 33	8 6	5 26	0 11	1 23	2 31	18 20
9	18 29	16 39	8 5	5 31	0 9	1 27	2 34	18 17
14	18 24	16 46	8 4	5 36	0 7	1 32	2 37	18 14
19	18 19	16 52	8 4	5 41	0 5	1 36	2 40	18 12
24	18 15	16 58	8 4D	5 46	0 3	1 40	2 44	18 9
29	18 11	17 5	8 4	5 51	0 2	1 44	2 48	18 7
JUN 3	18 8	17 11	8 5	5 56	0 1	1 47	2 51	18 5
8	18 5	17 17	8 6	6 1	0 0	1 51	2 55	18 4
13	18 3	17 22	8 8	6 6	0 0	1 54	3 0	18 2
18	18 1	17 27	8 10	6 11	0 0D	1 57	3 4	18 1
23	18 0	17 33	8 12	6 15	0 1	1 59	3 8	18 1
28	17 59	17 37	8 15	6 20	0 2	2 2	3 12	18 0
JUL 3	17 59D	17 42	8 18	6 24	0 3	2 4	3 16	18 0
8	18 0	17 46	8 21	6 28	0 4	2 5	3 20	18 0D
13	18 1	17 49	8 25	6 32	0 6	2 7	3 24	18 1
18	18 3	17 53	8 29	6 36	0 8	2 8	3 28	18 1
23	18 5	17 55	8 34	6 39	0 11	2 9	3 32	18 2
28	18 8	17 58	8 38	6 42	0 13	2 9	3 36	18 4
AUG 2	18 11	17 59	8 43	6 45	0 16	2 9R	3 39	18 5
7	18 15	18 1	8 48	6 47	0 20	2 9	3 43	18 7
12	18 20	18 2	8 53	6 49	0 23	2 8	3 46	18 9
17	18 25	18 2	8 58	6 51	0 27	2 8	3 49	18 12
22	18 30	18 2R	9 4	6 52	0 31	2 6	3 51	18 14
27	18 36	18 1	9 9	6 53	0 35	2 5	3 54	18 17
SEP 1	18 43	18 0	9 15	6 54	0 39	2 3	3 56	18 20
6	18 49	17 59	9 20	6 54R	0 44	2 1	3 58	18 24
11	18 57	17 57	9 26	6 54	0 48	1 58	3 59	18 27
16	19 4	17 54	9 31	6 53	0 53	1 56	4 1	18 31
21	19 11	17 52	9 37	6 52	0 58	1 53	4 2	18 34
26	19 19	17 48	9 42	6 51	1 2	1 50	4 2	18 38
OCT 1	19 27	17 45	9 47	6 49	1 7	1 46	4 3	18 42
6	19 35	17 41	9 52	6 47	1 11	1 43	4 3R	18 46
11	19 43	17 37	9 56	6 45	1 16	1 40	4 2	18 50
16	19 52	17 32	10 1	6 42	1 20	1 36	4 2	18 54
21	20 0	17 27	10 5	6 39	1 25	1 32	4 1	18 58
26	20 8	17 23	10 8	6 36	1 29	1 29	3 59	19 2
31	20 16	17 18	10 12	6 32	1 33	1 25	3 58	19 6
NOV 5	20 23	17 12	10 15	6 29	1 37	1 21	3 56	19 10
10	20 31	17 7	10 18	6 25	1 40	1 18	3 53	19 13
15	20 38	17 2	10 20	6 21	1 43	1 14	3 51	19 17
20	20 45	16 57	10 22	6 17	1 46	1 11	3 48	19 20
25	20 52	16 52	10 23	6 13	1 49	1 8	3 46	19 23
30	20 58	16 47	10 25	6 9	1 52	1 5	3 43	19 26
DEC 5	21 4	16 43	10 25	6 5	1 54	1 2	3 39	19 29
10	21 9	16 38	10 25R	6 1	1 55	1 0	3 36	19 32
15	21 14	16 34	10 25	5 57	1 57	0 57	3 33	19 34
20	21 18	16 30	10 24	5 53	1 58	0 55	3 29	19 36
25	21 22	16 27	10 23	5 49	1 58	0 54	3 26	19 37
30	21♎ 25	16♉ 24	10♍ 22	5♊ 46	1♎ 58	0♉ 53	3♋ 22	19♎ 38
ATIONS	JAN 20	JAN 28	MAY 22	FEB 17	JUN 14	JUL 14	MAR 17	JAN 16
	JUN 30	AUG 18	DEC 9	SEP 5	DEC 0	JUL 31	OCT 2	JUL 3

1969

	♃	⚷	⚴	⚵	♅	♆	⚶	♓
JAN 4	21♎27	16♉21R	10♍20R	5♊43R	1♎58R	0♉52R	3♋19R	19♎39
9	21 29	16 19	10 17	5 40	1 58	0 51	3 15	19 40
14	21 30	16 17	10 15	5 37	1 57	0 51	3 12	19 40
19	21 31	16 16	10 12	5 34	1 56	0 51D	3 9	19 40R
24	21 31R	16 15	10 8	5 32	1 54	0 51	3 6	19 40
29	21 30	16 15D	10 5	5 31	1 52	0 52	3 3	19 39
FEB 3	21 29	16 15	10 1	5 29	1 50	0 53	3 0	19 38
8	21 27	16 16	9 57	5 28	1 47	0 55	2 58	19 37
13	21 24	16 17	9 53	5 28	1 45	0 57	2 56	19 36
18	21 21	16 19	9 48	5 28D	1 42	0 59	2 54	19 34
23	21 18	16 22	9 44	5 28	1 38	1 2	2 52	19 32
28	21 14	16 24	9 40	5 28	1 35	1 4	2 51	19 29
MAR 5	21 9	16 28	9 35	5 29	1 31	1 8	2 50	19 27
10	21 4	16 31	9 31	5 31	1 28	1 11	2 49	19 24
15	20 59	16 35	9 26	5 33	1 24	1 14	2 49	19 21
20	20 53	16 40	9 22	5 35	1 20	1 18	2 49D	19 18
25	20 47	16 45	9 18	5 37	1 17	1 22	2 49	19 15
30	20 42	16 50	9 14	5 40	1 13	1 26	2 50	19 12
APR 4	20 35	16 55	9 11	5 43	1 9	1 31	2 51	19 9
9	20 29	17 1	9 7	5 47	1 5	1 35	2 52	19 5
14	20 23	17 7	9 4	5 50	1 2	1 39	2 54	19 2
19	20 17	17 13	9 1	5 54	0 58	1 44	2 55	18 59
24	20 11	17 19	8 59	5 59	0 55	1 48	2 58	18 56
29	20 5	17 26	8 57	6 3	0 52	1 53	3 0	18 52
MAY 4	19 59	17 32	8 55	6 8	0 50	1 57	3 3	18 49
9	19 54	17 39	8 54	6 12	0 47	2 2	3 6	18 47
14	19 48	17 45	8 53	6 17	0 45	2 6	3 9	18 44
19	19 44	17 52	8 52	6 22	0 43	2 10	3 12	18 41
24	19 39	17 58	8 52D	6 27	0 41	2 14	3 16	18 39
29	19 35	18 4	8 52	6 32	0 40	2 18	3 20	18 37
JUN 3	19 32	18 10	8 53	6 37	0 39	2 22	3 24	18 35
8	19 29	18 16	8 54	6 42	0 38	2 25	3 27	18 33
13	19 26	18 22	8 56	6 47	0 38	2 28	3 32	18 32
18	19 24	18 27	8 57	6 52	0 38D	2 31	3 36	18 31
23	19 23	18 32	9 0	6 56	0 38	2 34	3 40	18 30
28	19 22	18 37	9 2	7 1	0 39	2 36	3 44	18 30
JUL 3	19 22D	18 42	9 5	7 5	0 40	2 38	3 48	18 29
8	19 22	18 46	9 9	7 9	0 41	2 40	3 52	18 29D
13	19 23	18 49	9 13	7 13	0 43	2 42	3 56	18 30
18	19 25	18 53	9 17	7 17	0 45	2 43	4 0	18 31
23	19 27	18 56	9 21	7 20	0 48	2 44	4 4	18 31
28	19 30	18 58	9 25	7 23	0 50	2 44	4 8	18 32
AUG 2	19 33	19 0	9 30	7 26	0 53	2 44R	4 11	18 34
7	19 37	19 2	9 35	7 29	0 57	2 44	4 15	18 36
12	19 41	19 3	9 40	7 31	1 0	2 44	4 18	18 38
17	19 46	19 3	9 46	7 33	1 4	2 43	4 21	18 40
22	19 51	19 3R	9 51	7 34	1 8	2 42	4 24	18 43
27	19 57	19 3	9 56	7 35	1 12	2 40	4 26	18 46
SEP 1	20 3	19 2	10 2	7 36	1 16	2 38	4 28	18 49
6	20 10	19 0	10 7	7 36	1 20	2 36	4 30	18 52
11	20 17	18 58	10 13	7 36R	1 25	2 34	4 32	18 56
16	20 24	18 56	10 18	7 35	1 30	2 31	4 33	18 59
21	20 32	18 53	10 24	7 34	1 34	2 28	4 34	19 3
26	20 40	18 50	10 29	7 33	1 39	2 25	4 35	19 7
OCT 1	20 47	18 47	10 34	7 31	1 44	2 22	4 35	19 11
6	20 55	18 43	10 39	7 30	1 48	2 19	4 35R	19 15
11	21 4	18 39	10 44	7 27	1 53	2 15	4 35	19 19
16	21 12	18 34	10 48	7 25	1 57	2 12	4 34	19 23
21	21 20	18 30	10 52	7 22	2 2	2 8	4 33	19 27
26	21 28	18 25	10 56	7 19	2 6	2 4	4 32	19 31
31	21 36	18 20	10 59	7 15	2 10	2 1	4 31	19 35
NOV 5	21 44	18 15	11 3	7 12	2 14	1 57	4 29	19 38
10	21 51	18 10	11 5	7 8	2 17	1 53	4 27	19 42
15	21 59	18 4	11 8	7 4	2 20	1 50	4 24	19 46
20	22 6	17 59	11 10	7 0	2 24	1 47	4 22	19 49
25	22 13	17 54	11 11	6 56	2 26	1 43	4 19	19 52
30	22 19	17 49	11 13	6 52	2 29	1 40	4 16	19 55
DEC 5	22 25	17 45	11 13	6 48	2 31	1 38	4 13	19 58
10	22 30	17 40	11 14	6 44	2 33	1 35	4 9	20 0
15	22 35	17 36	11 13R	6 40	2 34	1 33	4 6	20 3
20	22 40	17 32	11 13	6 36	2 35	1 31	4 2	20 4
25	22 43	17 29	11 12	6 32	2 36	1 29	3 59	20 6
30	22♎47	17♉25	11♍10	6♊29	2♎36	1♉28	3♋55	20♎7
STATIONS	JAN 20 JUL 2	JAN 28 AUG 19	MAY 23 DEC 10	FEB 17 SEP 6	DEC 30 JUN 15	JAN 14 AUG 1	MAR 17 OCT 3	JAN 16 JUL 4

	♃	ℭ	⚷	♈	♅	Ψ	⚸	Ӿ
JAN 4	22♎49	17♉23R	11♍8R	6♊25R	2♎36R	1♏27R	3♋52R	20♎8
9	22 51	17 20	11 6	6 22	2 35	1 26	3 49	20 9
14	22 53	17 19	11 4	6 19	2 35	1 26	3 45	20 9
19	22 53	17 17	11 1	6 17	2 33	1 26D	3 42	20 9R
24	22 54R	17 16	10 57	6 15	2 32	1 26	3 39	20 9
29	22 53	17 16	10 54	6 13	2 30	1 27	3 36	20 9
FEB 3	22 52	17 16D	10 50	6 12	2 28	1 28	3 33	20 8
8	22 50	17 17	10 46	6 11	2 25	1 30	3 31	20 6
13	22 48	17 18	10 42	6 10	2 23	1 32	3 29	20 5
18	22 45	17 20	10 38	6 10	2 20	1 34	3 27	20 3
23	22 42	17 22	10 33	6 10D	2 16	1 36	3 25	20 1
28	22 38	17 25	10 29	6 10	2 13	1 39	3 24	19 59
MAR 5	22 33	17 28	10 24	6 11	2 10	1 42	3 23	19 56
10	22 29	17 31	10 20	6 13	2 6	1 45	3 22	19 54
15	22 23	17 35	10 16	6 14	2 2	1 49	3 21	19 51
20	22 18	17 40	10 11	6 16	1 59	1 53	3 21D	19 48
25	22 12	17 44	10 7	6 19	1 55	1 57	3 22	19 45
30	22 6	17 50	10 3	6 22	1 51	2 1	3 22	19 42
APR 4	22 0	17 55	10 0	6 25	1 47	2 5	3 23	19 38
9	21 54	18 1	9 56	6 28	1 44	2 9	3 24	19 35
14	21 48	18 6	9 53	6 32	1 40	2 14	3 26	19 32
19	21 42	18 12	9 50	6 36	1 37	2 18	3 28	19 28
24	21 36	18 19	9 47	6 40	1 33	2 23	3 30	19 25
29	21 30	18 25	9 45	6 44	1 30	2 27	3 32	19 22
MAY 4	21 24	18 31	9 43	6 49	1 28	2 32	3 35	19 19
9	21 18	18 38	9 42	6 53	1 25	2 36	3 38	19 16
14	21 13	18 44	9 41	6 58	1 23	2 40	3 41	19 13
19	21 8	18 51	9 40	7 3	1 21	2 44	3 44	19 11
24	21 3	18 57	9 40	7 8	1 19	2 49	3 48	19 8
29	20 59	19 4	9 40D	7 13	1 18	2 52	3 52	19 6
JUN 3	20 56	19 10	9 41	7 18	1 16	2 56	3 56	19 4
8	20 52	19 16	9 42	7 23	1 16	3 0	4 0	19 2
13	20 50	19 21	9 43	7 28	1 15	3 3	4 4	19 1
18	20 48	19 27	9 45	7 33	1 15D	3 6	4 8	19 0
23	20 46	19 32	9 47	7 37	1 16	3 9	4 12	18 59
28	20 45	19 37	9 50	7 42	1 16	3 11	4 16	18 58
JUL 3	20 45	19 42	9 53	7 46	1 17	3 13	4 20	18 58
8	20 45D	19 46	9 56	7 51	1 19	3 15	4 24	18 58D
13	20 46	19 50	10 0	7 55	1 20	3 17	4 28	18 59
18	20 47	19 53	10 4	7 58	1 22	3 18	4 32	18 59
23	20 49	19 56	10 8	8 2	1 25	3 19	4 36	19 0
28	20 52	19 59	10 13	8 5	1 27	3 19	4 40	19 1
AUG 2	20 55	20 1	10 17	8 8	1 30	3 19	4 44	19 3
7	20 58	20 2	10 22	8 10	1 34	3 19R	4 47	19 5
12	21 3	20 3	10 27	8 12	1 37	3 19	4 50	19 7
17	21 7	20 4	10 33	8 14	1 41	3 18	4 53	19 9
22	21 12	20 4R	10 38	8 16	1 45	3 17	4 56	19 12
27	21 18	20 4	10 43	8 17	1 49	3 15	4 59	19 15
SEP 1	21 24	20 3	10 49	8 18	1 53	3 14	5 1	19 18
6	21 31	20 2	10 54	8 18	1 57	3 12	5 3	19 21
11	21 38	20 0	11 0	8 18R	2 2	3 9	5 4	19 24
16	21 45	19 58	11 5	8 17	2 6	3 7	5 6	19 28
21	21 52	19 55	11 11	8 17	2 11	3 4	5 7	19 31
26	22 0	19 52	11 16	8 15	2 16	3 1	5 8	19 35
OCT 1	22 8	19 49	11 21	8 14	2 20	2 58	5 8	19 39
6	22 16	19 45	11 26	8 12	2 25	2 54	5 8R	19 43
11	22 24	19 41	11 31	8 10	2 30	2 51	5 8	19 47
16	22 32	19 37	11 35	8 7	2 34	2 47	5 7	19 51
21	22 40	19 32	11 39	8 4	2 38	2 44	5 6	19 55
26	22 48	19 27	11 43	8 1	2 43	2 40	5 5	19 59
31	22 56	19 22	11 47	7 58	2 47	2 36	5 4	20 3
NOV 5	23 4	19 17	11 50	7 54	2 50	2 33	5 2	20 7
10	23 12	19 12	11 53	7 51	2 54	2 29	5 0	20 11
15	23 19	19 7	11 56	7 47	2 57	2 26	4 57	20 14
20	23 26	19 2	11 58	7 43	3 1	2 22	4 55	20 18
25	23 33	18 57	11 59	7 39	3 3	2 19	4 52	20 21
30	23 40	18 52	12 1	7 35	3 6	2 16	4 49	20 24
DEC 5	23 46	18 47	12 1	7 30	3 8	2 13	4 46	20 27
10	23 51	18 42	12 2	7 26	3 10	2 11	4 42	20 29
15	23 56	18 38	12 2R	7 22	3 11	2 8	4 39	20 31
20	24 1	18 34	12 1	7 18	3 12	2 6	4 36	20 33
25	24 5	18 31	12 0	7 15	3 13	2 4	4 32	20 35
30	24♎8	18♉27	11♍59	7♊11	3♎13	2♏3	4♋29	20♎36

STATIONS	♃	ℭ	⚷	♈	♅	Ψ	⚸	Ӿ
	JAN 22	JAN 29	MAY 24	FEB 18	DEC 31	JAN 15	MAR 18	JAN 17
	JUL 3	AUG 21	DEC 11	SEP 7	JUN 16	AUG 2	OCT 4	JUL 5

1971

Date	♃	⚷	⚶	⚸	⚹	⚺	⚻	⚼
JAN 4	24♎11	18♉24R	11♍57R	7♊8R	3♎13R	2♉2R	4♏25R	20♎37
9	24 14	18 22	11 55	7 5	3 13	2 1	4 22	20 38
14	24 15	18 20	11 52	7 2	3 12	2 1	4 18	20 39
19	24 16	18 19	11 49	6 59	3 11	2 1D	4 15	20 39R
24	24 16	18 18	11 46	6 57	3 10	2 1	4 12	20 38
29	24 16R	18 17	11 43	6 55	3 8	2 2	4 9	20 38
FEB 3	24 15	18 17D	11 39	6 54	3 6	2 3	4 6	20 37
8	24 14	18 18	11 35	6 53	3 3	2 5	4 4	20 36
13	24 12	18 19	11 31	6 52	3 1	2 6	4 2	20 34
18	24 9	18 20	11 27	6 52	2 58	2 8	4 0	20 33
23	24 6	18 22	11 22	6 52D	2 55	2 11	3 58	20 31
28	24 2	18 25	11 18	6 52	2 51	2 14	3 57	20 28
MAR 5	23 58	18 28	11 13	6 53	2 48	2 17	3 55	20 26
10	23 53	18 31	11 9	6 54	2 44	2 20	3 55	20 23
15	23 48	18 35	11 5	6 56	2 40	2 23	3 54	20 20
20	23 43	18 40	11 0	6 58	2 37	2 27	3 54D	20 17
25	23 37	18 44	10 56	7 0	2 33	2 31	3 54	20 14
30	23 31	18 49	10 52	7 3	2 29	2 35	3 55	20 11
APR 4	23 25	18 55	10 49	7 6	2 25	2 39	3 56	20 8
9	23 19	19 0	10 45	7 9	2 22	2 44	3 57	20 5
14	23 13	19 6	10 42	7 13	2 18	2 48	3 58	20 1
19	23 7	19 12	10 39	7 17	2 15	2 53	4 0	19 58
24	23 0	19 18	10 36	7 21	2 12	2 57	4 2	19 55
29	22 54	19 24	10 34	7 25	2 8	3 1	4 5	19 52
MAY 4	22 49	19 31	10 32	7 30	2 6	3 6	4 7	19 49
9	22 43	19 37	10 31	7 35	2 3	3 10	4 10	19 46
14	22 38	19 44	10 29	7 39	2 1	3 15	4 13	19 43
19	22 32	19 50	10 29	7 44	1 59	3 19	4 17	19 40
24	22 28	19 57	10 28	7 49	1 57	3 23	4 20	19 38
29	22 24	20 3	10 28D	7 54	1 55	3 27	4 24	19 36
JUN 3	22 20	20 9	10 29	7 59	1 54	3 31	4 28	19 34
8	22 16	20 15	10 30	8 4	1 53	3 34	4 32	19 32
13	22 14	20 21	10 31	8 9	1 53	3 37	4 36	19 30
18	22 11	20 26	10 33	8 14	1 53D	3 40	4 40	19 29
23	22 9	20 32	10 35	8 19	1 53	3 43	4 44	19 28
28	22 8	20 37	10 38	8 23	1 54	3 46	4 48	19 28
JUL 3	22 8	20 41	10 41	8 28	1 55	3 48	4 52	19 27
8	22 8D	20 46	10 44	8 32	1 56	3 50	4 56	19 27D
13	22 8	20 50	10 47	8 36	1 58	3 51	5 0	19 28
18	22 9	20 53	10 51	8 40	2 0	3 53	5 4	19 28
23	22 11	20 56	10 55	8 43	2 2	3 54	5 8	19 29
28	22 13	20 59	11 0	8 46	2 4	3 54	5 12	19 30
AUG 2	22 16	21 1	11 5	8 49	2 7	3 55	5 16	19 32
7	22 20	21 3	11 9	8 52	2 10	3 54R	5 19	19 34
12	22 24	21 4	11 14	8 54	2 14	3 54	5 22	19 36
17	22 28	21 5	11 20	8 56	2 18	3 53	5 25	19 38
22	22 34	21 5	11 25	8 58	2 21	3 52	5 28	19 40
27	22 39	21 5R	11 30	8 59	2 25	3 51	5 31	19 43
SEP 1	22 45	21 4	11 36	9 0	2 30	3 49	5 33	19 46
6	22 51	21 3	11 41	9 0	2 34	3 47	5 35	19 49
11	22 58	21 2	11 47	9 0R	2 39	3 45	5 37	19 53
16	23 5	20 59	11 52	9 0	2 43	3 42	5 38	19 56
21	23 12	20 57	11 58	8 59	2 48	3 39	5 39	20 0
26	23 20	20 54	12 3	8 58	2 52	3 37	5 40	20 4
OCT 1	23 28	20 51	12 8	8 56	2 57	3 33	5 41	20 8
6	23 36	20 47	12 13	8 54	3 2	3 30	5 41R	20 12
11	23 44	20 43	12 18	8 52	3 6	3 27	5 41	20 16
16	23 52	20 39	12 23	8 50	3 11	3 23	5 40	20 20
21	24 0	20 34	12 27	8 47	3 15	3 19	5 39	20 24
26	24 8	20 29	12 31	8 44	3 19	3 16	5 38	20 28
31	24 16	20 24	12 34	8 41	3 24	3 12	5 36	20 32
NOV 5	24 24	20 19	12 38	8 37	3 27	3 8	5 35	20 35
10	24 32	20 14	12 41	8 33	3 31	3 5	5 33	20 39
15	24 40	20 9	12 43	8 30	3 34	3 1	5 30	20 43
20	24 47	20 4	12 45	8 26	3 38	2 58	5 28	20 46
25	24 54	19 59	12 47	8 21	3 40	2 55	5 25	20 49
30	25 0	19 54	12 49	8 17	3 43	2 51	5 22	20 52
DEC 5	25 7	19 49	12 49	8 13	3 45	2 49	5 19	20 55
10	25 12	19 45	12 50	8 9	3 47	2 46	5 16	20 58
15	25 18	19 40	12 50R	8 5	3 49	2 44	5 12	21 0
20	25 23	19 36	12 49	8 1	3 50	2 42	5 9	21 2
25	25 27	19 32	12 49	7 57	3 51	2 40	5 5	21 4
30	25♎30	19♉29	12♍47	7♊54	3♎51	2♉38	5♏2	21♎5
STATIONS	JAN 24	JAN 31	MAY 25	FEB 19	JAN 1	JAN 16	MAR 19	JAN 17
	JUL 5	AUG 22	DEC 12	SEP 8	JUN 16	AUG 3	OCT 5	JUL 5

	♃	⚷	♇	⚳	♃	♆	⚵	⚸
JAN 4	25♎33	19♉26R	12♍46R	7♊51R	3♎51R	2♉37R	4♋58R	21♎6
9	25 36	19 24	12 44	7 47	3 51	2 36	4 55	21 7
14	25 38	19 22	12 41	7 44	3 50	2 36	4 52	21 8
19	25 39	19 20	12 38	7 42	3 49	2 36D	4 48	21 8R
24	25 39	19 19	12 35	7 40	3 48	2 36	4 45	21 8
29	25 39R	19 18	12 32	7 38	3 46	2 37	4 42	21 7
FEB 3	25 38	19 18D	12 28	7 36	3 44	2 38	4 40	21 6
8	25 37	19 19	12 24	7 35	3 41	2 39	4 37	21 5
13	25 35	19 19	12 20	7 34	3 39	2 41	4 35	21 4
18	25 33	19 21	12 16	7 34	3 36	2 43	4 33	21 2
23	25 30	19 23	12 11	7 34D	3 33	2 46	4 31	21 0
28	25 26	19 25	12 7	7 34	3 29	2 48	4 29	20 58
MAR 5	25 22	19 28	12 3	7 35	3 26	2 51	4 28	20 55
9	25 17	19 31	11 58	7 36	3 22	2 54	4 27	20 53
14	25 13	19 35	11 54	7 38	3 19	2 58	4 27	20 50
19	25 7	19 39	11 49	7 40	3 15	3 2	4 27	20 47
24	25 2	19 44	11 45	7 42	3 11	3 5	4 27D	20 44
29	24 56	19 49	11 41	7 45	3 7	3 10	4 27	20 41
APR 3	24 50	19 54	11 38	7 48	3 4	3 14	4 28	20 37
8	24 44	20 0	11 34	7 51	3 0	3 18	4 29	20 34
13	24 38	20 5	11 31	7 54	2 56	3 22	4 31	20 31
18	24 31	20 11	11 28	7 58	2 53	3 27	4 33	20 28
23	24 25	20 18	11 25	8 2	2 50	3 31	4 35	20 24
28	24 19	20 24	11 23	8 7	2 47	3 36	4 37	20 21
MAY 3	24 13	20 30	11 21	8 11	2 44	3 40	4 40	20 18
8	24 8	20 37	11 19	8 16	2 41	3 45	4 42	20 15
13	24 2	20 43	11 18	8 20	2 39	3 49	4 45	20 12
18	23 57	20 50	11 17	8 25	2 36	3 53	4 49	20 10
23	23 52	20 56	11 17	8 30	2 35	3 57	4 52	20 7
28	23 48	21 2	11 17D	8 35	2 33	4 1	4 56	20 5
JUN 2	23 44	21 9	11 17	8 40	2 32	4 5	5 0	20 3
7	23 40	21 15	11 18	8 45	2 31	4 9	5 4	20 1
12	23 37	21 20	11 19	8 50	2 31	4 12	5 8	20 0
17	23 35	21 26	11 21	8 55	2 30D	4 15	5 12	19 58
22	23 33	21 31	11 23	9 0	2 31	4 18	5 16	19 57
27	23 31	21 37	11 25	9 4	2 31	4 20	5 20	19 57
JUL 2	23 31	21 41	11 28	9 9	2 32	4 23	5 24	19 56
7	23 30D	21 46	11 31	9 13	2 33	4 25	5 28	19 56D
12	23 31	21 50	11 35	9 17	2 35	4 26	5 32	19 57
17	23 32	21 53	11 39	9 21	2 37	4 28	5 37	19 57
22	23 33	21 57	11 43	9 25	2 39	4 29	5 40	19 58
27	23 35	21 59	11 47	9 28	2 42	4 29	5 44	19 59
AUG 1	23 38	22 2	11 52	9 31	2 44	4 30	5 48	20 1
6	23 42	22 4	11 57	9 33	2 47	4 30R	5 51	20 2
11	23 45	22 5	12 2	9 36	2 51	4 29	5 55	20 4
16	23 50	22 6	12 7	9 38	2 54	4 28	5 58	20 7
21	23 55	22 6	12 12	9 39	2 58	4 27	6 1	20 9
26	24 0	22 6R	12 18	9 41	3 2	4 26	6 3	20 12
31	24 6	22 6	12 23	9 41	3 6	4 24	6 5	20 15
SEP 5	24 12	22 5	12 28	9 42	3 11	4 23	6 8	20 18
10	24 19	22 3	12 34	9 42R	3 15	4 20	6 9	20 21
15	24 26	22 1	12 39	9 42	3 20	4 18	6 11	20 25
20	24 33	21 59	12 45	9 41	3 24	4 15	6 12	20 29
25	24 40	21 56	12 50	9 40	3 29	4 12	6 13	20 32
30	24 48	21 53	12 55	9 39	3 34	4 9	6 13	20 36
OCT 5	24 56	21 49	13 0	9 37	3 38	4 6	6 13	20 40
10	25 4	21 45	13 5	9 35	3 43	4 2	6 13R	20 44
15	25 12	21 41	13 10	9 32	3 48	3 59	6 13	20 48
20	25 20	21 36	13 14	9 30	3 52	3 55	6 12	20 52
25	25 29	21 32	13 18	9 27	3 56	3 51	6 11	20 56
30	25 37	21 27	13 22	9 23	4 0	3 48	6 9	21 0
NOV 4	25 45	21 22	13 25	9 20	4 4	3 44	6 8	21 4
9	25 52	21 17	13 28	9 16	4 8	3 40	6 6	21 8
14	26 0	21 11	13 31	9 12	4 11	3 37	6 3	21 11
19	26 7	21 6	13 33	9 8	4 15	3 33	6 1	21 15
24	26 15	21 1	13 35	9 4	4 18	3 30	5 58	21 18
29	26 21	20 56	13 37	9 0	4 20	3 27	5 55	21 21
DEC 4	26 28	20 51	13 38	8 56	4 22	3 24	5 52	21 24
9	26 33	20 47	13 38	8 52	4 24	3 21	5 49	21 27
14	26 39	20 42	13 38R	8 48	4 26	3 19	5 46	21 29
19	26 44	20 38	13 38	8 44	4 27	3 17	5 42	21 31
24	26 48	20 34	13 37	8 40	4 28	3 15	5 39	21 33
29	26♎52	20♉31	13♍36	8♊37	4♎29	3♉14	5♋35	21♎34
STATIONS	JAN 25	FEB 1	MAY 25	FEB 20	JAN 1	JAN 17	MAR 19	JAN 18
	JUL 6	AUG 22	DEC 12	SEP 8	JUN 16	AUG 3	OCT 5	JUL 5

1973

	♃	♄	♇	♆	♅	♆	♇	♈
JAN 3	26≏55	20♉28R	18♍34R	8♊33R	4≏29R	3♉12R	5♋32R	21≏35
8	26 58	20 25	13 32	8 30	4 28	3 12	5 28	21 36
13	27 0	20 23	13 30	8 27	4 28	3 11	5 25	21 37
18	27 1	20 21	13 27	8 24	4 27	3 11D	5 22	21 37
23	27 2	20 20	13 24	8 22	4 25	3 11	5 18	21 37R
28	27 2R	20 19	13 21	8 20	4 24	3 12	5 15	21 36
FEB 2	27 2	20 19D	13 17	8 18	4 22	3 13	5 13	21 35
7	27 0	20 19	13 13	8 17	4 19	3 14	5 10	21 34
12	26 59	20 20	13 9	8 16	4 17	3 16	5 8	21 33
17	26 56	20 21	13 5	8 16	4 14	3 18	5 6	21 31
22	26 54	20 23	13 1	8 16D	4 11	3 20	5 4	21 29
27	26 50	20 26	12 56	8 16	4 8	3 23	5 2	21 27
MAR 4	26 46	20 28	12 52	8 17	4 4	3 26	5 1	21 25
9	26 42	20 32	12 47	8 18	4 1	3 29	5 0	21 22
14	26 37	20 35	12 43	8 19	3 57	3 32	5 0	21 19
19	26 32	20 39	12 39	8 21	3 53	3 36	4 59	21 16
24	26 26	20 44	12 34	8 23	3 49	3 40	5 0D	21 13
29	26 21	20 49	12 30	8 26	3 46	3 44	5 0	21 10
APR 3	26 15	20 54	12 27	8 29	3 42	3 48	5 1	21 7
8	26 9	20 59	12 23	8 32	3 38	3 52	5 2	21 4
13	26 3	21 5	12 20	8 36	3 35	3 57	5 3	21 0
18	25 56	21 11	12 16	8 40	3 31	4 1	5 5	20 57
23	25 50	21 17	12 14	8 44	3 28	4 6	5 7	20 54
28	25 44	21 23	12 11	8 48	3 25	4 10	5 9	20 51
MAY 3	25 38	21 30	12 9	8 52	3 22	4 15	5 12	20 48
8	25 32	21 36	12 8	8 57	3 19	4 19	5 15	20 45
13	25 27	21 43	12 6	9 2	3 17	4 23	5 18	20 42
18	25 21	21 49	12 5	9 6	3 14	4 28	5 21	20 39
23	25 17	21 55	12 5	9 11	3 12	4 32	5 24	20 37
28	25 12	22 2	12 5D	9 16	3 11	4 36	5 28	20 34
JUN 2	25 8	22 8	12 5	9 21	3 10	4 39	5 32	20 32
7	25 4	22 14	12 6	9 26	3 9	4 43	5 36	20 31
12	25 1	22 20	12 7	9 31	3 8	4 46	5 40	20 29
17	24 58	22 26	12 9	9 36	3 8	4 50	5 44	20 28
22	24 56	22 31	12 11	9 41	3 8D	4 52	5 48	20 27
27	24 55	22 36	12 13	9 46	3 9	4 55	5 52	20 26
JUL 2	24 54	22 41	12 16	9 50	3 9	4 57	5 56	20 26
7	24 53	22 46	12 19	9 54	3 11	4 59	6 0	20 25D
12	24 53D	22 50	12 22	9 58	3 12	5 1	6 5	20 26
17	24 54	22 53	12 26	10 2	3 14	5 3	6 9	20 26
22	24 56	22 57	12 30	10 6	3 16	5 4	6 12	20 27
27	24 58	23 0	12 34	10 9	3 19	5 4	6 16	20 28
AUG 1	25 0	23 2	12 39	10 12	3 21	5 5	6 20	20 29
6	25 3	23 4	12 44	10 15	3 24	5 5R	6 23	20 31
11	25 7	23 6	12 49	10 17	3 28	5 4	6 27	20 33
16	25 11	23 7	12 54	10 19	3 31	5 4	6 30	20 35
21	25 16	23 7	12 59	10 21	3 35	5 3	6 33	20 38
26	25 21	23 7R	13 5	10 22	3 39	5 1	6 35	20 41
31	25 27	23 7	13 10	10 23	3 43	5 0	6 38	20 43
SEP 5	25 33	23 6	13 16	10 24	3 48	4 58	6 40	20 47
10	25 39	23 4	13 21	10 24R	3 52	4 56	6 42	20 50
15	25 46	23 3	13 27	10 24	3 57	4 53	6 43	20 53
20	25 53	23 0	13 32	10 23	4 1	4 51	6 44	20 57
25	26 1	22 58	13 37	10 22	4 6	4 48	6 45	21 1
30	26 8	22 54	13 43	10 21	4 11	4 45	6 46	21 5
OCT 5	26 16	22 51	13 48	10 19	4 15	4 41	6 46	21 9
10	26 24	22 47	13 52	10 17	4 20	4 38	6 46R	21 13
15	26 32	22 43	13 57	10 15	4 24	4 34	6 46	21 17
20	26 41	22 39	14 1	10 12	4 29	4 31	6 45	21 21
25	26 49	22 34	14 6	10 9	4 33	4 27	6 44	21 25
30	26 57	22 29	14 9	10 6	4 37	4 23	6 42	21 29
NOV 4	27 5	22 24	14 13	10 3	4 41	4 20	6 41	21 33
9	27 13	22 19	14 16	9 59	4 45	4 16	6 39	21 36
14	27 20	22 14	14 19	9 55	4 48	4 12	6 36	21 40
19	27 28	22 9	14 21	9 51	4 52	4 9	6 34	21 43
24	27 35	22 4	14 23	9 47	4 55	4 6	6 31	21 47
29	27 42	21 58	14 24	9 43	4 57	4 3	6 28	21 50
DEC 4	27 48	21 54	14 26	9 39	5 0	4 0	6 25	21 53
9	27 54	21 49	14 26	9 35	5 2	3 57	6 22	21 55
14	28 0	21 44	14 26R	9 31	5 3	3 55	6 19	21 58
19	28 3	21 40	14 26	9 27	5 5	3 52	6 15	22 0
24	28 10	21 36	14 25	9 23	5 5	3 51	6 12	22 2
29	28≏14	21♉33	14♍24	9♊19	5≏6	3♉49	6♋8	22≏3
STATIONS	JAN 26	FEB 1	MAY 26	FEB 20	JAN 1	JAN 17	MAR 20	JAN 18
	JUL 7	AUG 24	DEC 13	SEP 9	JUN 17	AUG 3	OCT 5	JUL 6

	♃	♄	☿	♈	♅	♆	♌	♓
JAN 3	28♎ 17	21♉ 30R	14♏ 23R	9♊ 16R	5♎ 6R	3♉ 48R	6♋ 5R	22♎ 4
8	28 20	21 27	14 21	9 13	5 6	3 47	6 1	22 5
13	28 22	21 25	14 19	9 10	5 5	3 46	5 58	22 6
18	28 24	21 23	14 16	9 7	5 4	3 46D	5 55	22 6
23	28 25	21 21	14 13	9 5	5 3	3 46	5 52	22 6R
28	28 25R	21 20	14 10	9 2	5 2	3 47	5 49	22 5
FEB 2	28 25	21 20	14 6	9 1	5 0	3 48	5 46	22 5
7	28 24	21 20D	14 2	8 59	4 57	3 49	5 43	22 4
12	28 22	21 21	13 58	8 59	4 55	3 51	5 41	22 2
17	28 20	21 22	13 54	8 58	4 52	3 53	5 39	22 1
22	28 17	21 24	13 50	8 58D	4 49	3 55	5 37	21 59
27	28 14	21 26	13 45	8 58	4 46	3 57	5 35	21 57
MAR 4	28 10	21 29	13 41	8 59	4 42	4 0	5 34	21 54
9	28 6	21 32	13 36	9 0	4 39	4 3	5 33	21 52
14	28 1	21 35	13 32	9 1	4 35	4 7	5 32	21 49
19	27 56	21 39	13 28	9 3	4 31	4 10	5 32	21 46
24	27 51	21 44	13 23	9 5	4 28	4 14	5 32D	21 43
29	27 45	21 48	13 19	9 8	4 24	4 18	5 33	21 40
APR 3	27 40	21 54	13 16	9 10	4 20	4 22	5 33	21 37
8	27 34	21 59	13 12	9 14	4 16	4 27	5 34	21 33
13	27 27	22 5	13 8	9 17	4 13	4 31	5 36	21 30
18	27 21	22 10	13 5	9 21	4 9	4 36	5 37	21 27
23	27 15	22 16	13 2	9 25	4 6	4 40	5 39	21 23
28	27 9	22 23	13 0	9 29	4 3	4 44	5 42	21 20
MAY 4	27 3	22 29	12 58	9 33	4 0	4 49	5 44	21 17
8	26 57	22 35	12 56	9 38	3 57	4 53	5 47	21 14
13	26 51	22 42	12 55	9 43	3 55	4 58	5 50	21 11
18	26 46	22 48	12 54	9 48	3 52	5 2	5 53	21 9
23	26 41	22 55	12 53	9 52	3 50	5 6	5 57	21 6
28	26 36	23 1	12 53D	9 57	3 49	5 10	6 0	21 4
JUN 2	26 32	23 7	12 53	10 2	3 47	5 14	6 4	21 2
7	26 28	23 14	12 54	10 7	3 46	5 18	6 8	21 0
12	26 25	23 20	12 55	10 12	3 46	5 21	6 12	20 58
17	26 22	23 25	12 56	10 17	3 46	5 24	6 16	20 57
22	26 20	23 31	12 58	10 22	3 46D	5 27	6 20	20 56
27	26 18	23 36	13 1	10 27	3 46	5 30	6 24	20 55
JUL 2	26 17	23 41	13 3	10 31	3 47	5 32	6 28	20 55
7	26 16	23 46	13 6	10 36	3 48	5 34	6 32	20 55
12	26 16D	23 50	13 10	10 40	3 49	5 36	6 37	20 55D
17	26 17	23 54	13 13	10 44	3 51	5 37	6 41	20 55
22	26 18	23 57	13 17	10 47	3 53	5 38	6 45	20 56
27	26 20	24 0	13 22	10 51	3 56	5 39	6 48	20 57
AUG 1	26 22	24 3	13 26	10 54	3 58	5 40	6 52	20 58
6	26 25	24 5	13 31	10 57	4 1	5 40R	6 56	21 0
11	26 28	24 6	13 36	10 59	4 5	5 40	6 59	21 2
16	26 33	24 7	13 41	11 1	4 8	5 39	7 2	21 4
21	26 37	24 8	13 46	11 3	4 12	5 38	7 5	21 7
26	26 42	24 8R	13 52	11 4	4 16	5 37	7 8	21 9
31	26 48	24 8	13 57	11 5	4 20	5 35	7 10	21 12
SEP 5	26 54	24 7	14 3	11 6	4 24	5 33	7 12	21 15
10	27 0	24 6	14 8	11 6	4 29	5 31	7 14	21 19
15	27 7	24 4	14 14	11 6R	4 33	5 29	7 16	21 22
20	27 14	24 2	14 19	11 5	4 38	5 26	7 17	21 26
25	27 21	23 59	14 24	11 3	4 43	5 23	7 18	21 29
30	27 29	23 56	14 30	11 3	4 47	5 20	7 19	21 33
OCT 5	27 37	23 53	14 35	11 2	4 52	5 17	7 19	21 37
10	27 45	23 49	14 40	11 0	4 57	5 14	7 19R	21 41
15	27 53	23 45	14 44	10 57	5 1	5 10	7 18	21 45
20	28 1	23 41	14 49	10 55	5 6	5 6	7 18	21 49
25	28 9	23 36	14 53	10 52	5 10	5 3	7 17	21 53
30	28 17	23 31	14 57	10 49	5 14	4 59	7 15	21 57
NOV 4	28 25	23 26	15 0	10 45	5 18	4 55	7 14	22 1
9	28 33	23 21	15 4	10 42	5 22	4 52	7 12	22 5
14	28 41	23 16	15 6	10 38	5 25	4 48	7 10	22 9
19	28 48	23 11	15 9	10 34	5 29	4 45	7 7	22 12
24	28 56	23 6	15 11	10 30	5 32	4 41	7 4	22 15
29	29 3	23 1	15 12	10 26	5 34	4 38	7 2	22 18
DEC 4	29 9	22 56	15 14	10 22	5 37	4 35	6 59	22 21
9	29 15	22 51	15 14	10 18	5 39	4 32	6 55	22 24
14	29 21	22 47	15 15	10 14	5 41	4 30	6 52	22 26
19	29 26	22 42	15 14R	10 10	5 42	4 28	6 49	22 29
24	29 31	22 38	15 14	10 6	5 43	4 26	6 45	22 30
29	29♎ 35	22♉ 35	15♏ 13	10♊ 2	5♎ 44	4♉ 24	6♋ 42	22♎ 32
STATIONS	JAN 27	FEB 2	MAY 27	FEB 21	JAN 2	JAN 17	MAR 20	JAN 18
	JUL 9	AUG 25	DEC 14	SEP 10	JUN 18	AUG 4	OCT 6	JUL 7

1975

	♃		♄		⚷		♈		♃		♆		⚸		♅	
JAN 3	29♎	39	22♉	31R	15♏	11R	9♊	59R	5♎	44	4♉	23R	6♋	38R	22♎	33
8	29	42	22	29	15	10	9	55	5	44R	4	22	6	35	22	34
13	29	44	22	26	15	7	9	52	5	43	4	21	6	31	22	35
18	29	46	22	24	15	5	9	49	5	42	4	21	6	28	22	35
23	29	47	22	23	15	2	9	47	5	41	4	21D	6	25	22	35R
28	29	48	22	22	14	59	9	45	5	39	4	22	6	22	22	35
FEB 2	29	48R	22	21	14	55	9	43	5	37	4	23	6	19	22	34
7	29	47	22	21D	14	51	9	42	5	35	4	24	6	16	22	33
12	29	46	22	22	14	47	9	41	5	33	4	25	6	14	22	32
17	29	44	22	23	14	43	9	40	5	30	4	27	6	12	22	30
22	29	41	22	24	14	39	9	40	5	27	4	30	6	10	22	28
27	29	38	22	26	14	34	9	40D	5	24	4	32	6	8	22	26
MAR 4	29	34	22	29	14	30	9	41	5	20	4	35	6	7	22	24
9	29	30	22	32	14	26	9	42	5	17	4	38	6	6	22	21
14	29	26	22	35	14	21	9	43	5	13	4	41	6	5	22	18
19	29	21	22	39	14	17	9	45	5	10	4	45	6	5	22	16
24	29	16	22	44	14	13	9	47	5	6	4	49	6	5D	22	13
29	29	10	22	48	14	8	9	49	5	2	4	53	6	5	22	9
APR 3	29	4	22	53	14	5	9	52	4	58	4	57	6	6	22	6
8	28	58	22	59	14	1	9	55	4	55	5	1	6	7	22	3
13	28	52	23	4	13	57	9	58	4	51	5	5	6	8	22	0
18	28	46	23	10	13	54	10	2	4	47	5	10	6	10	21	56
23	28	40	23	16	13	51	10	6	4	44	5	14	6	12	21	53
28	28	34	23	22	13	49	10	10	4	41	5	19	6	14	21	50
MAY 3	28	28	23	28	13	46	10	15	4	38	5	23	6	16	21	47
8	28	22	23	35	13	45	10	19	4	35	5	28	6	19	21	44
13	28	16	23	41	13	43	10	24	4	32	5	32	6	22	21	41
18	28	11	23	48	13	42	10	29	4	30	5	36	6	25	21	38
23	28	6	23	54	13	41	10	34	4	28	5	41	6	29	21	36
28	28	1	24	1	13	41	10	39	4	27	5	45	6	32	21	33
JUN 2	27	56	24	7	13	41D	10	44	4	25	5	48	6	36	21	31
7	27	52	24	13	13	42	10	49	4	24	5	52	6	40	21	29
12	27	49	24	19	13	43	10	53	4	23	5	55	6	44	21	28
17	27	46	24	25	13	44	10	58	4	23	5	59	6	48	21	26
22	27	43	24	30	13	46	11	3	4	23D	6	2	6	52	21	25
27	27	41	24	36	13	48	11	8	4	23	6	4	6	56	21	24
JUL 2	27	40	24	41	13	51	11	12	4	24	6	7	7	0	21	24
7	27	39D	24	45	13	54	11	17	4	25	6	9	7	4	21	24
12	27	39D	24	50	13	57	11	21	4	27	6	11	7	9	21	24D
17	27	39	24	54	14	1	11	25	4	28	6	12	7	13	21	24
22	27	40	24	57	14	5	11	29	4	30	6	13	7	17	21	25
27	27	42	25	0	14	9	11	32	4	33	6	14	7	20	21	26
AUG 1	27	44	25	3	14	13	11	35	4	35	6	15	7	24	21	27
6	27	47	25	5	14	18	11	38	4	38	6	15R	7	28	21	29
11	27	50	25	7	14	23	11	41	4	42	6	15	7	31	21	31
16	27	54	25	8	14	28	11	43	4	45	6	14	7	34	21	33
21	27	58	25	9	14	33	11	45	4	49	6	13	7	37	21	35
26	28	3	25	9	14	39	11	46	4	53	6	12	7	40	21	38
31	28	9	25	9R	14	44	11	47	4	57	6	11	7	43	21	41
SEP 5	28	14	25	8	14	50	11	48	5	1	6	9	7	45	21	44
10	28	21	25	7	14	55	11	48	5	6	6	7	7	47	21	47
15	28	27	25	6	15	1	11	48R	5	10	6	4	7	48	21	51
20	28	34	25	4	15	6	11	48	5	15	6	2	7	50	21	54
25	28	42	25	1	15	11	11	47	5	19	5	59	7	50	21	58
30	28	49	24	58	15	17	11	46	5	24	5	56	7	51	22	2
OCT 5	28	57	24	55	15	22	11	44	5	29	5	53	7	51	22	6
10	29	5	24	51	15	27	11	42	5	33	5	49	7	51R	22	10
15	29	13	24	47	15	32	11	40	5	38	5	46	7	51	22	14
20	29	21	24	43	15	36	11	37	5	42	5	42	7	50	22	18
25	29	29	24	38	15	40	11	34	5	47	5	38	7	50	22	22
30	29	37	24	34	15	44	11	31	5	51	5	35	7	48	22	26
NOV 4	29	45	24	29	15	48	11	28	5	55	5	31	7	47	22	30
9	29	53	24	24	15	51	11	24	5	59	5	27	7	45	22	33
14	0♏	1	24	18	15	54	11	21	6	2	5	24	7	43	22	37
19	0	9	24	13	15	57	11	17	6	6	5	20	7	40	22	41
24	0	16	24	8	15	59	11	13	6	9	5	17	7	38	22	44
29	0	23	24	3	16	0	11	9	6	12	5	14	7	35	22	47
DEC 4	0	30	23	58	16	2	11	5	6	14	5	11	7	32	22	50
9	0	36	23	53	16	2	11	0	6	16	5	8	7	29	22	53
14	0	42	23	49	16	3	10	56	6	18	5	5	7	25	22	55
19	0	48	23	44	16	3R	10	52	6	19	5	3	7	22	22	57
24	0	52	23	40	16	2	10	49	6	20	5	1	7	18	22	59
29	0♏	57	23♉	37	16♏	1	10♊	45	6♎	21	5♉	0	7♋	15	23♎	1
STATIONS	JAN 29		FEB 4		MAY 28		FEB 22		JAN 3		JAN 18		MAR 21		JAN 19	
	JUL 11		AUG 26		DEC 15		SEP 11		JUN 19		AUG 5		OCT 7		JUL 7	

	♃	♀	⚷	♈	♃	♆	♄	♓	1976
JAN 3	1♏ 1	23♉ 33R	16♍ 0R	10♊ 41R	6♎ 21	4♉ 58R	7♋ 11R	23♎ 2	
8	1 4	23 30	15 58	10 38	6 21R	4 57	7 8	23 3	
13	1 6	23 28	15 56	10 35	6 21	4 57	7 5	23 4	
18	1 8	23 26	15 54	10 32	6 20	4 56	7 1	23 4	
23	1 10	23 24	15 51	10 29	6 19	4 56D	6 58	23 4R	
28	1 11	23 23	15 47	10 27	6 17	4 57	6 55	23 4	
FEB 2	1 11R	23 22	15 44	10 25	6 15	4 58	6 52	23 3	
7	1 10	23 22D	15 40	10 24	6 13	4 59	6 49	23 2	
12	1 9	23 23	15 36	10 23	6 11	5 0	6 47	23 1	
17	1 7	23 24	15 32	10 22	6 8	5 2	6 45	22 59	
22	1 5	23 25	15 28	10 22	6 5	5 4	6 43	22 58	
27	1 2	23 27	15 24	10 22D	6 2	5 7	6 41	22 55	
MAR 3	0 59	23 29	15 19	10 22	5 59	5 10	6 40	22 53	
8	0 55	23 32	15 15	10 23	5 55	5 13	6 39	22 51	
13	0 50	23 36	15 10	10 25	5 52	5 16	6 38	22 48	
18	0 45	23 39	15 6	10 26	5 48	5 19	6 38	22 45	
23	0 40	23 44	15 2	10 28	5 44	5 23	6 38D	22 42	
28	0 35	23 48	14 58	10 31	5 40	5 27	6 38	22 39	
APR 2	0 29	23 53	14 54	10 33	5 36	5 31	6 38	22 36	
7	0 23	23 58	14 50	10 36	5 33	5 35	6 39	22 32	
12	0 17	24 4	14 46	10 40	5 29	5 40	6 41	22 29	
17	0 11	24 9	14 43	10 43	5 26	5 44	6 42	22 26	
22	0 5	24 15	14 40	10 47	5 22	5 49	6 44	22 23	
27	29♎ 59	24 22	14 37	10 51	5 19	5 53	6 46	22 19	
MAY 1	29 53	24 28	14 35	10 56	5 16	5 58	6 49	22 16	
7	29 47	24 34	14 33	11 0	5 13	6 2	6 51	22 13	
12	29 41	24 41	14 32	11 5	5 10	6 6	6 54	22 10	
17	29 35	24 47	14 31	11 10	5 8	6 11	6 57	22 8	
22	29 30	24 54	14 30	11 15	5 6	6 15	7 1	22 5	
27	29 25	25 0	14 29	11 20	5 4	6 19	7 4	22 3	
JUN 1	29 21	25 6	14 30D	11 25	5 3	6 23	7 8	22 1	
6	29 16	25 13	14 30	11 30	5 2	6 27	7 12	21 59	
11	29 13	25 19	14 31	11 35	5 1	6 30	7 16	21 57	
16	29 10	25 24	14 32	11 40	5 1	6 33	7 20	21 56	
21	29 7	25 30	14 34	11 44	5 1D	6 36	7 24	21 54	
26	29 5	25 35	14 36	11 49	5 1	6 39	7 28	21 54	
JUL 1	29 3	25 41	14 39	11 54	5 2	6 41	7 32	21 53	
6	29 2	25 45	14 41	11 58	5 3	6 44	7 37	21 53	
11	29 2D	25 50	14 45	12 2	5 4	6 46	7 41	21 53D	
16	29 2	25 54	14 48	12 6	5 6	6 47	7 45	21 53	
21	29 3	25 57	14 52	12 10	5 8	6 48	7 49	21 54	
26	29 4	26 1	14 56	12 14	5 10	6 49	7 53	21 55	
31	29 6	26 3	15 1	12 17	5 13	6 50	7 56	21 56	
AUG 5	29 9	26 6	15 5	12 20	5 15	6 50	8 0	21 58	
10	29 12	26 8	15 10	12 22	5 19	6 50R	8 3	22 0	
15	29 15	26 9	15 15	12 24	5 22	6 49	8 7	22 2	
20	29 20	26 10	15 20	12 26	5 26	6 49	8 10	22 4	
25	29 24	26 10	15 26	12 28	5 30	6 47	8 12	22 7	
30	29 30	26 10R	15 31	12 29	5 34	6 46	8 15	22 9	
SEP 4	29 35	26 10	15 37	12 30	5 38	6 44	8 17	22 13	
9	29 41	26 9	15 42	12 30	5 42	6 42	8 19	22 16	
14	29 48	26 7	15 48	12 30R	5 47	6 40	8 21	22 19	
19	29 55	26 5	15 53	12 30	5 51	6 37	8 22	22 23	
24	0♏ 2	26 3	15 59	12 29	5 56	6 34	8 23	22 27	
29	0 9	26 0	16 4	12 28	6 1	6 31	8 24	22 30	
OCT 4	0 17	25 57	16 9	12 26	6 5	6 28	8 24	22 34	
9	0 25	25 53	16 14	12 25	6 10	6 25	8 24R	22 38	
14	0 33	25 49	16 19	12 22	6 15	6 21	8 24	22 42	
19	0 41	25 45	16 23	12 20	6 19	6 18	8 23	22 46	
24	0 49	25 41	16 28	12 17	6 24	6 14	8 22	22 50	
29	0 57	25 36	16 32	12 14	6 28	6 10	8 21	22 54	
NOV 3	1 6	25 31	16 35	12 11	6 32	6 7	8 20	22 58	
8	1 14	25 26	16 39	12 7	6 36	6 3	8 18	23 2	
13	1 22	25 21	16 42	12 3	6 39	5 59	8 16	23 6	
18	1 29	25 16	16 44	12 0	6 43	5 56	8 13	23 9	
23	1 37	25 10	16 46	11 56	6 46	5 53	8 11	23 13	
28	1 44	25 5	16 48	11 51	6 49	5 49	8 8	23 16	
DEC 3	1 51	25 0	16 50	11 47	6 51	5 46	8 5	23 19	
8	1 57	24 56	16 50	11 43	6 53	5 44	8 2	23 21	
13	2 3	24 51	16 51	11 39	6 55	5 41	7 58	23 24	
18	2 9	24 46	16 51R	11 35	6 57	5 39	7 55	23 26	
23	2 14	24 42	16 51	11 31	6 58	5 37	7 52	23 28	
28	2♏ 18	24♉ 38	16♍ 50	11♊ 28	6♎ 58	5♉ 35	7♋ 48	23♎ 30	
STATIONS	JAN 31	FEB 5	MAY 28	FEB 23	JAN 4	JAN 19	MAR 21	JAN 20	
	JUL 11	AUG 26	DEC 15	SEP 11	JUN 19	AUG 5	OCT 7	JUL 7	

1977

	♃	♔	♇	♀	♃	♆	♁	♅
JAN 2	2♏ 22	24♉ 35R	16♍ 48R	11♊ 24R	6♎ 59	5♉ 34R	7♋ 45R	23♎ 31
7	2 26	24 32	16 47	11 21	6 59R	5 32	7 41	23 32
12	2 29	24 29	16 45	11 17	6 58	5 32	7 38	23 33
17	2 31	24 27	16 42	11 15	6 58	5 31	7 34	23 33
22	2 32	24 25	16 39	11 12	6 57	5 31D	7 31	23 33R
27	2 33	24 24	16 36	11 10	6 55	5 32	7 28	23 33
FEB 1	2 34R	24 23	16 33	11 8	6 53	5 33	7 25	23 32
6	2 33	24 23D	16 29	11 6	6 51	5 34	7 22	23 31
11	2 32	24 23	16 25	11 5	6 49	5 35	7 20	23 30
16	2 31	24 24	16 21	11 4	6 46	5 37	7 18	23 29
21	2 29	24 26	16 17	11 4	6 43	5 39	7 16	23 27
26	2 26	24 27	16 13	11 4D	6 40	5 41	7 14	23 25
MAR 3	2 23	24 30	16 8	11 4	6 37	5 44	7 13	23 23
8	2 19	24 32	16 4	11 5	6 33	5 47	7 12	23 20
13	2 15	24 36	15 59	11 6	6 30	5 50	7 11	23 17
18	2 10	24 39	15 55	11 8	6 26	5 54	7 10	23 15
23	2 5	24 43	15 51	11 10	6 22	5 58	7 10D	23 12
28	2 0	24 48	15 47	11 12	6 18	6 2	7 10	23 9
APR 2	1 54	24 53	15 43	11 15	6 15	6 6	7 11	23 5
7	1 48	24 58	15 39	11 18	6 11	6 10	7 12	23 2
12	1 42	25 3	15 35	11 21	6 7	6 14	7 13	22 59
17	1 36	25 9	15 32	11 25	6 4	6 18	7 15	22 55
22	1 30	25 15	15 29	11 29	6 0	6 23	7 16	22 52
27	1 24	25 21	15 26	11 33	5 57	6 27	7 19	22 49
MAY 2	1 17	25 27	15 24	11 37	5 54	6 32	7 21	22 46
7	1 11	25 34	15 22	11 42	5 51	6 36	7 24	22 43
12	1 6	25 40	15 20	11 46	5 48	6 41	7 26	22 40
17	1 0	25 47	15 19	11 51	5 46	6 45	7 30	22 37
22	0 55	25 53	15 18	11 56	5 44	6 49	7 33	22 34
27	0 50	25 59	15 18	12 1	5 42	6 53	7 36	22 32
JUN 1	0 45	26 6	15 18D	12 6	5 41	6 57	7 40	22 30
6	0 41	26 12	15 18	12 11	5 40	7 1	7 44	22 28
11	0 37	26 18	15 19	12 16	5 39	7 5	7 48	22 26
16	0 33	26 24	15 20	12 21	5 38	7 8	7 52	22 25
21	0 31	26 30	15 22	12 25	5 38D	7 11	7 56	22 24
26	0 28	26 35	15 24	12 30	5 38	7 14	8 0	22 23
JUL 1	0 27	26 40	15 26	12 35	5 39	7 16	8 4	22 22
6	0 25	26 45	15 29	12 39	5 40	7 18	8 9	22 22
11	0 25	26 50	15 32	12 44	5 41	7 20	8 13	22 22D
16	0 25D	26 54	15 36	12 48	5 43	7 22	8 17	22 23
21	0 25	26 57	15 39	12 51	5 45	7 23	8 21	22 23
26	0 26	27 1	15 44	12 55	5 47	7 24	8 25	22 24
31	0 28	27 4	15 48	12 58	5 50	7 25	8 28	22 25
AUG 5	0 31	27 6	15 52	13 1	5 52	7 25	8 32	22 27
10	0 34	27 8	15 57	13 4	5 56	7 25R	8 35	22 28
15	0 37	27 10	16 2	13 6	5 59	7 24	8 39	22 30
20	0 41	27 11	16 8	13 8	6 3	7 24	8 42	22 33
25	0 46	27 11	16 13	13 10	6 7	7 23	8 45	22 35
30	0 51	27 11R	16 18	13 11	6 11	7 21	8 47	22 38
SEP 4	0 56	27 11	16 24	13 12	6 15	7 20	8 49	22 41
9	1 2	27 10	16 29	13 12	6 19	7 18	8 51	22 44
14	1 9	27 9	16 35	13 12R	6 24	7 15	8 53	22 48
19	1 15	27 7	16 40	13 12	6 28	7 13	8 55	22 51
24	1 22	27 5	16 46	13 11	6 33	7 10	8 56	22 55
29	1 30	27 2	16 51	13 10	6 37	7 7	8 56	22 59
OCT 4	1 37	26 59	16 56	13 9	6 42	7 4	8 57	23 3
9	1 45	26 55	17 1	13 7	6 47	7 0	8 57R	23 7
14	1 53	26 51	17 6	13 5	6 51	6 57	8 57	23 11
19	2 1	26 47	17 11	13 2	6 56	6 53	8 56	23 15
24	2 9	26 43	17 15	13 0	7 0	6 50	8 55	23 19
29	2 18	26 38	17 19	12 57	7 5	6 46	8 54	23 23
NOV 3	2 26	26 33	17 23	12 53	7 9	6 42	8 53	23 27
8	2 34	26 28	17 26	12 50	7 13	6 39	8 51	23 31
13	2 42	26 23	17 29	12 46	7 16	6 35	8 49	23 34
18	2 50	26 18	17 32	12 42	7 20	6 32	8 46	23 38
23	2 57	26 13	17 34	12 38	7 23	6 28	8 44	23 41
28	3 4	26 8	17 36	12 34	7 26	6 25	8 41	23 44
DEC 3	3 11	26 3	17 38	12 30	7 28	6 22	8 38	23 47
8	3 18	25 58	17 39	12 26	7 31	6 19	8 35	23 50
13	3 24	25 53	17 39	12 22	7 32	6 16	8 32	23 53
18	3 30	25 49	17 39R	12 18	7 34	6 14	8 28	23 55
23	3 35	25 44	17 39	12 14	7 35	6 12	8 25	23 57
28	3♏ 40	25♉ 40	17♍ 38	12♊ 10	7♎ 36	6♉ 10	8♋ 21	23♎ 59
STATIONS	JAN 31	FEB 5	MAY 29	FEB 23	JAN 4	JAN 19	MAR 22	JAN 20
	JUL 13	AUG 28	DEC 16	SEP 12	JUN 20	AUG 6	OCT 8	JUL 8

1978

	♃	♄	⚷	♈	♃	♆	⚷	♓
JAN 2	3♏ 44	25♌ 37R	17♍ 37R	12♊ 7R	7♎ 36	6♉ 9R	8♋ 18R	24♎ 0
7	3 48	25 34	17 35	12 3	7 36R	6 8	8 14	24 1
12	3 51	25 31	17 33	12 0	7 36	6 7	8 11	24 2
17	3 53	25 29	17 31	11 57	7 35	6 7	8 8	24 2
22	3 55	25 27	17 28	11 54	7 34	6 6D	8 4	24 2R
27	3 56	25 25	17 25	11 52	7 33	6 7	8 1	24 2
FEB 1	3 56	25 25	17 22	11 50	7 31	6 7	7 58	24 2
6	3 56R	25 24	17 18	11 49	7 29	6 8	7 56	24 1
11	3 55	25 24D	17 14	11 47	7 27	6 10	7 53	23 59
16	3 54	25 25	17 10	11 47	7 24	6 12	7 51	23 58
21	3 52	25 26	17 6	11 46	7 21	6 14	7 49	23 56
26	3 50	25 28	17 2	11 46D	7 18	6 16	7 47	23 54
MAR 3	3 47	25 30	16 57	11 46	7 15	6 19	7 46	23 52
8	3 43	25 33	16 53	11 47	7 12	6 22	7 44	23 50
13	3 39	25 36	16 49	11 48	7 8	6 25	7 44	23 47
18	3 34	25 39	16 44	11 50	7 4	6 28	7 43	23 44
23	3 29	25 43	16 40	11 52	7 0	6 32	7 43D	23 41
28	3 24	25 48	16 36	11 54	6 57	6 36	7 43	23 38
APR 2	3 19	25 52	16 32	11 56	6 53	6 40	7 44	23 35
7	3 13	25 58	16 28	11 59	6 49	6 44	7 44	23 32
12	3 7	26 3	16 24	12 3	6 46	6 48	7 46	23 28
17	3 1	26 9	16 21	12 6	6 42	6 53	7 47	23 25
22	2 55	26 14	16 18	12 10	6 38	6 57	7 49	23 22
27	2 48	26 20	16 15	12 14	6 35	7 2	7 51	23 19
MAY 2	2 42	26 27	16 13	12 18	6 32	7 6	7 53	23 15
7	2 36	26 33	16 10	12 23	6 29	7 11	7 56	23 12
12	2 30	26 39	16 9	12 27	6 26	7 15	7 59	23 9
17	2 25	26 46	16 7	12 32	6 24	7 19	8 2	23 7
22	2 19	26 52	16 6	12 37	6 22	7 24	8 5	23 4
27	2 14	26 59	16 6	12 42	6 20	7 28	8 9	23 2
JUN 1	2 9	27 5	16 6D	12 47	6 19	7 32	8 12	22 59
6	2 5	27 11	16 6	12 52	6 17	7 35	8 16	22 57
11	2 1	27 18	16 7	12 57	6 16	7 39	8 20	22 56
16	1 57	27 24	16 8	13 2	6 16	7 42	8 24	22 54
21	1 54	27 29	16 10	13 7	6 16	7 45	8 28	22 53
26	1 52	27 35	16 12	13 11	6 16D	7 48	8 32	22 52
JUL 1	1 50	27 40	16 14	13 16	6 16	7 51	8 36	22 51
6	1 49	27 45	16 17	13 20	6 17	7 53	8 41	22 51
11	1 48	27 50	16 20	13 25	6 19	7 55	8 45	22 51D
16	1 48D	27 54	16 23	13 29	6 20	7 57	8 49	22 51
21	1 48	27 58	16 27	13 33	6 22	7 58	8 53	22 52
26	1 49	28 1	16 31	13 36	6 24	7 59	8 57	22 53
31	1 50	28 4	16 35	13 40	6 27	8 0	9 1	22 54
AUG 5	1 53	28 7	16 40	13 43	6 30	8 0	9 4	22 55
10	1 55	28 9	16 44	13 45	6 33	8 0R	9 8	22 57
15	1 59	28 10	16 49	13 48	6 36	8 0	9 11	22 59
20	2 3	28 12	16 55	13 50	6 40	7 59	9 14	23 1
25	2 7	28 12	17 0	13 51	6 43	7 58	9 17	23 4
30	2 12	28 12R	17 5	13 53	6 47	7 57	9 19	23 7
SEP 4	2 17	28 12	17 11	13 54	6 52	7 55	9 22	23 10
9	2 23	28 11	17 16	13 54	6 56	7 53	9 24	23 13
14	2 29	28 10	17 22	13 54R	7 0	7 51	9 26	23 16
19	2 36	28 8	17 27	13 54	7 5	7 48	9 27	23 20
24	2 43	28 6	17 33	13 53	7 10	7 46	9 28	23 24
29	2 50	28 4	17 38	13 52	7 14	7 43	9 29	23 27
OCT 4	2 58	28 1	17 43	13 51	7 19	7 39	9 29	23 31
9	3 5	27 57	17 48	13 49	7 24	7 36	9 30R	23 35
14	3 13	27 53	17 53	13 47	7 28	7 33	9 29	23 39
19	3 21	27 49	17 58	13 45	7 33	7 29	9 29	23 43
24	3 30	27 45	18 2	13 42	7 37	7 25	9 28	23 47
29	3 38	27 40	18 6	13 39	7 41	7 22	9 27	23 51
NOV 3	3 46	27 36	18 10	13 36	7 46	7 18	9 26	23 55
8	3 54	27 31	18 14	13 33	7 49	7 14	9 24	23 59
13	4 2	27 25	18 17	13 29	7 53	7 11	9 22	24 3
18	4 10	27 20	18 20	13 25	7 57	7 7	9 19	24 6
23	4 18	27 15	18 22	13 21	8 0	7 4	9 17	24 10
28	4 25	27 10	18 24	13 17	8 3	7 1	9 14	24 13
DEC 3	4 32	27 5	18 25	13 13	8 5	6 57	9 11	24 16
8	4 39	27 0	18 27	13 9	8 8	6 55	9 8	24 19
13	4 45	26 55	18 27	13 5	8 10	6 52	9 5	24 21
18	4 51	26 51	18 27R	13 1	8 11	6 50	9 2	24 24
23	4 56	26 46	18 27	12 57	8 12	6 47	8 58	24 26
28	5♏ 1	26♌ 42	18♍ 27	12♊ 53	8♎ 13	6♉ 46	8♋ 55	24♎ 28
STATIONS	FEB 2	FEB 6	MAY 30	FEB 24	JAN 5	JAN 20	MAR 22	JAN 20
	JUL 15	AUG 29	DEC 17	SEP 13	JUN 21	AUG 7	OCT 8	JUL 9

1979

	♃	⚷	♀	♈	♃	♆	↑	♓
JAN 2	5♏ 5	26♉ 39R	18♏ 25R	12♊ 49R	8♌ 14	6♉ 44R	8♋ 51R	24♎ 29
7	5 9	26 36	18 24	12 46	8 14R	6 43	8 48	24 30
12	5 12	26 33	18 22	12 43	8 14	6 42	8 44	24 31
17	5 15	26 30	18 20	12 40	8 13	6 42	8 41	24 31
22	5 17	26 28	18 17	12 37	8 12	6 42D	8 38	24 31R
27	5 18	26 27	18 14	12 35	8 11	6 42	8 34	24 31
FEB 1	5 19	26 26	18 11	12 33	8 9	6 42	8 31	24 31
6	5 19R	26 25	18 7	12 31	8 7	6 43	8 29	24 30
11	5 19	26 25D	18 3	12 30	8 5	6 45	8 26	24 29
16	5 17	26 26	17 59	12 29	8 2	6 46	8 24	24 27
21	5 16	26 27	17 55	12 28	7 59	6 48	8 22	24 26
26	5 13	26 28	17 51	12 28D	7 56	6 51	8 20	24 24
MAR 3	5 10	26 31	17 47	12 28	7 53	6 53	8 18	24 22
8	5 7	26 33	17 42	12 29	7 50	6 56	8 17	24 19
13	5 3	26 36	17 38	12 30	7 46	6 59	8 16	24 16
18	4 59	26 40	17 33	12 31	7 42	7 3	8 16	24 14
23	4 54	26 43	17 29	12 33	7 39	7 6	8 16	24 11
28	4 49	26 48	17 25	12 35	7 35	7 10	8 16D	24 8
APR 2	4 43	26 52	17 21	12 38	7 31	7 14	8 16	24 4
7	4 38	26 57	17 17	12 41	7 27	7 19	8 17	24 1
12	4 32	27 3	17 13	12 44	7 24	7 23	8 18	23 58
17	4 26	27 8	17 10	12 47	7 20	7 27	8 20	23 55
22	4 20	27 14	17 7	12 51	7 17	7 32	8 21	23 51
27	4 13	27 20	17 4	12 55	7 13	7 36	8 23	23 48
MAY 2	4 7	27 26	17 1	12 59	7 10	7 41	8 26	23 45
7	4 1	27 32	16 59	13 4	7 7	7 45	8 28	23 42
12	3 55	27 39	16 57	13 8	7 5	7 49	8 31	23 39
17	3 49	27 45	16 56	13 13	7 2	7 54	8 34	23 36
22	3 44	27 52	16 55	13 18	7 0	7 58	8 37	23 33
27	3 39	27 58	16 54	13 23	6 58	8 2	8 41	23 31
JUN 1	3 34	28 5	16 54D	13 28	6 56	8 6	8 44	23 29
6	3 29	28 11	16 54	13 33	6 55	8 10	8 48	23 27
11	3 25	28 17	16 55	13 38	6 54	8 14	8 52	23 25
16	3 21	28 23	16 56	13 43	6 54	8 17	8 56	23 23
21	3 18	28 29	16 57	13 48	6 53	8 20	9 0	23 22
26	3 16	28 34	16 59	13 52	6 53D	8 23	9 4	23 21
JUL 1	3 13	28 40	17 2	13 57	6 54	8 26	9 8	23 21
6	3 12	28 45	17 4	14 2	6 55	8 28	9 13	23 20
11	3 11	28 49	17 7	14 6	6 56	8 30	9 17	23 20D
16	3 10	28 54	17 11	14 10	6 57	8 32	9 21	23 20
21	3 11D	28 58	17 14	14 14	6 59	8 33	9 25	23 21
26	3 11	29 1	17 18	14 18	7 1	8 34	9 29	23 22
31	3 13	29 4	17 22	14 21	7 4	8 35	9 33	23 23
AUG 5	3 15	29 7	17 27	14 24	7 7	8 35	9 36	23 24
10	3 17	29 9	17 32	14 27	7 10	8 35R	9 40	23 26
15	3 20	29 11	17 37	14 29	7 13	8 35	9 43	23 28
20	3 24	29 12	17 42	14 31	7 16	8 34	9 46	23 30
25	3 28	29 13	17 47	14 33	7 20	8 33	9 49	23 33
30	3 33	29 13	17 52	14 35	7 24	8 32	9 52	23 35
SEP 4	3 38	29 13R	17 58	14 36	7 28	8 30	9 54	23 38
9	3 44	29 13	18 3	14 36	7 33	8 28	9 56	23 42
14	3 50	29 11	18 9	14 36	7 37	8 26	9 58	23 45
19	3 57	29 10	18 14	14 36R	7 42	8 24	10 0	23 49
24	4 3	29 8	18 20	14 36	7 46	8 21	10 1	23 52
29	4 11	29 5	18 25	14 35	7 51	8 18	10 2	23 56
OCT 4	4 18	29 2	18 30	14 33	7 56	8 15	10 2	24 0
9	4 26	28 59	18 36	14 32	8 0	8 12	10 2	24 4
14	4 34	28 55	18 40	14 30	8 5	8 8	10 2R	24 8
19	4 42	28 51	18 45	14 27	8 9	8 5	10 2	24 12
24	4 50	28 47	18 50	14 25	8 14	8 1	10 1	24 16
29	4 58	28 43	18 54	14 22	8 18	7 57	10 0	24 20
NOV 3	5 6	28 38	18 58	14 19	8 22	7 54	9 58	24 24
8	5 14	28 33	19 1	14 15	8 26	7 50	9 57	24 28
13	5 22	28 28	19 4	14 12	8 30	7 46	9 55	24 31
18	5 30	28 23	19 7	14 8	8 34	7 43	9 53	24 35
23	5 38	28 17	19 10	14 4	8 37	7 39	9 50	24 38
28	5 45	28 12	19 12	14 0	8 40	7 36	9 47	24 42
DEC 3	5 53	28 7	19 13	13 56	8 43	7 33	9 44	24 45
8	5 59	28 2	19 15	13 52	8 45	7 30	9 41	24 48
13	6 6	27 57	19 15	13 48	8 47	7 27	9 38	24 50
18	6 12	27 53	19 16	13 44	8 49	7 25	9 35	24 53
23	6 17	27 48	19 16R	13 40	8 50	7 23	9 31	24 55
28	6♏ 22	27♉ 44	19♏ 15	13♊ 36	8♎ 51	7♉ 21	9♋ 28	24♎ 56
STATIONS	FEB 4	FEB 8	MAY 31	FEB 25	JAN 6	JAN 21	MAR 23	JAN 21
	JUL 16	AUG 30	DEC 18	SEP 14	JUN 22	AUG 8	OCT 9	JUL 9

	♃	ℭ	⚵	⚶	⚷	♆	⚴	♓
JAN 2	6♏27	27℩41R	19♍14R	13♊32R	8♎51	7♉19R	9♋24R	24♎58
7	6 31	27 37	19 13	13 29	8 52R	7 18	9 21	24 59
12	6 34	27 34	19 11	13 25	8 51	7 17	9 17	25 0
17	6 37	27 32	19 8	13 22	8 51	7 17	9 14	25 0
22	6 39	27 30	19 6	13 20	8 50	7 17D	9 11	25 1
27	6 41	27 28	19 3	13 17	8 49	7 17	9 8	25 0R
FEB 1	6 42	27 27	19 0	13 15	8 47	7 17	9 5	25 0
6	6 42R	27 26	18 56	13 13	8 45	7 18	9 2	24 59
11	6 42	27 26D	18 53	13 12	8 43	7 20	8 59	24 58
16	6 41	27 27	18 49	13 11	8 40	7 21	8 57	24 57
21	6 39	27 28	18 44	13 10	8 37	7 23	8 55	24 55
26	6 37	27 29	18 40	13 10	8 34	7 25	8 53	24 53
MAR 2	6 34	27 31	18 36	13 10D	8 31	7 28	8 51	24 51
7	6 31	27 33	18 31	13 11	8 28	7 31	8 50	24 49
12	6 27	27 36	18 27	13 12	8 24	7 34	8 49	24 46
17	6 23	27 40	18 22	13 13	8 21	7 37	8 49	24 43
22	6 18	27 43	18 18	13 15	8 17	7 41	8 48	24 40
27	6 13	27 48	18 14	13 17	8 13	7 45	8 48D	24 37
APR 1	6 8	27 52	18 10	13 19	8 9	7 49	8 49	24 34
6	6 2	27 57	18 6	13 22	8 6	7 53	8 50	24 31
11	5 57	28 2	18 2	13 25	8 2	7 57	8 51	24 28
16	5 51	28 8	17 59	13 29	7 58	8 2	8 52	24 24
21	5 44	28 13	17 55	13 33	7 55	8 6	8 54	24 21
26	5 38	28 19	17 53	13 36	7 51	8 10	8 56	24 18
MAY 1	5 32	28 26	17 50	13 41	7 48	8 15	8 58	24 15
6	5 26	28 32	17 48	13 45	7 45	8 19	9 0	24 11
11	5 20	28 38	17 46	13 50	7 43	8 24	9 3	24 8
16	5 14	28 45	17 44	13 54	7 40	8 28	9 6	24 6
21	5 8	28 51	17 43	13 59	7 38	8 32	9 9	24 3
26	5 3	28 58	17 43	14 4	7 36	8 37	9 13	24 0
31	4 58	29 4	17 42	14 9	7 34	8 41	9 16	23 58
JUN 5	4 53	29 10	17 42D	14 14	7 33	8 44	9 20	23 56
10	4 49	29 16	17 43	14 19	7 32	8 48	9 24	23 54
15	4 45	29 23	17 44	14 24	7 31	8 51	9 28	23 53
20	4 42	29 28	17 45	14 29	7 31	8 55	9 32	23 51
25	4 39	29 34	17 47	14 34	7 31D	8 58	9 36	23 50
30	4 37	29 39	17 49	14 38	7 31	9 0	9 40	23 50
JUL 5	4 35	29 44	17 52	14 43	7 32	9 3	9 45	23 49
10	4 34	29 49	17 55	14 47	7 33	9 5	9 49	23 49D
15	4 33	29 54	17 58	14 51	7 35	9 6	9 53	23 49
20	4 33D	29 58	18 2	14 55	7 36	9 8	9 57	23 50
25	4 34	0♊1	18 5	14 59	7 39	9 9	10 1	23 51
30	4 35	0 5	18 10	15 2	7 41	9 10	10 5	23 52
AUG 4	4 37	0 7	18 14	15 6	7 44	9 10	10 8	23 53
9	4 39	0 10	18 19	15 8	7 47	9 10R	10 12	23 55
14	4 42	0 12	18 24	15 11	7 50	9 10	10 15	23 57
19	4 46	0 13	18 29	15 13	7 53	9 9	10 18	23 59
24	4 50	0 14	18 34	15 15	7 57	9 8	10 21	24 1
29	4 54	0 14	18 39	15 16	8 1	9 7	10 24	24 4
SEP 3	4 59	0 14R	18 45	15 17	8 5	9 6	10 26	24 7
8	5 5	0 14	18 50	15 18	8 10	9 4	10 29	24 10
13	5 11	0 13	18 56	15 18	8 14	9 2	10 30	24 14
18	5 17	0 11	19 1	15 18R	8 18	8 59	10 32	24 17
23	5 24	0 9	19 7	15 18	8 23	8 57	10 33	24 21
28	5 31	0 7	19 12	15 17	8 28	8 54	10 34	24 24
OCT 3	5 38	0 4	19 18	15 16	8 32	8 51	10 35	24 28
8	5 46	0 1	19 23	15 14	8 37	8 47	10 35	24 32
13	5 54	29♉57	19 28	15 12	8 42	8 44	10 35R	24 36
18	6 2	29 53	19 32	15 10	8 46	8 40	10 35	24 40
23	6 10	29 49	19 37	15 7	8 51	8 37	10 34	24 44
28	6 18	29 45	19 41	15 5	8 55	8 33	10 33	24 48
NOV 2	6 26	29 40	19 45	15 1	8 59	8 29	10 31	24 52
7	6 35	29 35	19 49	14 58	9 3	8 26	10 30	24 56
12	6 43	29 30	19 52	14 54	9 7	8 22	10 28	25 0
17	6 51	29 25	19 55	14 51	9 11	8 19	10 26	25 4
22	6 58	29 20	19 57	14 47	9 14	8 15	10 23	25 7
27	7 6	29 15	20 0	14 43	9 17	8 12	10 20	25 10
DEC 2	7 13	29 10	20 1	14 39	9 20	8 9	10 18	25 13
7	7 20	29 5	20 3	14 35	9 22	8 6	10 15	25 16
12	7 27	29 0	20 3	14 30	9 24	8 3	10 11	25 19
17	7 33	28 55	20 4	14 26	9 26	8 0	10 8	25 21
22	7 38	28 51	20 4R	14 22	9 27	7 58	10 5	25 23
27	7♏44	28♉46	20♍3	14♊19	9♎28	7♉56	10♋1	25♎25
STATIONS	FEB 5	FEB 9	MAY 31	FEB 26	JAN 6	JAN 21	MAR 23	JAN 22
	JUL 17	AUG 30	DEC 19	SEP 14	JUN 21	AUG 7	OCT 9	JUL 9

1980

1981

Date	♃	♛	⚷	♀	♃	♆	♇	⚸
JAN 1	7 48	28 43R	20 2R	14 15R	9 29	7 55R	9 58R	25 27
6	7 53	28 39	20 1	14 11	9 29	7 53	9 54	25 28
11	7 56	28 36	19 59	14 8	9 29R	7 52	9 51	25 29
16	7 59	28 33	19 57	14 5	9 28	7 52	9 47	25 29
21	8 2	28 31	19 55	14 2	9 28	7 52	9 44	25 30
26	8 3	28 30	19 52	14 0	9 26	7 52D	9 41	25 30R
31	8 4	28 28	19 49	13 57	9 25	7 52	9 38	25 29
FEB 5	8 5	28 28	19 45	13 56	9 23	7 53	9 35	25 28
10	8 5R	28 27D	19 42	13 54	9 21	7 54	9 32	25 27
15	8 4	28 28	19 38	13 53	9 18	7 56	9 30	25 26
20	8 3	28 28	19 33	13 52	9 16	7 58	9 28	25 24
25	8 1	28 30	19 29	13 52	9 13	8 0	9 26	25 23
MAR 2	7 58	28 31	19 25	13 52D	9 9	8 3	9 24	25 20
7	7 55	28 34	19 20	13 53	9 6	8 5	9 23	25 18
12	7 51	28 37	19 16	13 54	9 2	8 8	9 22	25 15
17	7 47	28 40	19 12	13 55	8 59	8 12	9 21	25 13
22	7 43	28 43	19 7	13 57	8 55	8 15	9 21	25 10
27	7 38	28 47	19 3	13 59	8 51	8 19	9 21D	25 7
APR 1	7 33	28 52	18 59	14 1	8 48	8 23	9 21	25 4
6	7 27	28 57	18 55	14 4	8 44	8 27	9 22	25 0
11	7 21	29 2	18 51	14 7	8 40	8 32	9 23	24 57
16	7 15	29 7	18 48	14 10	8 36	8 36	9 24	24 54
21	7 9	29 13	18 44	14 14	8 33	8 40	9 26	24 51
26	7 3	29 19	18 41	14 18	8 30	8 45	9 28	24 47
MAY 1	6 57	29 25	18 39	14 22	8 26	8 49	9 30	24 44
6	6 51	29 31	18 36	14 26	8 23	8 54	9 33	24 41
11	6 45	29 38	18 34	14 31	8 21	8 58	9 35	24 38
16	6 39	29 44	18 33	14 35	8 18	9 2	9 38	24 35
21	6 33	29 50	18 32	14 40	8 16	9 7	9 42	24 32
26	6 28	29 57	18 31	14 45	8 14	9 11	9 45	24 30
31	6 23	0♊3	18 31	14 50	8 12	9 15	9 49	24 28
JUN 5	6 18	0 10	18 31D	14 55	8 11	9 19	9 52	24 25
10	6 13	0 16	18 31	15 0	8 10	9 22	9 56	24 24
15	6 9	0 22	18 32	15 5	8 9	9 26	10 0	24 22
20	6 6	0 28	18 33	15 10	8 9	9 29	10 4	24 21
25	6 3	0 34	18 35	15 15	8 8D	9 32	10 8	24 20
30	6 0	0 39	18 37	15 19	8 9	9 35	10 12	24 19
JUL 5	5 59	0 44	18 39	15 24	8 10	9 37	10 17	24 18
10	5 57	0 49	18 42	15 28	8 11	9 39	10 21	24 18
15	5 56	0 54	18 45	15 33	8 12	9 41	10 25	24 18D
20	5 56D	0 58	18 49	15 37	8 14	9 43	10 29	24 19
25	5 56	1 1	18 53	15 40	8 16	9 44	10 33	24 20
30	5 57	1 5	18 57	15 44	8 18	9 45	10 37	24 21
AUG 4	5 59	1 8	19 1	15 47	8 21	9 45	10 41	24 22
9	6 1	1 10	19 6	15 50	8 24	9 45R	10 44	24 24
14	6 4	1 12	19 11	15 53	8 27	9 45	10 47	24 26
19	6 7	1 14	19 16	15 55	8 30	9 45	10 51	24 28
24	6 11	1 15	19 21	15 57	8 34	9 44	10 54	24 30
29	6 16	1 15	19 26	15 58	8 38	9 43	10 56	24 33
SEP 3	6 20	1 15R	19 32	15 59	8 42	9 41	10 59	24 36
8	6 26	1 15	19 37	16 0	8 46	9 39	11 1	24 39
13	6 32	1 14	19 43	16 0	8 51	9 37	11 3	24 42
18	6 38	1 13	19 48	16 0R	8 55	9 35	11 4	24 46
23	6 45	1 11	19 54	16 0	9 0	9 32	11 6	24 49
28	6 52	1 9	19 59	15 59	9 4	9 29	11 7	24 53
OCT 3	6 59	1 6	20 5	15 58	9 9	9 26	11 7	24 57
8	7 6	1 3	20 10	15 57	9 14	9 23	11 8	25 1
13	7 14	0 59	20 15	15 55	9 18	9 20	11 8R	25 5
18	7 22	0 56	20 20	15 52	9 23	9 16	11 7	25 9
23	7 30	0 51	20 24	15 50	9 28	9 13	11 7	25 13
28	7 38	0 47	20 29	15 47	9 32	9 9	11 6	25 17
NOV 2	7 47	0 42	20 33	15 44	9 36	9 5	11 4	25 21
7	7 55	0 37	20 36	15 41	9 40	9 1	11 3	25 25
12	8 3	0 32	20 40	15 37	9 44	8 58	11 1	25 29
17	8 11	0 27	20 43	15 33	9 48	8 54	10 59	25 32
22	8 19	0 22	20 45	15 30	9 51	8 51	10 56	25 36
27	8 26	0 17	20 47	15 26	9 54	8 47	10 54	25 39
DEC 2	8 34	0 12	20 49	15 21	9 57	8 44	10 51	25 42
7	8 41	0 7	20 51	15 17	9 59	8 41	10 48	25 45
12	8 47	0 2	20 52	15 13	10 1	8 38	10 45	25 48
17	8 54	29♉57	20 52	15 9	10 3	8 36	10 41	25 50
22	9 0	29 53	20 52R	15 5	10 5	8 34	10 38	25 52
27	9♊5	29♉48	20♍52	15♊1	10♎6	8♉32	10♋34	25♎54
STATIONS	FEB 6	FEB 9	JUN 1	FEB 26	JAN 6	JAN 21	MAR 24	JAN 22
	JUL 19	SEP 1	DEC 20	SEP 15	JUN 22	AUG 8	OCT 10	JUL 10

1982

	♃	⚷	♄	♇	⚴	Ψ	⚵	♆
JAN 1	9♏10	29♉45R	20♍51R	14♊58R	10♎6	8♉30R	10♋31R	25♎56
6	9 14	29 41	20 50	14 54	10 7	8 29	10 27	25 57
11	9 18	29 38	20 48	14 51	10 7R	8 28	10 24	25 58
16	9 21	29 35	20 46	14 47	10 6	8 27	10 20	25 58
21	9 24	29 33	20 43	14 45	10 5	8 27	10 17	25 59
26	9 26	29 31	20 41	14 42	10 4	8 27D	10 14	25 59R
31	9 27	29 30	20 38	14 40	10 3	8 27	10 11	25 58
FEB 5	9 28	29 29	20 34	14 38	10 1	8 28	10 8	25 58
10	9 28R	29 28	20 31	14 36	9 59	8 29	10 5	25 57
15	9 27	29 29D	20 27	14 35	9 56	8 31	10 3	25 55
20	9 26	29 29	20 23	14 35	9 54	8 33	10 1	25 54
25	9 24	29 30	20 18	14 34	9 51	8 35	9 59	25 52
MAR 2	9 22	29 32	20 14	14 34D	9 47	8 37	9 57	25 50
7	9 19	29 34	20 10	14 35	9 44	8 40	9 56	25 47
12	9 16	29 37	20 5	14 35	9 41	8 43	9 55	25 45
17	9 12	29 40	20 1	14 37	9 37	8 46	9 54	25 42
22	9 7	29 43	19 56	14 38	9 33	8 50	9 54	25 39
27	9 2	29 47	19 52	14 40	9 30	8 54	9 54D	25 36
APR 1	8 57	29 52	19 48	14 43	9 26	8 58	9 54	25 33
6	8 52	29 57	19 44	14 45	9 22	9 2	9 55	25 30
11	8 46	0♊2	19 40	14 48	9 18	9 6	9 56	25 27
16	8 40	0 7	19 36	14 52	9 15	9 10	9 57	25 23
21	8 34	0 13	19 33	14 55	9 11	9 15	9 58	25 20
26	8 28	0 18	19 30	14 59	9 8	9 19	10 0	25 17
MAY 1	8 22	0 24	19 27	15 3	9 4	9 24	10 3	25 14
6	8 16	0 31	19 25	15 7	9 1	9 28	10 5	25 11
11	8 10	0 37	19 23	15 12	8 59	9 32	10 8	25 8
16	8 4	0 43	19 21	15 17	8 56	9 37	10 11	25 5
21	7 58	0 50	19 20	15 21	8 54	9 41	10 14	25 2
26	7 52	0 56	19 19	15 26	8 52	9 45	10 17	24 59
31	7 47	1 3	19 19	15 31	8 50	9 49	10 21	24 57
JUN 5	7 42	1 9	19 19D	15 36	8 48	9 53	10 24	24 55
10	7 38	1 15	19 19	15 41	8 47	9 57	10 28	24 53
15	7 34	1 21	19 20	15 46	8 47	10 0	10 32	24 51
20	7 30	1 27	19 21	15 51	8 46	10 4	10 36	24 50
25	7 27	1 33	19 23	15 56	8 46D	10 7	10 40	24 49
30	7 24	1 39	19 25	16 1	8 46	10 9	10 45	24 48
JUL 5	7 22	1 44	19 27	16 5	8 47	10 12	10 49	24 48
10	7 20	1 49	19 30	16 10	8 48	10 14	10 53	24 47
15	7 19	1 53	19 33	16 14	8 49	10 16	10 57	24 47D
20	7 19	1 58	19 36	16 18	8 51	10 18	11 1	24 48
25	7 19D	2 2	19 40	16 22	8 53	10 19	11 5	24 49
30	7 20	2 5	19 44	16 25	8 55	10 20	11 9	24 50
AUG 4	7 21	2 8	19 49	16 29	8 58	10 20	11 13	24 51
9	7 23	2 11	19 53	16 31	9 1	10 20	11 16	24 52
14	7 26	2 13	19 58	16 34	9 4	10 20R	11 20	24 54
19	7 29	2 14	20 3	16 36	9 7	10 20	11 23	24 56
24	7 33	2 16	20 8	16 38	9 11	10 19	11 26	24 59
29	7 37	2 16	20 14	16 40	9 15	10 18	11 29	25 2
SEP 3	7 42	2 17R	20 19	16 41	9 19	10 16	11 31	25 4
8	7 47	2 16	20 24	16 42	9 23	10 15	11 33	25 7
13	7 53	2 15	20 30	16 42	9 27	10 13	11 35	25 11
18	7 59	2 14	20 35	16 42R	9 32	10 10	11 37	25 14
23	8 5	2 13	20 41	16 42	9 37	10 8	11 38	25 18
28	8 12	2 10	20 46	16 41	9 41	10 5	11 39	25 22
OCT 3	8 19	2 8	20 52	16 40	9 46	10 2	11 40	25 25
8	8 27	2 5	20 57	16 39	9 51	9 59	11 40	25 29
13	8 34	2 1	21 2	16 37	9 55	9 55	11 40R	25 33
18	8 42	1 58	21 7	16 35	10 0	9 52	11 40	25 37
23	8 50	1 53	21 11	16 32	10 4	9 48	11 39	25 41
28	8 59	1 49	21 16	16 30	10 9	9 45	11 39	25 45
NOV 2	9 7	1 45	21 20	16 27	10 13	9 41	11 37	25 49
7	9 15	1 40	21 24	16 23	10 17	9 37	11 36	25 53
12	9 23	1 35	21 27	16 20	10 21	9 34	11 34	25 57
17	9 31	1 30	21 30	16 16	10 25	9 30	11 32	26 1
22	9 39	1 24	21 33	16 12	10 28	9 26	11 29	26 4
27	9 47	1 19	21 35	16 8	10 31	9 23	11 27	26 8
DEC 2	9 54	1 14	21 37	16 4	10 34	9 20	11 24	26 11
7	10 1	1 9	21 39	16 0	10 36	9 17	11 21	26 14
12	10 8	1 4	21 40	15 56	10 39	9 14	11 18	26 16
17	10 15	0 59	21 40	15 52	10 40	9 11	11 14	26 19
22	10 21	0 55	21 40R	15 48	10 42	9 9	11 11	26 21
27	10♏26	0♊51	21♍40	15♊44	10♎43	9♉7	11♋8	26♎23
STATIONS	FEB 8	FEB 11	JUN 3	FEB 27	JAN 7	JAN 22	MAR 25	JAN 22
	JUL 20	SEP 2	DEC 21	SEP 16	JUN 23	AUG 9	OCT 11	JUL 10

1983

	♃		♅		♄		⚷		♃		♆		⚸		♇	
JAN 1	10♏	31	0♐	47R	21♍	39R	15♊	40R	10♎	44	9♉	5R	11♌	4R	26♎	25
6	10	36	0	43	21	38	15	37	10	44	9	4	11	1	26	26
11	10	40	0	40	21	37	15	33	10	44R	9	3	10	57	26	27
16	10	43	0	37	21	35	15	30	10	44	9	2	10	54	26	27
21	10	46	0	34	21	32	15	27	10	43	9	2	10	50	26	28
26	10	48	0	32	21	29	15	25	10	42	9	2D	10	47	26	28R
31	10	49	0	31	21	26	15	22	10	41	9	2	10	44	26	27
FEB 5	10	50	0	30	21	23	15	20	10	39	9	3	10	41	26	27
10	10	51R	0	29	21	20	15	19	10	37	9	4	10	39	26	26
15	10	50	0	29D	21	16	15	18	10	34	9	6	10	36	26	25
20	10	49	0	30	21	12	15	17	10	32	9	7	10	34	26	23
25	10	48	0	31	21	7	15	16	10	29	9	9	10	32	26	21
MAR 2	10	46	0	33	21	3	15	16D	10	26	9	12	10	30	26	19
7	10	43	0	35	20	59	15	17	10	22	9	15	10	29	26	17
12	10	40	0	37	20	54	15	17	10	19	9	18	10	28	26	14
17	10	36	0	40	20	50	15	18	10	15	9	21	10	27	26	12
22	10	32	0	44	20	46	15	20	10	12	9	24	10	27	26	9
27	10	27	0	47	20	41	15	22	10	8	9	28	10	26D	26	6
APR 1	10	22	0	52	20	37	15	24	10	4	9	32	10	27	26	3
6	10	17	0	56	20	33	15	27	10	0	9	36	10	27	26	0
11	10	11	1	1	20	29	15	30	9	57	9	40	10	28	25	56
16	10	5	1	7	20	25	15	33	9	53	9	45	10	29	25	53
21	9	59	1	12	20	22	15	37	9	49	9	49	10	31	25	50
26	9	53	1	18	20	19	15	40	9	46	9	53	10	33	25	46
MAY 1	9	47	1	24	20	16	15	44	9	43	9	58	10	35	25	43
6	9	41	1	30	20	14	15	49	9	40	10	2	10	37	25	40
11	9	34	1	36	20	12	15	53	9	37	10	7	10	40	25	37
16	9	28	1	43	20	10	15	58	9	34	10	11	10	43	25	34
21	9	23	1	49	20	9	16	2	9	32	10	15	10	46	25	31
26	9	17	1	56	20	8	16	7	9	30	10	20	10	49	25	29
31	9	12	2	2	20	7	16	12	9	28	10	24	10	53	25	26
JUN 5	9	7	2	8	20	7D	16	17	9	26	10	28	10	56	25	24
10	9	2	2	15	20	7	16	22	9	25	10	31	11	0	25	22
15	8	58	2	21	20	8	16	27	9	24	10	35	11	4	25	21
20	8	54	2	27	20	9	16	32	9	24	10	38	11	8	25	19
25	8	51	2	33	20	11	16	37	9	24D	10	41	11	12	25	18
30	8	48	2	38	20	12	16	42	9	24	10	44	11	17	25	17
JUL 5	8	45	2	44	20	15	16	46	9	24	10	47	11	21	25	17
10	8	44	2	49	20	17	16	51	9	25	10	49	11	25	25	17
15	8	43	2	53	20	21	16	55	9	27	10	51	11	29	25	17D
20	8	42	2	58	20	24	16	59	9	28	10	52	11	33	25	17
25	8	42D	3	2	20	28	17	3	9	30	10	54	11	37	25	18
30	8	42	3	5	20	32	17	7	9	32	10	55	11	41	25	19
AUG 4	8	44	3	8	20	36	17	10	9	35	10	55	11	45	25	20
9	8	45	3	11	20	40	17	13	9	38	10	55	11	48	25	21
14	8	48	3	13	20	45	17	16	9	41	10	55R	11	52	25	23
19	8	51	3	15	20	50	17	18	9	44	10	55	11	55	25	25
24	8	54	3	16	20	55	17	20	9	48	10	54	11	58	25	28
29	8	58	3	17	21	1	17	22	9	52	10	53	12	1	25	30
SEP 3	9	3	3	18	21	6	17	23	9	56	10	52	12	3	25	33
8	9	8	3	17R	21	11	17	24	10	0	10	50	12	6	25	36
13	9	13	3	17	21	17	17	24	10	4	10	48	12	8	25	39
18	9	19	3	16	21	23	17	25R	10	9	10	46	12	9	25	43
23	9	26	3	14	21	28	17	24	10	13	10	43	12	11	25	46
28	9	33	3	12	21	33	17	24	10	18	10	40	12	12	25	50
OCT 3	9	40	3	9	21	39	17	23	10	23	10	37	12	13	25	54
8	9	47	3	7	21	44	17	21	10	27	10	34	12	13	25	58
13	9	55	3	3	21	49	17	20	10	32	10	31	12	13R	26	2
18	10	3	3	0	21	54	17	17	10	37	10	27	12	13	26	6
23	10	11	2	56	21	59	17	15	10	41	10	24	12	12	26	10
28	10	19	2	51	22	3	17	12	10	45	10	20	12	11	26	14
NOV 2	10	27	2	47	22	7	17	9	10	50	10	17	12	10	26	18
7	10	35	2	42	22	11	17	6	10	54	10	13	12	9	26	22
12	10	43	2	37	22	15	17	3	10	58	10	9	12	7	26	26
17	10	51	2	32	22	18	16	59	11	1	10	6	12	5	26	29
22	10	59	2	27	22	21	16	55	11	5	10	2	12	2	26	33
27	11	7	2	22	22	23	16	51	11	8	9	59	12	0	26	36
DEC 2	11	15	2	16	22	25	16	47	11	11	9	55	11	57	26	39
7	11	22	2	11	22	26	16	43	11	14	9	52	11	54	26	42
12	11	29	2	6	22	28	16	39	11	16	9	49	11	51	26	45
17	11	35	2	2	22	28	16	35	11	18	9	47	11	48	26	48
22	11	41	1	57	22	29	16	31	11	19	9	44	11	44	26	50
27	11	47	1♐	53	22♍	28R	16♊	27	11♎	20	9♉	42	11♌	41	26♎	52
STATIONS	FEB 9		FEB 12		JUN 4		FEB 28		JAN 8		JAN 23		MAR 25		JAN 23	
	JUL 22		SEP 3		DEC 22		SEP 17		JUN 24		AUG 10		OCT 11		JUL 11	

1984

	♃	⚷	⚴	⚶	⚵	♇	⚳	⚸
JAN 1	11♏52	1♊49R	22♍28R	16♊23R	11♎21	9♐41R	11♏37R	26♎53
6	11 57	1 45	22 27	16 19	11 22	9 39	11 34	26 55
11	12 1	1 41	22 25	16 16	11 22R	9 38	11 30	26 56
16	12 5	1 38	22 23	16 13	11 21	9 37	11 27	26 56
21	12 8	1 36	22 21	16 10	11 21	9 37	11 24	26 57
26	12 10	1 34	22 18	16 7	11 20	9 37D	11 20	26 57R
31	12 12	1 32	22 15	16 5	11 18	9 37	11 17	26 57
FEB 5	12 13	1 31	22 12	16 3	11 17	9 38	11 14	26 56
10	12 13	1 31	22 9	16 1	11 15	9 39	11 12	26 55
15	12 13R	1 30D	22 5	16 0	11 12	9 40	11 9	26 54
20	12 13	1 31	22 1	15 59	11 10	9 42	11 7	26 52
25	12 11	1 32	21 57	15 58	11 7	9 44	11 5	26 51
MAR 1	12 9	1 33	21 52	15 58D	11 4	9 47	11 3	26 49
6	12 7	1 35	21 48	15 59	11 0	9 49	11 2	26 46
11	12 4	1 37	21 43	15 59	10 57	9 52	11 1	26 44
16	12 0	1 40	21 39	16 0	10 53	9 55	11 0	26 41
21	11 56	1 44	21 35	16 2	10 50	9 59	10 59	26 38
26	11 51	1 47	21 30	16 4	10 46	10 3	10 59D	26 35
31	11 46	1 52	21 26	16 6	10 42	10 6	10 59	26 32
APR 5	11 41	1 56	21 22	16 8	10 38	10 10	11 0	26 29
10	11 36	2 1	21 18	16 11	10 35	10 15	11 1	26 26
15	11 30	2 6	21 14	16 14	10 31	10 19	11 2	26 23
20	11 24	2 12	21 11	16 18	10 27	10 23	11 3	26 19
25	11 18	2 17	21 8	16 22	10 24	10 28	11 5	26 16
30	11 12	2 23	21 5	16 26	10 21	10 32	11 7	26 13
MAY 5	11 5	2 29	21 2	16 30	10 18	10 37	11 10	26 10
10	10 59	2 36	21 0	16 34	10 15	10 41	11 12	26 7
15	10 53	2 42	20 58	16 39	10 12	10 46	11 15	26 4
20	10 47	2 49	20 57	16 44	10 10	10 50	11 18	26 1
25	10 42	2 55	20 56	16 48	10 7	10 54	11 21	25 58
30	10 36	3 1	20 55	16 53	10 6	10 58	11 25	25 56
JUN 4	10 31	3 8	20 55	16 58	10 4	11 2	11 29	25 54
9	10 26	3 14	20 55D	17 3	10 3	11 6	11 32	25 52
14	10 22	3 20	20 56	17 8	10 2	11 9	11 36	25 50
19	10 18	3 26	20 57	17 13	10 1	11 13	11 40	25 49
24	10 15	3 32	20 58	17 18	10 1	11 16	11 44	25 47
29	10 12	3 38	21 0	17 23	10 1D	11 19	11 49	25 47
JUL 4	10 9	3 43	21 2	17 28	10 2	11 21	11 53	25 46
9	10 7	3 48	21 5	17 32	10 3	11 24	11 57	25 46
14	10 6	3 53	21 8	17 36	10 4	11 26	12 1	25 46D
19	10 5	3 58	21 11	17 40	10 5	11 27	12 5	25 46
24	10 5D	4 2	21 15	17 44	10 7	11 29	12 9	25 47
29	10 5	4 5	21 19	17 48	10 9	11 30	12 13	25 47
AUG 3	10 6	4 9	21 23	17 51	10 12	11 30	12 17	25 49
8	10 8	4 11	21 28	17 54	10 15	11 31	12 20	25 50
13	10 10	4 14	21 32	17 57	10 18	11 30R	12 24	25 52
18	10 13	4 16	21 37	18 0	10 21	11 30	12 27	25 54
23	10 16	4 17	21 42	18 2	10 25	11 29	12 30	25 56
28	10 20	4 18	21 48	18 3	10 29	11 28	12 33	25 59
SEP 2	10 24	4 19	21 53	18 5	10 33	11 27	12 36	26 2
7	10 29	4 19R	21 59	18 6	10 37	11 25	12 38	26 5
12	10 34	4 18	22 4	18 6	10 41	11 23	12 40	26 8
17	10 40	4 17	22 10	18 7	10 45	11 21	12 42	26 11
22	10 47	4 15	22 15	18 6R	10 50	11 19	12 43	26 15
27	10 53	4 14	22 21	18 6	10 55	11 16	12 44	26 19
OCT 2	11 0	4 11	22 26	18 5	10 59	11 13	12 45	26 22
7	11 7	4 8	22 31	18 4	11 4	11 10	12 46	26 26
12	11 15	4 5	22 36	18 2	11 9	11 7	12 46R	26 30
17	11 23	4 1	22 41	18 0	11 13	11 3	12 46	26 34
22	11 31	3 58	22 46	17 58	11 18	11 0	12 45	26 38
27	11 39	3 53	22 50	17 55	11 22	10 56	12 44	26 42
NOV 1	11 47	3 49	22 55	17 52	11 27	10 52	12 43	26 46
6	11 55	3 44	22 59	17 49	11 31	10 49	12 42	26 50
11	12 3	3 39	23 2	17 45	11 35	10 45	12 40	26 54
16	12 12	3 34	23 5	17 42	11 38	10 41	12 38	26 58
21	12 20	3 29	23 8	17 38	11 42	10 38	12 36	27 1
26	12 27	3 24	23 11	17 34	11 45	10 34	12 33	27 5
DEC 1	12 35	3 19	23 13	17 30	11 48	10 31	12 30	27 8
6	12 42	3 14	23 14	17 26	11 51	10 28	12 27	27 11
11	12 49	3 9	23 16	17 22	11 53	10 25	12 24	27 14
16	12 56	3 4	23 16	17 18	11 55	10 22	12 21	27 16
21	13 2	2 59	23 17	17 14	11 57	10 20	12 18	27 19
26	13 8	2 55	23 17R	17 10	11 58	10 18	12 14	27 21
31	13♏14	2♊51	23♍16	17♊6	11♎59	10♐16	12♏11	27♎22
TATIONS	FEB 11	FEB 13	JUN 4	FEB 28	JAN 9	JAN 24	MAR 25	JAN 24
	JUL 23	SEP 4	DEC 22	SEP 17	JUN 24	AUG 10	OCT 11	JUL 11

1985

	♃	♅	♇	⯓	♆	♄	⯔	⚸
JAN 5	13♏18	2♊47R	23♍15R	17♊2R	11♎59	10♉15R	12♋7R	27♎24
10	13 23	2 43	23 14	16 59	11 59R	10 13	12 4	27 25
15	13 27	2 40	23 12	16 55	11 59	10 13	12 0	27 26
20	13 30	2 38	23 10	16 52	11 58	10 12	11 57	27 26
25	13 32	2 35	23 7	16 50	11 58	10 12D	11 54	27 26R
30	13 34	2 34	23 4	16 47	11 56	10 12	11 50	27 26
FEB 4	13 36	2 32	23 1	16 45	11 55	10 13	11 47	27 25
9	13 36	2 32	22 57	16 43	11 53	10 14	11 45	27 24
14	13 36R	2 31D	22 54	16 42	11 50	10 15	11 42	27 23
19	13 36	2 32	22 50	16 41	11 48	10 17	11 40	27 22
24	13 35	2 32	22 46	16 40	11 45	10 19	11 38	27 20
MAR 1	13 33	2 34	22 41	16 40D	11 42	10 21	11 36	27 18
6	13 30	2 36	22 37	16 40	11 39	10 24	11 35	27 16
11	13 27	2 38	22 33	16 41	11 35	10 27	11 33	27 13
16	13 24	2 41	22 28	16 42	11 32	10 30	11 33	27 11
21	13 20	2 44	22 24	16 43	11 28	10 33	11 32	27 8
26	13 16	2 47	22 19	16 45	11 24	10 37	11 32	27 5
31	13 11	2 52	22 15	16 47	11 20	10 41	11 32D	27 2
APR 5	13 6	2 56	22 11	16 50	11 17	10 45	11 32	26 59
10	13 0	3 1	22 7	16 53	11 13	10 49	11 33	26 55
15	12 55	3 6	22 3	16 56	11 9	10 53	11 34	26 52
20	12 49	3 11	22 0	16 59	11 6	10 58	11 36	26 49
25	12 43	3 17	21 57	17 3	11 2	11 2	11 37	26 46
30	12 37	3 23	21 54	17 7	10 59	11 7	11 40	26 42
MAY 5	12 30	3 29	21 51	17 11	10 56	11 11	11 42	26 39
10	12 24	3 35	21 49	17 15	10 53	11 15	11 44	26 36
15	12 18	3 41	21 47	17 20	10 50	11 20	11 47	26 33
20	12 12	3 48	21 46	17 25	10 48	11 24	11 50	26 30
25	12 6	3 54	21 44	17 30	10 45	11 28	11 54	26 28
30	12 1	4 1	21 44	17 34	10 43	11 33	11 57	26 25
JUN 4	11 56	4 7	21 43	17 39	10 42	11 37	12 1	26 23
9	11 51	4 14	21 43D	17 44	10 41	11 40	12 4	26 21
14	11 46	4 20	21 44	17 49	10 40	11 44	12 8	26 19
19	11 42	4 26	21 45	17 54	10 39	11 47	12 12	26 18
24	11 39	4 32	21 46	17 59	10 39	11 50	12 16	26 17
29	11 35	4 38	21 48	18 4	10 39D	11 53	12 21	26 16
JUL 4	11 33	4 43	21 50	18 9	10 39	11 56	12 25	26 15
9	11 31	4 48	21 53	18 13	10 40	11 58	12 29	26 15
14	11 29	4 53	21 56	18 18	10 41	12 0	12 33	26 15D
19	11 28	4 58	21 59	18 22	10 43	12 2	12 37	26 15
24	11 28	5 2	22 2	18 26	10 44	12 3	12 41	26 16
29	11 28D	5 6	22 6	18 29	10 47	12 4	12 45	26 16
AUG 3	11 29	5 9	22 10	18 33	10 49	12 5	12 49	26 18
8	11 30	5 12	22 15	18 36	10 52	12 6	12 53	26 19
13	11 32	5 14	22 20	18 39	10 55	12 6R	12 56	26 21
18	11 34	5 16	22 24	18 41	10 58	12 5	12 59	26 23
23	11 38	5 18	22 30	18 43	11 2	12 5	13 3	26 25
28	11 41	5 19	22 35	18 45	11 5	12 4	13 5	26 28
SEP 2	11 45	5 20	22 40	18 47	11 9	12 2	13 8	26 30
7	11 50	5 20R	22 46	18 48	11 14	12 1	13 10	26 33
12	11 55	5 19	22 51	18 48	11 18	11 59	13 12	26 37
17	12 1	5 18	22 57	18 49	11 22	11 57	13 14	26 40
22	12 7	5 17	23 2	18 49R	11 27	11 54	13 16	26 44
27	12 14	5 15	23 8	18 48	11 31	11 52	13 17	26 47
OCT 2	12 21	5 13	23 13	18 47	11 36	11 49	13 18	26 51
7	12 28	5 10	23 18	18 46	11 41	11 46	13 18	26 55
12	12 35	5 7	23 23	18 44	11 45	11 42	13 18	26 59
17	12 43	5 4	23 28	18 42	11 50	11 39	13 18R	27 3
22	12 51	5 0	23 33	18 40	11 55	11 35	13 18	27 7
27	12 59	4 56	23 38	18 37	11 59	11 32	13 17	27 11
NOV 1	13 7	4 51	23 42	18 35	12 3	11 28	13 16	27 15
6	13 15	4 46	23 46	18 31	12 8	11 24	13 15	27 19
11	13 24	4 42	23 50	18 28	12 12	11 21	13 13	27 23
16	13 32	4 37	23 53	18 24	12 15	11 17	13 11	27 26
21	13 40	4 31	23 56	18 21	12 19	11 13	13 9	27 30
26	13 48	4 26	23 58	18 17	12 22	11 10	13 6	27 33
DEC 1	13 55	4 21	24 1	18 13	12 25	11 7	13 3	27 37
6	14 3	4 16	24 2	18 9	12 28	11 3	13 0	27 40
11	14 10	4 11	24 4	18 5	12 30	11 0	12 57	27 43
16	14 17	4 6	24 4	18 0	12 32	10 58	12 54	27 45
21	14 23	4 1	24 4	17 56	12 34	10 55	12 51	27 47
26	14 28	3 57	24 5R	17 52	12 35	10 53	12 47	27 49
31	14♏35	3♊53	24♍4	17♊49	12♎36	10♉51	12♋44	27♎51
STATIONS	FEB 11	FEB 13	JUN 5	FEB 28	JAN 9	JAN 23	MAR 26	JAN 23
	JUL 24	SEP 5	DEC 23	SEP 18	JUN 25	AUG 11	OCT 12	JUL 12

	♃	₵	⚷	⚳	♃	♆	⚴	⚸
JAN 5	14♏ 40	3♊ 49R	24♍ 4R	17♊ 45R	12♎ 37	10♉ 50R	12♋ 40R	27♎ 53
10	14 44	3 45	24 2	17 41	12 37	10 49	12 37	27 54
15	14 48	3 42	24 0	17 38	12 37R	10 48	12 33	27 55
20	14 52	3 39	23 58	17 35	12 36	10 47	12 30	27 55
25	14 54	3 37	23 56	17 32	12 35	10 47D	12 27	27 55R
30	14 57	3 35	23 53	17 30	12 34	10 47	12 24	27 55
FEB 4	14 58	3 34	23 50	17 28	12 32	10 48	12 21	27 54
9	14 59	3 33	23 46	17 26	12 30	10 49	12 18	27 54
14	14 59R	3 32	23 43	17 24	12 28	10 50	12 15	27 53
19	14 59	3 33D	23 39	17 23	12 26	10 52	12 13	27 51
24	14 58	3 33	23 35	17 23	12 23	10 54	12 11	27 49
MAR 1	14 56	3 34	23 31	17 22	12 20	10 56	12 9	27 47
6	14 54	3 36	23 26	17 22D	12 17	10 58	12 7	27 45
11	14 51	3 38	23 22	17 23	12 13	11 1	12 6	27 43
16	14 48	3 41	23 17	17 24	12 10	11 4	12 5	27 40
21	14 44	3 44	23 13	17 25	12 6	11 8	12 5	27 37
26	14 40	3 48	23 9	17 27	12 2	11 11	12 5	27 35
31	14 35	3 51	23 4	17 29	11 59	11 15	12 5D	27 31
APR 5	14 30	3 56	23 0	17 31	11 55	11 19	12 5	27 28
10	14 25	4 1	22 56	17 34	11 51	11 23	12 6	27 25
15	14 19	4 6	22 52	17 37	11 47	11 28	12 7	27 22
20	14 14	4 11	22 49	17 41	11 44	11 32	12 8	27 18
25	14 8	4 17	22 46	17 44	11 40	11 36	12 10	27 15
30	14 1	4 22	22 43	17 48	11 37	11 41	12 12	27 12
MAY 5	13 55	4 28	22 40	17 52	11 34	11 45	12 14	27 9
10	13 49	4 35	22 38	17 57	11 31	11 50	12 17	27 6
15	13 43	4 41	22 36	18 1	11 28	11 54	12 19	27 3
20	13 37	4 47	22 34	18 6	11 26	11 59	12 22	27 0
25	13 31	4 54	22 33	18 11	11 23	12 3	12 26	26 57
30	13 26	5 0	22 32	18 16	11 21	12 7	12 29	26 55
JUN 4	13 20	5 7	22 32	18 20	11 20	12 11	12 33	26 53
9	13 15	5 13	22 32D	18 25	11 18	12 15	12 37	26 51
14	13 11	5 19	22 32	18 30	11 17	12 18	12 40	26 49
19	13 6	5 25	22 33	18 35	11 17	12 22	12 44	26 47
24	13 3	5 31	22 34	18 40	11 16	12 25	12 48	26 46
29	12 59	5 37	22 36	18 45	11 16D	12 28	12 53	26 45
JUL 4	12 56	5 43	22 38	18 50	11 17	12 31	12 57	26 44
9	12 54	5 48	22 40	18 54	11 17	12 33	13 1	26 44
14	12 52	5 53	22 43	18 59	11 18	12 35	13 5	26 44D
19	12 51	5 57	22 46	19 3	11 20	12 37	13 9	26 45
24	12 50	6 2	22 50	19 7	11 22	12 38	13 13	26 45
29	12 50D	6 6	22 54	19 11	11 24	12 39	13 17	26 45
AUG 3	12 51	6 9	22 58	19 14	11 26	12 40	13 21	26 46
8	12 52	6 12	23 2	19 17	11 29	12 41	13 25	26 48
13	12 54	6 15	23 7	19 20	11 32	12 41R	13 28	26 50
18	12 56	6 17	23 12	19 23	11 35	12 40	13 32	26 52
23	12 59	6 19	23 17	19 25	11 39	12 40	13 35	26 54
28	13 3	6 20	23 22	19 27	11 42	12 39	13 38	26 56
SEP 2	13 7	6 20	23 27	19 28	11 46	12 38	13 40	26 59
7	13 11	6 21R	23 33	19 30	11 50	12 36	13 43	27 2
12	13 17	6 20	23 38	19 30	11 55	12 34	13 45	27 5
17	13 22	6 20	23 44	19 31	11 59	12 32	13 47	27 9
22	13 28	6 18	23 49	19 31R	12 4	12 30	13 49	27 12
27	13 34	6 17	23 55	19 30	12 8	12 27	13 49	27 16
OCT 2	13 41	6 14	24 0	19 29	12 13	12 24	13 50	27 20
7	13 48	6 12	24 5	19 28	12 18	12 21	13 51	27 23
12	13 56	6 9	24 11	19 27	12 22	12 18	13 51	27 27
17	14 3	6 5	24 16	19 25	12 27	12 14	13 51R	27 31
22	14 11	6 2	24 20	19 23	12 31	12 11	13 51	27 35
27	14 19	5 58	24 25	19 20	12 36	12 7	13 50	27 39
NOV 1	14 27	5 53	24 29	19 17	12 40	12 4	13 49	27 43
6	14 36	5 49	24 33	19 14	12 44	12 0	13 47	27 47
11	14 44	5 44	24 37	19 11	12 48	11 56	13 46	27 51
16	14 52	5 39	24 41	19 7	12 52	11 53	13 44	27 55
21	15 0	5 34	24 44	19 3	12 56	11 49	13 42	28 2
26	15 8	5 29	24 46	19 0	12 59	11 46	13 39	28 2
DEC 1	15 16	5 23	24 48	18 56	13 2	11 42	13 37	28 5
6	15 23	5 18	24 50	18 51	13 5	11 39	13 34	28 8
11	15 31	5 13	24 52	18 47	13 7	11 36	13 31	28 11
16	15 38	5 8	24 53	18 43	13 9	11 33	13 27	28 14
21	15 44	5 3	24 53	18 39	13 11	11 31	13 24	28 16
26	15 50	4 59	24 53R	18 35	13 13	11 29	13 21	28 18
31	15♏ 56	4♊ 55	24♍ 53	18♊ 31	13♎ 14	11♉ 27	13♋ 17	28♎ 20
STATIONS	FEB 13	FEB 15	JUN 6	MAR 1	JAN 10	JAN 24	MAR 27	JAN 24
	JUL 26	SEP 6	DEC 24	SEP 19	JUN 26	AUG 11	OCT 13	JUL 12

1987

	♃	C	⚷	⚶	♅	♆	⚸	⚵
JAN 5	16♏ 1	4♊ 51R	24♍ 52R	18♊ 28R	13♎ 14	11♉ 25R	13♋ 14R	28♎ 22
10	16 6	4 47	24 51	18 24	13 14	11 24	13 10	28 23
15	16 10	4 44	24 49	18 21	13 14R	11 23	13 7	28 24
20	16 13	4 41	24 47	18 18	13 14	11 22	13 3	28 24
25	16 16	4 38	24 45	18 15	13 13	11 22	13 0	28 24
30	16 19	4 37	24 42	18 12	13 12	11 22D	12 57	28 24R
FEB 4	16 20	4 35	24 39	18 10	13 10	11 23	12 54	28 24
9	16 22	4 34	24 35	18 8	13 8	11 24	12 51	28 23
14	16 22	4 34	24 31	18 7	13 6	11 25	12 48	28 22
19	16 22R	4 34D	24 28	18 5	13 4	11 26	12 46	28 20
24	16 21	4 34	24 24	18 5	13 1	11 28	12 44	28 19
MAR 1	16 20	4 35	24 20	18 4	12 58	11 31	12 42	28 17
6	16 18	4 37	24 15	18 4D	12 55	11 33	12 40	28 15
11	16 15	4 39	24 11	18 5	12 52	11 36	12 39	28 12
16	16 12	4 41	24 6	18 6	12 48	11 39	12 38	28 10
21	16 8	4 44	24 2	18 7	12 44	11 42	12 38	28 7
26	16 4	4 48	23 58	18 9	12 41	11 46	12 37	28 4
31	16 0	4 51	23 53	18 11	12 37	11 50	12 37D	28 1
APR 5	15 55	4 56	23 49	18 13	12 33	11 54	12 38	27 58
10	15 50	5 0	23 45	18 16	12 29	11 58	12 38	27 55
15	15 44	5 5	23 41	18 19	12 26	12 2	12 39	27 51
20	15 38	5 11	23 38	18 22	12 22	12 6	12 41	27 48
25	15 32	5 16	23 34	18 26	12 19	12 11	12 42	27 45
30	15 26	5 22	23 31	18 29	12 15	12 15	12 44	27 42
MAY 5	15 20	5 28	23 29	18 34	12 12	12 20	12 46	27 38
10	15 14	5 34	23 26	18 38	12 9	12 24	12 49	27 35
15	15 8	5 40	23 24	18 42	12 6	12 29	12 52	27 32
20	15 2	5 47	23 23	18 47	12 4	12 33	12 55	27 29
25	14 56	5 53	23 21	18 52	12 1	12 37	12 58	27 27
30	14 50	6 0	23 20	18 57	11 59	12 41	13 1	27 24
JUN 4	14 45	6 6	23 20	19 2	11 57	12 45	13 5	27 22
9	14 40	6 12	23 20D	19 7	11 56	12 49	13 9	27 20
14	14 35	6 19	23 20	19 12	11 55	12 53	13 12	27 18
19	14 31	6 25	23 21	19 17	11 54	12 56	13 16	27 17
24	14 27	6 31	23 22	19 21	11 54	13 0	13 21	27 15
29	14 23	6 37	23 24	19 26	11 54D	13 3	13 25	27 14
JUL 4	14 20	6 42	23 26	19 31	11 54	13 5	13 29	27 13
9	14 18	6 48	23 28	19 36	11 55	13 8	13 33	27 13
14	14 16	6 53	23 31	19 40	11 56	13 10	13 37	27 13D
19	14 14	6 57	23 34	19 44	11 57	13 12	13 41	27 13
24	14 13	7 2	23 37	19 48	11 59	13 13	13 45	27 14
29	14 13D	7 6	23 41	19 52	12 1	13 14	13 49	27 14
AUG 3	14 14	7 9	23 45	19 56	12 3	13 15	13 53	27 15
8	14 15	7 12	23 49	19 59	12 6	13 16	13 57	27 17
13	14 16	7 15	23 54	20 2	12 9	13 16R	14 0	27 18
18	14 18	7 17	23 59	20 4	12 12	13 16	14 4	27 20
23	14 21	7 19	24 4	20 7	12 15	13 15	14 7	27 23
28	14 24	7 21	24 9	20 9	12 19	13 14	14 10	27 25
SEP 2	14 28	7 21	24 14	20 10	12 23	13 13	14 13	27 28
7	14 33	7 22	24 20	20 11	12 27	13 12	14 15	27 31
12	14 38	7 22R	24 25	20 12	12 31	13 10	14 17	27 34
17	14 43	7 21	24 31	20 13	12 36	13 8	14 19	27 37
22	14 49	7 20	24 36	20 13R	12 40	13 5	14 21	27 41
27	14 55	7 18	24 42	20 12	12 45	13 3	14 22	27 44
OCT 2	15 2	7 16	24 47	20 12	12 50	13 0	14 23	27 48
7	15 9	7 14	24 53	20 11	12 54	12 57	14 24	27 52
12	15 16	7 11	24 58	20 9	12 59	12 53	14 24	27 56
17	15 24	7 7	25 3	20 7	13 4	12 50	14 24R	28 0
22	15 32	7 4	25 8	20 5	13 8	12 47	14 23	28 4
27	15 40	7 0	25 12	20 3	13 13	12 43	14 23	28 8
NOV 1	15 48	6 55	25 17	20 0	13 17	12 39	14 22	28 12
6	15 56	6 51	25 21	19 57	13 21	12 36	14 20	28 16
11	16 4	6 46	25 25	19 53	13 25	12 32	14 19	28 20
16	16 12	6 41	25 28	19 50	13 29	12 28	14 17	28 24
21	16 20	6 36	25 31	19 46	13 33	12 25	14 15	28 27
26	16 29	6 31	25 34	19 42	13 36	12 21	14 12	28 31
DEC 1	16 36	6 26	25 36	19 38	13 39	12 18	14 10	28 34
6	16 44	6 21	25 38	19 34	13 42	12 15	14 7	28 37
11	16 51	6 16	25 40	19 30	13 44	12 12	14 4	28 40
16	16 58	6 11	25 41	19 26	13 47	12 9	14 1	28 43
21	17 5	6 6	25 41	19 22	13 48	12 6	13 57	28 45
26	17 11	6 1	25 41R	19 18	13 50	12 4	13 54	28 47
31	17♏17	5♊57	25♍41	19♊14	13♎51	12♉2	13♋50	28♎49
STATIONS	FEB 15	FEB 16	JUN 7	MAR 2	JAN 10	JAN 25	MAR 28	JAN 25
	JUL 28	SEP 7	DEC 25	SEP 20	JUN 27	AUG 12	OCT 13	JUL 13

1988

	♃		⚷		☿		⚶		♅		♆		⚴		♇
JAN 5	17♏ 22		5♊ 53R		25♍ 40R		19♊ 10R		13♎ 52		12♉ 0R		13♋ 47R		28♎ 50
10	17 27		5 49		25 39		19 7		13 52		11 59		13 43		28 52
15	17 31		5 46		25 38		19 3		13 52R		11 58		13 40		28 53
20	17 35		5 43		25 36		19 0		13 52		11 58		13 36		28 53
25	17 38		5 40		25 33		18 57		13 51		11 57		13 33		28 53
30	17 41		5 38		25 31		18 55		13 50		11 57D		13 30		28 53R
FEB 4	17 43		5 36		25 28		18 52		13 48		11 58		13 27		28 53
9	17 44		5 35		25 24		18 50		13 46		11 59		13 24		28 52
14	17 45		5 35		25 21		18 49		13 44		12 0		13 21		28 51
19	17 45R		5 35D		25 17		18 48		13 42		12 1		13 19		28 50
24	17 44		5 35		25 13		18 47		13 39		12 3		13 17		28 48
29	17 43		5 36		25 9		18 46		13 36		12 5		13 15		28 46
MAR 5	17 41		5 37		25 4		18 46D		13 33		12 8		13 13		28 44
10	17 39		5 39		25 0		18 47		13 30		12 10		13 12		28 42
15	17 36		5 42		24 56		18 48		13 26		12 13		13 11		28 39
20	17 33		5 44		24 51		18 49		13 23		12 17		13 10		28 36
25	17 29		5 48		24 47		18 50		13 19		12 20		13 10		28 34
30	17 24		5 51		24 43		18 52		13 15		12 24		13 10D		28 31
APR 4	17 19		5 56		24 38		18 55		13 11		12 28		13 10		28 27
9	17 14		6 0		24 34		18 57		13 8		12 32		13 11		28 24
14	17 9		6 5		24 30		19 0		13 4		12 36		13 12		28 21
19	17 3		6 10		24 27		19 3		13 0		12 41		13 13		28 18
24	16 57		6 16		24 23		19 7		12 57		12 45		13 15		28 14
29	16 51		6 21		24 20		19 11		12 53		12 49		13 17		28 11
MAY 4	16 45		6 27		24 17		19 15		12 50		12 54		13 19		28 8
9	16 39		6 33		24 15		19 19		12 47		12 58		13 21		28 5
14	16 33		6 40		24 13		19 24		12 44		13 3		13 24		28 2
19	16 27		6 46		24 11		19 28		12 42		13 7		13 27		27 59
24	16 21		6 52		24 10		19 33		12 39		13 12		13 30		27 56
29	16 15		6 59		24 9		19 38		12 37		13 16		13 33		27 54
JUN 3	16 10		7 5		24 8		19 43		12 35		13 20		13 37		27 51
8	16 4		7 12		24 8D		19 48		12 34		13 24		13 41		27 49
13	15 59		7 18		24 9		19 53		12 33		13 27		13 45		27 47
18	15 55		7 24		24 9		19 58		12 32		13 31		13 49		27 46
23	15 51		7 30		24 10		20 3		12 32		13 34		13 53		27 44
28	15 47		7 36		24 12		20 7		12 31D		13 37		13 57		27 43
JUL 3	15 44		7 42		24 13		20 12		12 32		13 40		14 1		27 43
8	15 41		7 47		24 16		20 17		12 32		13 42		14 5		27 42
13	15 39		7 52		24 18		20 21		12 33		13 45		14 9		27 42
18	15 38		7 57		24 21		20 26		12 34		13 46		14 13		27 42D
23	15 37		8 2		24 25		20 30		12 36		13 48		14 17		27 43
28	15 36		8 6		24 28		20 33		12 38		13 49		14 21		27 43
AUG 2	15 36D		8 9		24 32		20 37		12 40		13 50		14 25		27 44
7	15 37		8 13		24 37		20 40		12 43		13 51		14 29		27 46
12	15 38		8 15		24 41		20 43		12 46		13 51		14 33		27 47
17	15 40		8 18		24 46		20 46		12 49		13 51R		14 36		27 49
22	15 43		8 20		24 51		20 48		12 52		13 50		14 39		27 51
27	15 46		8 21		24 56		20 50		12 56		13 49		14 42		27 54
SEP 1	15 50		8 22		25 1		20 52		13 0		13 48		14 45		27 56
6	15 54		8 23		25 7		20 53		13 4		13 47		14 47		27 59
11	15 59		8 23R		25 12		20 54		13 8		13 45		14 50		28 2
16	16 4		8 22		25 18		20 55		13 13		13 43		14 52		28 6
21	16 10		8 21		25 23		20 55R		13 17		13 41		14 53		28 9
26	16 16		8 20		25 29		20 54		13 22		13 38		14 54		28 13
OCT 1	16 22		8 18		25 34		20 54		13 26		13 35		14 55		28 17
6	16 29		8 15		25 40		20 53		13 31		13 32		14 56		28 20
11	16 37		8 13		25 45		20 51		13 36		13 29		14 57		28 24
16	16 44		8 9		25 50		20 50		13 40		13 26		14 57R		28 28
21	16 52		8 6		25 55		20 48		13 45		13 22		14 56		28 32
26	17 0		8 2		26 0		20 45		13 49		13 19		14 56		28 36
31	17 8		7 58		26 4		20 42		13 54		13 15		14 55		28 41
NOV 5	17 16		7 53		26 8		20 39		13 58		13 11		14 53		28 44
10	17 24		7 48		26 12		20 36		14 2		13 8		14 52		28 48
15	17 32		7 43		26 16		20 33		14 6		13 4		14 50		28 52
20	17 41		7 38		26 19		20 29		14 10		13 0		14 48		28 56
25	17 49		7 33		26 22		20 25		14 13		12 57		14 45		28 59
30	17 56		7 28		26 24		20 21		14 16		12 53		14 43		29 3
DEC 5	18 4		7 23		26 26		20 17		14 19		12 50		14 40		29 6
10	18 12		7 18		26 27		20 13		14 22		12 47		14 37		29 9
15	18 19		7 13		26 29		20 9		14 24		12 44		14 34		29 11
20	18 26		7 8		26 29		20 5		14 26		12 42		14 30		29 16
25	18 32		7 3		26 30		20 1		14 26		12 40		14 27		29 16
30	18♏ 38		6♊ 59		26♍ 29R		19♊ 57		14♎ 28		12♉ 38		14♋ 24		29♎ 18
STATIONS	FEB 16		FEB 17		JUN 7		MAR 2		JAN 11		JAN 26		MAR 27		JAN 26
	JUL 28		SEP 8		DEC 25		SEP 19		JUN 26		AUG 12		OCT 13		JUL 13

1989

	♃	ℭ	⚷	♈	♄	♇	⚷	♓
JAN 4	18♏43	6♊55R	26♑29R	19♊53R	14♎29	12♒36R	14♋20R	29♎19
9	18 49	6 51	26 28	19 49	14 30	12 34	14 17	29 21
14	18 53	6 47	26 26	19 46	14 30R	12 33	14 13	29 22
19	18 57	6 44	26 24	19 43	14 29	12 33	14 10	29 22
24	19 0	6 42	26 22	19 40	14 28	12 32	14 6	29 22
29	19 3	6 39	26 20	19 37	14 27	12 32D	14 3	29 22R
FEB 3	19 5	6 38	26 17	19 35	14 26	12 33	14 0	29 22
8	19 7	6 37	26 13	19 33	14 24	12 33	13 57	29 21
13	19 8	6 36	26 10	19 31	14 22	12 35	13 55	29 20
18	19 8R	6 36D	26 6	19 30	14 20	12 36	13 52	29 19
23	19 7	6 36	26 2	19 29	14 17	12 38	13 50	29 17
28	19 6	6 37	25 58	19 29	14 14	12 40	13 48	29 16
MAR 5	19 5	6 38	25 54	19 28D	14 11	12 42	13 46	29 14
10	19 3	6 40	25 49	19 29	14 8	12 45	13 45	29 11
15	19 0	6 42	25 45	19 29	14 4	12 48	13 44	29 9
20	18 57	6 45	25 40	19 31	14 1	12 51	13 43	29 6
25	18 53	6 48	25 36	19 32	13 57	12 55	13 43	29 3
30	18 49	6 52	25 32	19 34	13 53	12 59	13 43D	29 0
APR 4	18 44	6 56	25 27	19 36	13 50	13 2	13 43	28 57
9	18 39	7 0	25 23	19 39	13 46	13 6	13 43	28 54
14	18 34	7 5	25 19	19 42	13 42	13 11	13 44	28 51
19	18 28	7 10	25 16	19 45	13 38	13 15	13 46	28 47
24	18 22	7 15	25 12	19 48	13 35	13 19	13 47	28 44
29	18 16	7 21	25 9	19 52	13 31	13 24	13 49	28 41
MAY 4	18 10	7 27	25 6	19 56	13 28	13 28	13 51	28 37
9	18 4	7 33	25 4	20 0	13 25	13 33	13 54	28 34
14	17 58	7 39	25 1	20 5	13 22	13 37	13 56	28 31
19	17 52	7 45	25 0	20 9	13 20	13 42	13 59	28 28
24	17 46	7 52	24 58	20 14	13 17	13 46	14 2	28 26
29	17 40	7 58	24 57	20 19	13 15	13 50	14 6	28 23
JUN 3	17 34	8 5	24 56	20 24	13 13	13 54	14 9	28 21
8	17 29	8 11	24 56	20 29	13 12	13 58	14 13	28 19
13	17 24	8 18	24 56D	20 34	13 10	14 2	14 17	28 17
18	17 19	8 24	24 57	20 39	13 10	14 5	14 21	28 15
23	17 15	8 30	24 58	20 44	13 9	14 9	14 25	28 14
28	17 11	8 36	24 59	20 49	13 9D	14 12	14 29	28 13
JUL 3	17 8	8 41	25 1	20 53	13 9	14 15	14 33	28 12
8	17 5	8 47	25 3	20 58	13 10	14 17	14 37	28 11
13	17 3	8 52	25 6	21 2	13 11	14 19	14 41	28 11
18	17 1	8 57	25 9	21 7	13 12	14 21	14 45	28 11D
23	17 0	9 2	25 12	21 11	13 13	14 23	14 49	28 12
28	16 59	9 6	25 16	21 15	13 15	14 24	14 53	28 12
AUG 2	16 59D	9 10	25 20	21 18	13 17	14 25	14 57	28 13
7	17 0	9 13	25 24	21 22	13 20	14 26	15 1	28 15
12	17 1	9 16	25 28	21 25	13 23	14 26	15 5	28 16
17	17 3	9 18	25 33	21 28	13 26	14 26R	15 8	28 18
22	17 5	9 20	25 38	21 30	13 29	14 25	15 11	28 20
27	17 8	9 22	25 43	21 32	13 33	14 25	15 14	28 23
SEP 1	17 11	9 23	25 48	21 34	13 37	14 24	15 17	28 25
6	17 15	9 24	25 54	21 35	13 41	14 22	15 20	28 28
11	17 20	9 24R	25 59	21 36	13 45	14 21	15 22	28 31
16	17 25	9 23	26 5	21 37	13 49	14 19	15 24	28 34
21	17 31	9 22	26 10	21 37R	13 54	14 16	15 26	28 38
26	17 37	9 21	26 16	21 37	13 58	14 14	15 27	28 41
OCT 1	17 43	9 19	26 21	21 36	14 3	14 11	15 28	28 45
6	17 50	9 17	26 27	21 35	14 8	14 8	15 29	28 49
11	17 57	9 14	26 32	21 34	14 12	14 5	15 29	28 53
16	18 4	9 11	26 37	21 32	14 17	14 1	15 29R	28 57
21	18 12	9 8	26 42	21 30	14 22	13 58	15 29	29 1
26	18 20	9 4	26 47	21 28	14 26	13 54	15 28	29 5
31	18 28	9 0	26 51	21 25	14 31	13 51	15 27	29 9
NOV 5	18 36	8 55	26 56	21 22	14 35	13 47	15 26	29 13
10	18 44	8 51	26 59	21 19	14 39	13 43	15 25	29 17
15	18 53	8 46	27 3	21 15	14 43	13 40	15 23	29 21
20	19 1	8 41	27 6	21 12	14 47	13 36	15 21	29 24
25	19 9	8 36	27 9	21 8	14 50	13 32	15 18	29 28
30	19 17	8 30	27 12	21 4	14 53	13 29	15 16	29 31
DEC 5	19 25	8 25	27 14	21 0	14 56	13 26	15 13	29 34
10	19 32	8 20	27 15	20 56	14 59	13 23	15 10	29 37
15	19 39	8 15	27 17	20 52	15 1	13 20	15 7	29 40
20	19 46	8 10	27 17	20 48	15 3	13 17	15 4	29 43
25	19 53	8 5	27 18	20 44	15 5	13 15	15 0	29 45
30	19♏59	8♊1	27♑18	20♊40	15♎6	13♒13	14♋57	29♎47
STATIONS	FEB 17	FEB 17	JUN 8	MAR 3	JAN 11	JAN 26	MAR 28	JAN 25
	JUL 30	SEP 9	DEC 26	SEP 20	JUN 27	AUG 13	OCT 14	JUL 14

	♃	♄	♅	♆	♇	⚷	⚴	⚸	1990
JAN 4	20♏ 5	7♊ 57R	27♏ 17R	20♊ 36R	15♎ 7	13♉ 11R	14♋ 53R	29♎ 48	
9	20 10	7 53	27 16	20 32	15 7	13 10	14 50	29 50	
14	20 14	7 49	27 15	20 29	15 7R	13 9	14 46	29 51	
19	20 19	7 46	27 13	20 25	15 7	13 8	14 43	29 51	
24	20 22	7 43	27 11	20 22	15 6	13 7	14 40	29 51	
29	20 25	7 41	27 8	20 20	15 5	13 7D	14 36	29 51R	
FEB 3	20 27	7 39	27 5	20 17	15 4	13 8	14 33	29 51	
8	20 29	7 38	27 2	20 15	15 2	13 8	14 30	29 51	
13	20 30	7 37	26 59	20 14	15 0	13 9	14 28	29 50	
18	20 31	7 37	26 55	20 12	14 58	13 11	14 25	29 48	
23	20 30R	7 37D	26 51	20 11	14 55	13 13	14 23	29 47	
28	20 30	7 37	26 47	20 11	14 52	13 15	14 21	29 45	
MAR 5	20 28	7 39	26 43	20 11D	14 49	13 17	14 19	29 43	
10	20 26	7 40	26 38	20 11	14 46	13 20	14 18	29 41	
15	20 24	7 42	26 34	20 11	14 43	13 23	14 17	29 38	
20	20 21	7 45	26 30	20 12	14 39	13 26	14 16	29 36	
25	20 17	7 48	26 25	20 14	14 35	13 29	14 15	29 33	
30	20 13	7 52	26 21	20 16	14 32	13 33	14 15D	29 30	
APR 4	20 8	7 56	26 16	20 18	14 28	13 37	14 16	29 27	
9	20 3	8 0	26 12	20 20	14 24	13 41	14 17	29 23	
14	19 58	8 5	26 8	20 23	14 20	13 45	14 17	29 20	
19	19 53	8 10	26 5	20 26	14 17	13 49	14 18	29 17	
24	19 47	8 15	26 1	20 30	14 13	13 54	14 20	29 14	
29	19 41	8 20	25 58	20 33	14 10	13 58	14 21	29 10	
MAY 4	19 35	8 26	25 55	20 37	14 6	14 3	14 23	29 7	
9	19 29	8 32	25 52	20 41	14 3	14 7	14 26	29 4	
14	19 23	8 39	25 50	20 46	14 0	14 12	14 28	29 1	
19	19 16	8 45	25 48	20 50	13 58	14 16	14 31	28 58	
24	19 10	8 51	25 47	20 55	13 55	14 20	14 34	28 55	
29	19 5	8 58	25 46	21 0	13 53	14 24	14 38	28 53	
JUN 3	18 59	9 4	25 45	21 5	13 51	14 29	14 41	28 50	
8	18 53	9 11	25 44	21 10	13 49	14 33	14 45	28 48	
13	18 48	9 17	25 45D	21 15	13 48	14 36	14 49	28 46	
18	18 44	9 23	25 45	21 20	13 47	14 40	14 53	28 44	
23	18 39	9 29	25 46	21 25	13 47	14 43	14 57	28 43	
28	18 35	9 35	25 47	21 30	13 47	14 46	15 1	28 42	
JUL 3	18 32	9 41	25 49	21 34	13 47D	14 49	15 5	28 41	
8	18 29	9 47	25 51	21 39	13 47	14 52	15 9	28 40	
13	18 26	9 52	25 54	21 44	13 48	14 54	15 13	28 40	
18	18 24	9 57	25 56	21 48	13 49	14 56	15 17	28 40D	
23	18 23	10 1	26 0	21 52	13 51	14 58	15 21	28 41	
28	18 22	10 6	26 3	21 56	13 52	14 59	15 25	28 41	
AUG 2	18 22D	10 10	26 7	22 0	13 55	15 0	15 29	28 42	
7	18 22	10 13	26 11	22 3	13 57	15 1	15 33	28 43	
12	18 23	10 16	26 16	22 6	14 0	15 1	15 37	28 45	
17	18 25	10 19	26 20	22 9	14 3	15 1R	15 40	28 47	
22	18 27	10 21	26 25	22 12	14 6	15 1	15 44	28 49	
27	18 30	10 23	26 30	22 14	14 10	15 0	15 47	28 51	
SEP 1	18 33	10 24	26 36	22 15	14 14	14 59	15 49	28 54	
6	18 37	10 25	26 41	22 17	14 18	14 58	15 52	28 57	
11	18 41	10 25R	26 46	22 18	14 22	14 56	15 54	29 0	
16	18 46	10 25	26 52	22 19	14 26	14 54	15 56	29 3	
21	18 52	10 24	26 57	22 19	14 31	14 52	15 58	29 6	
26	18 58	10 23	27 3	22 19R	14 35	14 49	15 59	29 10	
OCT 1	19 4	10 21	27 8	22 18	14 40	14 46	16 1	29 14	
6	19 11	10 19	27 14	22 17	14 44	14 44	16 1	29 18	
11	19 18	10 16	27 19	22 16	14 49	14 40	16 2	29 21	
16	19 25	10 13	27 24	22 14	14 54	14 37	16 2R	29 25	
21	19 32	10 10	27 29	22 12	14 58	14 34	16 2	29 29	
26	19 40	10 6	27 34	22 10	15 3	14 30	16 1	29 34	
31	19 48	10 2	27 39	22 8	15 7	14 26	16 0	29 38	
NOV 5	19 56	9 57	27 43	22 5	15 12	14 23	15 59	29 42	
10	20 5	9 53	27 47	22 1	15 16	14 19	15 58	29 45	
15	20 13	9 48	27 51	21 58	15 20	14 15	15 56	29 49	
20	20 21	9 43	27 54	21 54	15 24	14 12	15 54	29 53	
25	20 29	9 38	27 57	21 51	15 27	14 8	15 52	29 56	
30	20 37	9 33	27 59	21 47	15 30	14 5	15 49	0♏ 0	
DEC 5	20 45	9 28	28 2	21 43	15 33	14 1	15 46	0 3	
10	20 53	9 22	28 3	21 39	15 36	13 58	15 43	0 6	
15	21 0	9 17	28 5	21 35	15 38	13 55	15 40	0 9	
20	21 7	9 12	28 6	21 30	15 40	13 53	15 37	0 11	
25	21 14	9 8	28 6	21 26	15 42	13 50	15 34	0 14	
30	21♏ 20	9♊ 3	28♏ 6R	21♊ 22	15♎ 43	13♉ 48	15♋ 30	0♏ 15	
STATIONS	FEB 19	FEB 19	JUN 9	MAR 4	JAN 12	JAN 27	MAR 29	JAN 26	
	AUG 1	SEP 10	DEC 27	SEP 21	JUN 28	AUG 14	OCT 15	JUL 14	

1991

Date	♃	⚷	⚴	⚵	⚶	⚳	⚸	♆
JAN 4	21♏26	8♊59R	28♍6R	21♐19R	15♎44	13♉46R	15♋27R	0♏17
9	21 31	8 55	28 5	21 15	15 45	13 45	15 23	0 18
14	21 36	8 51	28 3	21 11	15 45R	13 44	15 20	0 19
19	21 40	8 48	28 2	21 8	15 44	13 43	15 16	0 20
24	21 44	8 45	28 0	21 5	15 44	13 43	15 13	0 21
29	21 47	8 43	27 57	21 2	15 43	13 42D	15 10	0 21R
FEB 3	21 50	8 41	27 54	21 0	15 42	13 43	15 6	0 20
8	21 51	8 39	27 51	20 58	15 40	13 43	15 4	0 20
13	21 53	8 38	27 48	20 56	15 38	13 44	15 1	0 19
18	21 53	8 38	27 44	20 54	15 36	13 46	14 58	0 18
23	21 53R	8 38D	27 40	20 53	15 33	13 47	14 56	0 16
28	21 53	8 38	27 36	20 53	15 30	13 49	14 54	0 14
MAR 5	21 52	8 39	27 32	20 53	15 27	13 52	14 52	0 12
10	21 50	8 41	27 27	20 53D	15 24	13 54	14 51	0 10
15	21 47	8 43	27 23	20 53	15 21	13 57	14 50	0 8
20	21 44	8 45	27 19	20 54	15 17	14 0	14 49	0 5
25	21 41	8 48	27 14	20 56	15 14	14 4	14 48	0 2
30	21 37	8 52	27 10	20 57	15 10	14 7	14 48	29♎59
APR 4	21 33	8 56	27 6	20 59	15 6	14 11	14 48D	29 56
9	21 28	9 0	27 1	21 2	15 2	14 15	14 49	29 53
14	21 23	9 4	26 57	21 5	14 59	14 19	14 49	29 50
19	21 17	9 9	26 54	21 8	14 55	14 24	14 51	29 46
24	21 12	9 15	26 50	21 11	14 51	14 28	14 52	29 43
29	21 6	9 20	26 47	21 15	14 48	14 32	14 54	29 40
MAY 4	21 0	9 26	26 44	21 19	14 44	14 37	14 56	29 37
9	20 54	9 32	26 41	21 23	14 41	14 41	14 58	29 33
14	20 47	9 38	26 39	21 27	14 38	14 46	15 1	29 30
19	20 41	9 44	26 37	21 32	14 36	14 50	15 4	29 27
24	20 35	9 51	26 35	21 36	14 33	14 55	15 7	29 25
29	20 29	9 57	26 34	21 41	14 31	14 59	15 10	29 22
JUN 3	20 24	10 3	26 33	21 46	14 29	15 3	15 13	29 20
8	20 18	10 10	26 33	21 51	14 27	15 7	15 17	29 17
13	20 13	10 16	26 33D	21 56	14 26	15 11	15 21	29 16
18	20 8	10 23	26 33	22 1	14 25	15 14	15 25	29 14
23	20 3	10 29	26 34	22 6	14 24	15 18	15 29	29 12
28	19 59	10 35	26 35	22 11	14 24	15 21	15 33	29 11
JUL 3	19 56	10 41	26 37	22 16	14 24D	15 24	15 37	29 10
8	19 53	10 46	26 39	22 20	14 25	15 26	15 41	29 10
13	19 50	10 52	26 41	22 25	14 25	15 29	15 45	29 9
18	19 48	10 57	26 44	22 29	14 26	15 31	15 49	29 9D
23	19 46	11 1	26 47	22 33	14 28	15 32	15 54	29 10
28	19 45	11 6	26 51	22 37	14 30	15 34	15 58	29 10
AUG 2	19 45	11 10	26 54	22 41	14 32	15 35	16 1	29 11
7	19 45D	11 13	26 59	22 45	14 34	15 36	16 5	29 12
12	19 46	11 16	27 3	22 48	14 37	15 36	16 9	29 14
17	19 47	11 19	27 8	22 51	14 40	15 36R	16 12	29 16
22	19 49	11 21	27 12	22 53	14 43	15 36	16 16	29 18
27	19 52	11 23	27 17	22 55	14 47	15 35	16 19	29 20
SEP 1	19 55	11 25	27 23	22 57	14 51	15 34	16 22	29 23
6	19 58	11 25	27 28	22 59	14 54	15 33	16 24	29 25
11	20 3	11 26	27 33	23 0	14 59	15 31	16 27	29 28
16	20 7	11 26R	27 39	23 1	15 3	15 29	16 29	29 32
21	20 13	11 25	27 44	23 1	15 7	15 27	16 31	29 35
26	20 18	11 24	27 50	23 1R	15 12	15 25	16 32	29 39
OCT 1	20 25	11 22	27 55	23 0	15 17	15 22	16 33	29 42
6	20 31	11 20	28 1	23 0	15 21	15 19	16 34	29 46
11	20 38	11 18	28 6	22 58	15 26	15 16	16 34	29 50
16	20 45	11 15	28 11	22 57	15 31	15 13	16 35	29 54
21	20 53	11 12	28 16	22 55	15 35	15 9	16 35R	29 58
26	21 1	11 8	28 21	22 53	15 40	15 6	16 34	0♏2
31	21 8	11 4	28 26	22 50	15 44	15 2	16 33	0 6
NOV 5	21 17	11 0	28 30	22 47	15 49	14 58	16 32	0 10
10	21 25	10 55	28 34	22 44	15 53	14 55	16 31	0 14
15	21 33	10 50	28 38	22 41	15 57	14 51	16 29	0 18
20	21 41	10 45	28 41	22 37	16 1	14 47	16 27	0 22
25	21 49	10 40	28 44	22 33	16 4	14 44	16 25	0 25
30	21 57	10 35	28 47	22 30	16 7	14 40	16 22	0 29
DEC 5	22 5	10 30	28 49	22 26	16 10	14 37	16 19	0 32
10	22 13	10 25	28 51	22 21	16 13	14 34	16 16	0 35
15	22 20	10 20	28 53	22 17	16 15	14 31	16 13	0 38
20	22 28	10 15	28 54	22 13	16 17	14 28	16 10	0 40
25	22 34	10 10	28 54	22 8	16 19	14 24	16 7	0 42
30	22♏41	10♊5	28♍54R	22♐5	16♎20	14♉24	16♋3	0♏44
STATIONS	FEB 20	FEB 20	JUN 10	MAR 5	JAN 13	JAN 27	MAR 30	JAN 27
	AUG 2	SEP 12	DEC 28	SEP 22	JUN 29	AUG 15	OCT 16	JUL 15

	♃	☾	⚷	⇑	♅	♆	⚸	♏
JAN 4	22♏47	10♊1R	28♍54R	22♊1R	16♎21	14♉22R	16♋0R	0♏46
9	22 52	9 57	28 53	21 58	16 22	14 20	15 56	0 47
14	22 57	9 53	28 52	21 54	16 22	14 19	15 53	0 48
19	23 2	9 50	28 50	21 51	16 22R	14 18	15 49	0 49
24	23 6	9 47	28 48	21 48	16 22	14 18	15 46	0 50
29	23 9	9 44	28 46	21 45	16 21	14 18D	15 43	0 50R
FEB 3	23 12	9 42	28 43	21 42	16 19	14 18	15 40	0 50
8	23 14	9 40	28 40	21 40	16 18	14 19	15 37	0 49
13	23 15	9 39	28 37	21 38	16 16	14 19	15 34	0 48
18	23 16	9 39	28 33	21 37	16 14	14 20	15 31	0 47
23	23 16R	9 39D	28 29	21 36	16 11	14 22	15 29	0 46
28	23 16	9 39	28 25	21 35	16 8	14 24	15 27	0 44
MAR 4	23 15	9 40	28 21	21 35	16 5	14 26	15 25	0 42
9	23 13	9 41	28 17	21 35D	16 2	14 29	15 24	0 40
14	23 11	9 43	28 12	21 35	15 59	14 32	15 22	0 37
19	23 8	9 46	28 8	21 36	15 55	14 35	15 22	0 35
24	23 5	9 48	28 3	21 37	15 52	14 38	15 21	0 32
29	23 1	9 52	27 59	21 39	15 48	14 42	15 21	0 29
APR 3	22 57	9 56	27 55	21 41	15 44	14 46	15 21D	0 26
8	22 52	10 0	27 51	21 43	15 41	14 50	15 21	0 22
13	22 47	10 4	27 47	21 46	15 37	14 54	15 22	0 19
18	22 42	10 9	27 43	21 49	15 33	14 58	15 23	0 16
23	22 36	10 14	27 39	21 52	15 29	15 2	15 24	0 13
28	22 31	10 20	27 36	21 56	15 25	15 7	15 26	0 9
MAY 3	22 25	10 25	27 33	22 0	15 23	15 11	15 28	0 6
8	22 19	10 31	27 30	22 4	15 19	15 16	15 30	0 3
13	22 12	10 37	27 27	22 8	15 16	15 20	15 33	0 0
18	22 6	10 44	27 25	22 13	15 14	15 25	15 36	29♎57
23	22 0	10 50	27 24	22 17	15 11	15 29	15 39	29 54
28	21 54	10 56	27 22	22 22	15 9	15 33	15 42	29 52
JUN 2	21 48	11 3	27 22	22 27	15 7	15 37	15 45	29 49
7	21 43	11 9	27 21	22 32	15 5	15 41	15 49	29 47
12	21 37	11 16	27 21D	22 37	15 4	15 45	15 53	29 45
17	21 32	11 22	27 21	22 42	15 3	15 49	15 57	29 43
22	21 28	11 28	27 22	22 47	15 2	15 52	16 1	29 42
27	21 24	11 34	27 23	22 52	15 2	15 55	16 5	29 40
JUL 2	21 20	11 40	27 25	22 57	15 2D	15 58	16 9	29 39
7	21 16	11 46	27 27	23 1	15 2	16 1	16 13	29 39
12	21 14	11 51	27 29	23 6	15 3	16 3	16 17	29 38
17	21 11	11 56	27 32	23 10	15 4	16 6	16 21	29 38D
22	21 9	12 1	27 35	23 15	15 5	16 7	16 26	29 39
27	21 8	12 6	27 38	23 19	15 7	16 9	16 30	29 39
AUG 1	21 8	12 10	27 42	23 22	15 9	16 10	16 34	29 40
6	21 8D	12 13	27 46	23 26	15 11	16 11	16 37	29 41
11	21 8	12 17	27 50	23 29	15 14	16 11	16 41	29 43
16	21 9	12 20	27 55	23 32	15 17	16 11R	16 45	29 44
21	21 11	12 22	28 0	23 35	15 20	16 11	16 48	29 46
26	21 14	12 24	28 5	23 37	15 24	16 10	16 51	29 49
31	21 17	12 25	28 10	23 39	15 27	16 9	16 54	29 51
SEP 5	21 20	12 26	28 15	23 41	15 31	16 8	16 57	29 54
10	21 24	12 27	28 20	23 42	15 35	16 7	16 59	29 57
15	21 29	12 27R	28 26	23 42	15 40	16 5	17 1	0♏0
20	21 34	12 26	28 31	23 43	15 44	16 3	17 3	0 4
25	21 39	12 25	28 37	23 43R	15 49	16 0	17 4	0 7
30	21 45	12 24	28 42	23 43	15 53	15 58	17 6	0 11
OCT 5	21 52	12 22	28 48	23 42	15 58	15 55	17 7	0 15
10	21 59	12 19	28 53	23 41	16 3	15 52	17 7	0 19
15	22 6	12 17	28 59	23 39	16 7	15 48	17 7	0 22
20	22 13	12 13	29 4	23 37	16 12	15 45	17 7R	0 26
25	22 21	12 10	29 8	23 35	16 17	15 41	17 7	0 31
30	22 29	12 6	29 13	23 33	16 21	15 38	17 6	0 35
NOV 4	22 37	12 2	29 18	23 30	16 25	15 34	17 5	0 39
9	22 45	11 57	29 22	23 27	16 30	15 30	17 4	0 42
14	22 53	11 53	29 25	23 23	16 34	15 27	17 2	0 46
19	23 1	11 48	29 29	23 20	16 37	15 23	17 0	0 50
24	23 10	11 43	29 32	23 16	16 41	15 19	16 58	0 54
29	23 18	11 37	29 35	23 12	16 44	15 16	16 55	0 57
DEC 4	23 26	11 32	29 37	23 8	16 48	15 13	16 53	1♏0
9	23 33	11 27	29 39	23 4	16 50	15 9	16 50	1 3
14	23 41	11 22	29 41	23 0	16 53	15 7	16 47	1 6
19	23 48	11 17	29 42	22 56	16 55	15 4	16 43	1 9
24	23 55	11 12	29 42	22 52	16 56	15 1	16 40	1 11
29	24♏2	11♊7	29♍42R	22♊48	16♎58	14♉59	16♋37	1♏13
STATIONS	FEB 22	FEB 21	JUN 10	MAR 5	JAN 14	JAN 28	MAR 30	JAN 28
	AUG 3	SEP 12	DEC 28	SEP 22	JUN 29	AUG 14	OCT 15	JUL 15

1993

	♃		⚷		☿		⚷		♅		♆		⚴		✶	
JAN 3	24♏	8	11♊	3R	29♍	42R	22♊	44R	16♎	59	14♉	57R	16♋	33R	1♏	13
8	24	13	10	59	29	41	22	40	17	0	14	56	16	30	1	16
13	24	18	10	55	29	40	22	37	17	0	14	54	16	26	1	17
18	24	23	10	52	29	33	22	33	17	0R	14	53	16	23	1	18
23	24	27	10	48	29	37	22	30	16	59	14	53	16	19	1	19
28	24	31	10	46	29	35	22	27	16	58	14	53	16	16	1	19R
FEB 2	24	34	10	44	29	32	22	25	16	57	14	53D	16	13	1	19
7	24	36	10	42	29	29	22	23	16	56	14	53	16	10	1	18
12	24	38	10	41	29	26	22	21	16	54	14	54	16	7	1	17
17	24	39	10	40	29	22	22	19	16	52	14	55	16	4	1	16
22	24	39	10	40D	29	18	22	18	16	49	14	57	16	2	1	15
27	24	39R	10	40	29	14	22	17	16	47	14	59	16	0	1	13
MAR 4	24	38	10	41	29	10	22	17	16	44	15	1	15	58	1	11
9	24	37	10	42	29	6	22	17D	16	40	15	4	15	57	1	9
14	24	35	10	44	29	1	22	17	16	37	15	6	15	55	1	7
19	24	32	10	46	28	57	22	18	16	34	15	9	15	54	1	4
24	24	29	10	49	28	53	22	19	16	30	15	13	15	54	1	1
29	24	25	10	52	28	48	22	21	16	26	15	16	15	53	0	58
APR 3	24	21	10	56	28	44	22	23	16	23	15	20	15	53D	0	55
8	24	17	11	0	28	40	22	25	16	19	15	24	15	54	0	52
13	24	12	11	4	28	36	22	28	16	15	15	28	15	55	0	49
18	24	7	11	9	28	32	22	30	16	11	15	32	15	56	0	46
23	24	1	11	14	28	28	22	34	16	8	15	37	15	57	0	42
28	23	55	11	19	28	25	22	37	16	4	15	41	15	59	0	39
MAY 3	23	49	11	25	28	22	22	41	16	1	15	46	16	1	0	36
8	23	43	11	31	28	19	22	45	15	57	15	50	16	3	0	33
13	23	37	11	37	28	16	22	49	15	54	15	55	16	5	0	29
18	23	31	11	43	28	14	22	54	15	52	15	59	16	8	0	27
23	23	25	11	49	28	12	22	59	15	49	16	3	16	11	0	24
28	23	19	11	56	28	11	23	3	15	47	16	8	16	14	0	21
JUN 2	23	13	12	2	28	10	23	8	15	45	16	12	16	18	0	19
7	23	7	12	9	28	9	23	13	15	43	16	16	16	21	0	16
12	23	2	12	15	28	9D	23	18	15	42	16	20	16	25	0	14
17	22	57	12	21	28	9	23	23	15	40	16	23	16	29	0	12
22	22	52	12	28	28	10	23	28	15	40	16	27	16	33	0	11
27	22	48	12	34	28	11	23	33	15	39	16	30	16	37	0	10
JUL 2	22	44	12	40	28	12	23	38	15	39D	16	33	16	41	0	9
7	22	40	12	45	28	14	23	43	15	40	16	36	16	45	0	8
12	22	37	12	51	28	17	23	47	15	40	16	38	16	49	0	8
17	22	35	12	56	28	19	23	52	15	41	16	40	16	53	0	8D
22	22	33	13	1	28	22	23	56	15	42	16	42	16	58	0	8
27	22	31	13	6	28	26	24	0	15	44	16	44	17	2	0	8
AUG 1	22	31	13	10	28	29	24	4	15	46	16	45	17	6	0	9
6	22	30D	13	14	28	33	24	7	15	48	16	46	17	9	0	10
11	22	31	13	17	28	37	24	11	15	51	16	46	17	13	0	12
16	22	32	13	20	28	42	24	14	15	54	16	46R	17	17	0	13
21	22	33	13	22	28	47	24	16	15	57	16	46	17	20	0	15
26	22	36	13	24	28	52	24	19	16	1	16	46	17	23	0	17
31	22	38	13	26	28	57	24	21	16	4	16	45	17	26	0	20
SEP 5	22	42	13	27	29	2	24	22	16	8	16	43	17	29	0	23
10	22	46	13	28	29	7	24	24	16	12	16	42	17	31	0	26
15	22	50	13	28R	29	13	24	24	16	17	16	40	17	33	0	29
20	22	55	13	27	29	18	24	25R	16	21	16	38	17	35	0	32
25	23	0	13	27	29	24	24	25	16	25	16	36	17	37	0	36
30	23	6	13	25	29	30	24	25	16	30	16	33	17	38	0	39
OCT 5	23	13	13	23	29	35	24	24	16	35	16	30	17	39	0	43
10	23	19	13	21	29	40	24	23	16	39	16	27	17	40	0	47
15	23	26	13	18	29	46	24	22	16	44	16	24	17	40	0	51
20	23	34	13	15	29	51	24	20	16	49	16	21	17	40R	0	55
25	23	41	13	12	29	56	24	18	16	53	16	17	17	40	0	59
30	23	49	13	8	0♎	0	24	15	16	58	16	13	17	39	1	3
NOV 4	23	57	13	4	0	5	24	12	17	2	16	10	17	38	1	7
9	24	5	12	59	0	9	24	9	17	6	16	6	17	37	1	11
14	24	13	12	55	0	13	24	6	17	10	16	2	17	35	1	15
19	24	22	12	50	0	16	24	3	17	14	15	59	17	33	1	19
24	24	30	12	45	0	20	23	59	17	18	15	55	17	31	1	22
29	24	38	12	40	0	22	23	55	17	21	15	52	17	28	1	26
DEC 4	24	46	12	35	0	25	23	51	17	24	15	48	17	26	1	29
9	24	54	12	29	0	27	23	47	17	27	15	45	17	23	1	32
14	25	1	12	24	0	29	23	43	17	30	15	42	17	20	1	35
19	25	9	12	19	0	30	23	39	17	32	15	39	17	17	1	38
24	25	16	12	14	0	30	23	35	17	34	15	37	17	13	1	40
29	25♏	22	12♊	10	0♎	31	23♊	31	17♎	35	15♉	35	17♋	10	1♏	42
STATIONS	FEB 22		FEB 21		JUN 11		MAR 6		JAN 14		JAN 28		MAR 30		JAN 27	
	AUG 5		SEP 13		DEC 8		SEP 23		JUN 30		AUG 15		OCT 16		JUL 16	

1994

DATE	♃		⚸		⚷		⚵		⚴		Ψ		⚳		⚶	
JAN 3	25♌	29	12♊	5R	0♎	30R	23♊	27R	17♎	36	15♉	33R	17♋	6R	1♏	44
8	25	34	12	1	0	30	23	23	17	37	15	31	17	3	1	45
13	25	40	11	57	0	29	23	19	17	37	15	30	16	59	1	46
18	25	45	11	53	0	27	23	16	17	37R	15	29	16	56	1	47
23	25	49	11	50	0	26	23	13	17	37	15	28	16	52	1	47
28	25	53	11	47	0	23	23	10	17	36	15	28	16	49	1	48
FEB 2	25	56	11	45	0	21	23	7	17	35	15	28D	16	46	1	48R
7	25	58	11	43	0	18	23	5	17	34	15	28	16	43	1	47
12	26	0	11	42	0	15	23	3	17	32	15	29	16	40	1	47
17	26	1	11	41	0	11	23	1	17	30	15	30	16	37	1	46
22	26	2	11	41	0	7	23	0	17	27	15	32	16	35	1	44
27	26	2R	11	41D	0	3	22	59	17	25	15	33	16	33	1	43
MAR 4	26	1	11	41	29♍	59	22	59	17	22	15	36	16	31	1	41
9	26	0	11	43	29	55	22	59D	17	19	15	38	16	29	1	38
14	25	58	11	44	29	51	22	59	17	15	15	41	16	28	1	36
19	25	56	11	46	29	46	23	0	17	12	15	44	16	27	1	34
24	25	53	11	49	29	42	23	1	17	8	15	47	16	26	1	31
29	25	50	11	52	29	37	23	2	17	4	15	51	16	26	1	28
APR 3	25	46	11	56	29	33	23	4	17	1	15	55	16	26D	1	25
8	25	41	12	0	29	29	23	6	16	57	15	58	16	26	1	22
13	25	36	12	4	29	25	23	9	16	53	16	3	16	27	1	18
18	25	31	12	9	29	21	23	12	16	49	16	7	16	28	1	15
23	25	26	12	14	29	17	23	15	16	46	16	11	16	29	1	12
28	25	20	12	19	29	14	23	19	16	42	16	15	16	31	1	9
MAY 3	25	14	12	24	29	10	23	22	16	39	16	20	16	33	1	5
8	25	8	12	30	29	7	23	26	16	36	16	24	16	35	1	2
13	25	2	12	36	29	5	23	31	16	33	16	29	16	38	0	59
18	24	56	12	42	29	3	23	35	16	30	16	33	16	40	0	56
23	24	50	12	49	29	1	23	40	16	27	16	38	16	43	0	53
28	24	44	12	55	28	59	23	44	16	25	16	42	16	46	0	51
JUN 2	24	38	13	2	28	58	23	49	16	23	16	46	16	50	0	48
7	24	32	13	8	28	58	23	54	16	21	16	50	16	53	0	46
12	24	27	13	14	28	57	23	59	16	19	16	54	16	57	0	44
17	24	21	13	21	28	57D	24	4	16	18	16	58	17	1	0	42
22	24	17	13	27	28	58	24	9	16	17	17	1	17	5	0	40
27	24	12	13	33	28	59	24	14	16	17	17	5	17	9	0	39
JUL 2	24	8	13	39	29	0	24	19	16	17D	17	8	17	13	0	38
7	24	4	13	45	29	2	24	24	16	17	17	10	17	17	0	37
12	24	1	13	51	29	4	24	28	16	18	17	13	17	21	0	37
17	23	58	13	56	29	7	24	33	16	18	17	15	17	26	0	37D
22	23	56	14	1	29	10	24	37	16	20	17	17	17	30	0	37
27	23	55	14	5	29	13	24	41	16	21	17	18	17	34	0	37
AUG 1	23	54	14	10	29	17	24	45	16	23	17	20	17	38	0	38
6	23	53	14	14	29	21	24	49	16	26	17	21	17	42	0	39
11	23	54D	14	17	29	25	24	52	16	28	17	21	17	45	0	40
16	23	54	14	20	29	29	24	55	16	31	17	21	17	49	0	42
21	23	56	14	23	29	34	24	58	16	34	17	21R	17	52	0	44
26	23	58	14	25	29	39	25	0	16	38	17	21	17	55	0	46
31	24	0	14	27	29	44	25	2	16	41	17	20	17	58	0	49
SEP 5	24	3	14	28	29	49	25	4	16	45	17	19	18	1	0	51
10	24	7	14	29	29	55	25	5	16	49	17	17	18	4	0	54
15	24	11	14	29R	0♎	0	25	6	16	53	17	16	18	6	0	57
20	24	16	14	29	0	6	25	7	16	58	17	14	18	8	1	1
25	24	21	14	28	0	11	25	7R	17	2	17	11	18	9	1	4
30	24	27	14	27	0	17	25	7	17	7	17	9	18	11	1	8
OCT 5	24	33	14	25	0	22	25	6	17	11	17	6	18	12	1	12
10	24	40	14	23	0	27	25	5	17	16	17	3	18	12	1	16
15	24	47	14	20	0	33	25	4	17	21	17	0	18	13	1	20
20	24	54	14	17	0	38	25	2	17	25	16	56	18	13R	1	24
25	25	2	14	14	0	43	25	0	17	30	16	53	18	12	1	28
30	25	9	14	10	0	48	24	58	17	35	16	49	18	12	1	32
NOV 4	25	17	14	6	0	52	24	55	17	39	16	45	18	11	1	36
9	25	25	14	2	0	56	24	52	17	43	16	42	18	9	1	40
14	25	34	13	57	1	0	24	49	17	47	16	38	18	8	1	43
19	25	42	13	52	1	4	24	45	17	51	16	34	18	6	1	47
24	25	50	13	47	1	7	24	42	17	55	16	31	18	4	1	51
29	25	58	13	42	1	10	24	38	17	58	16	27	18	1	1	54
DEC 4	26	6	13	37	1	13	24	34	18	2	16	24	17	59	1	58
9	26	14	13	32	1	15	24	30	18	4	16	21	17	56	2	1
14	26	22	13	27	1	16	24	26	18	7	16	18	17	53	2	4
19	26	29	13	21	1	18	24	22	18	9	16	15	17	50	2	6
24	26	36	13	17	1	18	24	18	18	11	16	12	17	46	2	9
29	26♌	43	13♊	12	1♎	19	24♊	14	18♎	13	16♉	10	17♋	43	2♏	11
STATIONS	FEB 24		FEB 23		DEC 29		MAR 7		JAN 15		JAN 29		MAR 31		JAN 28	
	AUG 6		SEP 14		JUN 12		SEP 24		JUL 1		AUG 16		OCT 17		JUL 16	

1995

	Cupido	Hades	Zeus	Kronos	Apollon	Admetos	Vulkanus	Poseidon
JAN 3	26♏ 49	13♊ 7R	1♎ 19R	24♊ 10R	18♎ 14	16♉ 8R	17♋ 40R	2♏ 13
8	26 55	13 3	1 18	24 6	18 14	16 6	17 36	2 14
13	27 1	12 59	1 17	24 2	18 15	16 5	17 33	2 15
18	27 6	12 55	1 16	23 59	18 15R	16 4	17 29	2 16
23	27 10	12 52	1 14	23 55	18 15	16 3	17 26	2 17
28	27 14	12 49	1 12	23 52	18 14	16 3	17 22	2 17
FEB 2	27 18	12 47	1 9	23 50	18 13	16 3D	17 19	2 17R
7	27 20	12 45	1 7	23 47	18 11	16 3	17 16	2 17
12	27 22	12 43	1 3	23 45	18 10	16 4	17 13	2 16
17	27 24	12 42	1 0	23 44	18 8	16 5	17 11	2 15
22	27 25	12 42	0 56	23 42	18 5	16 6	17 8	2 13
27	27 25R	12 42D	0 52	23 41	18 3	16 8	17 6	2 12
MAR 4	27 25	12 42	0 48	23 41	18 0	16 10	17 4	2 10
9	27 23	12 43	0 44	23 41D	17 57	16 13	17 2	2 8
14	27 22	12 45	0 40	23 41	17 53	16 16	17 1	2 6
19	27 20	12 47	0 35	23 42	17 50	16 19	17 0	2 3
24	27 17	12 49	0 31	23 43	17 46	16 22	16 59	2 0
29	27 14	12 52	0 26	23 44	17 43	16 25	16 59	1 57
APR 3	27 10	12 56	0 22	23 46	17 39	16 29	16 59D	1 54
8	27 6	13 0	0 18	23 48	17 35	16 33	16 59	1 51
13	27 1	13 4	0 14	23 51	17 31	16 37	17 0	1 48
18	26 56	13 8	0 10	23 53	17 28	16 41	17 1	1 45
23	26 51	13 13	0 6	23 57	17 24	16 45	17 2	1 41
28	26 45	13 19	0 2	24 0	17 20	16 50	17 3	1 38
MAY 3	26 39	13 24	29♍ 59	24 4	17 17	16 54	17 5	1 35
8	26 33	13 30	29 56	24 8	17 14	16 59	17 7	1 32
13	26 27	13 36	29 54	24 12	17 11	17 3	17 10	1 29
18	26 21	13 42	29 51	24 16	17 8	17 8	17 12	1 26
23	26 15	13 48	29 49	24 21	17 5	17 12	17 15	1 23
28	26 9	13 55	29 48	24 26	17 3	17 16	17 19	1 20
JUN 2	26 3	14 1	29 47	24 30	17 1	17 21	17 22	1 18
7	25 57	14 7	29 46	24 35	16 59	17 25	17 25	1 15
12	25 51	14 14	29 46	24 40	16 57	17 29	17 29	1 13
17	25 46	14 20	29 46D	24 45	16 56	17 32	17 33	1 11
22	25 41	14 27	29 46	24 50	16 55	17 36	17 37	1 10
27	25 36	14 33	29 47	24 55	16 55	17 39	17 41	1 8
JUL 2	25 32	14 39	29 48	25 0	16 54	17 42	17 45	1 7
7	25 28	14 45	29 50	25 5	16 54D	17 45	17 49	1 6
12	25 25	14 50	29 52	25 9	16 55	17 47	17 53	1 6
17	25 22	14 55	29 54	25 14	16 56	17 50	17 58	1 6
22	25 20	15 1	29 57	25 18	16 57	17 52	18 2	1 6D
27	25 18	15 5	0♎ 1	25 23	16 59	17 53	18 6	1 6
AUG 1	25 17	15 10	0 4	25 26	17 1	17 55	18 10	1 7
6	25 16	15 14	0 8	25 30	17 3	17 55	18 14	1 8
11	25 16D	15 17	0 12	25 34	17 5	17 56	18 17	1 9
16	25 17	15 20	0 16	25 37	17 8	17 56	18 21	1 11
21	25 18	15 23	0 21	25 39	17 11	17 56R	18 24	1 13
26	25 20	15 26	0 26	25 42	17 14	17 56	18 28	1 15
31	25 22	15 27	0 31	25 44	17 18	17 55	18 31	1 17
SEP 5	25 25	15 29	0 36	25 46	17 22	17 54	18 33	1 20
10	25 29	15 30	0 42	25 47	17 26	17 53	18 36	1 23
15	25 33	15 30	0 47	25 48	17 30	17 51	18 38	1 26
20	25 37	15 30R	0 53	25 49	17 34	17 49	18 40	1 29
25	25 42	15 29	0 58	25 49	17 39	17 47	18 42	1 33
30	25 48	15 28	1 4	25 49R	17 44	17 44	18 43	1 36
OCT 5	25 54	15 26	1 9	25 48	17 48	17 41	18 44	1 40
10	26 1	15 24	1 15	25 48	17 53	17 38	18 45	1 44
15	26 7	15 22	1 20	25 46	17 58	17 35	18 45	1 48
20	26 14	15 19	1 25	25 45	18 2	17 32	18 45R	1 52
25	26 22	15 16	1 30	25 43	18 7	17 28	18 45	1 56
30	26 30	15 12	1 35	25 40	18 11	17 25	18 45	2 0
NOV 4	26 37	15 8	1 39	25 38	18 16	17 21	18 44	2 4
9	26 46	15 4	1 44	25 35	18 20	17 17	18 42	2 8
14	26 54	14 59	1 48	25 32	18 24	17 14	18 41	2 12
19	27 2	14 54	1 51	25 28	18 28	17 10	18 39	2 16
24	27 10	14 49	1 55	25 24	18 32	17 6	18 37	2 19
29	27 18	14 44	1 58	25 21	18 35	17 3	18 35	2 23
DEC 4	27 26	14 39	2 0	25 17	18 39	17 0	18 32	2 26
9	27 34	14 34	2 3	25 13	18 41	16 56	18 29	2 29
14	27 42	14 29	2 4	25 9	18 44	16 53	18 26	2 32
19	27 50	14 24	2 6	25 5	18 46	16 50	18 23	2 35
24	27 57	14 19	2 7	25 0	18 48	16 48	18 20	2 37
29	28♏ 4	14♊ 14	2♎ 7	24♊ 56	18♎ 50	16♉ 45	18♋ 16	2♏ 40
STATIONS	FEB 26	FEB 24	DEC 30	MAR 8	JAN 15	JAN 30	APR 1	JAN 29
	AUG 8	SEP 16	JUN 13	SEP 25	JUL 2	AUG 17	OCT 18	JUL 17

	♃		♄		♇		♏		♅		Ψ		⚷		♓	
JAN 3	28♋	10	14♊	9R	2♎	7R	24♊	52R	18♎	51	16♉	43R	18♋	13R	2♏	41
8	28	16	14	5	2	7	24	49	18	52	16	42	18	9	2	43
13	28	22	14	1	2	6	24	45	18	52	16	40	18	6	2	44
18	28	27	13	57	2	4	24	41	18	52R	16	39	18	2	2	45
23	28	32	13	54	2	3	24	38	18	52	16	38	17	59	2	46
28	28	36	13	51	2	1	24	35	18	52	16	38	17	56	2	46
FEB 2	28	39	13	48	1	58	24	32	18	51	16	38D	17	52	2	46R
7	28	42	13	46	1	55	24	30	18	49	16	38	17	49	2	46
12	28	45	13	45	1	52	24	28	18	48	16	39	17	46	2	45
17	28	46	13	43	1	49	24	26	18	46	16	40	17	44	2	44
22	28	47	13	43	1	45	24	25	18	43	16	41	17	41	2	43
27	28	48	13	43D	1	41	24	24	18	41	16	43	17	39	2	41
MAR 3	28	48R	13	43	1	37	24	23	18	38	16	45	17	37	2	39
8	28	47	13	44	1	33	24	23	18	35	16	47	17	35	2	37
13	28	45	13	45	1	29	24	23D	18	32	16	50	17	34	2	35
18	28	43	13	47	1	24	24	24	18	28	16	53	17	33	2	32
23	28	41	13	50	1	20	24	24	18	25	16	56	17	32	2	30
28	28	38	13	53	1	16	24	26	18	21	17	0	17	32	2	27
APR 2	28	34	13	56	1	11	24	28	18	17	17	3	17	32D	2	24
7	28	30	14	0	1	7	24	30	18	13	17	7	17	32	2	21
12	28	25	14	4	1	3	24	32	18	10	17	11	17	32	2	18
17	28	20	14	8	0	59	24	35	18	6	17	15	17	33	2	14
22	28	15	14	13	0	55	24	38	18	2	17	20	17	34	2	11
27	28	10	14	18	0	51	24	41	17	59	17	24	17	36	2	8
MAY 2	28	4	14	24	0	48	24	45	17	55	17	29	17	38	2	4
7	27	58	14	29	0	45	24	49	17	52	17	33	17	40	2	1
12	27	52	14	35	0	42	24	53	17	49	17	38	17	42	1	58
17	27	46	14	41	0	40	24	57	17	46	17	42	17	45	1	55
22	27	40	14	48	0	38	25	2	17	43	17	46	17	48	1	52
27	27	34	14	54	0	36	25	7	17	41	17	51	17	51	1	50
JUN 1	27	28	15	0	0	35	25	11	17	38	17	55	17	54	1	47
6	27	22	15	7	0	34	25	16	17	37	17	59	17	58	1	45
11	27	16	15	13	0	34	25	21	17	35	18	3	18	1	1	42
16	27	11	15	20	0	34D	25	26	17	34	18	7	18	5	1	41
21	27	6	15	26	0	34	25	31	17	33	18	10	18	9	1	39
26	27	1	15	32	0	35	25	36	17	32	18	14	18	13	1	38
JUL 1	26	56	15	38	0	36	25	41	17	32	18	17	18	17	1	36
6	26	52	15	44	0	38	25	46	17	32D	18	20	18	21	1	36
11	26	49	15	50	0	40	25	51	17	32	18	22	18	25	1	35
16	26	46	15	55	0	42	25	55	17	33	18	24	18	30	1	35
21	26	43	16	0	0	45	26	0	17	34	18	26	18	34	1	35D
26	26	41	16	5	0	48	26	4	17	36	18	28	18	38	1	35
31	26	40	16	10	0	52	26	8	17	38	18	29	18	42	1	36
AUG 5	26	39	16	14	0	55	26	11	17	40	18	30	18	46	1	37
10	26	39D	16	17	0	59	26	15	17	42	18	31	18	49	1	38
15	26	39	16	21	1	4	26	18	17	45	18	31	18	53	1	40
20	26	40	16	24	1	8	26	21	17	48	18	31R	18	57	1	42
25	26	42	16	26	1	13	26	24	17	51	18	31	19	0	1	44
30	26	44	16	28	1	18	26	26	17	55	18	30	19	3	1	46
SEP 4	26	47	16	29	1	23	26	28	17	59	18	29	19	6	1	49
9	26	50	16	30	1	29	26	29	18	3	18	28	19	8	1	52
14	26	54	16	31	1	34	26	30	18	7	18	26	19	11	1	55
19	26	59	16	31R	1	40	26	31	18	11	18	24	19	13	1	58
24	27	4	16	30	1	45	26	31	18	16	18	22	19	14	2	1
29	27	9	16	29	1	51	26	31R	18	20	18	20	19	16	2	5
OCT 4	27	15	16	28	1	56	26	31	18	25	18	17	19	17	2	9
9	27	21	16	26	2	2	26	30	18	30	18	14	19	18	2	13
14	27	28	16	24	2	7	26	29	18	34	18	11	19	18	2	17
19	27	35	16	21	2	12	26	27	18	39	18	8	19	18R	2	21
24	27	42	16	18	2	17	26	25	18	44	18	4	19	18	2	25
29	27	50	16	14	2	22	26	23	18	48	18	0	19	17	2	29
NOV 3	27	58	16	10	2	27	26	20	18	53	17	57	19	16	2	33
8	28	6	16	6	2	31	26	17	18	57	17	53	19	15	2	37
13	28	14	16	1	2	35	26	14	19	1	17	49	19	14	2	41
18	28	22	15	57	2	39	26	11	19	5	17	46	19	12	2	44
23	28	30	15	52	2	42	26	7	19	9	17	42	19	10	2	48
28	28	39	15	47	2	45	26	3	19	12	17	39	19	8	2	52
DEC 3	28	47	15	42	2	48	26	0	19	16	17	35	19	5	2	55
8	28	55	15	36	2	50	25	56	19	19	17	32	19	2	2	58
13	29	2	15	31	2	52	25	51	19	21	17	29	18	59	3	1
18	29	10	15	26	2	54	25	47	19	24	17	26	18	56	3	4
23	29	17	15	21	2	55	25	43	19	26	17	23	18	53	3	6
28	29♋	24	15♊	16	2♎	55	25♊	39	19♎	27	17♉	21	18♋	50	3♏	8
STATIONS	FEB 27		FEB 25		DEC 31		MAR 8		JAN 16		JAN 31		APR 1		JAN 29	
	AUG 9		SEP 16		JUN 13		SEP 25		JUL 2		AUG 17		OCT 18		JUL 17	

1997

	♃	⚳	⚴	⚵	♅	♆	⚷	♇
JAN 2	29♏31	15♊11R	2♎55R	25♊35R	19♎28	17♉19R	18♋46R	3♏10
7	29 37	15 7	2 55	25 31	19 29	17 17	18 43	3 12
12	29 43	15 3	2 54	25 28	19 30	17 15	18 39	3 13
17	29 48	14 59	2 53	25 24	19 30R	17 14	18 36	3 14
22	29 53	14 56	2 51	25 21	19 30	17 13	18 32	3 15
27	29 58	14 53	2 49	25 18	19 29	17 13	18 29	3 15
FEB 1	0♐1	14 50	2 47	25 15	19 28	17 13D	18 26	3 15R
6	0 4	14 48	2 44	25 12	19 27	17 13	18 22	3 15
11	0 7	14 46	2 41	25 10	19 25	17 14	18 20	3 14
16	0 9	14 45	2 38	25 8	19 23	17 15	18 17	3 13
21	0 10	14 44	2 34	25 7	19 21	17 16	18 14	3 12
26	0 11	14 44D	2 30	25 6	19 19	17 18	18 12	3 11
MAR 3	0 11R	14 44	2 26	25 5	19 16	17 20	18 10	3 9
8	0 10	14 45	2 22	25 5	19 13	17 22	18 8	3 7
13	0 9	14 46	2 18	25 5D	19 10	17 25	18 7	3 4
18	0 7	14 48	2 14	25 5	19 6	17 28	18 6	3 2
23	0 4	14 50	2 9	25 6	19 3	17 31	18 5	2 59
28	0 2	14 53	2 5	25 8	18 59	17 34	18 4	2 56
APR 2	29♏58	14 56	2 0	25 9	18 55	17 38	18 4	2 53
7	29 54	15 0	1 56	25 11	18 52	17 42	18 4D	2 50
12	29 50	15 4	1 52	25 14	18 48	17 46	18 5	2 47
17	29 45	15 8	1 48	25 16	18 44	17 50	18 6	2 44
22	29 40	15 13	1 44	25 19	18 40	17 54	18 7	2 41
27	29 34	15 18	1 40	25 23	18 37	17 58	18 8	2 37
MAY 2	29 29	15 23	1 37	25 26	18 33	18 3	18 10	2 34
7	29 23	15 29	1 34	25 30	18 30	18 7	18 12	2 31
12	29 17	15 35	1 31	25 34	18 27	18 12	18 14	2 28
17	29 11	15 41	1 29	25 39	18 24	18 16	18 17	2 25
22	29 5	15 47	1 27	25 43	18 21	18 21	18 20	2 22
27	28 59	15 53	1 25	25 48	18 19	18 25	18 23	2 19
JUN 1	28 52	16 0	1 24	25 53	18 16	18 29	18 26	2 16
6	28 47	16 6	1 23	25 57	18 14	18 33	18 30	2 14
11	28 41	16 13	1 22	26 2	18 13	18 37	18 33	2 12
16	28 35	16 19	1 22D	26 7	18 11	18 41	18 37	2 10
21	28 30	16 25	1 22	26 12	18 10	18 45	18 41	2 8
26	28 25	16 32	1 23	26 17	18 10	18 48	18 45	2 7
JUL 1	28 21	16 38	1 24	26 22	18 9	18 51	18 49	2 6
6	28 17	16 44	1 26	26 27	18 10D	18 54	18 53	2 5
11	28 13	16 49	1 28	26 32	18 10	18 57	18 57	2 4
16	28 10	16 55	1 30	26 36	18 11	18 59	19 2	2 4
21	28 7	17 0	1 33	26 41	18 12	19 1	19 6	2 4D
26	28 5	17 5	1 36	26 45	18 13	19 3	19 10	2 4
31	28 3	17 9	1 39	26 49	18 15	19 4	19 14	2 5
AUG 5	28 2	17 14	1 43	26 53	18 17	19 5	19 18	2 6
10	28 2	17 18	1 47	26 56	18 19	19 6	19 22	2 7
15	28 2D	17 21	1 51	27 0	18 22	19 6	19 25	2 9
20	28 3	17 24	1 56	27 2	18 25	19 7R	19 29	2 10
25	28 4	17 26	2 0	27 5	18 28	19 6	19 32	2 13
30	28 6	17 29	2 5	27 7	18 32	19 6	19 35	2 15
SEP 4	28 9	17 30	2 10	27 9	18 36	19 5	19 38	2 17
9	28 12	17 31	2 16	27 11	18 40	19 3	19 41	2 20
14	28 16	17 32	2 21	27 12	18 44	19 2	19 43	2 23
19	28 20	17 32R	2 27	27 13	18 48	19 0	19 45	2 27
24	28 25	17 32	2 32	27 13	18 52	18 58	19 47	2 30
29	28 30	17 31	2 38	27 13R	18 57	18 55	19 48	2 34
OCT 4	28 36	17 29	2 43	27 13	19 2	18 52	19 49	2 37
9	28 42	17 28	2 49	27 12	19 6	18 50	19 50	2 41
14	28 49	17 25	2 54	27 11	19 11	18 46	19 51	2 45
19	28 55	17 23	2 59	27 9	19 16	18 43	19 51R	2 49
24	29 3	17 19	3 4	27 7	19 20	18 40	19 51	2 53
29	29 10	17 16	3 9	27 5	19 25	18 36	19 50	2 57
NOV 3	29 18	17 12	3 14	27 3	19 29	18 33	19 49	3 1
8	29 26	17 8	3 18	27 0	19 34	18 29	19 48	3 5
13	29 34	17 4	3 23	26 57	19 38	18 25	19 47	3 9
18	29 42	16 59	3 26	26 54	19 42	18 21	19 45	3 13
23	29 51	16 54	3 30	26 50	19 46	18 18	19 43	3 17
28	29 59	16 49	3 33	26 46	19 49	18 14	19 41	3 20
DEC 3	0♐7	16 44	3 36	26 42	19 53	18 11	19 38	3 24
8	0 15	16 39	3 38	26 38	19 56	18 7	19 35	3 27
13	0 23	16 34	3 40	26 34	19 58	18 4	19 32	3 30
18	0 31	16 28	3 42	26 30	20 1	18 1	19 29	3 32
23	0 38	16 23	3 43	26 26	20 3	17 59	19 26	3 35
28	0♐45	16♊18	3♎43	26♊22	20♎4	17♉56	19♋23	3♏37
STATIONS	FEB 28	FEB 25	DEC 31	MAR 9	JAN 16	JAN 30	APR 2	JAN 29
	AUG 10	SEP 17	JUN 15	SEP 26	JUL 2	AUG 18	OCT 18	JUL 18

	♃	C	⚶	↑	♃	Ψ	⚴	✕
JAN 2	0♐52	16♊14R	3♎44R	26♊18R	20♎6	17♉54R	19♋19R	3♏39
7	0 58	16 9	3 43	26 14	20 7	17 52	19 16	3 41
12	1 4	16 5	3 43	26 10	20 7	17 51	19 12	3 42
17	1 10	16 1	3 41	26 7	20 8	17 50	19 9	3 43
22	1 15	15 57	3 40	26 3	20 7R	17 49	19 5	3 44
27	1 19	15 54	3 38	26 0	20 7	17 48	19 2	3 44
FEB 1	1 23	15 52	3 36	25 57	20 6	17 48D	18 59	3 44R
6	1 26	15 49	3 33	25 55	20 5	17 48	18 56	3 44
11	1 29	15 47	3 30	25 53	20 3	17 49	18 53	3 43
16	1 31	15 46	3 27	25 51	20 1	17 50	18 50	3 43
21	1 32	15 45	3 23	25 49	19 59	17 51	18 47	3 41
26	1 33	15 45	3 20	25 48	19 57	17 53	18 45	3 40
MAR 3	1 34R	15 45D	3 16	25 47	19 54	17 54	18 43	3 38
8	1 33	15 46	3 11	25 47	19 51	17 57	18 41	3 36
13	1 32	15 47	3 7	25 47D	19 48	17 59	18 40	3 34
18	1 30	15 48	3 3	25 47	19 44	18 2	18 39	3 31
23	1 28	15 50	2 58	25 48	19 41	18 5	18 38	3 29
28	1 25	15 53	2 54	25 49	19 37	18 9	18 37	3 26
APR 2	1 22	15 56	2 49	25 51	19 34	18 12	18 37	3 23
7	1 18	16 0	2 45	25 53	19 30	18 16	18 37D	3 20
12	1 14	16 4	2 41	25 55	19 26	18 20	18 37	3 17
17	1 9	16 8	2 37	25 58	19 22	18 24	18 38	3 13
22	1 4	16 13	2 33	26 1	19 19	18 28	18 39	3 10
27	0 59	16 18	2 29	26 4	19 15	18 33	18 41	3 7
MAY 2	0 54	16 23	2 26	26 8	19 11	18 37	18 42	3 4
7	0 48	16 28	2 23	26 12	19 8	18 42	18 44	3 0
12	0 42	16 34	2 20	26 16	19 5	18 46	18 47	2 57
17	0 36	16 40	2 17	26 20	19 2	18 51	18 49	2 54
22	0 30	16 46	2 15	26 24	18 59	18 55	18 52	2 51
27	0 23	16 53	2 13	26 29	18 57	18 59	18 55	2 49
JUN 1	0 17	16 59	2 12	26 34	18 54	19 4	18 58	2 46
6	0 11	17 5	2 11	26 39	18 52	19 8	19 2	2 43
11	0 6	17 12	2 10	26 44	18 51	19 12	19 5	2 41
16	0 0	17 18	2 10	26 48	18 49	19 16	19 9	2 39
21	29♏55	17 25	2 10D	26 53	18 48	19 19	19 13	2 38
26	29 50	17 31	2 11	26 58	18 47	19 23	19 17	2 36
JUL 1	29 45	17 37	2 12	27 3	18 47	19 26	19 21	2 35
6	29 41	17 43	2 13	27 8	18 47D	19 29	19 25	2 34
11	29 37	17 49	2 15	27 13	18 47	19 31	19 29	2 33
16	29 34	17 54	2 18	27 18	18 48	19 34	19 34	2 33
21	29 31	18 0	2 20	27 22	18 49	19 36	19 38	2 33D
26	29 28	18 5	2 23	27 26	18 50	19 38	19 42	2 33
31	29 27	18 9	2 26	27 30	18 52	19 39	19 46	2 34
AUG 5	29 25	18 14	2 30	27 34	18 54	19 40	19 50	2 35
10	29 25	18 18	2 34	27 38	18 57	19 41	19 54	2 36
15	29 25D	18 21	2 38	27 41	18 59	19 42	19 57	2 37
20	29 25	18 24	2 43	27 44	19 2	19 42R	20 1	2 39
25	29 27	18 27	2 48	27 47	19 5	19 41	20 4	2 41
30	29 28	18 29	2 52	27 49	19 9	19 41	20 7	2 44
SEP 4	29 31	18 31	2 58	27 51	19 13	19 40	20 10	2 46
9	29 34	18 32	3 3	27 53	19 16	19 39	20 13	2 49
14	29 37	18 33	3 8	27 54	19 21	19 37	20 15	2 52
19	29 41	18 33	3 14	27 55	19 25	19 35	20 17	2 55
24	29 46	18 33R	3 19	27 55	19 29	19 33	20 19	2 59
29	29 51	18 32	3 25	27 55R	19 34	19 31	20 21	3 2
OCT 4	29 57	18 31	3 30	27 55	19 38	19 28	20 22	3 6
9	0♐3	18 29	3 36	27 54	19 43	19 25	20 23	3 10
14	0 9	18 27	3 41	27 53	19 48	19 22	20 23	3 14
19	0 16	18 24	3 46	27 52	19 52	19 19	20 24	3 18
24	0 23	18 21	3 52	27 50	19 57	19 15	20 23R	3 22
29	0 31	18 18	3 57	27 48	20 2	19 12	20 23	3 26
NOV 3	0 38	18 14	4 1	27 45	20 6	19 8	20 22	3 30
8	0 46	18 10	4 6	27 42	20 11	19 5	20 21	3 34
13	0 54	18 6	4 10	27 40	20 15	19 1	20 20	3 38
18	1 2	18 1	4 14	27 36	20 19	18 57	20 18	3 41
23	1 11	17 56	4 17	27 33	20 23	18 53	20 16	3 45
28	1 19	17 51	4 21	27 29	20 26	18 50	20 14	3 49
DEC 3	1 27	17 46	4 23	27 25	20 30	18 46	20 11	3 52
8	1 35	17 41	4 26	27 21	20 33	18 43	20 9	3 55
13	1 43	17 36	4 28	27 17	20 35	18 40	20 6	3 58
18	1 51	17 31	4 30	27 13	20 38	18 37	20 3	4 1
23	1 58	17 26	4 30	27 9	20 40	18 34	19 59	4 4
28	2♐6	17♊21	4♎31	27♊5	20♎42	18♉32	19♋56	4♏6
ATIONS	MAR 2	FEB 27	JAN 1	MAR 10	JAN 17	JAN 31	APR 2	JAN 30
	AUG 12	SEP 19	JUN 16	SEP 27	JUL 3	AUG 19	OCT 19	JUL 18

1999

	♃	♀	♇	♈	♃	♆	♌	♋
JAN 2	2♐13	17♊16R	4♎32	27♊1R	20♎43	18♉30R	19♋53R	4♌8
7	2 19	17 11	4 32R	26 57	20 44	18 28	19 49	4 10
12	2 25	17 7	4 31	26 53	20 45	18 26	19 46	4 11
17	2 31	17 3	4 30	26 49	20 45	18 25	19 42	4 12
22	2 36	16 59	4 29	26 46	20 45R	18 24	19 39	4 13
27	2 41	16 56	4 27	26 43	20 45	18 23	19 35	4 13
FEB 1	2 45	16 53	4 24	26 40	20 44	18 23	19 32	4 13R
6	2 48	16 51	4 22	26 37	20 43	18 23D	19 29	4 13
11	2 51	16 49	4 19	26 35	20 41	18 24	19 26	4 13
16	2 53	16 47	4 16	26 33	20 39	18 25	19 23	4 12
21	2 55	16 46	4 12	26 32	20 37	18 26	19 20	4 11
26	2 56	16 46	4 9	26 30	20 35	18 27	19 18	4 9
MAR 3	2 56	16 46D	4 5	26 29	20 32	18 29	19 16	4 8
8	2 56R	16 46	4 0	26 29	20 29	18 31	19 14	4 6
13	2 55	16 47	3 56	26 29D	20 26	18 34	19 13	4 3
18	2 54	16 49	3 52	26 29	20 23	18 37	19 11	4 1
23	2 52	16 51	3 47	26 30	20 19	18 40	19 10	3 58
28	2 49	16 53	3 43	26 31	20 16	18 43	19 10	3 55
APR 2	2 46	16 56	3 39	26 33	20 12	18 47	19 10	3 53
7	2 43	17 0	3 34	26 35	20 8	18 51	19 10D	3 49
12	2 38	17 4	3 30	26 37	20 4	18 54	19 10	3 46
17	2 34	17 8	3 26	26 39	20 1	18 59	19 11	3 43
22	2 29	17 12	3 22	26 42	19 57	19 3	19 12	3 40
27	2 24	17 17	3 18	26 46	19 53	19 7	19 13	3 37
MAY 2	2 18	17 22	3 15	26 49	19 50	19 12	19 15	3 33
7	2 13	17 28	3 12	26 53	19 46	19 16	19 17	3 30
12	2 7	17 34	3 9	26 57	19 43	19 20	19 19	3 27
17	2 1	17 40	3 6	27 1	19 40	19 25	19 22	3 24
22	1 54	17 46	3 4	27 6	19 37	19 29	19 24	3 21
27	1 48	17 52	3 2	27 10	19 35	19 34	19 27	3 18
JUN 1	1 42	17 58	3 1	27 15	19 32	19 38	19 31	3 15
6	1 36	18 5	2 59	27 20	19 30	19 42	19 34	3 13
11	1 30	18 11	2 59	27 25	19 28	19 46	19 38	3 11
16	1 25	18 18	2 58	27 30	19 27	19 50	19 41	3 9
21	1 19	18 24	2 59D	27 35	19 26	19 54	19 45	3 7
26	1 14	18 30	2 59	27 40	19 25	19 57	19 49	3 5
JUL 1	1 9	18 37	3 0	27 44	19 25	20 0	19 53	3 4
6	1 5	18 43	3 1	27 49	19 25D	20 3	19 57	3 3
11	1 1	18 48	3 3	27 54	19 25	20 6	20 1	3 3
16	0 58	18 54	3 5	27 59	19 25	20 9	20 6	3 3
21	0 55	18 59	3 8	28 3	19 26	20 11	20 10	3 2D
26	0 52	19 4	3 11	28 8	19 28	20 13	20 14	3 2
31	0 50	19 9	3 14	28 12	19 29	20 14	20 18	3 3
AUG 5	0 49	19 14	3 17	28 15	19 31	20 15	20 22	3 4
10	0 48	19 18	3 21	28 19	19 34	20 16	20 26	3 5
15	0 48D	19 21	3 26	28 22	19 36	20 17	20 29	3 6
20	0 48	19 24	3 30	28 25	19 39	20 17R	20 33	3 8
25	0 49	19 27	3 35	28 28	19 42	20 17	20 36	3 10
30	0 51	19 30	3 40	28 31	19 46	20 16	20 40	3 12
SEP 4	0 53	19 31	3 45	28 33	19 49	20 15	20 42	3 15
9	0 56	19 33	3 50	28 34	19 53	20 14	20 45	3 18
14	0 59	19 34	3 55	28 36	19 57	20 12	20 48	3 21
19	1 3	19 34R	4 1	28 37	20 2	20 11	20 50	3 24
24	1 7	19 34	4 6	28 37	20 6	20 9	20 52	3 27
29	1 12	19 33	4 12	28 37R	20 11	20 6	20 53	3 31
OCT 4	1 18	19 32	4 17	28 37	20 15	20 4	20 54	3 34
9	1 24	19 31	4 23	28 36	20 20	20 1	20 55	3 38
14	1 30	19 29	4 28	28 35	20 24	19 58	20 56	3 42
19	1 37	19 26	4 34	28 34	20 29	19 54	20 56	3 46
24	1 44	19 23	4 39	28 32	20 34	19 51	20 56R	3 50
29	1 51	19 20	4 44	28 30	20 38	19 48	20 56	3 54
NOV 3	1 59	19 16	4 48	28 28	20 43	19 44	20 55	3 58
8	2 7	19 12	4 53	28 25	20 47	19 40	20 54	4 2
13	2 15	19 8	4 57	28 22	20 52	19 37	20 53	4 6
18	2 23	19 3	5 1	28 19	20 56	19 33	20 51	4 10
23	2 31	18 59	5 5	28 15	21 0	19 29	20 49	4 14
28	2 39	18 54	5 8	28 12	21 3	19 26	20 47	4 17
DEC 3	2 47	18 49	5 11	28 8	21 7	19 22	20 44	4 21
8	2 55	18 43	5 14	28 4	21 10	19 19	20 42	4 24
13	3 3	18 38	5 16	28 0	21 13	19 16	20 39	4 30
18	3 11	18 33	5 17	27 56	21 15	19 13	20 36	4 32
23	3 19	18 28	5 19	27 52	21 17	19 10	20 33	4 32
28	3♐26	18♊23	5♎20	27♊48	21♎19	19♉7	20♋29	4♌35
STATIONS	MAR 3	FEB 28	JAN 2	MAR 11	JAN 18	FEB 1	APR 3	JAN 31
	AUG 14	SEP 20	JUN 17	SEP 28	JUL 4	AUG 19	OCT 20	JUL 19

	♃		♄		⚷		⚶		⚸		♆		⚵		♇	
JAN 2	3♐	33R	18♊	18R	5♎	20R	27♊	44R	21♎	21R	19♉	5R	20♋	26R	4♏	37R
7	3	40	18	13	5	20	27	40	21	22	19	3	20	22	4	39
12	3	46	18	9	5	19	27	36	21	22	19	1	20	19	4	40
17	3	52	18	5	5	18	27	32	21	23	19	0	20	15	4	41
22	3	57	18	1	5	17	27	29	21	23	18	59	20	12	4	42
27	4	2	17	58	5	15	27	25	21	22	18	58	20	8	4	42
FEB 1	4	6	17	55	5	13	27	23	21	22	18	58	20	5	4	43
6	4	10	17	52	5	11	27	20	21	20	18	58	20	2	4	42
11	4	13	17	50	5	8	27	18	21	19	18	59	19	59	4	42
16	4	15	17	49	5	5	27	15	21	17	18	59	19	56	4	41
21	4	17	17	48	5	1	27	14	21	15	19	1	19	54	4	40
26	4	19	17	47	4	58	27	13	21	13	19	2	19	51	4	39
MAR 2	4	19	17	47	4	54	27	12	21	10	19	4	19	49	4	37
7	4	19	17	47	4	50	27	11	21	7	19	6	19	47	4	35
12	4	19	17	48	4	45	27	11D	21	4	19	9	19	46	4	33
17	4	17	17	49	4	41	27	11	21	1	19	11	19	44	4	30
22	4	15	17	51	4	37	27	12	20	57	19	14	19	43	4	28
27	4	13	17	54	4	32	27	13	20	54	19	18	19	43	4	25
APR 1	4	10	17	57	4	28	27	14	20	50	19	21	19	42	4	22
6	4	7	18	0	4	23	27	16	20	46	19	25	19	42D	4	19
11	4	3	18	4	4	19	27	18	20	43	19	29	19	43	4	16
16	3	58	18	8	4	15	27	21	20	39	19	33	19	43	4	13
21	3	54	18	12	4	11	27	24	20	35	19	37	19	44	4	9
26	3	48	18	17	4	7	27	27	20	31	19	42	19	46	4	6
MAY 1	3	43	18	22	4	4	27	30	20	28	19	46	19	47	4	3
6	3	37	18	28	4	1	27	34	20	24	19	50	19	49	4	0
11	3	31	18	33	3	58	27	38	20	21	19	55	19	51	3	56
16	3	25	18	39	3	55	27	42	20	18	19	59	19	54	3	53
21	3	19	18	45	3	53	27	47	20	15	20	4	19	57	3	50
26	3	13	18	51	3	51	27	51	20	13	20	8	19	59	3	48
31	3	7	18	58	3	49	27	56	20	10	20	12	20	3	3	45
JUN 5	3	1	19	4	3	48	28	1	20	8	20	17	20	6	3	42
10	2	55	19	11	3	47	28	6	20	6	20	21	20	10	3	40
15	2	49	19	17	3	47	28	11	20	5	20	24	20	13	3	38
20	2	44	19	24	3	47D	28	16	20	4	20	28	20	17	3	36
25	2	39	19	30	3	47	28	21	20	3	20	32	20	21	3	35
30	2	34	19	36	3	48	28	26	20	2	20	35	20	25	3	33
JUL 5	2	29	19	42	3	49	28	30	20	2D	20	38	20	29	3	32
10	2	25	19	48	3	51	28	35	20	2	20	41	20	34	3	32
15	2	22	19	54	3	53	28	40	20	3	20	43	20	38	3	31
20	2	18	19	59	3	55	28	44	20	4	20	45	20	42	3	31D
25	2	16	20	4	3	58	28	49	20	5	20	47	20	46	3	31
30	2	14	20	9	4	1	28	53	20	7	20	49	20	50	3	32
AUG 4	2	12	20	14	4	5	28	57	20	9	20	50	20	54	3	33
9	2	11	20	18	4	9	29	0	20	11	20	51	20	58	3	34
14	2	11	20	21	4	13	29	4	20	13	20	52	21	2	3	35
19	2	11D	20	25	4	17	29	7	20	16	20	52	21	5	3	37
24	2	12	20	28	4	22	29	10	20	19	20	52R	21	9	3	39
29	2	13	20	30	4	27	29	12	20	23	20	51	21	12	3	41
SEP 3	2	15	20	32	4	32	29	14	20	26	20	50	21	15	3	44
8	2	17	20	33	4	37	29	16	20	30	20	49	21	17	3	46
13	2	21	20	34	4	42	29	17	20	34	20	48	21	20	3	49
18	2	24	20	35	4	48	29	18	20	38	20	46	21	22	3	52
23	2	29	20	35R	4	53	29	19	20	43	20	44	21	24	3	56
28	2	33	20	34	4	59	29	19	20	47	20	42	21	26	3	59
OCT 3	2	39	20	34	5	4	29	19R	20	52	20	39	21	27	4	3
8	2	44	20	32	5	10	29	19	20	57	20	36	21	28	4	7
13	2	51	20	30	5	15	29	18	21	1	20	33	21	29	4	11
18	2	57	20	28	5	21	29	16	21	6	20	30	21	29	4	15
23	3	4	20	25	5	26	29	15	21	11	20	27	21	29R	4	19
28	3	11	20	22	5	31	29	13	21	15	20	23	21	29	4	23
NOV 2	3	19	20	18	5	36	29	10	21	20	20	20	21	28	4	27
7	3	27	20	14	5	40	29	8	21	24	20	16	21	27	4	31
12	3	35	20	10	5	45	29	5	21	28	20	12	21	26	4	35
17	3	43	20	6	5	49	29	2	21	33	20	8	21	24	4	39
22	3	51	20	1	5	52	28	58	21	36	20	5	21	22	4	42
27	3	59	19	56	5	56	28	55	21	40	20	1	21	20	4	46
DEC 2	4	8	19	51	5	59	28	51	21	44	19	58	21	17	4	49
7	4	16	19	46	6	1	28	47	21	47	19	54	21	15	4	53
12	4	24	19	40	6	4	28	43	21	50	19	51	21	12	4	56
17	4	32	19	35	6	5	28	39	21	52	19	48	21	9	4	59
22	4	39	19	30	6	7	28	35	21	54	19	45	21	6	5	1
27	4♐	47	19♊	25	6♎	8	28♊	30	21♎	56	19♉	43	21♋	2	5♏	4
STATIONS	AUG	14	SEP	20	JUN	17	MAR	11	JUL	4	AUG	19	APR	3	JUL	19
	OCT	0	NOV	0	OCT	0	SEP	28	NOV	0	DEC	0	OCT	20	DEC	0